SHUILI BIAOZHUN JIXIAO PINGGU

水利标准绩效评估

于爱华 王 伟 李建国 齐 莹 武秀侠 等 著

中国水利水电出版社
www.waterpub.com.cn
·北京·

内 容 提 要

本书从水利标准发展历程入手，阐述不同历史时期水利标准发展以及社会需求，充分展现了水利标准在国民经济和社会发展进程中所处的地位和产生的作用。从不同维度、多个方面开展了国内外标准对比分析，得出水利标准总体水平为上中等水平。主要内容包括：水利标准发展历程及现状；国内外标准效益评价研究；水利标准作用机理研究；水利标准评价指标体系；水利标准绩效评估量化方法研究；水利标准绩效评估结果；水利技术标准集群绩效评估及典型标准案例分析报告。

本书可作为研究和编制标准人员的指导手册，也可作为水利行业各企事业单位、科研院所培养标准化人才的培训教材。

图书在版编目（CIP）数据

水利标准绩效评估 / 于爱华等著. -- 北京 : 中国水利水电出版社, 2022.12

ISBN 978-7-5226-1202-7

Ⅰ. ①水… Ⅱ. ①于… Ⅲ. ①水利工程－行业标准－研究－中国 Ⅳ. ①TV-65

中国国家版本馆CIP数据核字(2023)第002228号

书　　名	**水利标准绩效评估** SHUILI BIAOZHUN JIXIAO PINGGU
作　　者	于爱华　王　伟　李建国　齐　莹　武秀侠　等 著
出版发行	中国水利水电出版社 （北京市海淀区玉渊潭南路1号D座　100038） 网址：www.waterpub.com.cn E-mail：sales@mwr.gov.cn 电话：(010) 68545888（营销中心）
经　　售	北京科水图书销售有限公司 电话：(010) 68545874、63202643 全国各地新华书店和相关出版物销售网点
排　　版	中国水利水电出版社微机排版中心
印　　刷	清淞永业（天津）印刷有限公司
规　　格	184mm×260mm　16开本　18.25印张　444千字
版　　次	2022年12月第1版　2022年12月第1次印刷
印　　数	0001—1000册
定　　价	**98.00**元

本书撰写人员

于爱华　王　伟　李建国　齐　莹　武秀侠

刘　彧　盛春花　韩　冰　吴华赟　霍炜洁

周静雯　王耀鲁　宋小艳

前言

FOREWORD

水利作为国民经济的基础产业，对我国国民经济的持续、稳定、协调发展发挥了重要作用。水利工程历来是人类开发利用水资源、防御洪旱灾害的重要手段，也是当今社会提高水资源利用效率、保护水资源和生态环境的重要设施。水利标准贯穿水利工程建设全生命周期的各个环节，指导着水利生产和实践，成为涉水行业及涉水工程建设和运行维护的最主要的技术依据，也是政府部门进行管理决策、监督检查的最重要的评判依据。同时，水利标准作为国家政策的延伸、细化，使法律法规更具操作性，成为依法行政的基础，在水资源管理制度统一协调、管理和约束下，为实现依法治水和科学治水的宏伟目标提供保障。

水利标准化工作一直被列为水利重要任务之一，伴随着水利事业发展而不断发展。水利标准承载着水利先进经验和成熟成果，与确保工程建设规范、工程质量安全、工程稳定运行以及促进技术进步紧密相连，保证了生态安全、资源节约、人民群众的生命财产安全和人身健康，并在一定程度上影响行业发展方式的转变。如《粉煤灰混凝土应用技术规范》《胶结颗粒料筑坝技术导则》对使用粉煤灰、胶结颗粒料等材料筑坝技术的推广应用有着极大促进作用，影响单位 GDP 能耗指标，有利于实现“四节一环保”、促进工程建设的可持续以及提升水利经济发展。

本书从水利标准发展历程入手，阐述不同历史时期水利标准的发展以及社会需求，充分展现了水利标准在国民经济和社会发展进程中所处的地位和产生的作用。从不同维度、各个方面开展了国内外标准对比分析，得出水利标准总体水平为上中等水平。评价过程中有专家主观判断给出的定性结果，也有客观测算得出的定量结果，还有生产实践验证结果，各项结果耦合形成最终评估结论。

通过开展水利标准对国民经济的作用机理研究，得出水利标准与水利工程的关联性，作用路径，宏观作用和微观作用、直接作用和间接作用，对工程建设和社会发展总体成效，及其关键影响因素。满足不同评价目标和目的，从宏观层面和微观层面，创建了标准化水平评估指标体系和绩效评价指标体系，体现了标准生命周期，覆盖各类标准绩效指标。提出“点-线-面”耦合评估方法，运用了统计学、运筹学、经济理论、数学模型等理论，使用层次分析法模糊评价测算单个标准效益；采用投入产出法和数据包络分析法评价标准集群效益；采用生产函数模型对全部水利技术标准贡献率进行测算，并得出水利标准对 GDP 的贡献率为 3.9%。

根据水利行业特点，针对水利重点专业门类和功能序列，从不同维度以点带线，推及至面，从成绩和效益两方面界定绩效内涵，将效益分为效果与效益（标准对国民经济所作的贡献）两方面，以定量和定性相结合的方法，分别评价标准带来的经济效益、社会效益、环境效益。开展实地调研、专家咨询、问卷调查、建模测算。结合水利部国科司标准复审工作，实地调研 152 人次，专家咨询 72 人次，调查问卷 10207 份，回收问卷 6527 份，回收率为 64%，覆盖水利工程各个领域，对 854 项标准给出评价结果，对需要修订、废止的 530 项标准提出具体存在的问题和下一步修订、转化、合并、废止等意见，为今后标准规划、立项、制修订、投资决策等提供了依据。

本书编制过程中得到了水利部国际合作与科技司副司长倪莉、水利部原巡视员乔世珊等领导的指导，在此表示衷心感谢！

书中难免存在错误、疏漏之处，敬请标准化届各位同仁和广大读者批评指正。

作者

2022 年 11 月

目录
CONTENTS

概　述

1.1　研究背景

当今标准已作为世界各主要国家争夺的战略性创新资源之一，塑造和影响着全球经济格局。据国际经济合作与发展组织以及美国商务部的研究表明，标准和合格评定影响了80%的世界贸易。习近平总书记提出要“以标准助力创新发展、协调发展、绿色发展、开放发展、共享发展”，要实现三个转变：中国制造向中国创造转变，中国速度向中国质量转变，中国产品向中国品牌转变。

2015年12月17日，国务院办公厅以国办发〔2015〕89号印发了《国家标准化体系建设发展规划（2016—2020年）》，提出“到2020年基本建成支撑国家治理体系和治理能力现代化的中国特色标准化体系”的总目标和“标准体系更加健全、标准化效益充分显现、标准国际化水平大幅提升、标准化基础不断夯实”分目标。《水利部办公厅关于印发水利标准化工作三年行动计划（2020—2022年）的通知》（办国科〔2019〕237号），提出坚持问题导向，持续深化标准化改革，加快完善推动高质量发展的标准体系，瞄准国际标准提高水平，强化标准实施与监督，健全标准化技术组织与专家队伍，有效发挥标准化工作的基础性和引领性作用，推动新时代水利改革发展。

水利部领导也高度重视标准化工作，水利部原部长鄂竟平在2019年3月18日第4次部长办公会上提出“标准化工作既有基础性，更具引领性；不仅是各项工作开展的基本遵循，也是水利行业优质高效发展的保障。要充分认识到标准化工作既是补短板的重点，也是强监管的基础；水利行业要通过规范化逐步实现全面标准化。”

标准是规矩、是制度，规范社会的生产活动，规范市场行为，引领经济社会发展，推动建立最佳秩序，促进相关产品在技术上的相互协调和配合。技术标准作为科技转化的一项成果，使其在科研领域发生的影响和作用快捷地过渡到生产领域，迅速由潜在的生产力向现实的生产力转化，标准可以起到降低成本、促进技术创新、市场竞争和国际贸易等作用，从而产生应有的经济效益、社会效益和环境效益。我们应敬畏标准、了解标准、尊重标准、掌握标准、提升标准，让标准发挥更重要的作用。

贯彻落实国家大政方针以及水利中心工作，以“十六字”治水思路为指导，在深入调研基础上，收集、对比国内外相关涉水标准的一致性、差异性以及应用的适应性，运用统计法和对比法分析论证水利标准发展现状、水利标准总体发展水平和存在的问题，提出提升水利标准的途径和方法；收集国内外标准实施效益评估通用方法和适用性评估方法成果，在总结分析水利标准发展现状的基础上，研究提出水利标准作用分类准则，确定水利标准效益评估的关键技术指标和评估通用的量化方法，对水利标准中特色专业技术标准及重点技术标准群进行效益评估，利用数学模型测算出水利技术标准贡献率，并为全面开展水利标准绩效评估提供技术示范，对水利标准投资提供决策性建议。

1.2 研究内容

1.2.1 标准绩效评价原理及方法

广泛查阅国内外有关标准绩效评估方法及其研究成果，厘清标准绩效评价要素与相关作用的关系（标准化效果与标准作用的关系以及社会效果的关系）。根据水利工程发挥作用的特点和使用的不同类型水利标准，分析绩效评估评估内容，明确绩效评估指标，研究建立适合水利发展的水利标准绩效评估的量化方法，选择、建立较为成熟的数学模型，利用模型测算水利技术标准贡献率。

1.2.2 绩效评价内涵及作用体现

从成绩和效益两方面界定绩效内涵，将效益分为效果与利益（标准对国民经济所作的贡献）两方面。开展实地调研，界定水利标准作用内涵、作用类型（直接作用和间接作用、正效益和负效益）和作用体现；根据水利工程的功能特点、阶段划分以及生命周期（规划、勘查、设计、施工、质量验收、运行维护、验收、安全监测和评价等过程），结合水利技术标准体系，提出水利标准作用分类准则。结合工程实践及水利标准作用受益主体性质，只要发生在工程的建设与运行过程的本身，通过实施标准，实现保障工程质量、节省工程建设投资成本、提高工程建设工作效率、保护生态环境等产生的效益作为直接效益；通过实施标准，分专业（水文、水资源、水环境、水利工程、防洪抗旱、农村水利、农村水电、水土保持等）在工程建设质量、工程发挥的功能作用，如防洪排涝、调水供水、水力发电和生态环境保护等产生的效益作为间接效益，确定标准绩效评价指标。

1.2.3 水利标准作用路径及影响因素

开展水利标准对水利发展的作用影响因子研究，考虑水利标准的涉及面非常广、影响关系非常复杂，涉及防洪、抗旱、供水、农田灌溉、水土保持等水利各个领域和主要技术环节，辐射涉水的多个行业部门。在标准实施作用过程中，基于标准发挥作用的多因性、多维性和动态性，找出主要影响因素，纳入标准绩效评价，确保标准绩效评价更为客观。

1.2.4 水利标准绩效评估

水利标准中技术标准占绝大多数，本次评估选择水利工程中具有特色的重点专业技术标准集群和典型技术标准，根据调查、分析，利用局部范围内使用后所带来的直接绩效的统计数据，建立绩效评估模型，测算水利技术标准贡献率，开展水利标准绩效综合评估，得出水利标准作用及其成效和效益。

1.2.5　水利标准发展及投资决策建议

根据水利标准绩效分类，提出不同类型标准投资建设对象，并基于代表性水利技术标准绩效评估成果和我国未来水利建设对水利标准发展需求，提出水利标准投资建设决策建议。

1.3　研究思路与技术方法

主要采用调查研究、文献查阅、政策分析、统计分析、专家咨询等相结合的技术手段开展研究。

通过资料收集、实地调研等手段，收集国内外涉水标准发展历程、管理模式和运行机制、实施效果及评价等信息，全方位地掌握国内外涉水标准化现状水平；广泛调研国内外的先进经验和做法，运用对比法和统计法分析研究我国水利标准与国内外相关涉水标准的差异性，据此论证我国水利标准体系合理性、政策发展水平、管理运行模式及机制水平、标准作用途径和机理、技术水平及实施效果情况等；在现状评估的基础上，结合调查研究、政策分析、统计分析和专家咨询等多种方式对标准实施进行评估，对未来水利标准化工作投资决策提出建议。

水利标准绩效研究技术路线如图 1.1 所示。

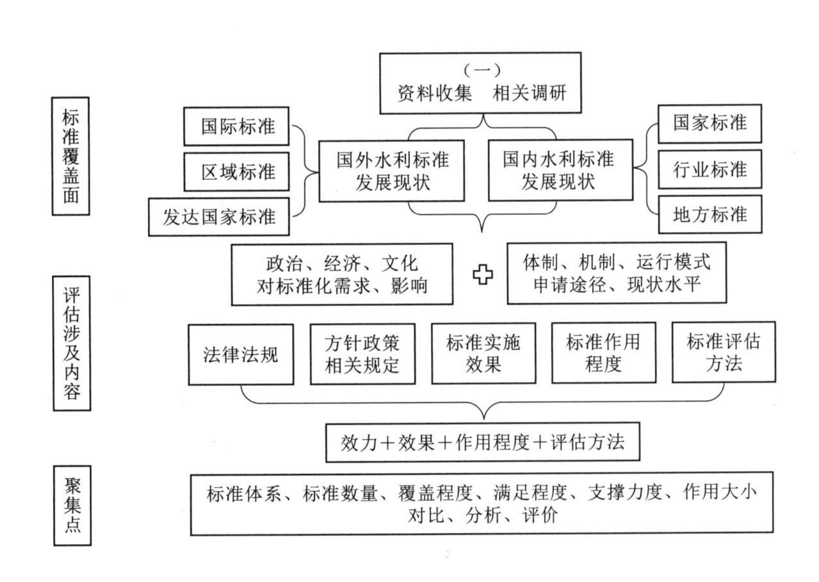

图 1.1（一）　水利标准绩效研究技术路线图

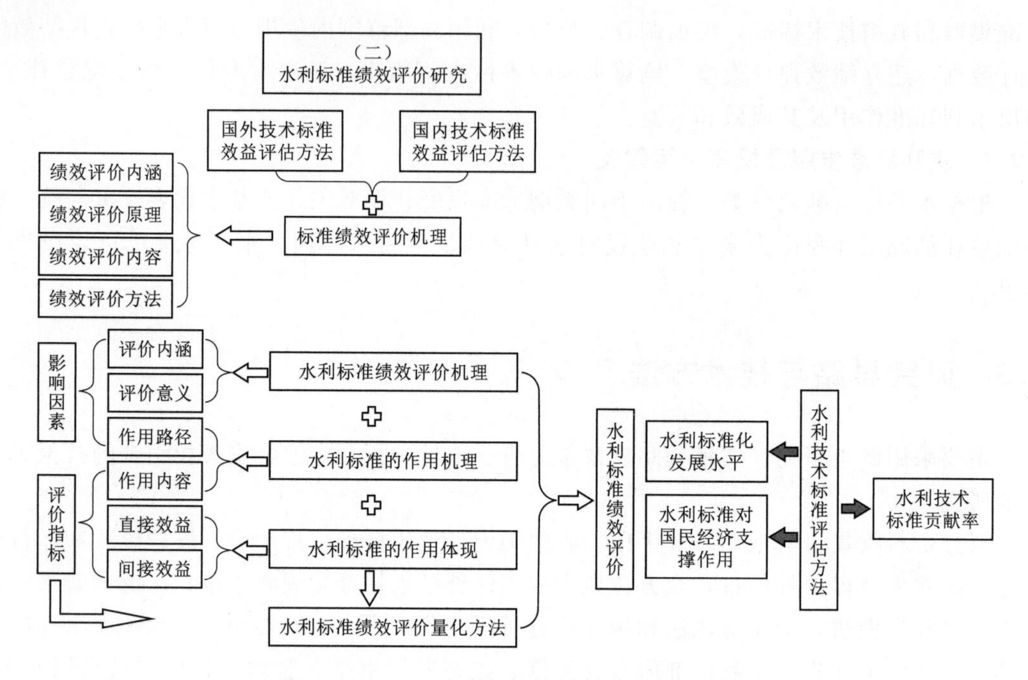

图 1.1（二）　水利标准绩效研究技术路线图

2

水利标准发展历程及现状

追溯“水利”源头，探究水利标准化在历史长河中演化过程，从经验总结凝练、萌生演化雏形、官方权威发布到应用普及发展，蕴藏着中华民族的传统和智慧结晶。水利标准发展历程犹如“水利”一词，绝不是故纸堆里的旧事，五千多年沉淀下来的精华，渊源绵长的水利标准化历史，都会给现代以启示和完全不同的新思路。总结标准化发展阶段显著特点，将水利标准化分为古代标准化和现代标准化两部分，进一步探究不同时期水利标准彰显的作用、做出的贡献。

2.1 水利标准发展历程

2.1.1 “水利”一词的由来及内涵

“水利”一词最早见于战国末期问世的《吕氏春秋》中的《孝行览·慎人》篇，但它所讲的“取水利”是指捕鱼之利。公元前104—前91年，西汉史学家司马迁完成《史记》，其中的《河渠书》是中国第一部水利通史。该书记述了从禹治水到汉武帝黄河瓠子堵口这一历史时期内一系列治河防洪、开渠通航和引水灌溉的史实之后，感叹道：“甚哉水之为利害也”，并指出“自是之后，用事者争言水利”。从此，“水利”一词就具有防洪、灌溉、航运等除害兴利的含义。

由于社会经济技术不断发展，现代水利的内涵也在不断充实扩大。1933年中国水利工程学会第三届年会的决议中曾明确指出：“水利范围应包括防洪、排水、灌溉、水力、水道、给水、污渠、港工八种工程在内。”其中的“水力”指水能利用。进入20世纪后半叶，水利中又增加了水土保持、水资源保护、环境水利和水利渔业等新内容，水利的含义更加广泛。可以概括为“人类社会为了生存和发展的需要，采取各种措施，对自然界的水和水域进行控制和调配，以防治水旱灾害，开发利用和保护水资源。研究这类活动及其对象的技术理论和方法的知识体系称水利科学。用于控制和调配自然界的地表水和地下水，以达到除害兴利目的而修建的工程称水利工程”。[1]

---

[1] 资料来源：《水利百科知识》。

政府对水利重视与否，直接关乎国家的繁荣昌盛与衰退动荡。汉武帝重视修建灌溉渠，尤其把关中水利建设作为重点，国库因此殷实富足，支撑其征讨匈奴的大业；中国历史上多江河之灾，以黄河为例，从周定王五年（公元前602年）到1938年的2540年间，黄河下游有543年发生决口，决口泛滥达1593次，重要改道26次，大迁徙6次。黄河、淮河、长江等重要河流决堤不仅造成了农作物大幅减产，更导致无数家庭家破人亡，流离失所。大批灾民背井离乡，涌入富庶地区，造成社会动荡，甚至引发革命。只有通过水利设施减少水患，政权才能稳定。1950年，淮河泛滥，党中央、国务院高度关注，专门成立了治淮委员会。1951年5月15日，毛泽东专门题词，“一定要把淮河修好”。从此，淮河治理正式步入快车道，取得了巨大进展。

中国水利已从艰苦奋斗建基业、改革开放谋发展、继往开来展宏图，进入到高质量发展绘新篇阶段，技术水平跻身国际前列。200m级、300m级高坝等技术指标均刷新行业记录；大坝工程、水工建筑物抗震防震、复杂基础处理、高边坡治理、地下工程施工等关键技术达到国际领先水平；混凝土浇筑强度、防渗墙施工深度等多项指标创造世界之最。水利工程为我国社会可持续发展提供了大量优质清洁能源，经济、社会、生态综合效益显著，在防洪、拦沙、改善通航条件、水资源综合利用和河流治理、生态环境保护、带动地方经济发展等方面发挥了巨大作用，为护佑江河安澜、人民幸福提供有力保障。

2.1.2 古代水利标准化历史

2.1.2.1 水利法，治国理政，维持社会稳定

在中国古代社会，“天下大治”“长治久安”是历代王朝的治国理想。早期的篆文“治”，由左边的“水”与右边的“台”构成，为“修筑堤坝、疏水防洪”之意。通过人为手段疏通洪水，保持良好的秩序，后又引申为控制和管理之意[1]。治水是审视中国国家治理的一把钥匙，治水与治国之间冥冥之中存在密切联系。

“治国必先治水”，两千多年之前的大一统体制，一以贯之延续到当代，是国防的需要、赈灾的需要和治水的需要。治水有其之道，尧以“堙”和“障”的办法治水，结果水势越壅越高，导致失败。禹确定了“以疏为主、疏堵结合”策略，并取得胜利，主要因为他遵循了水往低处流的客观规律，顺应“道法自然”。

“水”的安危，涉及江山的稳定。“经世之学”“治国安邦之学”，“善为政者，必先治水”，盛世治水，兴修水利，历代强盛的封建政权都把水利事业放在非常重要的位置，不仅投入巨额的人力、物力、财力兴利除害，而且设置各级各类水利管理机构和官员，制定有关法律、法规、规范予以规范与约束各类水事活动。这些法律、法规、规范和管理制度的制定与实施构成了不同时期立法及司法活动的有机组成部分。

中国古代的法家崇尚以法治国。虽然两千多年来法家治国的时间有限，而为了维护社会秩序，法制建设历代相沿不废，水利法是其中之一。在社会发展的初期阶段，生产尚不发达，人们对水的需求也比较有限，自然界的水就像空气一样，人们并不感到缺乏，对水的利用也没有什么限制。而社会发展到一定时期，当自然态的水无法满足要求，当需要修

---

[1] 资料来源：清华大学国情研究院王亚华教授在国情讲坛第42讲“治水70年——理解中国之治的制度密码”。

建工程加以调节时，就出了对水资源的占有和利用的社会问题。而水利工程效益的发挥往往涉及众多人口的经济利益，由于相关方面的利益都是和同一水体联系着，互相间往往存在各种各样的矛盾，因此需要从全局考虑，设立能大体协调各方利益的规则，约束相关方共同遵循。最初表现为惯例，后来人为地把这种惯例用条约的形式确定下来，以加强其稳定性和权威性，这就是水法。

2.1.2.2 水利法规，支撑工程建设

在我国，水利法规在春秋时期已经出现。最初的水利法规多是某个水利门类的单项法规，或附属在国家法律中的有关条款，以后逐步完善。归纳我国古代的水利法规大致可分为综合性法规和专门性法规两类。

综合性法规，如唐代的《水部式》，是现存最早的全国性的水利法规，其规定：渠道上设置配水闸门，闸门要牢固，以控制灌溉时间和水量；闸门有一定规格，并在官府监督下修建，不能私自建造；地势较高的田地，不许在主要渠道上修堰壅水，而只能将取水口向上游伸展；在较小渠道上可以临时修堰拦水，以灌溉附近高处农田；渠道上设渠长，闸上设斗门长，渠长和斗门长负责按计划分配用水。涉及管理方面的内容主要有农田水利管理、水利加工机具管理、航运船闸管理、桥梁津渡管理、渔业管理和城市水道管理等。其中关于灌溉工程的管理为多，又以关中灌区管理内容最为详细。例如，对郑白渠等大型灌区有如下规定：渠系配水工程均应设置闸门；闸门的尺寸应由官府核定；关键配水工程有分水比例；干渠上不允许修堰奎水，支渠上只允许临时筑堰；灌区内各级渠道控制的农田面积要事先统计清楚；灌溉用水实行轮灌，并按规定时间开户闸门，使灌区内田亩都能均匀受益。对灌区管理行政有如下规定：渠道上设渠长，闸上设斗门长，渠长和斗门长负责按计划分配用水。大型灌区的工作由政府派员主持和随时检查；有关州县还需分别选派男丁和工匠轮守关键配水设施。如果灌溉季节工程设施损坏，应及时修理，损坏太多，则由县向州申报，要求派工协助。还规定灌溉管理的好坏作为官吏考核晋升的重要依据。此外，对农业用水、航运用水、水力碾恺的用水矛盾，也作了相应的规定。《水部式》有利于资源的合理利用和水利矛盾的依法解决，使水利工程的运行管理做到了制度化、规范化，促进了水利事业健康发展❶等。它不仅用来衡量是非，而且体现了农田水利管理要义。同时还规定了用水次序，水法的主要经济目标是保证对有限的水资源进行综合利用，以求得最大的经济效益，稳定社会的需要。水法的出现是水利事业发展的重要标志。

专门性法规，如金代的《河防令》，是公元1202年（金代泰和二年）颁布的关于黄河和海河修守的法令，主要是针对防洪问题。主要内容包括河防机构、防洪工程、河防管理等方面的规定，内容所涉及的范围广泛，法律条文是通用性的，不是对特定的某一区或某一工程的具体规定。就灌溉而言，它继承了唐《水部式》《唐六典》的一些原则。《河渠令》颁布于公元1198年（庆元四年），它是《庆元条法事类》一书中的一部分。《庆元条法事类》分门设目，将当时颁行的敕、令、格式。《河渠令》与《河防令》一样，其条文更加有条理，针对普遍性的问题进行立法。《农田水利约束》是北宋熙宁二年（1069年）由中央政府颁发的农田水利政策，又称《农田利害条约》，它是王安石变法的主要内容

---

❶ 资料来源：王永新. 我国古代的水利法规. 治淮，1994（1）：38－39.

之一。《农田水利约束》对促进熙宁年间农田水利的兴修，发挥了重要作用。王安石主导的《农田水利法》实施后，全国各地出现了兴修水利的高潮，北宋一时繁荣昌盛。兴修水利能够减少水患，保证人民群众生命财产安全，客观上成了统治阶级维持社会稳定的手段。

随着水利事业发展的深入，按照不同的服务对象设置不同水利门类的单项法规，如针对江河防洪堤防、农田水利、航运、城市水利和水利施工管理等设置单项法规。如《江河防洪堤防法》，早在西周时期已有有关江河防洪堤防的法令，常常利用堤防作为危害别国的手段。随着长江流域经济开发的深入，自明代中叶，长江大堤修防也开始有系统的管理制度。嘉靖四十五年（1566 年）至隆庆二年（1568 年）荆江知府赵贤主持大修江堤后始立《堤甲法》。

2.1.2.3 法律法规细化，演化成文标准规范

起初水利标准化活动中涉及的问题都局限于朴素的实践活动范围内，一些技术内容有不少方面缺乏科学依据。如《史记》记禹“身为度，称以出”，大禹治水时曾以自己的身长、体重作为长度和重量标准。大部分标准化活动在知识界、手工业者或民间产生，并自发地在有限范围内以言传身教的形式传播。

随着社会的进步，人类社会有目的、有领导、有组织地开展工作，“计量”要求尤为突出。计量标准都是由政府以法律的形式颁布的。一些水利建筑方面的标准大多有官方组织编写，具有法的属性，属于技术法规。如唐代建筑法规《营缮令》，其中有关于堤防条款“诸侯水堤内不得造小堤及人居其堤内外各五步并堤上种榆柳杂树”；《大清会典》中有关水利的条款规定河工物料（木、草、土、石、稭料、绳索、石灰等）的购置、数量、规格；各种工程（堤、坝、埽、闸、涵洞、木龙等）的施工规范和用料，不同季节堤防的修守；河道疏浅的规格和经费，施工用船只和土车的配备；埽工、坝工、砖工、石工和十工的做法、规格和用料；河工修建保险期的规定和失事的赔修办法等。

可以说古代水利标准是在生产劳动过程中产生的，并随着社会分工逐渐形成和发展，随着科技进步而前进，随着自身发展而不断优化。随着水利作用的提升，各水利门类的专项法规和规范也逐渐丰富，它们各有自己的特点，相互之间又有一些联系。《河防通议》是宋、金、元三代（10—14 世纪）治理黄河的工程规范。最初的作者是北宋的沈括，成著于庆历八年（1048 年）。金代都水监又有所增删。元代至治元年（1321 年）沙克什将以上二书删削合并，成为今本《河防通议》，内容共分六部分：概略介绍历代治河利病和黄河水文特征；开支河、堵口、修岸、制作埽工的工程规范，以及水准测量技术；修建各类工程建筑物的用料标准；土方开挖，砌筑石工等工作的定额标准；施工用料和运输定额的有关规定；验收工程量的计算方法。《河防通议》是现代最早的治河工程规范和治河经验总结，对后世治河有重要的指导意义。

2.1.2.4 标准作用突显，支撑社会经济发展

从我国历史上看，之所以重视水利法规及其标准化，是因为一般水利设施的建设和维护，只有通过标准化，才能实现普及化和经验传承，才能兴修大型水利。我国自古以农立国，水利是农业发展的关键，而农业发展水平是统治阶级获得经济利益的关键。如世界级水利工程都江堰现存至今依旧在灌溉田畴，是造福人民的伟大水利工程。都江堰的创建以

不破坏自然资源、充分利用自然资源为人类服务为前提，变害为利，使人、地、水三者高度和谐统一。同时都江堰的“深淘滩，低作堰”的“六字诀”，“逢正抽心，遇弯切角”的“八字格言”，以及“深淘滩，低作堰，六字旨，千秋鉴，挖河沙，堆堤岸，砌鱼嘴，安羊圈，立湃阙，凿漏罐，笼编密，石装健，分四六，平潦旱，水画符，铁椿见，岁勤修，预防患，遵旧制，勿擅变”的“三字经”，总结、归纳都江堰的治水法则，形成了优秀的标准化模式，被视为技术层面、管理层面和操作层面的规程规范，代代相传。这些水利成功杰作、标准化典范，用两千多年的鲜活生命与伟大功勋诠释了人水和谐是水利可持续发展的必备条件。

2.1.3 现代水利标准化发展

两千多年之前的大一统体制，一以贯之延续到当代，不仅能够在古代社会发挥治理效能，而且经过转型升级还能够适应现代治理的需要。中国古代传统治水主要是水利工程建设和管理，是国防的需要、赈灾的需要和治水的需要。现代治水内容日益多元丰富。现代治水需要支撑现代经济增长和现代社会运行，出现了越来越多的具有分布式特征的问题，并且治理过程与老百姓密切相关。当代的水利标准化不仅是出于经济利益、安全利益的考虑，更是对人们日常生活起居和工作生产的责任，比如饮用水标准、水利工程标准、防火标准和血防标准等，不仅规范水利工作，还保障广大人民的生命、财产等根本利益。

我国现代水利标准化工作正式起步于中华人民共和国成立初期，随着不同时期社会经济发展中心任务的需要，不断发展壮大。改革开放以后，我国水利建设思路更加清晰，行动更加迅速。比如提出了实行山、水、田、林、路综合治理的思路，完成了黄河小浪底水库和三峡工程的论证并开工建设。随着水利建设发展，水利标准化需求不断涌现，现代水利标准化从无到有，到持续发展，水利标准化序幕徐徐拉开。水利工程建设标准作为国家工程建设标准的重要组成部分，在国家工程建设标准化发展进程引领下，经历了以下几个阶段。

2.1.3.1 20世纪50—60年代起步阶段

1949年中央财政经济委员会技术管理局设立标准规格化处，产品标准和工艺标准采用苏联的标准。早在民国三十年（1941年），我国经济部中央水工试验所出版了《水文测验规范》。1957年国家科技委标准局成立，负责全国标准化工作。1962年国务院发布我国第一部标准化管理法规《工农业产品和工程建设技术标准管理办法》。1963年确定国家标准、部标准和企业三级标准体系，当时标准主要是与工业生产有关的产品标准和工艺过程标准。我国标准化工作在探索中逐渐起步。计划经济时期的标准作为政府组织进行生产的主要技术依据，充分发挥了在那个时代所能发挥的积极作用。

水利标准主要以学习借鉴苏联的国家标准。1954年我国翻译了苏联的关于电站部分的标准；1956年8月，水利部在1948年发布的《水文计算简明手册》基础上完成《水文测站暂行规范（第一至第六册合订本）》编著任务，其内容包括基本规定，勘探及设站，普通测量工作，水位、冰情、水温等的观测，流量测验，悬移质输沙率及含沙量测验。同年翻译了《灌溉渠道设计规范》；1957年翻译了《设计河川水工建筑物时最大流量计算规范》；1959年翻译了《水工建筑物混凝土和钢筋混凝土结构设计规范》；60年代开始，结合水利水电建设实践不断总结经验，逐步制定了一些符合我国国情的设计和施工技术标准规范，但远远不能满足水利水电建设发展的需要。

2.1.3.2 70—80年代探索发展阶段

我国改革开放以来，国家加强了标准化工作的领导，1978年成立国家标准总局，标准化管理体系和法律体系逐步完善，并发布了一系列标准化方针、政策和技术法规，如1979年7月，国务院颁发的《中华人民共和国标准化管理条例》明确规定，标准一经发布就是技术法规，必须严格执行。1979—1988年，全部是政府标准，也就是强制性标准。1988年《中华人民共和国标准化法》颁布，标志我国标准化工作进入新的历史阶段。特别在经济转型时期，标准作为政府治理市场失序、无序和贯彻国家质量方针的有效手段。

水文测验是水文计算、水文预报、水资源分析等工作的基础，1975年原水利电力部出版了《水文测验手册》得到广泛应用，更加科学、规范地指导技术人员开展水文工作。1979年2月23日第五届全国人大第六次会议决定撤销水利电力部，分别设水利部和电力工业部。水利水电标准除国家标准外，以部标SD（SDJ）、行业标准SL（SLJ）等形式发布。以SL代码发布的第一批标准即为电力工业部和水利部联合发布的“关于颁布试行《水利水电工程钻孔抽水试验规程（试行）》《水利水电工程岩石试验规程》和《水利水电钻探规程》的通知”[（81）电水字第9号、（81）水规字第15号]，采取了两套标准编码：（DLJ 203—81、SLJ 1—81）《水利水电工程钻孔抽水试验规程（试行）》；（DLJ 204—81、SLJ 2—81）《水利水电工程岩石试验规程》；（DLJ 205—81、SLJ 3—81）《水利水电钻探规程》。

1982年，机构改革将水利部和电力工业部合并设水利电力部，截至1987年水利电力部先后制（修）订和发布了涉水的国家标准累计25项左右，部标累计115项左右，有力地推动了水利生产建设和管理，促进了水利科学技术进步和工程建设经济效益的提高。

1988年4月，七届人大一次会议通过了国务院机构改革方案，确定成立水利部。1988年6月年水利部和能源部联合发布行业标准SLJ 01—88《土石坝沥青混凝土面板和心墙设计规范》，即采用了SL水利标准代码。

随着机构改革的逐步到位，于1988年7月22日水利部重新组建，之后以水利行业标准代码SL，单独发布水利行业标准。如1988年10月发布的SLJ 03—88《橡胶坝技术指南》。同时1988年《中华人民共和国标准化法》和《中华人民共和国标准化法实施条例》颁布，工业产品、工程建设和环保是重点领域，确立了国家、行业、地方和企业四级体系，标准分为强制和推荐性两类。

2.1.3.3 90年代进入全面发展阶段

进入21世纪，科技部正式将标准作为我国科技发展三大战略之一，标准的重要作用越来越得到社会各界的高度肯定与广泛关注，2001年国务院组建中国国家标准化管理委员会，我国标准化工作进入了全面发展阶段。在市场经济体制下，标准的作用更是得到极大提升，在保障市场经济秩序、保护消费者安全与利益以及促进国家社会经济发展中起到了关键作用。

水利标准自成体系已初具规模。1994年发布了第一版《水利水电技术标准体系表》，作为标准化工作的中长期规划和年度计划依据。有473项标准纳入体系，其中171项已颁布实施。随着水利标准化事业的蓬勃发展，2001版标准体系达到615项，其中已颁标准达347项。2002年水利标准化实施“三五工程”计划（即用五年时间，投资五千万，安排五百项标准项目）以后，水利技术标准得到了迅猛发展，2008 版水利技术标准体系已发展到 942 项，其中已颁标准达 399 项，标准化对象已由传统的水文、工程勘测、设计、施工等扩大到工程建设管理、节水、水资源保护、水土保持、信息化等，基本覆盖了现代水利建设的主要技术领域，为水利现代化建设提供了强有力的支撑保障。

2.1.3.4 21 世纪至今创新进取阶段

2015 年国务院《深化标准化工作改革方案》，确立了政府标准和市场标准。强制性标准只设国家标准一级，鼓励市场标准，即团体标准与企业标准。同时国务院办公厅印发《国家标准化体系建设发展规划（2016—2020 年）》。2017 年《中华人民共和国标准化法》（以下简称《标准化法》）确定了“政府＋市场”两类标准的新格局，明确了市场在标准化资源配置中起决定性作用，以及更好发挥政府作用。新《标准化法》建立了政府主导制定的标准和市场自主制定的标准协同发展和协调配套的新型标准体系。所以说，中国标准实现了三个历史性转变：标准由政府一元供给向政府与市场二元供给的转变；标准化由工业领域向一、二、三产业和社会事业全面拓展的转变；国际标准由单一采用向采用与制定并重的转变。水利标准化在标准化改革浪潮中，也显现出了其独特的作用。

在修订 2008 版《水利技术标准体系表》、编制 2014 版《水利技术标准体系表》时，实行“三倾斜”：向最严格的水资源管理制度、民生水利、公共安全与生态健康方面的公益类标准倾斜；向术语、制图等基础类标准倾斜；向能提出关键技术要求和指标、定性准确、定量可靠的标准倾斜。有 788 项标准被纳入 2014 版《水利技术标准体系表》。截至 2019 年 12 月，水利技术标准已达 925 项，充分体现出标准化理念的重大转变，由建设型转向治理型，如在水资源保护方面，加强水功能区管理，严格管好饮用水水源，更加注重水资源开发、配置、调度中的生态问题，在应对水资源短缺方面，不仅要提高标准质量，完善标准体系，更要以计量测试技术的发展为前提，结合产品认证等工作，促进社会公平正义，全面建设节水型社会，开展取用水计量，推进水资源质量计量认证等工作，完善社会管理，促进经济社会发展与水资源承载力和水环境承载力相协调，强化饮用水源保护监督管理、完善水源地水质监测、科学核定水域纳污能力、强化节水考核管理，强化水资源的配置、节约和保护，明确水资源开发利用红线，严格控制入河排污总量，坚决遏制用水浪费，制定用水定额、水源地保护、入河污染物排放定额等标准。实施水资源管理和保护制度，严格水资源论证、取水许可、节水管理和水功能区管理，如补充了水生态文明城市评价指标体系，9 项高耗水行业系列建设项目水资源论证导则，节水型灌区、工业园区、机关、学校等评价导则等，充分体现了水利标准化在经济社会发展中担当作为。在村镇供水方面，发布的系列标准有效保障了农村饮水安全工程建得成、管得好、用得起、长受益。通过组织质量监督抽查，节水灌溉材料设备市场合格率大大提高，目前已达到 90%。在防洪减灾非工程措施方面，做好防灾减灾综合调度，加强预案、预报、预警标准编制及相应的建设，健全保障体系，强化应急管理，都需要加强水利工程调度规程等技术标准的编制实施，在治水中尊重自然规律，以科学技术指标的标准为依据，合理利用雨洪资源，给洪水以出路。在水土保持生态建设方面，在有关预防、监督和治理的各个环节，都需要有严格、适用的标准，以充分发挥大自然的自我修复能力。

新修订的《标准化法》赋予团体标准法律地位。2017 年 12 月，原质检总局、国家标准委、民政部联合印发《团体标准管理规定（试行）》，规定团体标准是依法成立的社会团体为满足市场和创新需要，协调相关市场主体共同制定的标准。中国水利学会作为第一批 12 家团体标准试点单位，成为水利行业第一家开展团体标准工作的单位。截至 2019 年年底，中国水利学会、中国水利水电勘测设计协会、中国水利工程协会、中国水利企业协会、国际小水电联合会等水利行业单位成为试点单位。政府主导制定的标准与市场主导制定的标准共同构成新型标准体系，目前已发布水利团体标准 50 余项，发挥了重要作用，如由中国水利学会发布的团体标准 T/CHES 18—2018《农村饮水安全评价准则》，被水利部、国务院扶贫办和国家卫生健康委员会发文采信，为各省份脱贫攻坚农村饮水安全精准识别、制定解决方案和达标验收提供有力的技术支撑。

水利标准从无到有，从有到优，由政府主导向政府与市场多元转变，由水利建设向社会公益事业拓展。水利技术标准体系得到了不断发展和优化，水利团体标准大量涌现，不仅不断满足水利发展、技术创新活跃以及市场快速需求、快速创新。同时为水利经济提供了有利技术支撑。

2.2 水利标准现状大数据分析[❶]

2.2.1 历年发布的标准

按标准发布年代号进行统计，截至 2020 年 6 月，水利职能范围内的水利水电标准累计达到 1563 项，统计见图 2.1。

从现存的文本可以查询到，1956 年翻译苏联的《水文测站暂行规范》（无编号），以此为起点，从《水利技术标准体系表》历次版本追溯可获悉水利标准发布情况。1975 年 4 月中华人民共和国水利电力部编著的《水文测验试行规范》（无编号），是统一全国水文测验技术标准，保证资料质量所必须遵循的规定。1977 年 11 月 23 日发布的部标 SDJ 11—1977《水利水电工程水利动能设计规范》。1980 年之前以 SD（SDJ）部标为主，第一个小高峰为 1978 年，达到 13 项，正值标准起步期；1979 年 7 月 31 日国务院颁布的《中华人民共和国标准化管理条例》中明确规定，部标准应当逐步向专业标准过渡。1980 年之后 SL 水利行业标准开始登上标准化舞台，1981 年以 SL 代码发布行业标准。1982 年水电部提出并获批了 7 项国家标准，主要是大坝监测类的标准。1988 年水利标准迎来第二个高峰，达到 38 项，水利国家标准也出现了一个峰值，达到 13 项，契合了《标准化法》的颁布；1988 年水利部成立后，水利标准化进入全面发展阶段，1995 年迎来第三个高峰期，达到 80 项；之后几年除 1997 年出现一个小高峰（达到 39 项）外，年度标准发布数量较为稳定，直到 2006 年、2007 年、2008 年又出现了突飞猛进态势，体现出实施水利标准化“三五工程”4 年后（一个标准编制周期）的初见成效，2014 年达到最高峰，达到 109 项，说明“三五工程”计划得以实现。从图 2.1 中也可看出标准发布数量呈现周期性正态分布态势，与水利标准的制修订周期以及标龄大致相符。

---

❶ 本节中的内容是基于 2019 年 8 月水利部组织相关单位对 855 项水利技术标准实施效果评估，中国水利水电科学研究院开展调查评估的结果。

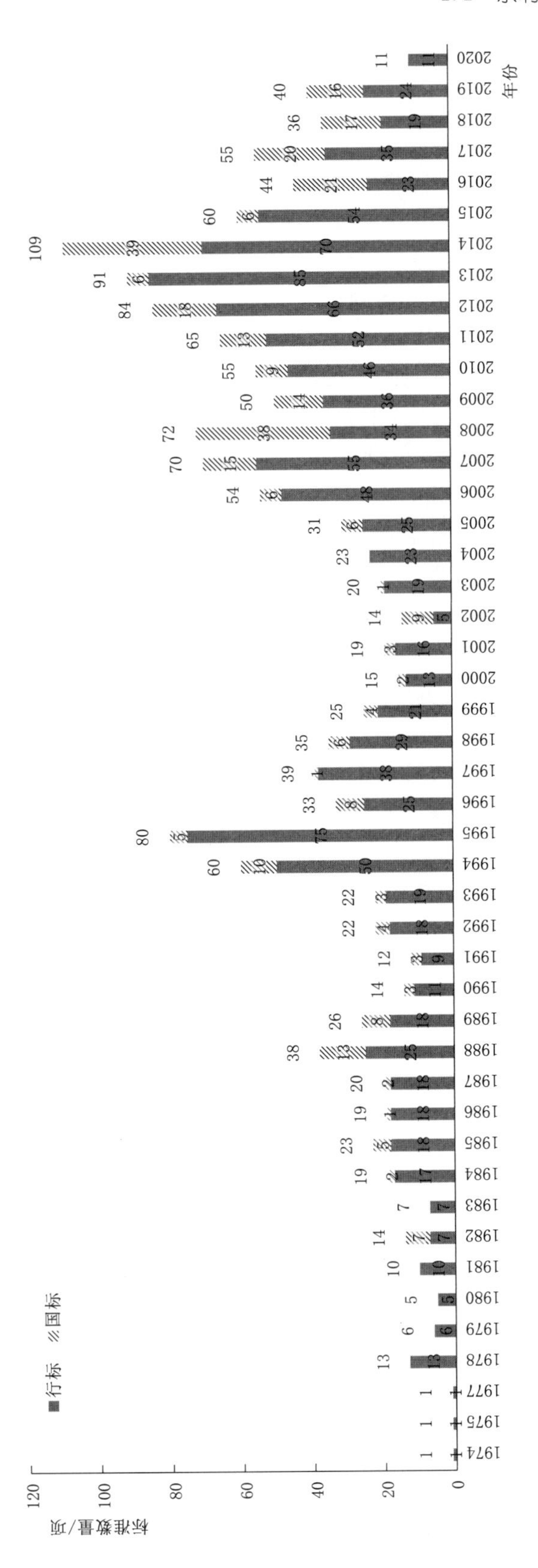

图 2.1 水利职能范围内历年发布的水利水电标准

2.2.2 水利标准总体数量

水利行业标准代码是SL，编号按流水排序号加发布年代号而定。按标准编号追踪现行有效水利标准，截至2020年6月1日，现行有效水利国家标准和水利行业标准共874项，如图2.2所示。其中工程建设行业标准361项，非工程建设行业标准513项。

(1) 水利现行有效行业标准642项。水利行业标准SL编号顺序码已编至795号，其中不含子标准的有759项，空号36个（由于某种原因在编制或批准发布过程中被终止，或正在办理发布手续等)。另外，系列标准58项共14个编号，标准编号重号1项，使水利行业包括子标准的标准总数达804项，除去行业标准升国家标准30项、被废止的100项、被其他标准替代的41项，现行有效行业标准633项。加上SD、JJG（水利)、HJ其他编号9项，现行有效水利行业标准共计642项。其中工程建设行业标准302项，非工程建设行业标准340项；体系内512项，体系外130项。

(2) 水利现行有效国家标准232项。由水利部提出并组织编制的国家标准，直接编制国家标准的220项，行业标准升国家标准的30项，SD、SDJ、CCJ升国家标准的5项(对应14项国家标准编号)，合计265项。除去非水利职能的3项、废止的7项，被替代的23项，水利现行有效国家标准232项，其中工程建设标准59项，非工程建设标准173项；体系内131项。体系外101项。

(3) 被废止标准109项。其中，被废止的国家标准7项，行业标准102项（2项被废止后又被替代)。

(4) 被其他标准替代的64项。其中，国家标准被替代的23项，行业标准被替代的41项（其中，SL 11、SL 12被水利部2006年第6号公告废止后，又被SL 433替代)。

2.2.3 标准体系现状

(1) 体系规划完成情况。按照2014版《水利技术标准体系表》，规划标准数为788项，截至2020年6月体系内现行有效的水利技术标准643项，体系规划已完成标准达81.6%，其发布年代分布见图2.3。

(2) 专业及功能分布情况。2014版《水利技术标准体系表》专业门类与水利政府职能和施政领域密切相关，包括水文、水资源、防汛抗旱、农村水利、水土保持、农村水电、水工建筑物、机电与金属结构、移民安置、其他，其分布数量见图2.4；功能序列包括三大类、十九小类，反映了国民经济和社会发展所具有的共性特征，分布见图2.5。

2.2.4 标准适用范围

水利技术标准按照目前标准体系分水文、水资源、防汛抗旱、农村水利、水土保持、农村水电、水工建筑物、机电与金属结构、移民安置、其他等专业门类。由于各专业门类标准规范对象差别较大，故适用范围也不同。

(1) 水文。水文专业门类标准适用于水文站网布设、水文监测、情报预报、资料整编、水文仪器设备等方面，包括通用、安全、勘测、规划、设计、施工与安装、验收、运行维护、评价、仪器、设备、材料与试验、监测预测、计量、信息化类标准。水文通用类标准普适性较高，应用较广。如GB/T 50095—2014《水文基本术语和符号标准》，应用于水文工作中各个环节，常见于工程规划、设计、施工、工程管理、产品生产检测及科学研究等。水文评价、监测预测、设计、施工、验收、计量、信息化类标准专用性较强，作

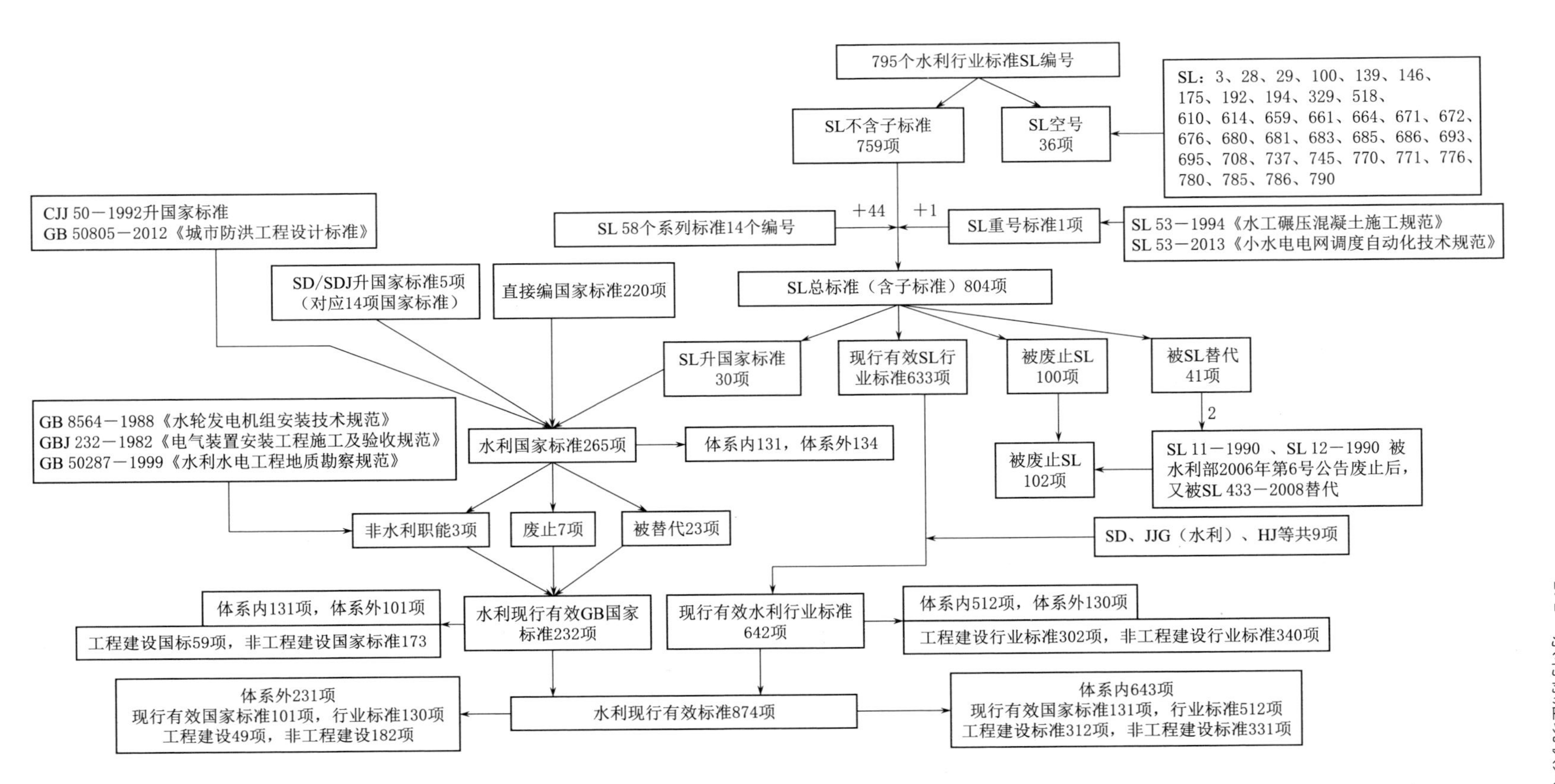

图 2.2 利用标准编号追踪水利标准

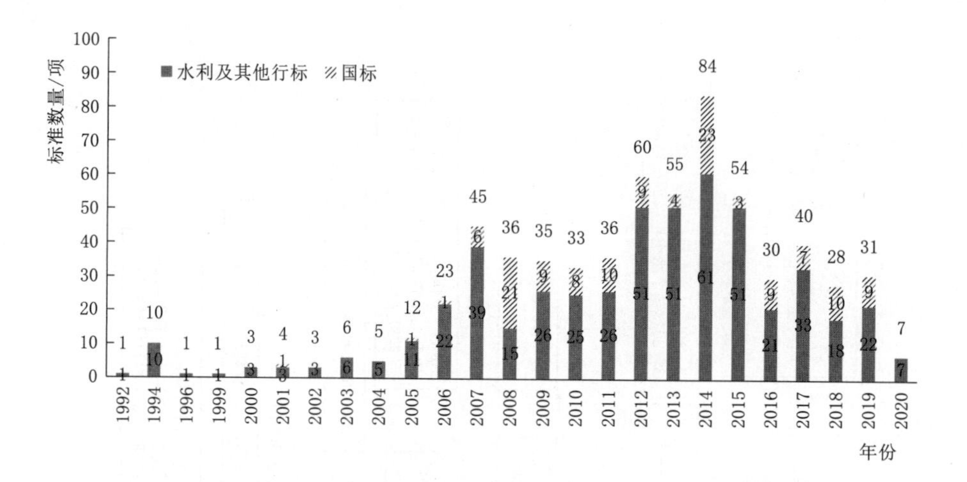

图 2.3 水利现行有效标准发布年代分布

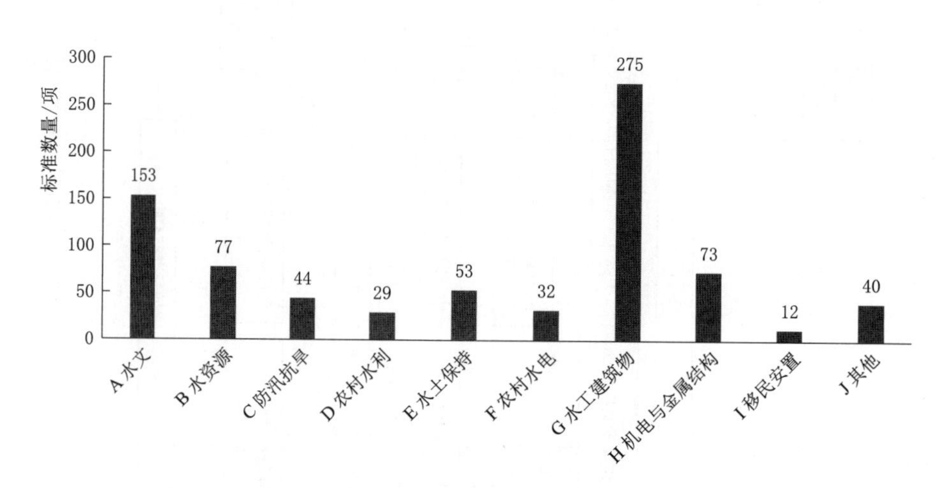

图 2.4 2014 版体系表体系专业门类结构统计图

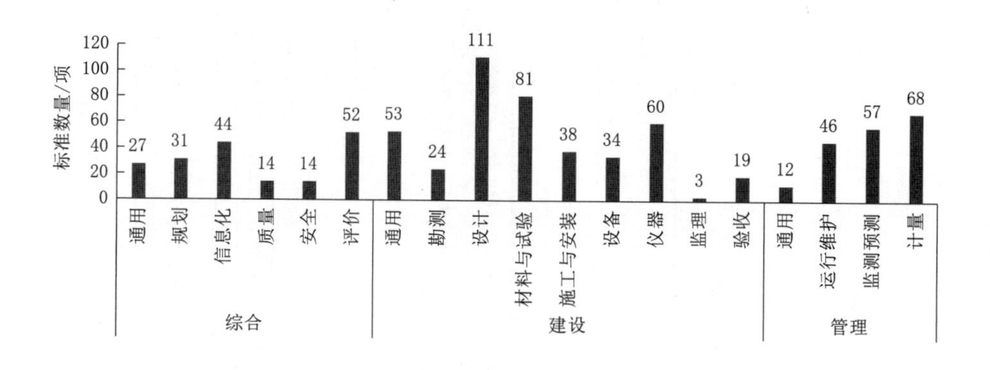

图 2.5 2014 版体系表体系功能序列结构统计图

为开展与评判具体技术工作的重要依据。

（2）水资源。水资源专业门类标准适用于规范水资源规划、水资源论证、非常规水资源利用、地下水开发利用、水源地保护、水生态系统保护与修复、水功能区划与管理、节水等方面，主要包括通用、规划、设计、评价、监测预测、计量类标准。评价类标准主要用于规范各类建设项目水资源论证、水功能区水质评价、河湖健康评价等方面，如 SL 763—2018《火电建设项目水资源论证导则》适用于不同类型、不同规模的新建、改建和扩建火电建设项目水资源论证。

（3）防汛抗旱。防汛抗旱专业门类标准适用于规范防洪、排涝、洪水调度、河道整治、水旱灾情评估、预案编制、山洪、凌汛、堰塞湖等方面，主要包括通用、规划、评价、设计、运行维护、监测预测类标准。运行维护类标准主要应用于洪水调度、水库调度、蓄滞洪区运用、山洪灾害防御等方案或预案的编制。如 SL 596—2012《洪水调度方案编制导则》主要用于流域或区域洪水调度方案的编制。监测预测类标准主要用于山洪灾害调查和河流冰情观测。如 SL 59—2015《河流冰情观测规范》主要用于河流、输水渠道的冰情观测以及水文测站建设等方面。“黑龙江冰情预报及灾害防治研究”中观测站建设和观测部分应用了本标准，南水北调中线冰期输水观测应用了该标准。

（4）农村水利。农村水利专业门类标准适用于规范农田水利灌溉排水、村镇供排水等方面，主要包括通用、规划、设计、验收、材料与试验、评价、运行维护、设备、监测预测、信息化类标准。通用类标准主要应用于灌区改造、节水灌溉、农田排水、村镇供水等工程技术方面，如 GB/T 50363—2018《节水灌溉工程技术标准》是节水灌溉领域综合性纲领性标准，规范规定了节水灌溉的术语、灌溉水源开发利用原则、各类灌区及各种节水灌溉型式下的灌溉水利用系数、各种节水灌溉型式的灌溉技术要求，除水利外，园林绿化、畜牧饲料种植等方面的灌溉工程建设也采用该标准。

（5）水土保持。水土保持专业门类标准适用于规范水土保持监测、水土流失治理、水土保持植物措施、水土保持区划、水土流失、重点防治区划分等方面，主要包括通用、勘测、设计、质量评定、监理、验收、监测预报类标准。通用类标准主要用于生态清洁小流域建设、水土流失监测小区建设以及各类地区水土流失综合治理方面，如 SL 534—2013《生态清洁小流域建设技术导则》被应用于北京市门头沟湫河沟小流域治理工程、东北黑土区水土流失综合防治工程、南方红壤侵蚀区生态清洁小流域评价研究等。

（6）农村水电。农村水电专业门类标准适用于规范农村电气化、小水电建设、农村电网等方面，包括通用、规划、设计、施工与安装、安全、验收、运行维护、评价、材料与试验、设备类标准。施工安装类标准 SL 172—2012《小型水电站施工技术规范》被应用于乌干达共和国 Mitaano 7MW 水电站项目、河南省出山店水库小水电站项目、河南省前坪水库工程小水电站项目、泽城西安水电站项目、溯头水电站项目和楚雄大湾水电站项目。

（7）水工建筑物。水工建筑物专业门类标准适用于规范与基础工程、水库大坝、堤防、水闸、泵站和其他水工建筑物有关的勘测、规划、设计、施工与安装、质量、监理、验收、运行维护、评价、材料与试验、设备、仪器、监测预测、信息化等方面。勘测类标准主要应用于各类水利工程的地质勘察、观测、测绘、物探、钻探等方面。如 SL 629—2014《引调水线路工程地质勘察规范》广泛应用在大型引调水线路工程地质勘察工作。设计类标准主要应用于各类水利工程的工程设计、安全监测设计、施工组织设计、抗震设计、抗冰冻设计等方面。如 SL 319—2018《混凝土重力坝设计规范》应用案例包括古贤水利枢纽、黄藏寺水利枢纽、山西垣曲抽水蓄能电站工程、湖南省椒花水库工程等。

(8) 机电与金属结构。机电与金属结构门类标准适用于规范水利工程中水轮机、闸门、压力钢管、启闭机、起重机、搅拌机、节水产品、水泵等的设计、制造、安装、检验检测、试验、监理及验收等方面。如 GB/T 21717—2008《小型水轮机型式参数及性能技术规定》在广东省乳源县泉水电厂增效扩容改造、浙江省天台县里石门电站增效扩容改造等工程中应用，根据本标准优化水轮机转轮，提高了水轮机效率，取得了较好的效果。SL 668—2014《水轮发电机组推力轴承、导轴承安装调整工艺导则》应用于越南白上电站、马来西亚 SG Benus MHP、广西贺州夏岛水电站等机组的设计中。

(9) 移民安置。移民安置专业门类标准适用于移民规划、征地、安置等方面，包含规划、设计、验收、评价等方面的标准。验收标准主要应用于水利水电工程移民安置验收，如 SL 682—2014《水利水电工程移民安置验收规程》对加强水利水电工程移民安置验收管理，规范验收行为，为《大中型水利水电工程建设征地补偿和移民安置条例》(国务院令第 471 号) 的有效实施提供了技术依据。

(10) 其他。其他专业门类标准主要适用于基础、通用方面，包含术语、符号、制图、综合性标准及分类、编码、代码、信息采集、传输、交换、存储、处理、地理信息等标准，也应用于部分调查普查、论证、认证、许可、资质考核方面工作。如 SL/Z 351—2006《水利基础数字地图产品模式》主要应用于各种类型水利基础数字地图产品规范的制定、产品的研制与生产，水利类电子地图、地理信息系统的展示平台等。全国蓄滞洪区信息管理系统中数字地图产品均根据此标准来组织水利基础数字地图，然后叠加蓄滞洪区专题信息，形成最终蓄滞洪区专题图。SL 574—2012《水利统计主要指标分类及编码》主要适用于水利行业和有关单位的水利统计数据处理与交换，具体应用在各级水利机构水利统计年报、流域机构基础数据库建设、全国河湖普查、全国水利普查等工作。

2.2.5 标准使用对象

(1) 应用主要对象。2019 年 8 月水利部组织相关单位对 854 项水利技术标准实施效果进行评估，据调查问卷统计结果，整体使用单位如图 2.6 所示，设计单位使用标准最多，其次是科研院所、工程管理部门、大专院校、施工企业，这些单位是标准应用大户，占比超过 66%。

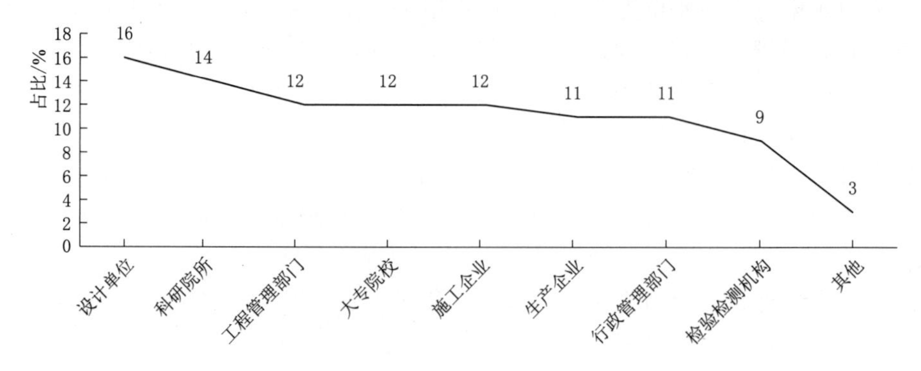

图 2.6 标准使用单位占比排序

（2）专业标准应用对象。据 2019 年 8 月调查问卷统计结果，854 项水利技术标准按专业标准划分，其用户分布统计情况如图 2.7。从相应的图中即可发现各专业标准服务主要对象和应用领域。

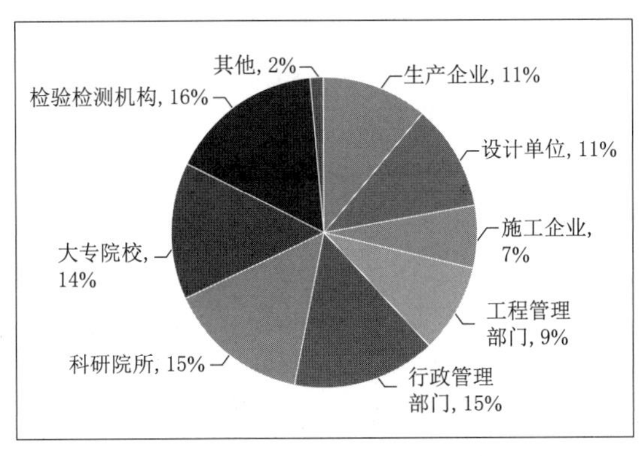

（a）水文专业

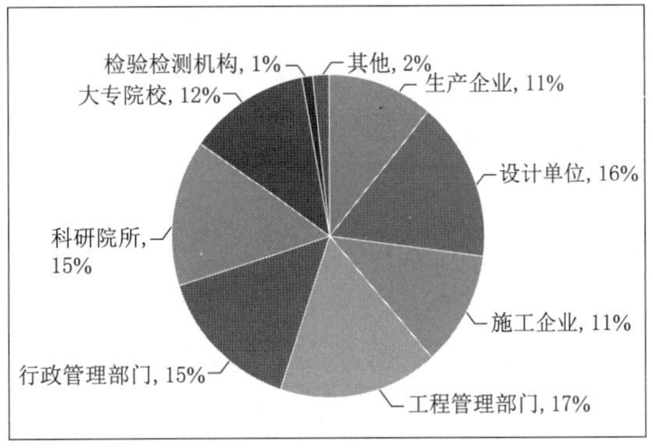

（b）防汛抗旱

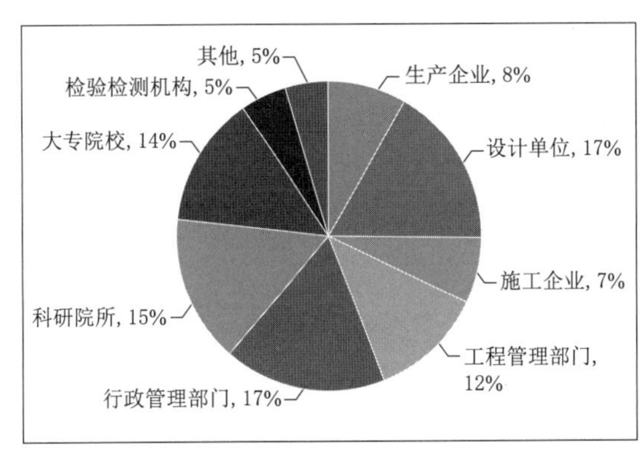

（c）水资源专业

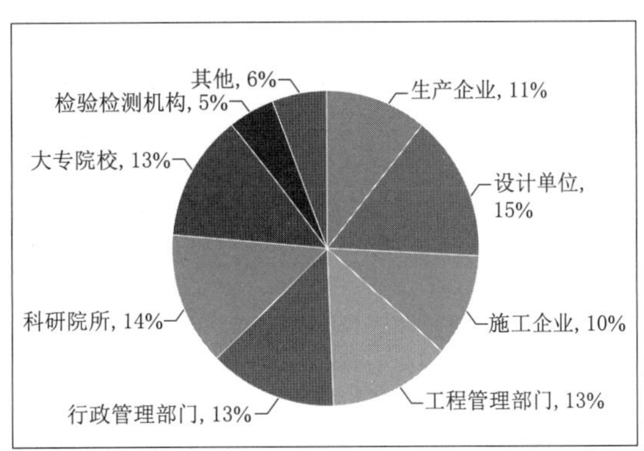

（d）水土保持

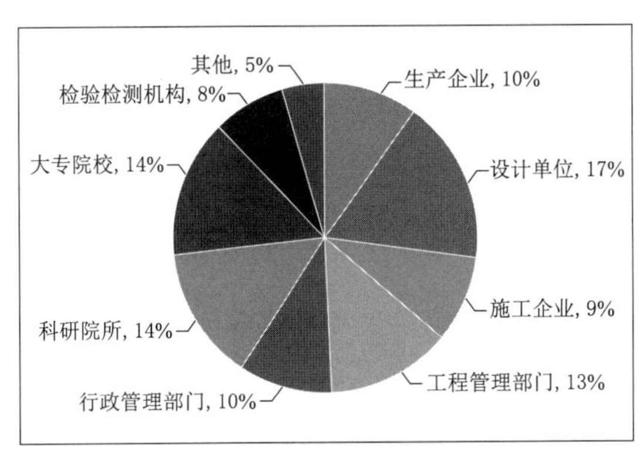

（e）农村水利

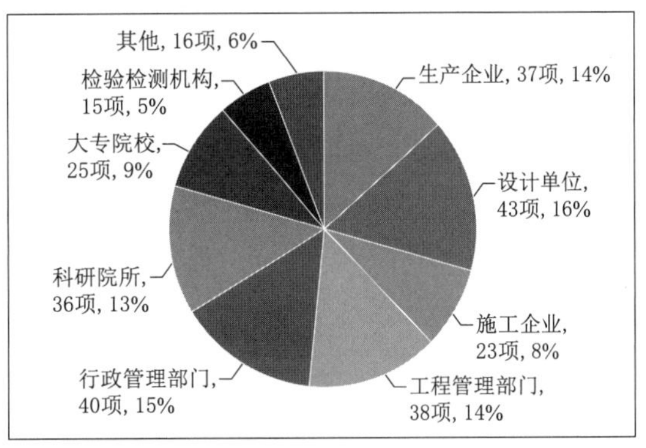

（f）农村水电

图 2.7（一）　各专业标准用户分布统计情况

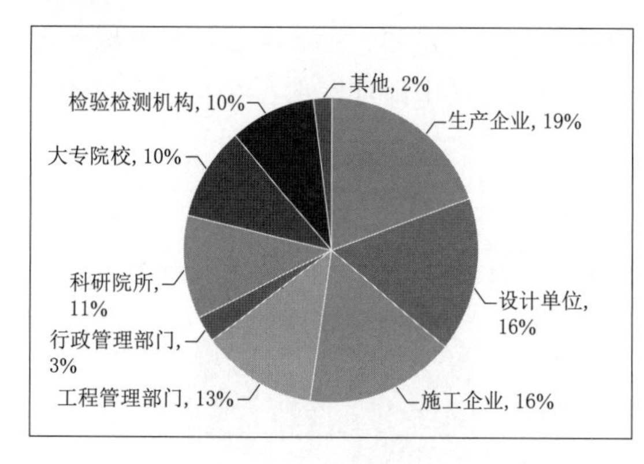

(g) 机电与金属结构

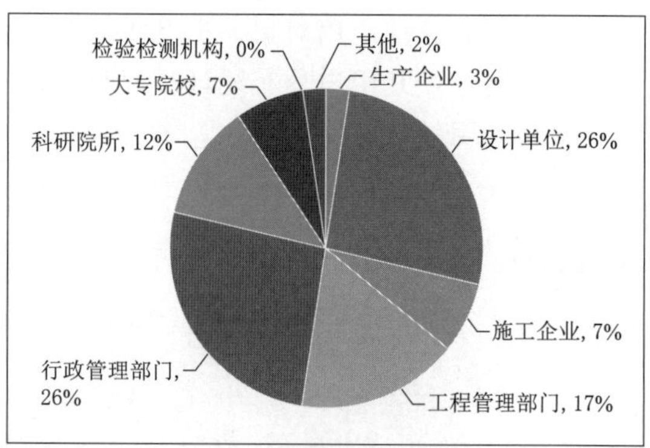

(h) 移民安置

图 2.7（二） 各专业标准用户分布统计情况

各专业标准使用最多（排名在前四名）的单位见表 2.1。从表 2.1 中即可看出，该专业标准的服务对象超半数以上的单位性质。

表 2.1 排名前四名的使用单位

专业标准	使用单位（前四名）				占比/%
水文	检验检测机构	行政管理部门	科研院所	大专院校	60.6
水资源	行政管理部门	设计单位	科研院所	大专院校	63.3
防汛抗旱	工程管理部门	设计单位	行政管理部门	科研院所	62.3
水土保持	设计单位	科研院所	行政管理部门	工程管理部门、大专院校	68.3
农村水利	设计单位	大专院校	科研院所	工程管理部门	58.8
农村水电	设计单位	行政管理部门	工程管理部门	生产企业、科研院所	71.06
水工建筑物	设计单位	施工企业	科研院所	工程管理部门	57.5
机电与金属结构	生产企业	设计单位、施工企业	工程管理部门	科研院所	75.9
移民安置	设计单位	行政管理部门	工程管理部门	科研院所	81.0

2.2.6 标准管理模式

（1）运行管理模式。以行政管理为主线、技术支撑为辅线的水利标准化管理体制基本形成。部机关相关司局和重点直属单位明确了管理机构，配备了专门的管理人员。水利标准化管理严格执行《水利标准化工作管理办法》，其管理过程和管理模式可用 PDCA 循环图表示，见图 2.8。突出了水利标准化工作的政府主导地位，综合考虑各方利益和需求，融入了风险管理理念，强化标准编制和实施的过程控制，记录档案规范化，充分发挥调控作用，体现了质量管理体系管理理念，与国际管理模式接轨。

（2）主持机构标准情况。根据水利部新的“三定”方案，标准主持机构及标准归属数量和占比情况见表 2.2（按照标准数量排序）。从表 2.2 可以看出，被调查的 854 项标准中，水文局主持的标准占比最高，达 19.9%，体现了水利主导的专业标准。

2.2.7 主编单位类型及标准贡献

（1）主要标准编制单位。根据单位性质，将 854 项标准按主编单位（第一主编）进行划分，其完成标准数量及其占比情况见图2.9。科研院所、行政管理部门、设计单位以及安全监测/检测单位是标准编写的主力军，完成94.7%的编写任务。其中科研院所最多，占33.2%，其次是行政管理部门占26.2%、设计单位占18.9%、安全监测/检测单位占16.5%。

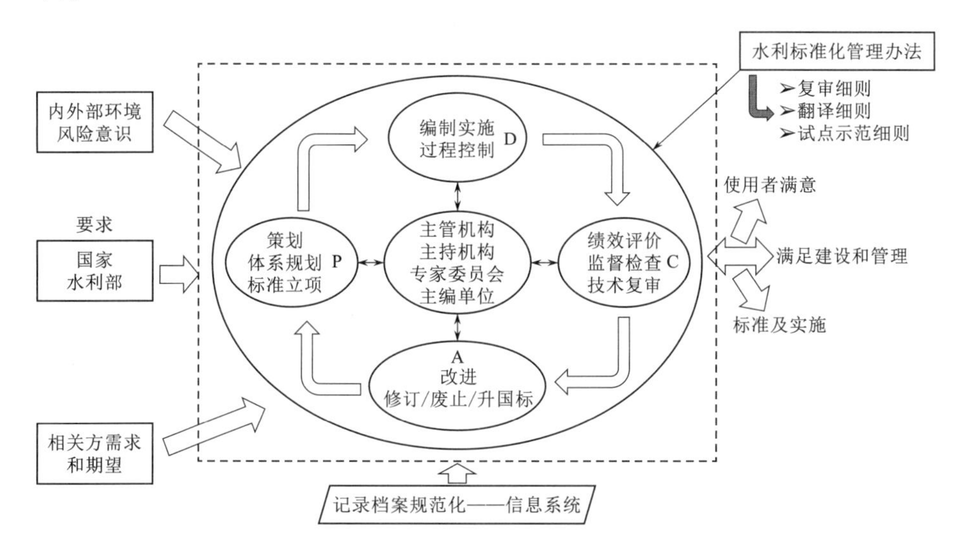

图2.8 标准化管理PDCA循环图

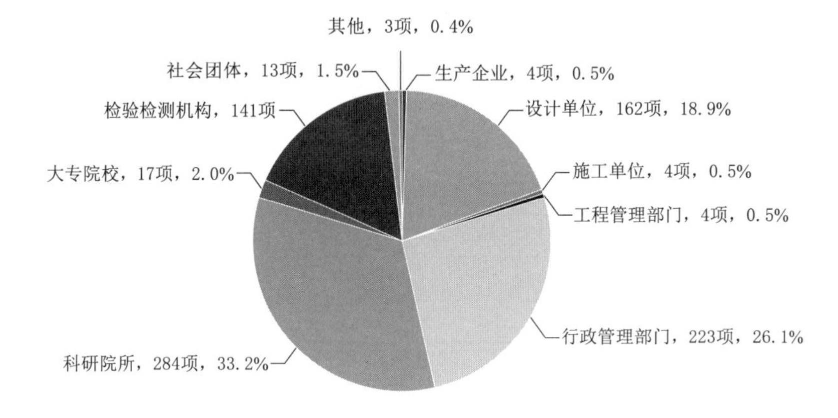

图2.9 主编单位类型分布图

表2.2 水利标准主持机构主持的标准

序号	主持机构	标准数量/项	占比/%	序号	主持机构	标准数量/项	占比/%
1	水文司	170	19.9	6	网信办	58	6.8
2	水规总院	163	19.1	7	水保司	50	5.9
3	农水水电司	111	13.0	8	水资源司	27	3.2
4	综合局	99	11.6	9	运管司	23	2.7
5	建设司	90	10.5	10	防御司	21	2.5

续表

序号	主持机构	标准数量/项	占比/%	序号	主持机构	标准数量/项	占比/%
11	规计司	12	1.4	16	审计室	2	0.2
12	监督司	8	0.9	17	办公厅	1	0.1
13	全国节水办	6	0.7	18	财务司	1	0.1
14	国科司	5	0.6	19	河湖司	1	0.1
15	移民司	5	0.6	20	政法司	1	0.1

（2）贡献较大的主编单位。2019年8月调查结果，854项水利标准按照第一主编的标准数量进行排序，前20名的主编单位完成75.2%的水利标准。其排序和完成标准占比情况见表2.3，从表2.3即可得出主编单位对水利标准的贡献。

表2.3　　排名前20的主编单位及标准贡献

序号	主 编 单 位	标准数量/项	占比/%
1	中国水利水电科学研究院	142	16.6
2	水利部水文仪器及岩土工程仪器质量监督检验测试中心	77	9.0
3	水利部水利水电规划设计总院	63	7.4
4	南京水利科学研究院	44	5.1
5	中国灌溉排水发展中心	38	4.4
6	长江勘测规划设计研究有限责任公司	35	4.1
7	水利部水文局	33	3.9
8	水利部农村电气化研究所	27	3.2
9	水利部水工金属结构质量检验测试中心	22	2.6
10	水利部水土保持监测中心	22	2.6
11	水利部南京水利水文自动化研究所	21	2.5
12	水利部长江水利委员会水文局	18	2.1
13	中水东北勘测设计研究有限责任公司	15	1.8
14	水利部产品质量标准研究所	13	1.5
15	中水北方勘测设计研究有限责任公司	13	1.5
16	黄河勘测规划设计有限公司	13	1.5
17	河海大学	12	1.4
18	水利部长江水利委员会长江科学院	12	1.4
19	黄河勘测规划设计有限公司	11	1.3
20	水利部黄河水利委员会水文局	11	1.3

2.2.8 标准引用情况

（1）引用标准总体情况。通过查询，现有的854项水利技术标准中有160项标准无引用文件，占18.7%；有696项标准有引用标准，占81.5%。引用1～5项的标准居多，有303项，占35.5%。引用6～10项标准的其次，有166项，占19.4%。引用标准最多的达150项。SL 734—2016《水利工程质量检测技术规程》，SL 58—2017《水库大坝安全评价导则》引用70项标准，SL 172—2012《小型水电站施工技术规范》引用了65项标准等。水利标准引用标准情况见图2.10。

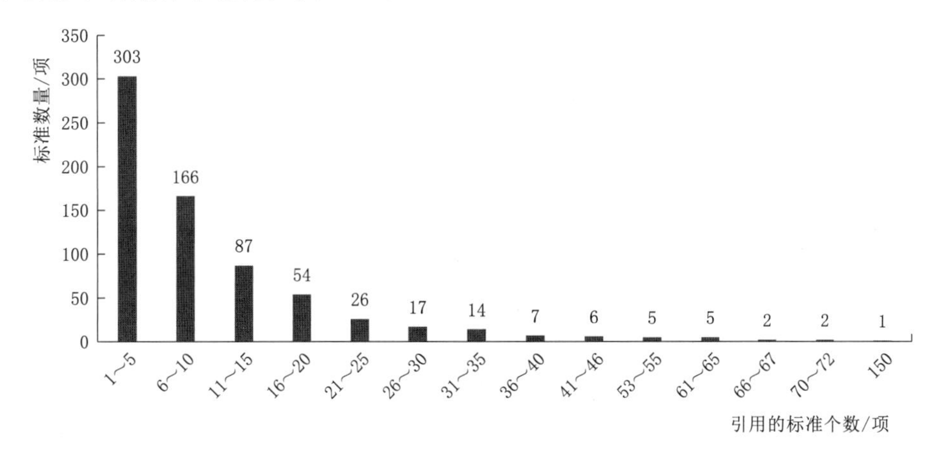

图2.10 现行有效水利标准引用标准情况

（2）引用国际及国外标准情况。引用国际及国外标准的有25项，占2.86%。主要集中在水力机械、水文计量、信息化等领域，见附表7。如GB/T 28714—2012《取水计量技术导则》引用了《水文测量 词汇和符号》（*Hydrometry—Vocabulary and symbols*）ISO 772：1988、《水文测量 超声波（声波）法测量流量》[*Hydrometry—Measurement of discharge by the ultrasonic (acoustic) method*] ISO 6416：1985、《明渠水流测量 测流建筑物的选择指南》（*Hydrometric determinations—Flow measurements in open channels using structures—Guidelines for selection of structure*）ISO 8368、《明渠水流测量结冰条件下的水流测量》（*Liquid flow measurement in open channels—Flow measurements under ice conditions*）ISO 9196标准；SL 499—2010《钻孔应变法测量残余应力的标准测试方法》引用美国标准《粘贴式电阻应变计性能特性试验》ASTM E251；SL 420—2007《水利地理空间信息元数据标准》引用了9项ISO标准。

（3）引用国家标准情况。854项标准中有581项标准引用国家标准，占68.0%。其专业分布见图2.11。水工建筑物专业居多，占33.6%，其次是水文专业，占17.7%。

（4）引用失效标准情况。通过查询，现有的854项水利技术标准中有343项标准引用已失效标准，占40.2%。其中水工建筑物标准引用得标准失效的居多，占31.2%，其次是水文专业，占23.9%，具体见图2.12。

如SL 176—2007《水利水电工程施工质量检验与评定规程》中引用13项标准，其中12项已被替代，见表2.4。

2.2.9 被标准引用情况

854项标准中有405项未被引用，占47.4%。有451项标准中被481项水利标准引用达2510频次。有87项已废止标准被63个标准带年代号引用达293频次。被水利标准引用最多的为SL 252《水利水电工程等级划分及洪水标准》（最新版为2017版），有54本水利标准引用该标准，其中被带年代引用的有12项（其中1项引用了错误的标准编号，11项引用了已被替代的2000版）。GB/T 50095《水文基本术语和符号标准》被49项水利标准引用，其中有25项引用GB/T 50095—1998（已被GB/T 50095—2014替代），见表2.5。

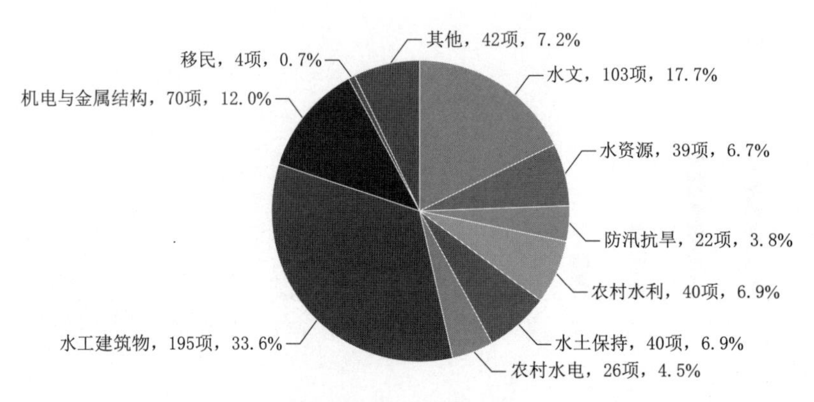

图2.11 引用国家标准的水利标准专业分布情况

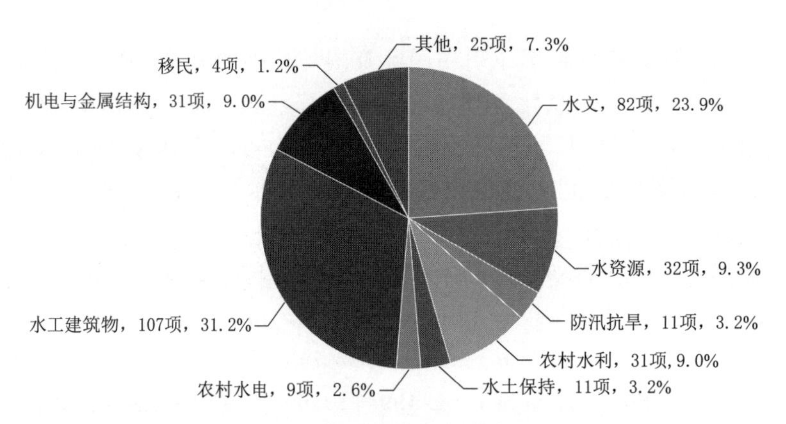

图2.12 引用已失效的标准专业分布

表2.4 SL 176—2007引用标准

序号	引用标准名称	引用标准编号	现行有效版
1	质量管理体系 基础和术语	GB/T 19000—2000	GB/T 19000—2016
2	数值修约规则	GB 8170—1987	GB/T 8170—2008《数值修约规则与极限数值的表示和判定》
3	锚杆喷射混凝土支护技术规范	GB 50086—2001	GB 50086—2015
4	建筑工程施工质量验收统一标准	GB 50300—2001	GB 50300—2013
5	混凝土强度检验评定标准	GBJ 107—1987	GB/T 50107－2010
6	水闸施工规范	SL 27—1991	SL 27—2014
7	水工碾压混凝土施工规范	SL 53—1994	
8	水利工程建设项目施工监理规范	SL 288—2003	SL 288—2014

续表

序号	引 用 标 准 名 称	引用标准编号	现 行 有 效 版
9	水工混凝土施工规范	SDJ 207—1982	SL 677—2014
10	测量误差及数据处理	JJG 1027—1991	JJF 1094—2002《测量仪器特性评定》
11	测量不确定度评定与表示	JJF 1059—1999	JJF 1059.1—2012
12	公路工程质量检验评定标准 土建工程	JIG F 80/1—2004	JTG F 80/1—2017《公路工程质量检验评定标准 土建工程》
13	公路工程质量检验评定标准 机电工程	JIG F 80/2—2004	JTG F 80/2—2017《公路工程质量检验评定标准 机电工程》

表 2.5　引用 GB/T 50095—1998（已被 GB/T 50095—2014 替代）的标准

序号	专业	标 准 名 称	标 准 编 号
1	水文	水文测站代码编制导则	SL 502—2010
2		基础水文数据库表结构及标识符标准	SL 324—2005
3		水情信息编码	SL 330—2011
4		水文自动测报系统技术规范	SL 61—2015
5		地下水监测站建设技术规范	SL 360—2006
6		土壤水分（墒情）监测仪器基本技术条件	GB/T 28418—2012
7		水位测量仪器　第 2 部分：压力式水位计	GB/T 11828.2—2005
8		水位测量仪器　第 6 部分：遥测水位计	GB/T 11828.6—2008
9		转子式流速仪	GB/T 11826—2002
10		水文缆道测验规范	SL 443—2009
11		水工建筑物与堰槽测流规范	SL 537—2011
12		感潮河段水文测验规范	SL 732—2015
13		河流冰情观测规范	SL 59—2015
14		地下水数据库表结构及标识符	SL 586—2012
15		实时雨水情数据库表结构与标识符	SL 323—2011
16		水文仪器术语及符号	GB/T 19677—2005
17		直线明槽中的转子式流速仪检定/校准方法	GB/T 21699—2008
18	水资源	水资源监控管理数据库表结构及标识符标准	SL 380—2007
19		取水计量技术导则	GB/T 28714—2012
20	防汛抗旱	旱情等级标准	SL 424—2008
21	水利工程	水利水电工程技术术语	SL 26—2012
22		水利工程代码编制规范	SL 213—2012
23	移民安置	水利水电工程移民术语	SL 697—2014
24	信息化	水利系统通信业务导则	SL 292—2004
25		水利信息化常用术语	SL/Z 376—2007

2.2.10 标准采标（国际/国外）情况

目前水利标准等同、等效、修改采用国际标准情况较少，见表2.6。其中，等同采用只有3项，修改采用的1项，现行有效标准874项的采标率为0.46%；非等效采用的7项，占0.80%。

表2.6 现行有效水利标准采标情况

序号	标准名称	一致程度	国际/国外	采标率
1	GB/T 22140—2018《小型水轮机现场验收试验规程》	等同采用	IEC 62006：2010《小型水轮机验收试验》	0.46%
2	SL 536—2011《X射线衍射应力测定装置校验方法》		ASIM E915（2002）《X射线衍射应力测定装置校验方法》	
3	SL 499—2010《钻孔应变法测量残余应力的标准测试方法》		ASTM E837－8《*Standard test method for determining residual stresses by the hole － drilling strain － gage method*》	
4	GB/T 18110—2016《小型水电站机电设备导则》	修改采用	IEC 61116：1992《小水电站机电设备导则》	
5	SL 755—2017《中小型水轮机调节系统技术规程》	非等效采用	参考了IEC 61362，IEEE1207	0.80%
6	SL 321—2005《大中型水轮发电机基本技术条件》		参考了IEC 60034—1：1996	
7	GB/T 19677—2005《水文仪器术语及符号》		参考了ISO 772：1988	
8	GB/T 20204—2006《水利水文自动化系统设备检验测试通用技术规范》		参考了ISO 6419—2：1992《水文遥测系统——第二部分系统要求技术规定》	
9	SL 242—2009《周期式混凝土搅拌楼（站）》		参考了美国混凝土工厂标准CPMB100—00和CPMB100M—00标准	
10	SL/T 147—1995《水位测针》		ISO 4373—79《明渠水流测量 水位测量设备》	
11	GB/T 19677—2005《水文仪器术语及符号》		ISO 772：1988《明渠水流测量—词汇和符号》	

以往水文标准中还有5项标准（见表2.7）在最初编制时不同程度的采用了国际标准，但在这些标准修订后，均取消采标情况。

表2.7 修订后取消国际采标

序号	标准名称	一致程度	国际/国外	取消国际采标
1	SL 09—89《水深测量仪器 第1部分：水文测杆》	非等效采用	ISO 3454：1983	GB/T 27992.1—2011
2	SL 151—95《水文绞车》	非等效采用	ISO 3454	SL 151—2014

续表

序号	标准名称	一致程度	国际/国外	取消国际采标
3	GB/T 13336—2007《水文仪器系列型谱》	非等效采用	ISO 4364：1997	GB/T 13336—2019
4	GB/T 11828.1—2002《水位测量仪器 第1部分：浮子式水位计》	等效采用	ISO/DIS 4373	GB/T 11828.1—2019
5	GB/T 9359—2001《水文仪器基本环境试验条件及方法》	参考	IEC 60068—40：1983《基本环境试验规程》和IEC 60721—30：1984《环境参数及其严酷程度组的分类分级》	GB/T 32749—2016

2.2.11 标准使用频繁度

水利标准使用频繁度见图2.13。41.2%的标准使用频繁，45.5%的标准使用较频繁，只有13.3%的标准使用不频繁。各专业标准使用频繁度情况见图2.14。

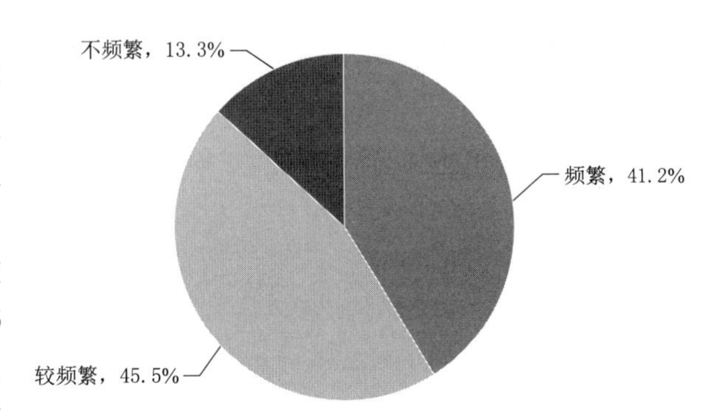

图2.13 水利标准使用频繁度

由图2.15可以看出，“水利水电技术标准服务系统”（2020年5月28日—6月22日），25天标准被访问次数上百次的标准就有72项，访问次数累计达18624次，其中，居首位的是GB 50201—2014《防洪标准》，被访问1672次，其次是SL 265—2016《水闸设计规范》，被访问达973次；下载次数累计达22027次，居首位的是GB/T 50123—2019《土工试验方法标准》，下载次数达到1431次，其次是GB 50288—2018《灌溉与排水工程设计标准》，下载次数达到1298次。使用频繁度非常可观，详见表2.8。

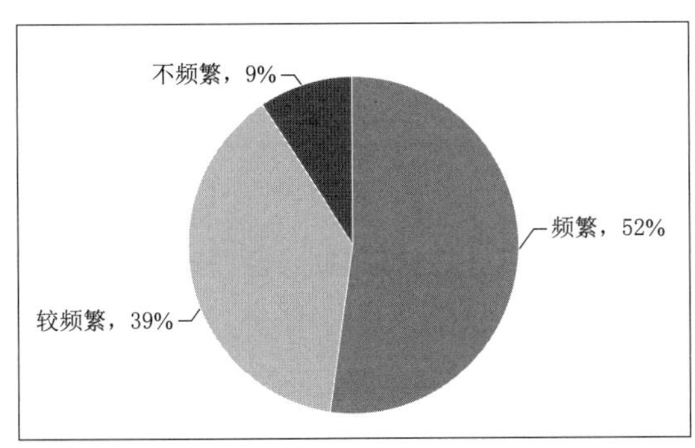

(a) 水文专业标准使用频繁度

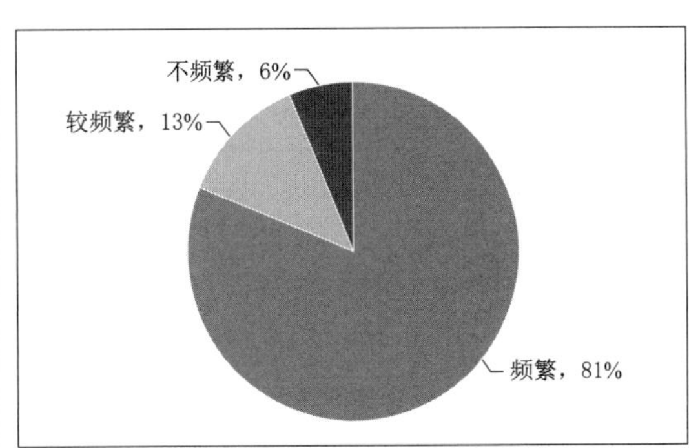

(b) 水资源专业标准使用频繁度

图2.14（一） 各专业标准使用频繁度情况

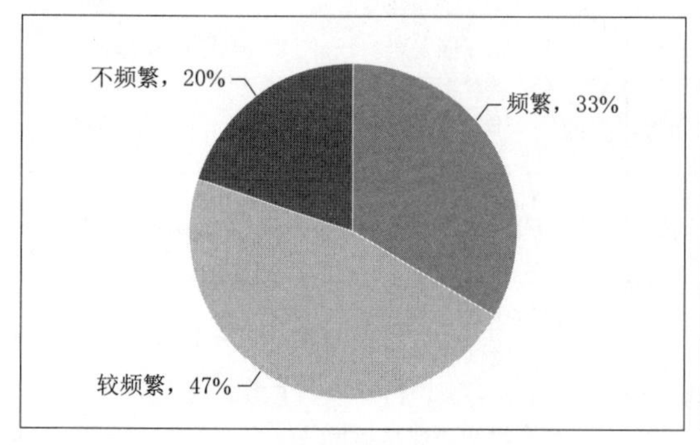

（c）防汛抗旱专业标准使用频繁度

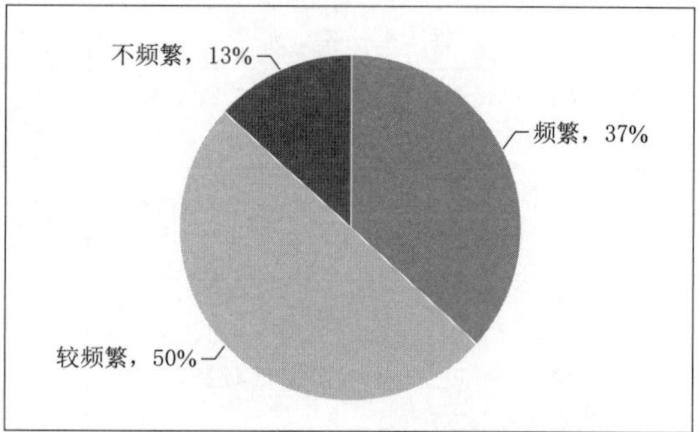

（d）水土保持专业标准使用频繁度

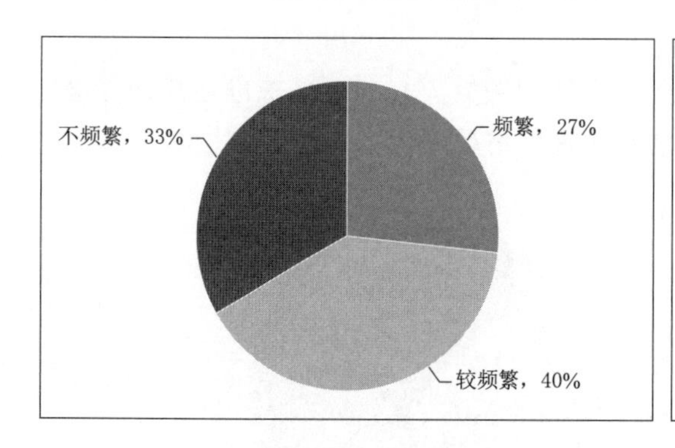

（e）农村水电专业标准使用频繁度

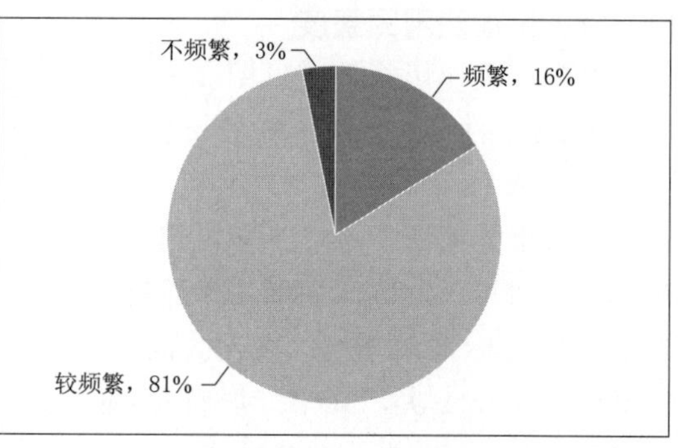

（f）农村水利专业标准使用频繁度

图 2.14（二）　各专业标准使用频繁度情况

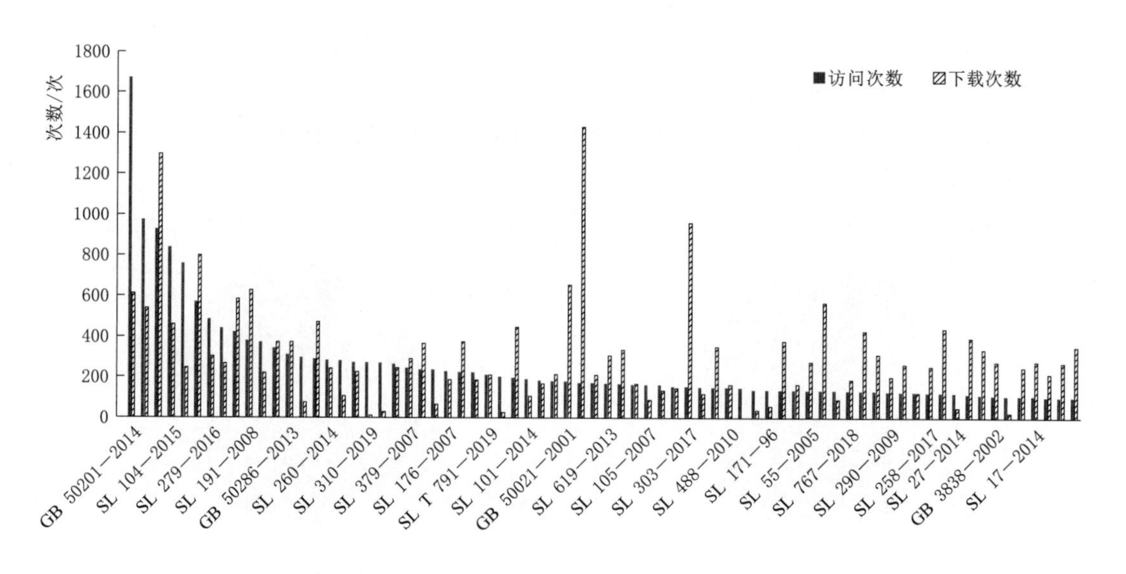

图 2.15　“水利水电标准服务系统”（2020 年 5 月 28 日—6 月 22 日）
标准访问与下载情况

表 2.8 "水利水电技术标准服务系统"水利标准使用频次统计（2020 年 5 月 28 日—6 月 22 日）

序号	标准名称	标准编码	访问次数	下载次数
1	防洪标准	GB 50201—2014	1672	612
2	水闸设计规范	SL 265—2016	973	539
3	灌溉与排水工程设计标准	GB 50288—2018	928	1298
4	水利工程水利计算规范	SL 104—2015	838	461
5	水利水电工程等级划分及洪水标准	SL 252—2017	760	246
6	水利水电工程地质勘察规范	GB 50487—2008	572	800
7	水工隧洞设计规范	SL 279—2016	487	303
8	小型水利水电工程碾压式土石坝设计规范	SL 189—2013	442	266
9	溢洪道设计规范	SL 253—2018	422	585
10	水工混凝土结构设计规范	SL 191—2008	382	628
11	生产建设项目水土保持技术标准	GB 50433—2018	374	220
12	水工建筑物抗震设计标准	GB 51247—2018	343	373
13	堤防工程设计规范	GB 50286—2013	313	373
14	建设项目水资源论证导则	GB/T 35580—2017	296	76
15	泵站设计规范	GB 50265—2010	289	472
16	堤防工程施工规范	SL 260—2014	283	241
17	水利技术标准编写规定	SL 1—2014	281	106
18	水利水电建设工程验收规程	SL 223—2008	273	225
19	村镇供水工程技术规范	SL 310—2019	272	12
20	工程场地地震安全性评价	GB 17741—2005	269	30
21	供水水文地质勘察规范	GB 50027—2001	264	245
22	水工挡土墙设计规范	SL 379—2007	245	290
23	水利水电工程结构可靠性设计统一标准	GB 50199—2013	237	367
24	水库工程管理设计规范	SL 106—2017	236	66
25	水利水电工程施工质量检验与评定规程	SL 176—2007	228	188
26	水工混凝土施工规范	SL 677—2014	225	375
27	水工隧洞安全监测技术规范	SL 764—2018	223	185
28	水库降等与报废评估导则	SL/T 791—2019	212	210
29	水文测验铅鱼	SL 06—2006	202	27
30	城市防洪工程设计规范	GB/T 50805—2012	197	447
31	水工钢闸门和启闭机安全检测技术规程	SL 101—2014	190	106
32	水利水电工程水文计算规范	SL 278—2002	184	167

续表

序号	标 准 名 称	标 准 编 码	访问次数	下载次数
33	小型水电站建设工程验收规程	SL 168—2012	181	213
34	岩土工程勘察规范	GB 50021—2001	179	655
35	土工试验方法标准	GB/T 50123—2019	173	1431
36	地下水监测规范	SL 183—2005	172	210
37	水利水电工程初步设计报告编制规程	SL 619—2013	170	307
38	碾压式土石坝设计规范	SL 274—2001	167	336
39	水利建设项目经济评价规范	SL 72—2013	165	168
40	水工金属结构防腐蚀规范	SL 105—2007	163	89
41	溃坝洪水模拟技术规程	SL/T 164—2019	162	135
42	城市水系规划规范	GB 50513—2009	154	146
43	水利水电工程施工组织设计规范	SL 303—2017	154	958
44	水利水电工程合理使用年限及耐久性设计规范	SL 654—2014	152	118
45	水库大坝安全管理应急预案编制导则	SL/Z 720—2015	150	351
46	蓄滞洪区运用预案编制导则	SL 488—2010	149	163
47	小型水电站初步设计报告编制规程	SL/T 179—2019	148	
48	地下水质量标准	GB/T 14848—2017	138	38
49	堤防工程管理设计规范	SL 171—96	138	57
50	混凝土重力坝设计规范	SL 319—2018	137	378
51	农田排水试验规范	SL 109—2015	136	164
52	中小型水利水电工程地质勘察规范	SL 55—2005	135	274
53	水土保持工程设计规范	GB 51018—2014	135	567
54	防汛物资储备定额编制规程	SL 298—2004	134	90
55	山洪灾害调查与评价技术规范	SL 767—2018	133	187
56	混凝土拱坝设计规范	SL 282—2018	132	428
57	河道整治设计规范	GB 50707—2011	131	312
58	水利水电工程建设征地移民安置规划设计规范	SL 290—2009	129	201
59	水利水电工程天然建筑材料勘察规程	SL 251—2015	127	261
60	水利水电建设项目水资源论证导则	SL 525—2011	126	124
61	水库大坝安全评价导则	SL 258—2017	124	252
62	水利水电工程施工安全管理导则	SL 721—2015	123	439
63	水利工程压力钢管制造安装及验收规范	SL 432—2008	121	49
64	水闸施工规范	SL 27—2014	117	393
65	蓄滞洪区设计规范	GB 50773—2012	113	337

续表

序号	标准名称	标准编码	访问次数	下载次数
66	引调水线路工程地质勘察规范	SL 629—2014	110	274
67	地表水环境质量标准	GB 3838—2002	109	24
68	江河流域规划编制规程	SL 201—2015	109	247
69	水利水电工程机电设计技术规范	SL 511—2011	108	277
70	疏浚与吹填工程技术规范	SL 17—2014	104	216
71	土石坝施工组织设计规范	SL 648—2013	102	269
72	水利水电工程钢闸门设计规范	SL 74—2013	102	350
合计			18624	22027

2.2.12 获奖情况

（1）标准获奖——中国标准创新贡献奖。中国标准创新贡献奖是我国标准化领域的最高奖项，自2006年设立。水利部提出并主持完成的标准有4项获得该奖项，见表2.9。其中二等奖2项，三等奖2项。

表2.9 水利标准获中国标准创新贡献奖名单

序号	标准项目名称	标准编号	主要完成单位	奖励等级	获奖年份
1	水轮发电机基本技术条件	GB/T 7894—2001	哈尔滨电机厂有限责任公司	三等奖	2006
2	建设项目水资源论证导则（试行）	SL/Z 322—2005	水利部水资源管理中心	二等奖	2007
3	农田低压管道输水灌溉工程技术规范	GB/T 20203—2006	中国水利水电科学研究院、上海市水利排灌管理处、山东省水利科学研究院	三等奖	2008
4	水库大坝安全评价导则	SL 258—2017	南京水利科学研究院、水利部大坝安全管理中心、河海大学	二等奖	2020

（2）标准获奖——标准科技创新奖。标准科技创新奖是经科技部国家科学技术奖励工作办公室批准（奖励编号：0292）的奖项。自2018年设立，水利部提出并主持完成的标准有1项获得一等奖，见表2.10。

表2.10 水利标准获标准科技创新奖名单

序号	标准项目名称	标准编号	主要完成单位	奖励等级	获奖年份
1	水工混凝土结构耐久性评定规范	SL 775—2018	南京水利科学研究院、中国水利水电科学研究院、长江水利委员会长江科学院、中水东北勘测设计研究有限责任公司、新疆水利水电科学研究院	一等奖	2020

（3）标准研究获奖——大禹水利科学技术奖。标准编制以及体系规划前需开展标准化关键技术研究，该部分成果丰硕。共有12项获得大禹水利科学技术奖，见表2.11。其

中，一等奖2项。二等奖6项，三等奖4项。

表2.11　获大禹水利科学技术奖的标准研究项目名单

序号	标准项目名称	主要完成单位	奖励等级	获奖年份
1	15种水质分析有机标准物质的研制	中国水利水电科学研究院	二等奖	2005
2	U形渠道量水成套技术与标准化研究	水利部农田灌溉研究所、西北农林科技大学旱区农业水土工程教育部重点实验室	三等奖	2005
3	水利水电技术标准全文检索系统	水利部水利水电规划设计总院、北京市海文电子信息系统公司、国家电力公司北京勘测设计研究院	三等奖	2005
4	水工金属结构安全评估的技术标准研究	水利部产品质量标准研究所、河海大学	二等奖	2006
5	《体系表》编制及实施	水利部国际合作与科技司、江苏省水利勘测设计研究院、水利部水工金属结构检测中心、中国水利水电科学研究院、南京水利水文自动化研究所、中国水利水电出版社	二等奖	2006
6	水利工程维修养护定额标准研究	黄河水利委员会财务局、黄河水利科学研究院、中国灌溉排水发展中心	三等奖	2006
7	中国分区域生态用水标准研究	南京水利科学研究院、中国水利水电科学研究院	一等奖	2008
8	水资源可持续利用技术标准体系研究	中国水利水电科学研究院、水利部国际合作与科技司	一等奖	2008
9	全国农业灌溉用水及节水指标与标准研究	中国水利水电科学研究院、清华大学水利水电工程系、水利部农田灌溉研究所	二等奖	2008
10	水利水电工程边坡关键技术应用和设计标准研究	黄河勘测规划设计有限公司、水利部水利水电规划设计总院、中国水利水电科学研究院	二等奖	2009
11	我国水利技术标准国际化研究与实践	水利部产品质量标准研究所、水利部发展研究中心、中国水利学会	三等奖	2015
12	高精度大流量计量标准装置及关键技术研究与应用	中国水利水电科学研究院、长江水利委员会长江科学院、中国水利学会	二等奖	2016

2.2.13　标准资金投入情况

水利标准投入经费属于补助性质，政府资金补助的重点是社会效益为主、公益性强、行业急需的重点标准。水利标准财政投资建设资金主要来自政府部门。据统计，水利行业自实施“三五”工程（即三年投入五百万完成五百个标准编制）以来，水利标准得到了迅猛发展，平均每个项目补助经费约10万元。工程类的标准补助较非工程类标准高些。

随着水利事业的不断发展，为了实现新时期现代化水利、可持续发展水利的治水目标，现行水利标准与新形势、新任务要求相比，仍存在较大差距，亟须大力发展。政府和社会各界对水利标准的财政投资决策随之做出了相应的调整，近年来国家对水利标准财政投入力度呈逐年上升的趋势，标准制修订经费在逐年增加。2010年之后水利加大了标准编制补助力度，中央财政投入的年度经费由2003年的700万元提高到2010年的近1500万元，平均每个项目补助经费由20万元左右增至40万元左右，详见图2.16。地方政府和企事业单位、社会团体对水利技术监督的投入也逐步增加。

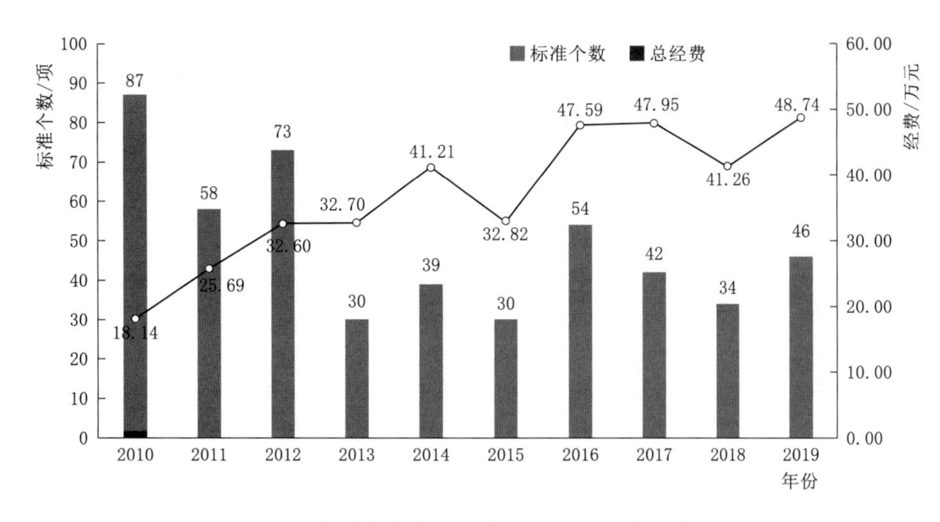

图 2.16　水利技术标准制修订补助经费统计分析图

2016—2019 年水利建设投资情况与水利标准制修订补助经费相比情况见表 2.12。部属单位每年水利研发投入达 42.91 亿元，水利标准化投入不到水利研发投入的 0.7%，无法满足水利标准化改革发展需求。

表 2.12　　　　水利建设投资与水利标准制修订补助经费情况

年　　份	水利建设投资/亿元	水利标准投资/万元	占比/‰
2016	6781	2570	0.38
2017	7176	2014	0.28
2018	7200	1403	0.20
2019	7260	2241.88	0.31

2.2.14　标准标龄情况

（1）总体平均标龄。标龄是指自标准实施之日起，至标准复审重新确认、修订或废止的时间，即标准的有效期。

对 854 项现行有效水利技术标准的当前标龄进行估算（截至 2019 年 12 月 31 日实施），其标龄分布如图 2.17 所示，30 年以上的 4 项（SDJ 26—89《发电厂、变电所电缆选择与敷设设计规程》、SD 294—88《电站用水封式阀门技术条件》、SD 120—84《浆砌石坝施工技术规定（试行）》、SDJ 213—83《碾压式土石坝施工技术规范》，标龄最长的为 36.28 年）。平均标龄 8.96 年，低于平均标龄的标准 493 项，占 57.7%，超过半数以上。标龄在 5 年以上的为 638 项，占 74.6%。

（2）各专业标准平均标龄。各专业标龄分布如图 2.18 所示。水文专业、水土保持专业平均标龄超过水利标准总平均标龄。水文专业平均标龄达 11.26 年；水土保持标准平均标龄达 9.04 年，标准老化较为严重。其他标准中，7 项渔业标准是在 1994—1998 年发布的，标龄均在 20 年以上，影响水利标准标龄的整体水平。

按照《水利标准化工作管理办法》（2019 年）规定，复审周期一般不超过 5 年，即水利技术标准有效期一般为 5 年。制定类标准编制周期原则上不超过 2 年；修订类标准编制周期原则上不超过1年。标龄在5年以上的除复审结论继续有效的外，均为超龄服役。

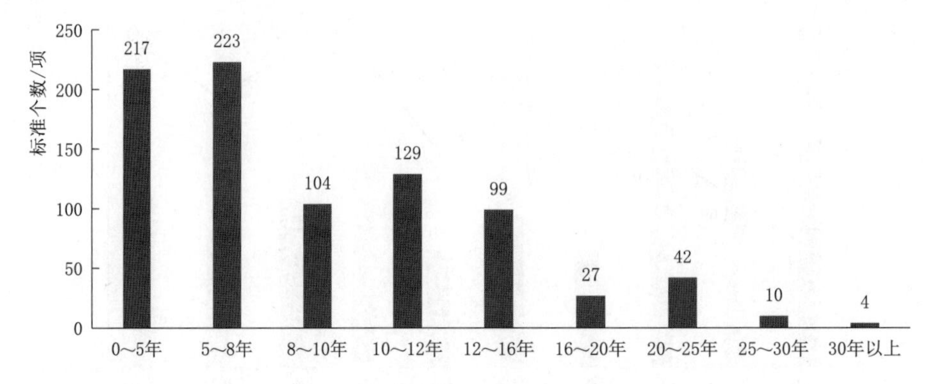

图2.17 水利技术标准标龄分布图

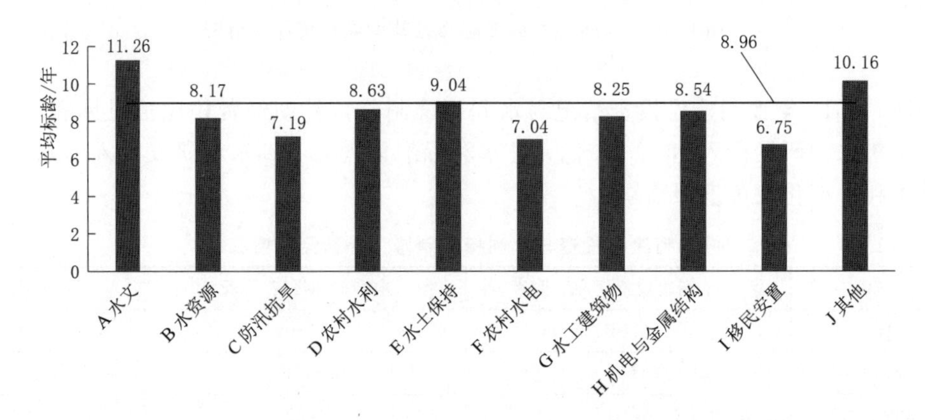

图2.18 水利技术标准平均标龄

注： 根据2020年5月7日“水利部关于废止《水电新农村电气化规划编制规程》等87项水利行业标准的公告（2020年第4号）”，重新测算，水利行业标准平均标龄降至8.47年。

2.2.15 标准贡献时长

标准的编号是标准唯一的标识。顺着标准编号追踪标准的发展轨迹，核算每一项标准的生命周期，计算标准的服务时间，折射标准的贡献时长。计算标准贡献时长时，为区别区分国家标准和行业标准贡献，将非行业标准升国家标准的（即直接编制国家标准的）与行业标准升国家标准的两种情况分开计算。对于行业标准升国家标准的标准，将行业标准的贡献时长算入总时长。被废止的标准，即使生命周期已结束，其贡献时长以发布时间至废止时间为准。另外，被其他标准替代或合并到其他标准中，其内在的内容仍在发挥作用，算至现行有效的标准贡献时长中。

以2020年6月为准，现行有效的标准贡献除现阶段的贡献时长外，目前仍在继续发挥着作用。现阶段现行有效水利标准贡献时长见图2.19。0～5年（包括5年）的140项，占总数874项的16.0%；5～10年（包括10年）的191项，占21.9%；10年以上的占62.1%，见图2.20。

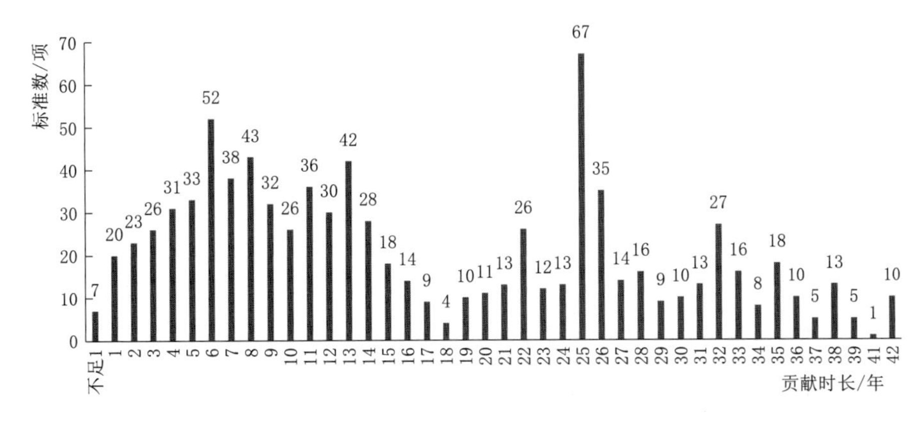

图 2.19 现行有效水利标准贡献时长

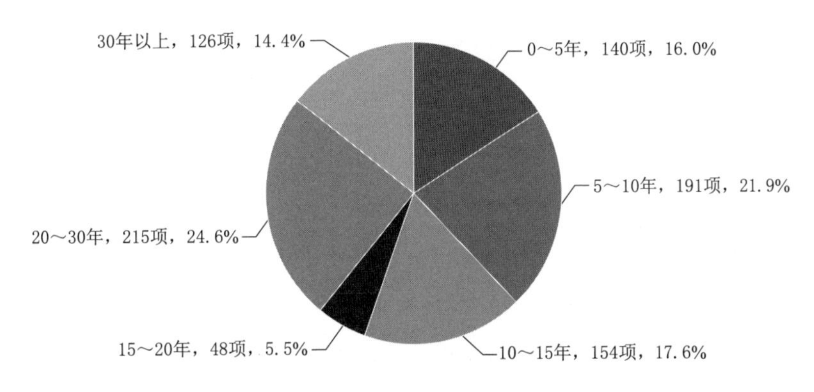

图 2.20 现行有效标准贡献时长分布

(1) 现行有效国家标准 232 项，“服役” 20 年以上的标准 81 项，占 61.4%。具体情况如下：

1) 直接编制为国家标准的，发挥作用贡献至今的有 188 项，其贡献时长见图 2.21。发挥作用最长的达 38 年之久，仍在继续发挥作用。如 GB/T 3408.1—2008《大坝监测仪器 应变计 第 1 部分：差动电阻式应变计》，从 GB 3408—1982→GB/T 3408—1994→GB/T 3408.1—2008，经历 2 次修订，从 1982 年开始“服役”至今 38 年，为生产厂家、产品使用者保驾护航，为工程检测监测提供了指南。

2) 行业标准升国家标准的，连同行业标准发挥作用的时长，贡献至今的有 44 项（含子标准），其贡献时长见图 2.22。贡献最长的达 42 年，仍在继续发挥作用。如 GB 51247—2018《水工建筑物抗震设计标准》，最初以部标 SDJ 10—1978 发布，上升为行业标准 SL 203—1997，由行业标准升为国家标准，有力支撑了水利工程建设，确保工程质量和安全。

(2) 现行有效行业标准 633 项，贡献时长见图 2.23。其中“服役” 20 年以上的标准 257 项，占 40.6%。截至 2020 年 6 月寿命最长、贡献时长最长的 42 年，如 SL 567—2012《水利水电工程地质勘察资料整编规程》替代 SDJ 19—1978，已发挥了 42 年的功效，而且仍在继续发挥着作用，很好地规范水利水电工程地质勘察业内资料整理工作，为后续工作的查询、追溯以及参考利用提供了重要文献。SL 677—2014《水工混凝土施工规范》替代 SDJ 207—1982，已发挥了 39 年的功效，仍在延续。这些标准的长期效益和存在的价值是无法估量的。

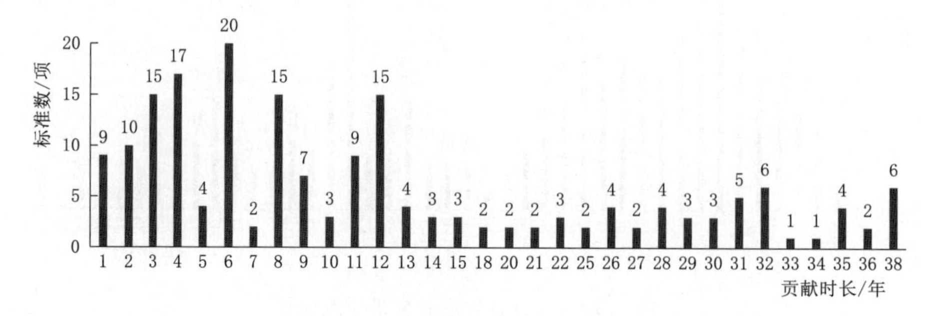

图 2.21 现行有效水利国家标准（直接编制国家标准的）贡献时长

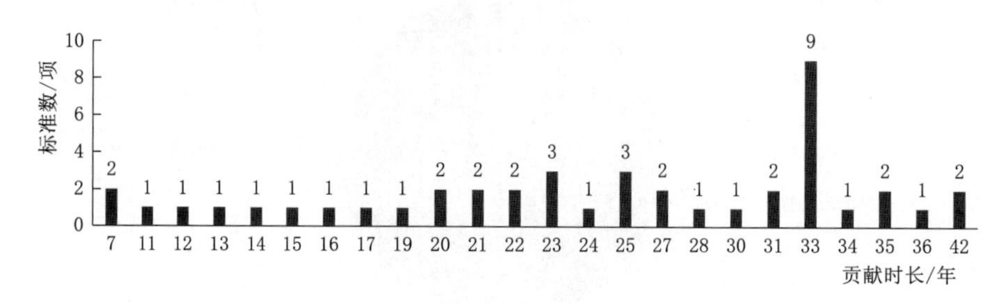

图 2.22 现行有效水利国家标准（行业标准升国家标准的）贡献时长

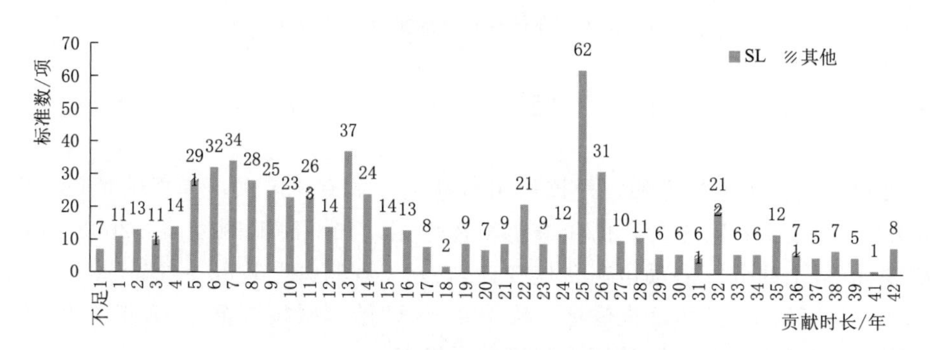

图 2.23 现行有效水利行业标准贡献时长

（3）被废止的标准 102 项，生命周期和贡献时长见图 2.24。如 SL 468—2009《小水电代燃料标准》，2019 年 5 月废止，历经 20 年，随着小水电代燃料项目的完成，该标准完成了一个时期的历史使命，走下标准舞台。

（4）被其他标准替代或合并到其他标准中有 64 项，其内在的内容仍在发挥作用。如 SL 334—2005《牧区草地灌溉与排水技术规范》、SL 343—2006《风力提水工程技术规程》、SL 540—2011《光伏提水工程技术规范》、SL 519—2013《牧区草地灌溉工程项目初步设计编制规程》、SL 674—2013《太阳能节水灌溉无线智能控制系统技术规范》被合并到 SL 334—2016《牧区草地灌溉与排水技术规范》中，继续发挥着作用。

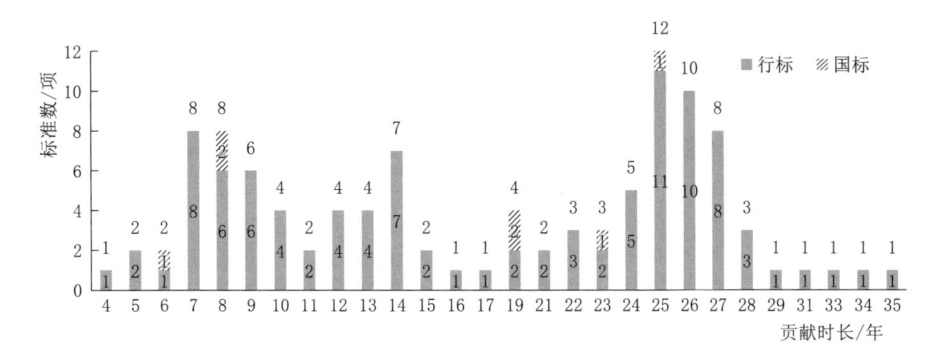

图 2.24 被废止的水利标准贡献时长

2.2.16 满足需求程度

通过调查，从总体层面上体现出标准满足使用者需求，见图 2.25。但也存在一些不尽人意的地方，如不同行业各自为政，标准出自多门，使用时容易混乱，如检测方法类的标准。3%的人认为现有标准不能满足标准使用者的需要，各专业均存在，农村水利水电标准缺乏较多，需要补充。

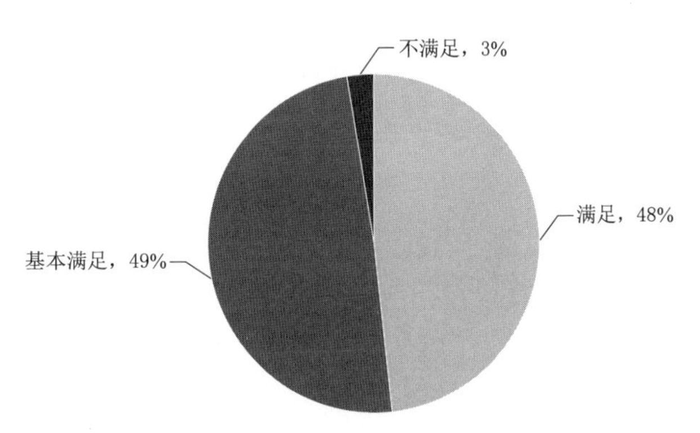

图 2.25 水利标准满足需求程度

2.2.17 当前亟须标准

2.2.17.1 水利工作主要任务

从欧美等发达国家发展历程看，水利工作大致经历了 4 个阶段，其阶段主要任务如下：

第一阶段（人均 GDP 低于 1000 美元的低收入阶段），主要任务是防洪减灾、保障生命财产安全。

第二阶段（人均 GDP 在 5000 美元左右的中低收入阶段），通过防洪、灌溉、供水、发电等水资源综合利用改善生产生活条件，推动经济发展。

第三阶段（人均 GDP 约 10000 美元左右的中高收入阶段），随着资源环境压力加大，开始强调水资源节约和水环境治理。

第四阶段（人均 GDP 超过 20000 美元的高收入阶段），人们对生存环境提出更高要求，强调低影响开发，水生态修复、河流再自然化。

据世界银行数据显示，2017 年中国 GDP 为 8827 美元，略高于中等偏上收入地区的平均 GDP 水平。2018 年 3 月 5 日李克强总理在第十三届全国人大二次会议做的政府工作报告，2018 年我国 GDP 总量突破 90 万亿元，折合 13.6 万亿美元，人均 GDP 已接近 1 万美元，说明我国已经进入了中高收入阶段，水利工作进入第三阶段，奔第四阶段。

2.2.17.2 国内外标准化形式

2005 年，联合国贸发组织（UNCTAD）和世界贸易组织（WTO）共同提出国家质量基础设施（NQI）的理念。2006年，联合国工业发展组织（UNIDO）和国际标准化组织（ISO）在总结质量领域一百多年实践经验基础上，正式提出计量、标准、合格评定（包括检验检测、认证认可）共同构成NQI，计量是控制质量的基础，标准引领质量提升，合格评定控制质量并建立质量信任，三者形成完整的技术链条，相互作用、相互促进，共同支撑质量的发展。三者关系见图2.26。

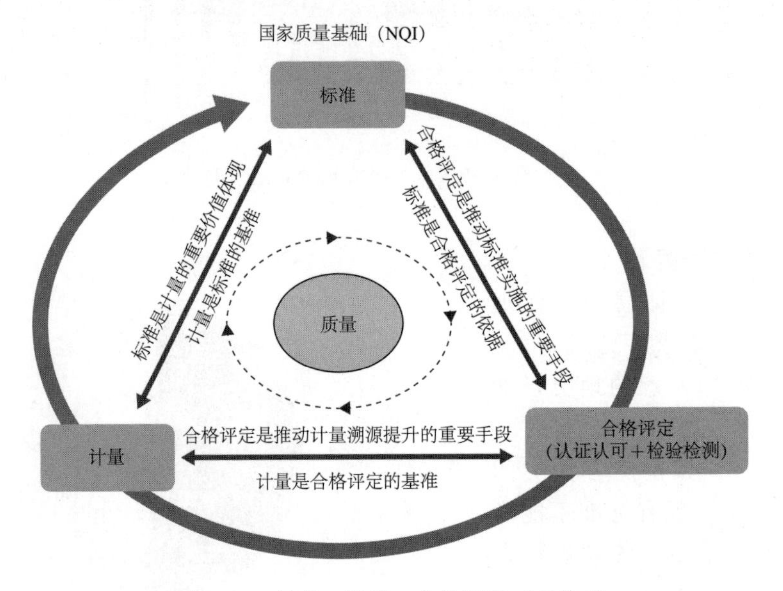

图2.26　标准、计量、合格评定三者关系

简单地说，计量解决准确测量的问题，质量中的量值要求由标准统一规范，标准执行得如何就需要通过检验检测和认证认可来判定。

计量、标准、合格评定已成为未来世界经济可持续发展的三大支柱，是政府和企业提高生产力、维护生命健康、保护消费者权利、保护环境、维护安全和提高质量的重要技术手段。三者在政府与市场配置中的作用见图2.27。成为国际公认的质量合规性要素，并融入第四次工业革命创新科技产业化中，是确保各相关领域高质量发展的重要基础。

标准评定影响80％的世界贸易。若在世界经济快速发展中立足，满足民族以及产业发展，应以需求为导向，确定标准化行动主线，有效地促进标准、计量、合格评定融合发展，见图2.28。

2.2.17.3　水利当前亟须标准

通过国内外标准化形式及需求分析，以及水利当前任务、存在的短板，提出水利亟须的标准，见图2.29。

（1）节水标准。习近平总书记指出，应对水危机、保障水安全，必须坚持“节水优先，空间均衡，系统治理，两手发力”的治水思路。当前关键环节是节水。从开发建设工程、拓展供水渠道转向侧重提高用水效率，抑制不合理需求，通过节水加速推进用水方式由粗放向节约集约转变，以水资源可持续利用推进经济社会可持续发展。

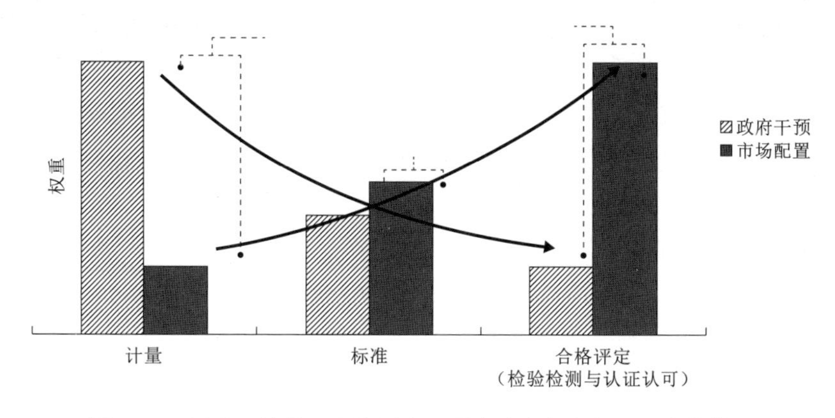

图 2.27　标准、计量、合格评定三者在政府与市场配置中的作用

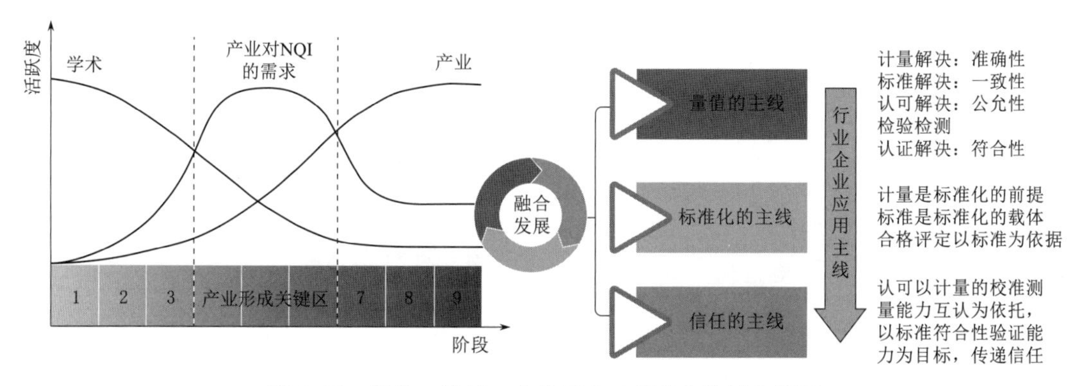

图 2.28　标准、计量、合格评定三者融合发展主线图

节水是我国水利事业可持续发展的现实需求。水利部在节水行动规划中提出的“健全节水标准体系”，到 2022 年节水标准达到 200 项以上，基本覆盖取水定额节水型公共机构、节水型企业、产品水效、水利用与处理设备、非常规水利用以及水回用等方面。目前受国内装备制造业整体水平和基础能力的制约，节水水平与部分发达国家仍有差距。从海水淡化技术领域来看，我国与国际先进水平相比，还有二三十年的差距。一些地下水超采地区，还未具体提出地下水开采强度控制标准；我国在地下水回灌与地下水污染的原位修复等技术方面，与国外发达国家也还存在较大差距。水量、水生态、定额等计算方法缺乏统一的标准。目前节水标准已发布 90 项（其中 21 项节水定额以文件形式发布），正在制定 57 项，仍不能满足当前形势所需，需要不断补充、扩展、细化、提升。

（2）水环境治理及生态修复标准。随着我国经济总量快速增长，综合国力显著增强，人民生活水平不断提高，对美好生活的向往更加强烈，需求更加多元，已从低层次上的“有没有”到高层次上的“好不好”的问题。党的十八大以来，党中央把水安全上升为国家战略。治水思路中突出强调要从改变自然、征服自然转向调整人的行为、纠正人的错误行为，坚持走生态绿色可持续发展之路，持续推进水利治理体系和治理能力现代化。

目前，国家相关部门针对水利工程的规划、设计、施工和运行等各阶段的生态环境影响，制定了相应的影响评价规程规范，包括环境影响评价导则、竣工环保验收导则、环保措施设计规程等。但仍存在不足，一是目前的各类规程规范亟须根据当前生态文明建设要求进行更新，部分内容涉及重新构建的需求，如目前的水利工程设计功能时并没有生态工程这一类，与当前的水利事业发展是矛盾的；二是缺乏一些关键阶段的标准，如工程退役期的相关评估标准、管理标准；三是缺乏跟踪评估、优化的相关标准、规范，这也使得工程建设运行缺乏有效的监督。

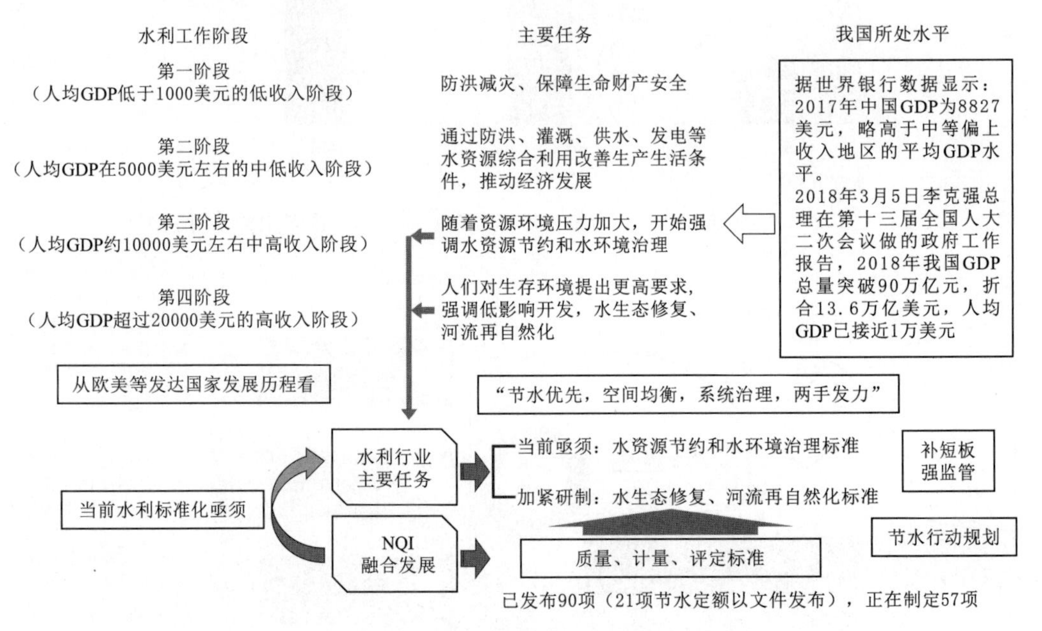

图 2.29　水利工作阶段和亟须开展的标准化工作

针对评价技术体系缺失的问题，开展不同类别水利工程的生态水利工程全生命周期设计和评估关键指标及其标准化研究；针对相关的监测技术体系标准化的需求，开展开放共享式国家水生态环境监测与评价标准体系、采用高新技术的水生生物分类和河流栖息地评价技术的标准化研究等；针对影响当前生态水利工程目标实施的若干关键技术问题，开展分区分类的河流生态流量管理的技术标准体系、分区分类的河湖底泥生态清淤技术标准体系、河湖水系生态连通控制性指标标准研究、调水工程生态环境影响评价标准体系研究、受人工重度干扰河流生态修复技术标准、大型河流梯级水库生态调度技术标准、支流生境替代保护技术标准等。

2.3　水利标准与国家及相关行业对比情况[1]

2.3.1　主导主持的标准占比情况

国务院 2018 年“三定”方案规定水利部“负责保障水资源的合理开发利用”“指导水

[1] 本节中 2.3.1～2.3.6 的内容是基于 2019 年 8 月水利部组织相关单位对 854 项水利技术标准实施效果评估，中国水利水电科学研究院开展调查评估的结果。

资源保护工作”“负责节约用水工作”“指导水文工作”“负责水土保持工作”“指导节水灌溉有关工作。指导灌排工程建设与管理工作，组织实施大中型灌区和大中型灌排泵站工程建设与改造，指导灌溉试验工作”等职能，制定水文、水资源、农田灌溉、水土保持等相关标准属于水利部职责范畴。这些专业水利国家标准占全国国家标准占比情况见表 2.13。

表 2.13　　现行有效水利技术标准专业占比情况

专业门类	国家标准个数	占我国国家标准比例/‰	行业标准个数	占我国行业标准比例/‰
水文	40	1.03	134	1.53
水资源	11	0.28	43	0.49
防汛抗旱	6	0.15	35	0.40
农村水利	20	0.52	32	0.37
水土保持	16	0.41	36	0.41
农村水电	9	0.23	34	0.39
大中型水利工程	70	1.8	299	2.56
移民安置	—	—	11	0.86
其他	—	—	59	0.13
合计	172	4.43	683	7.79

注　2020 年 3 月 20 日国标委网站“全国标准信息服务平台”：我国备案的国家标准 38843 项，行业标准 87664 项。

我国水文和水资源标准以水利部制定的标准为主导，共 51 项，仅占国家标准的 1.31‰。水利部制定的农田灌溉国家标准 20 项，在农业标准（大农业 4204 项❶）中占 0.48%，占国家标准（38843 项）的 0.52‰。

2.3.2　标准制修订贡献指数及排名

2.3.2.1　国家标准贡献指数及排名

标准制修订贡献指数是衡量标准制修订主体在标准制修订中的贡献数值量。截至 2020 年 6 月底，我国现行国家标准为 38902 项，水利国家标准为 232 项，占比 0.60%。即当前水利国家标准为我国国家标准的贡献指数为 0.60%。随着国家标准的不断增多，从水利国家标准贡献数量推断，水利国家标准为我国国家标准的贡献指数呈现逐年递减趋势，见图 2.30。

调研相关行业发现，生态环境部国家标准数量最多，占比 1.06%；其次是电力行业，国家标准有 358 项，占比 0.92%；水利行业国家标准数量略低于交通运输部，高于国家铁路局标准数量。占比情况见表 2.14。

2.3.2.2　行业标准贡献指数及排名

共有 64 个行业备案标准 87664 项❷，其中水利行业备案标准 683 项（不包括工程建设标准，工程建设标准归口住建部管理），占我国行业标准比例 7.79‰，即水利行业标准为我国行业标准的贡献指数为 7.79‰。水利行业标准为我国行业标准的贡献指数呈现逐

❶ 资料来源：2019 年 9 月 11 日，国务院新闻办举行中国标准化发展成效新闻发布会。

❷ 国标委网站“全国标准信息服务平台”，2020 年 3 月 20 日。

年递减趋势，见图 2.31。

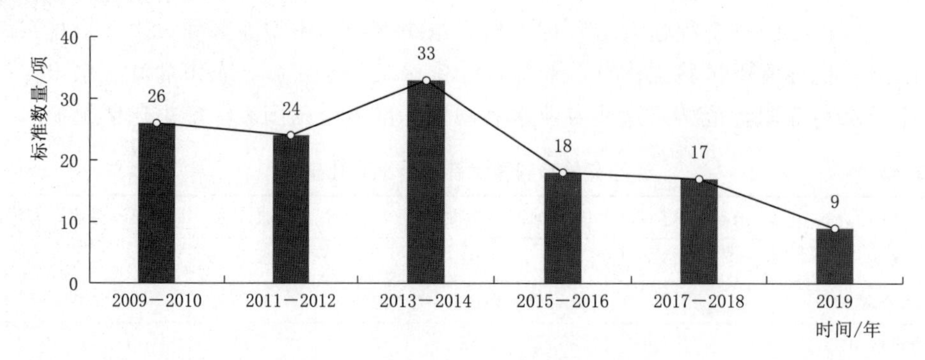

图 2.30 水利国家标准为我国国家标准的贡献趋势图（2009—2019 年）

表 2.14 各行业现行国家标准情况

行业部门	各行业现行国家标准数量/项	占比/%	行业部门	各行业现行国家标准数量/项	占比/%
住房和城乡建设部	323	0.83	交通运输部	255	0.66
生态环境部	414	1.06	水利部	232	0.60
中国电力企业联合会	358	0.92	国家铁路局	220	0.57
自然资源部	292	0.75	我国总体情况	38902	

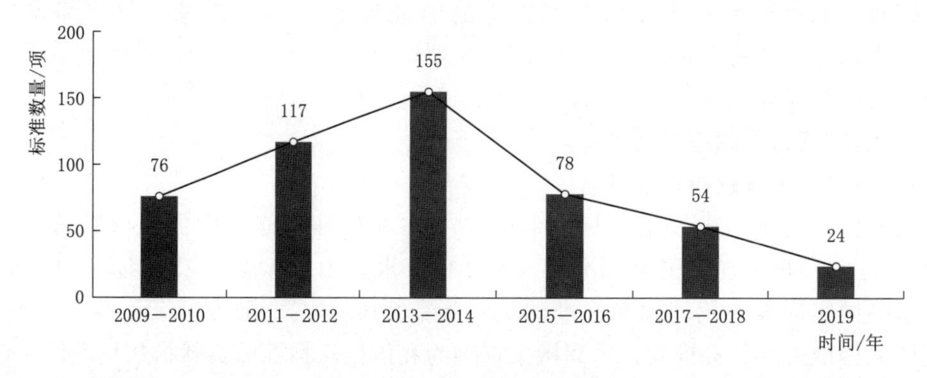

图 2.31 水利行业标准为我国行业标准的贡献趋势图（2009—2019 年）

在 64 个备案行业标准数量中排名第 27 名，在 41 个标准化行政主管部门中排名第 17 名，总体处于中上位置。

2.3.3 标准标龄

2.3.3.1 国家标准标龄情况

经在国标委网站“全国标准信息服务平台”上查询，以 2019 年 12 月 31 日为标龄计算点，截至 2020 年 3 月 20 日，备案的国家标准中，标准实施日期在 2019 年 12 月 31 日及以前的标准为 37084 项，平均标龄为 8.86 年，见图 2.32。其中强制性国家标准 2079 项，平均标龄达 9.50 年；推荐性国家标准 34635 项，平均标龄达 8.84 年；指导性文件的 370 项，平均标龄达 7.62 年。各时间段现行国家标准的数量分布见图 2.33。国家备案标准各标龄段个数及比例见图 2.34。

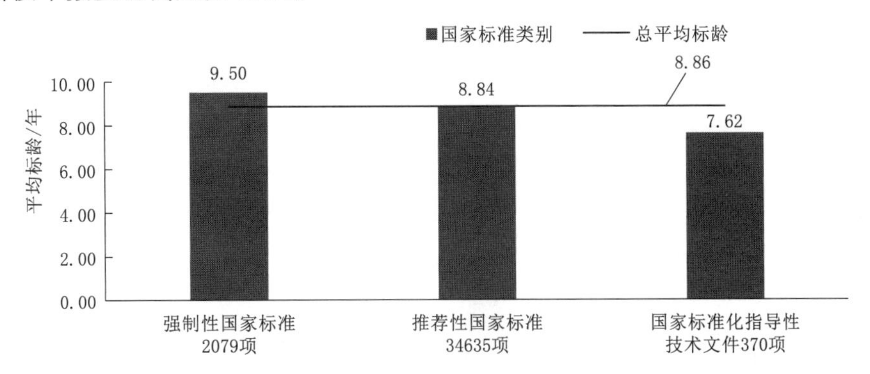

图 2.32　国家备案标准平均标龄

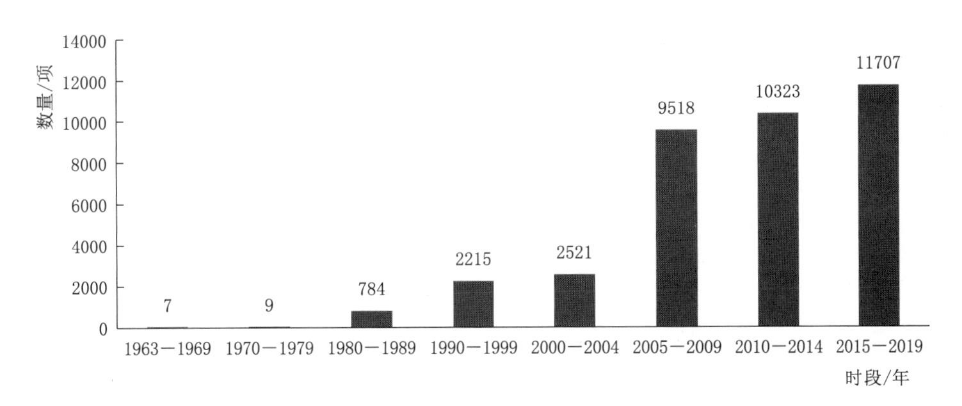

图 2.33　国家备案标准数量

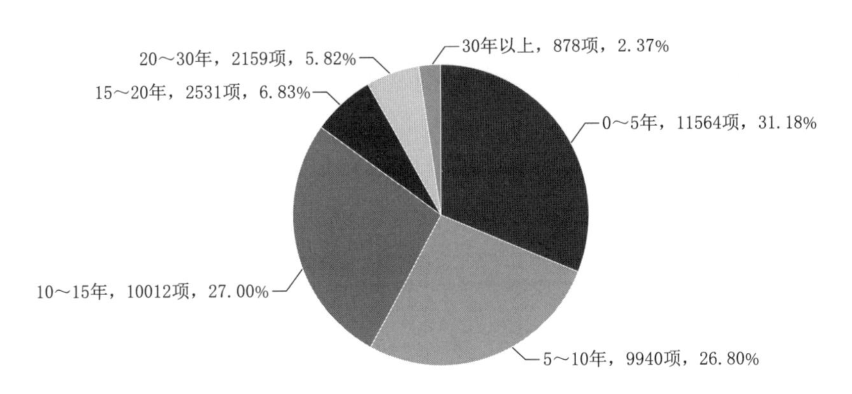

图 2.34　国家备案标准各标龄段个数及比例

2.3.3.2　相关行业标准标龄情况

查询国标委网站“全国标准信息服务平台”，2020 年 3 月 20 日备案的 2019 年 12 月 31 日前实施的部分与水利相关的行业现行有效标准标龄测算情况见表 2.15，标龄对比情况如图 2.35 所示。

表 2.15 相关行业现行有效标准标龄

行业类别	备案现行业标准个数/项	平均标龄/年	行业类别	备案现行业标准个数/项	平均标龄/年
水利	855	8.96	铁道	1113	11.00
电力+能源	4248	5.51	环保	1093	8.93
交通	1191	7.31	农业	2019	7.07

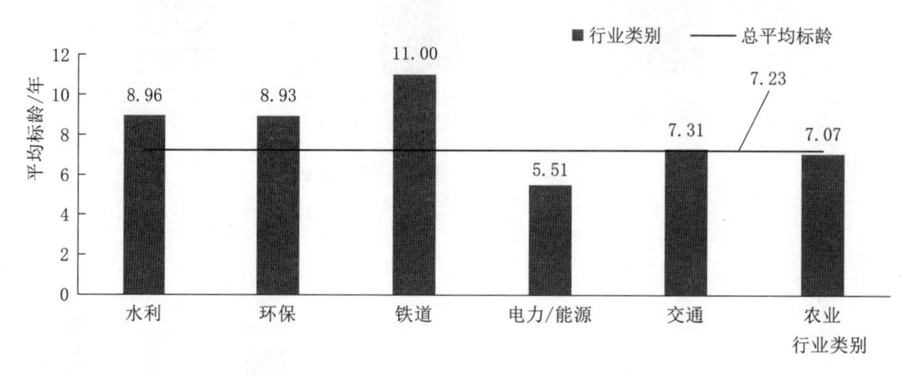

图 2.35 水利相关行业标准平均标龄情况

注：根据 2020 年 5 月 7 日《水利部关于废止〈水电新农村电气化规划编制规程〉等 87 项水利行业标准的公告》(2020 年第 4 号)，重新测算，水利行业标准平均标龄降至 8.47 年。

2.3.3.3 标龄对比分析情况

从图 2.32 中可以看出，我国国家标准平均标龄长达 8.86 年，将近国际标准标龄的 1.8 倍。标龄在 10 年以上的占 42.02%，标龄在 30 年以上的有 878 项，尤其是推荐性国家标准的标龄最长，达 56.04 年；强制性国家标准的标龄达 42.03 年。由于各国情况不同，标准有效期也不同。ISO 标准每 5 年复审一次，平均标龄为 4.92 年。较 ISO 标准标龄，我国的标准体系整体老化，并且高出德国、美国、英国、日本等发达国家 1 倍以上，老化现象十分严重。强制性国家标准是在全国范围内强制执行的，所以标准的老化必然影响标准的使用和执行，以及产品质量的提高。这与国际标准和世界主要发达国家标准 3～5 年的平均标龄相比，形成巨大的反差。《国家标准化管理委员会关于国家标准复审管理的实施意见》(国标委计划〔2004〕28) 规定：国家标准复审是指国家标准自开始实施后 5 年之内，根据科学技术的发展和经济建设的需要，及时对国家标准进行重新审查，以确认现行国家标准继续有效或者予以修订、废止。近年来，我国标准制修订速度明显加快，标准数量持续增长，国家标准平均标龄由 8.86 年缩短至 5 年，制修订周期由平均 4.5 年缩短至 3 年。

比较环保行业、电力能源行业、铁道行业、农业以及交通行业标准中最长标龄发现，标龄最长的是国家标准，达 42.03 年，其次是水利标准，36.28 年，情况如图 2.36 所示。

按照《水利标准化工作管理办法》(2019 年) 规定，水利技术标准有效期一般为 5 年。制定类标准编制周期原则上不超过 2 年；修订类标准编制周期原则上不超过 1 年。标龄在 5 年以上的除复审结论继续有效的外，均为超龄服役。

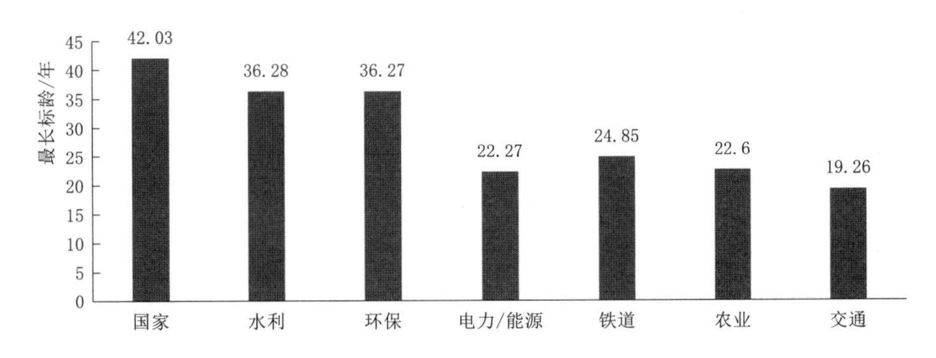

图 2.36 最长标龄排列图

无论是国家标准还是行业标准，标龄总体老化。如图 2.35 所示，水利标准平均标龄略高于相关行业总体平均标龄。与国家标准和环保行业标准的平均标龄相当；高于电力和能源、交通、农业行业标准的平均标龄；低于铁道行业标准的平均标龄。

从表 2.16 可以看出，0～5 年标龄段水利行业占比最低；5～10 年标龄段水利行业占比最高；10～15 年标龄段水利行业占比与国家标准占比相当；15～20 年标龄段水利行业占比处于低占比行列；20 年以上标龄段水利行业占比与国家标准占比相当，处于中间水平。

表 2.16 与水利相关行业标准标龄对比情况表

行业类别	备案现行标准个数/项	平均标龄/年	最长标龄/年	0～5 年		5～10 年		10～15 年		15～20 年		20 年以上	
				个数	占比/%	个数	占比/%	个数	占比/%	个数	占比/%	个数	占比/%
国家	37084	8.86	42.03	11564	31.18	9940	26.8	10012	27	2531	6.83	3037	8.19
水利	855	8.96	36.28	216	25.26	328	38.36	222	25.96	33	3.86	56	6.55
电力/能源	4248	5.51	22.27	2277	53.6	1492	35.12	290	6.83	145	3.41	44	1.04
环保	1093	8.93	36.27	423	38.7	284	25.98	191	17.47	80	7.32	115	10.52
交通	1191	7.31	19.26	564	47.36	229	19.23	208	17.46	190	15.95	0	0
铁道	1113	11.00	24.85	403	36.21	188	16.89	149	13.39	123	11.05	250	22.46
农业	2019	7.07	22.60	1015	50.27	510	25.26	14	0.69	439	21.74	41	2.03

从图 2.37 可以看出电力/能源行业标准标龄占比呈现下降趋势，较为合理。水利行业标准与电力/能源行业标准标龄相比情况如下：

（1）水利行业占比较高的标准集中在 5～10 年的标龄，达 38.36%；低于 5 年的达 25.26%；而电力/能源行业标龄占比较高的低于 5 年的，达 53.6%；说明标准标龄适宜的水利行业标准不及电力能源行业标准的一半。

（2）水利行业低于平均标龄 8.96 年的标准 493 项，占 57.7%；而电力/能源行业低于平均标龄 5.51 年的标准 2537 项，占 59.7%。说明两者半数以上标准超过平均标龄，但水利行业平均标龄高于电力/能源行业标准平均标龄 3.35 年，相当水利行业标准晚于电力/能源行业标准一个新制定标准的编制周期。

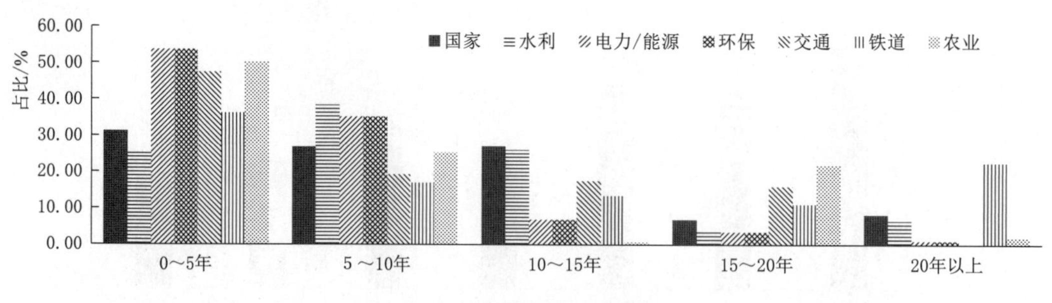

图 2.37　标龄段占比图

（3）标龄超过 20 年的水利行业标准占比高于电力/能源行业。

2.3.4　资金投入

2.3.4.1　国家及地方标准资金投入情况

国家标准大多采取国家政策扶持、财政资助，社会各界共同参与投资建设，以追求投资成本效益内部化（也即谁受益谁投资原则）。国标委每项标准大约补助 3 万元。工程建设标准补助 5 万～10 万元。标准化改革之后标准补助经费有所提升。

随着标准化战略地位的不断提升，各省市相继出台相关的标准化补助政策。如北京市财政局、北京市市场监督管理局制定了《实施首都标准化战略补助资金管理办法》（京财党政群〔2020〕343 号），制定国际标准，补助金额不高于 100 万元；制定国家标准，补助金额不高于 30 万元；制定行业标准，补助金额不高于 20 万元；制定本市地方标准，补助金额不高于 20 万元；制定团体标准，补助金额不高于 20 万元；修订标准，补助金额不高于制定各级标准补助上限的 50%；第一起草单位相同的系列标准按一个标准给予补助，同一单位年度标准制修订补助资金不超过 50 万元（制定国际标准的不超过 100 万元）；江苏省《关于印发江苏省质量技术监督标准化专项资金管理办法的通知》（苏财规〔2016〕16 号）规定：主导制（修）订国际标准，每项补助 100 万元；主导制（修）订国家标准，每项补助 50 万元；主导制（修）订江苏省地方标准，依据所制定标准的重要性、先进性及工作难度予以区别补助，每项最高补助一般不超过 20 万元，属于战略性新兴产业或对地方经济发展有突出贡献的标准，每项最高补助不超过 30 万元；开展团体标准试点的，每个团体最高补助不超过 20 万元。

2.3.4.2　投入水平对比分析

目前从单个标准补助金额来看，水利行业与经济发达地区如江苏、浙江、福建等省以及重点城市如北京市、上海市、杭州市等标准补助力度相当。

与水利行业相关的电力行业市场化较为明显，企业自愿承担标准制修订任务，标准制修订经费以主编单位自筹为主，政府投入较少，以往每项标准补助 5 万元左右，近年升至 10 万元左右。水利标准政府投入高于电力行业标准政府投入力度。

2.3.5　标准应用

新时代下，我国推进市场监管改革创新、提升市场监管效能，需要遵循市场在资源配置中起决定性作用的定位。认可机构由政府授权和采信，自身具备技术能力，认可的技术性体现在要求依据国际/国家标准、规范等实施活动评审。资质认定质检机构作为第三方，向社会出具公证数据。国家发展改革委、水利部、建设部、交通部、铁道部等部委都出台有工程质量检测标准，所以质检领域使用各行各业的检验检测标准较多。

从标准使用数量来看，目前水利行业通过国家市场监督管理总局资质认定的检验检测机构 93 家（截至 2019 年 12 月 31 日），其中工程类的 42 家，使用的各类标准 1874 项（不重复统计），其中国家标准 980 项，占 52.3%，水利行业标准 176 项，占 9.4%，电力行业标准 162 项，占 8.7%，环境标准 12 项，占 0.6%，其他行业标准 544 项，占 29.0%。水环境类的 51 家，使用的各类标准 368 项（不重复统计），其中国家标准 119 项，占 32.3%，水利行业标准 47 项，占 12.8%，环境标准 95 项，占 25.8%，其他行业标准 107 项，占 29.1%，见统计表 2.17。

从表 2.17 可以看出，工程类质检机构使用的标准除国家标准外，水利行业标准最多，占行业标准的 1/5。水环境类质检机构以国家标准和环境标准较多，其次是水利行业标准，占其他行业标准 1/3。

表 2.17　　水利行业各质检机构资质认定使用标准情况

类　　别	工程类（42 家）		水环境类（51 家）	
	标准数量/项	占比/%	标准数量/项	占比/%
国家标准	980	52.3	119	32.3
水利行业标准	176	9.4	47	12.8
电力行业（DL+NB）	162	8.7	—	—
环境标准（HJ）	12	0.6	95	25.8
其他行业合计数	544	29.0	107	29.1
小　计	1874	100	368	100

2.3.6　标准增长

选择与水利行业标准相关、相近的电力和环保行业进行比较，数据见表 2.18。说明近 10 年来水利标准数量增长速度与环保行业相当，但只有电力能源标准增长的一半。

表 2.18　　水利相关、相近的行业标准增长情况　　单位：项

标准类别	总　　数	国家标准数量	行业标准数量	较 2010 年增长
水利标准	885	172	683	530
电力标准	2413	382	2031	1000
环境标准	1093	364	729	560

2.3.7　团体标准发布情况

截至 2020 年 6 月 30 日，共计有 3554 家社会团体在全国团体标准信息平台进行注册，社会团体在平台上共计公布 15990 项团体标准。目前水利行业共有社团组织 22 家（不包括地方），其中已有 7 家共发布团体标准 51 项（见表 2.19），占总团体标准的 0.32%，从占比来看，水利团体标准数量较少，处于起步阶段。

表 2.19 水利团体标准发布数量统计

序号	单　位	发布标准数量	序号	单　位	发布标准数量
1	中国水利学会	23	5	国际沙棘协会	1
2	中国水利工程协会	10	6	中国灌区协会	1
3	中国水利水电勘测设计协会	9	7	中国农业节水和农村供水技术协会	1
4	中国水利企业协会	6	总计		51

2.3.8 国家标准采标

现行国家标准中，采用 ISO、IEC 及其他国际组织的标准总数为 13760 项。在所调研的行业中，铁路行业采标数量最多，为 94 项，占比 0.69%，其次是电力行业，为 57 项，占比 0.42%。水利行业只有 3 项采标标准，占比为 0.02%。各行业国家标准采标情况见表 2.20 和图 2.38。

表 2.20 各行业现行国家标准采标情况

行业部门	各行业国家标准采标数量/项	占比/%	行业部门	各行业国家标准采标数量/项	占比/%
国家铁路局	94	0.69	住房和城乡建设部	34	0.25
中国电力企业联合会	57	0.42	交通运输部	33	0.24
生态环境部	48	0.35	水利部	3	0.02
自然资源部	36	0.26			

注　国家标准总体采标情况：13760 项。

早在 2009 年 2 月 13 日国家质量监督检验检疫总局报道，我国国际贸易较多的钢铁、光纤、水泥、电力电器、电线电缆等行业的产品采标率达到 85%以上。2018 年我国产品国际标准采标率超过 80%❶。与之相比，水利标准采标率远远不足，与国际先进水平还有较大差距。

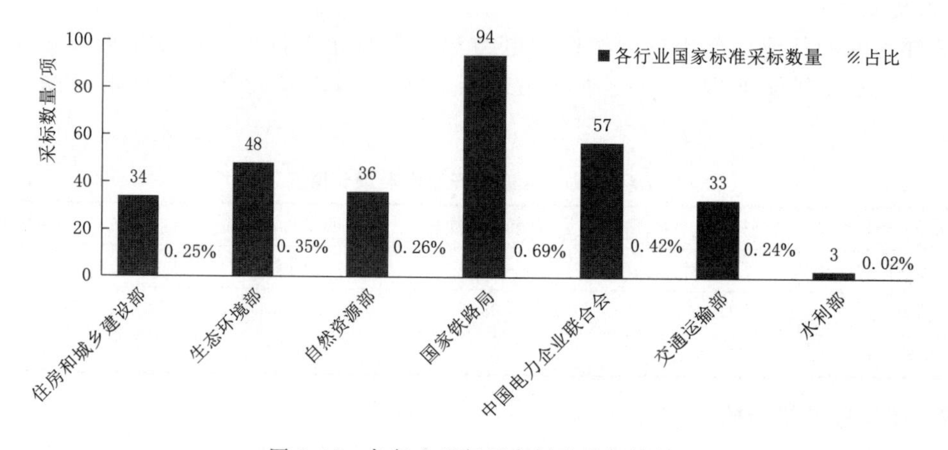

图 2.38 各行业现行国家标准采标情况

❶ 资料来源：支树平，我国产品国际标准采标率超过 80%，2018-03-09，新华网。

2.3.9 承担 ISO/IEC TC/SC 秘书处数量

截至 2020 年 6 月底，通过国家标准化管理委员会国际标准化工作平台检索到，各行业承担 ISO/IEC TC/SC 秘书处数量见表 2.21。我国目前承担了 610 个 ISO/IEC TC/SC 秘书处，承担秘书处最多的是电力行业，有 10 个，占比为 1.64%；其次是住建和自然资源行业，各有 5 个；交通和环保行业分别有 3 个和 2 个，铁路和水利行业目前只有 1 个。相比之下，水利行业在国际标准化组织中承担的工作较少。

表 2.21 相关行业承担 ISO/IEC TC/SC 秘书处数量

行业部门	各行业承担 ISO/IEC TC/SC 秘书处数量	占比/%
中国电力企业联合会	10	1.64
住房和城乡建设部	5	0.82
自然资源部	5	0.82
交通运输部	3	0.49
生态环境部	2	0.33
国家铁路局	1	0.16
水利部	1	0.16

注 我国总体数量 610 个。

2.3.10 主导制定国际标准情况

主导制定国际标准情况分为三个方面：一是本行业主导制定并已发布的国际标准数量；二是正在制定的标准数量；三是国际标准提案数量。通过调研得知，相关行业主导制定并已发布的国际标准见表 2.22。

表 2.22 相关行业主导制定并已发布的国际标准情况

行业名称	主导制定并已发布的国际标准数量	正在制定的国际标准	国际标准提案	小计
中国电力企业联合会	37	41	7	85
交通运输部	7	3		10
自然资源部	2	3	2	7
住房和城乡建设部	1	2	6	9
水利部	2			2
生态环境部			1	1

在所调研的行业中，电力行业的标准国际化总体水平较高，在承担国际组织工作、国际标准化注册专家、与国际组织的联系、采标数量、主导制定国际标准各方面都位于前列。水利行业主导制定并已发布的国际标准只有 2 项，数量占比不足 1%。

2.3.11 发展趋势

在国家标准中农业标准（大农业）占 11.4%，工业标准占比 73.5%，服务和社会事业的标准占比 15.1%[1]。标准化工作全方位向第一、二、三产业和社会管理、公共服务等领域拓展，服务领域的标准占比正在不断提升。

2015—2019 年，水利部共发布水利技术标准 200 项（见图 2.39）。其中新制定的标准 107 项，占水利技术标准的 53.5%，其专业及功能分布情况见图 2.40 所示。从标准功能来看，水利标准发展趋势如下：

---

[1] 资料来源：2019 年 9 月 11 日国务院新闻办举办中国标准化改革发展成效新闻发布会。

(1) 加大治理能力建设，从重“工程建设”向重“质量安全”转变。截至2019年12月，“大中型水工程”领域现行有效标准371项，占40%，比2014版《水利技术标准体系表》中工程建设类标准（374项，占53%）下降13%；从图2.40中可以看出，2015—2019年水利部发布的质量安全评价类标准共18项，占17%。如SL/Z 679—2015《堤防工程安全评价导则》、SL 703—2015《灌溉与排水工程施工质量评定规程》、SL 752—2017《绿色小水电评价标准》、GB 51304—2018《小型水电站施工安全标准》、SL 694—2015《水利系统通信工程质量评定规程》、SL 767—2018《山洪灾害调查与评价技术规范》、SL 747—2016《采矿业建设项目水资源论证导则》、SL 763—2018《火电建设项目水资源论证导则》、SL/T 777—2019《滨海核电建设项目水资源论证导则》等标准优先安排立项。

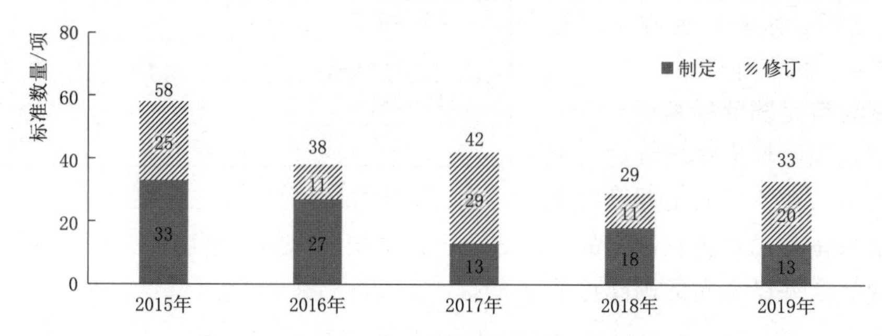

图 2.39 2015—2019年水利部发布标准统计图

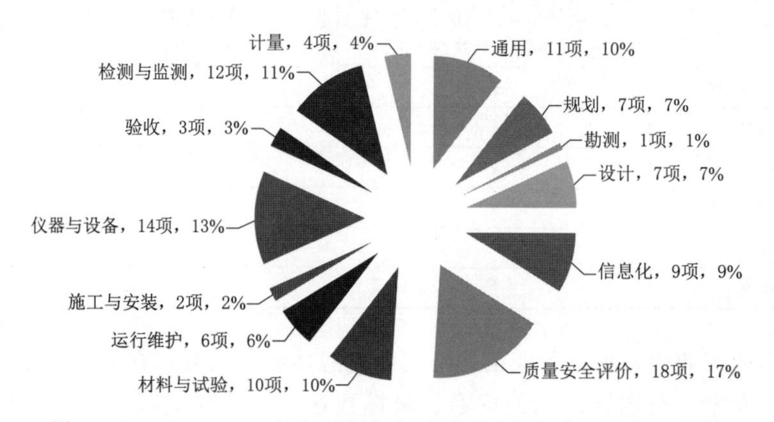

图 2.40 2015—2019年水利部发布的标准功能分类及数量统计图

(2) 强化水文水资源标准，体现“重在保护，要在治理”。从近年来新增标准可以看出，75%左右的标准为非工程建设类专业标准。2015—2019年发布新制定的106项标准中，水文和水资源专业标准29项，占27.4%。如SL 709—2015《河湖生态保护与修复规划导则》、SL 763—2018《火电建设项目水资源论证导则》、SL 742—2017《水文测站考证技术规范》、SL 732—2015《感潮河段水文测验规范》、SL 733—2016《内陆水域浮游植物监测技术规程》、GB/T 32716—2016《用水定额编制技术导则》、SL 760—2018《城镇再生水利用规划编制指南》等，体现了现代水利管理特色。

从标准类型可以看出，水利各专业治水思路的转变，体现了时代特色。如农村水利标准GB/T 50363—2018《节水灌溉工程技术标准》、SL/Z 699—2015《灌溉水利用率测定技术导则》、SL 703—2015《灌溉与排水工程施工质量评定规程》、GB/T 21303—2017《灌溉渠道系统量水规范》、GB 50288—2018《灌溉与排水工程设计标准》、SL 310－2019《村镇供水工程技术规范》等，充分体现农业用水向节约型发展；防洪减灾标准如 SL 483—2017《洪水风险图编制导则》、SL/T 778—2019《山洪沟防洪治理工程技术规范》、SL 754—2017《城市防洪应急预案编制导则》、SL 762—2018《山洪灾害预警设备技术条件》、SL 750—2017《水旱灾害遥感监测评估技术规范》、SL 59—2015《河流冰情观测规范》、SL 723—2016《治涝标准》、GB/T 32135—2015《区域旱情等级》等标准，充分体现了由控制洪水向洪水管理转变的治水思路，从注重灾后救助向灾前预防转变，从减轻灾害损失向减轻灾害风险转变。

（3）加大工程安全检测与监测力度，体现专项监督向常态监管的转变。854 项现行有效水利技术标准中，水工程安全检测与监测标准 54 项，占 6.3%；2015—2019 年新制定发布的 106 项标准中，水文和水资源专业标准 12 项，占 11%。相继发布如 SL 766—2018《大坝安全监测系统鉴定技术规范》、SL 733—2016《内陆水域浮游植物监测技术规程》、GB/T 51240—2018《生产建设项目水土保持监测与评价标准》、SL 713—2015《水工混凝土结构缺陷检测技术规程》、SL 764—2018《水工隧洞安全监测技术规范》、SL 768—2018《水闸安全监测技术规范》、SL/T 782—2019《水利水电工程安全监测系统运行管理规范》、SL/T 784－2019《水文应急监测技术导则》等，加大了工程质量安全检测和监测以及风险防范，标准相对比例在增长。

（4）加大规范信息化建设，聚焦水利信息化补短板。854 项现行有效水利技术标准中，信息化标准 58 项，占 6.8%；2015—2019 年发布的新制定 106 项标准中，信息化专业标准 9 项，占 8.5%，说明信息化建设标准也得到不断提升，如 SL/T 783—2019《水利数据交换规约》、SL 700—2015《水利工程建设与管理数据库表结构及标识符》、SL 730—2015《水利空间要素图式与表达规范》、SL 715—2015《水利信息系统运行维护规范》、SL 707—2015《水利政务信息数据库表结构及标识符》、GB/T 33113—2016《水资源管理信息对象代码编制规范》等。

（5）标准级别转换，体现水利践行标准化新要求。2020 年 3 月 20 日国标委备案标准统计数据显示，国家推荐性标准（GB/T，36269 项）、国家强制性标准（GB，2191 项）、指导性文件（GB/Z，383 项）数量比大约为 95∶6∶1。按照新的《标准化法》要求以及《强制性国家标准管理办法》（国家市场监督管理总局令第 25 号）要求，国家在逐步调整原有国家标准的推荐性与强制性类型，“对保障人身健康和生命财产安全、国家安全、生态环境安全以及满足经济社会管理基本需要的技术要求”的制定强制性国家标准，并由国务院批准发布或授权批准发布，强化了强制性标准管理。

目前水利现行有效国家标准 172 项，其中推荐性国家标准 151 项，强制性国家标准 21 项，推荐性与强制性标准数量比约为 7∶1，与国家标准推荐性与强制性比例 16∶1 相比，水利部组织编制的国家强制性标准偏多；水利行业现行有效标准 855 项，其中 SL/T（24 项）、SL（624 项）、SL/Z（25）的数量比约为 1∶25∶1。水利行业强制性与推荐性标准比例与国家标准的强制性与推荐性标准比例正好相反。按照新的《标准化法》要求，绝大多数强制性行业标准应转为推荐性标准。

综上所述，水利标准化工作充分体现了水利技术标准紧随水利职能的不断转变，水利治理标准在不断提升。

2.4 与发达国家标准比较

2.4.1 总体发展进程方面

纵观西方发达国家标准化工作，基本上都起步于20世纪初期，发展至今已有百余年历史，积累了丰富的发展经验，建立了规范化的标准发展模式，形成具有共性、规律性的发展特点。特别是水资源问题出现初期，就给予足够重视，并且伴随着水资源问题的不断演变，标准总体呈现循序式稳步发展态势，建立了一整套规范化发展模式，标准发展工作进入了持续改进、不断完善的成熟发展型阶段。社会各界标准化意识强、技术水平高。

我国水利标准总体发展历程起步于解放初期，发展进程缓慢，社会标准化意识薄弱、人才缺乏、水平低下。进入20世纪80年代，我国标准化工作逐渐走上正轨，而真正引起社会广泛关注和高度重视的是进入21世纪。我国标准化工作与国外标准化发展进程相比，起步晚了近50年。

2.4.2 标准与科技发展进程方面

总体而言，我国目前水利标准技术水平偏低，一方面表现在已颁标准老化现象严重，目前水利行业标准平均标龄为8.47年，与世界主要发达国家标准3～5年的平均标龄相比，形成巨大反差；另一方面许多先进成果未能及时转化成技术标准，影响先进技术的推广运用。如水环境领域，目前仍然主要以简便、易推广的化学法和分光光度法为主，在我国现行标准中，有机污染物分析采用气相色谱法（占总数的13%），方法严重落后，对于目前在国际上已普遍推广的连续注射（FIA）、等离子体质谱ICP－MS以及多种仪器的联机分析等新技术，在我国现行水环境的分析方法国家标准中没有体现，标准没有起到对相关技术和科技进步的拉动和引领作用。在水资源开发利用领域，国家科技部“八五”至“十三五”将水资源安全保障作为重点资助对象，取得了一系列研究成果，研究提出了“四水转化”“二元水循环”“生态用水标准”等新理论、新成果，对水资源安全评价与合理配置等工作积累了许多新的实践经验，从1998年起我国开始建设节水型社会以来，先后确立国家和省级节水型社会建设试点100多个，取得了初步成效，初步构建了全国节水型社会建设技术支撑体系框架，有待转化成技术标准，指导全国开展节水型社会建设。在农业灌溉领域，以灌溉新材料为例，近年来国内外在渠道防渗新材料及新技术方面，取得了一系列研究成果。我国研制出了纳米基混凝土改性剂，能够提高混凝土的抗渗性30%以上，但大量先进技术未能及时转化，影响我国农业灌溉发展进程。

2.4.3 标准属性

发达国家和地区法制化进程早，在法律法规引领下发展标准。采取立法在先、标准随后的发展模式，基本上都采取实施强制执行的技术法规和自愿采用的标准相结合的标准制约体制。技术法规是制定标准的法定依据，标准则是制定或实施技术法规的基础，两种不同法律属性的技术要求相互依存，构成了完整的技术体系。例如欧共体理事会把技术法规只给出为确保人身安全、消除技术壁垒等必须达到的目标，而为有效实现这些目标所需采用的最适宜的途径和方法，由成员国自由选择；技术法规中只规定必须满足的基本要求，而为满足这些基本要求所需采用的技术手段，均由欧洲标准化组织通过制定欧洲协调标准来解决，法律通过“采用标准”（主要是欧洲标准）的方式对技术进步做出快速反应。技术标准不能违背技术法规的要求，技术法规可直接引用技术标准条款，减少法规中具体技术规定，被法规引用的标准条款，成为法规的组成部分，具有强制属性。标准作为自愿性技术规定，包括国家标准、社团标准、企业标准等，技术标准只有经法律法规引用后，才成为强制性技术规定，使得需要强制性执行的技术规定，具有明确的法律地位。在实际使用过程中，各类标准具有同样的地位，通过技术竞争，又形成了一批大家公认的、成为事实上大家都采用的技术标准。

我国水利标准分成强制性或推荐性，并鉴于标准全部条文都为强制性不符合实际情况，又推出了强制性条文的概念，其实质内容就是在现行强制性标准中，抽出重要的条文予以强制执行，因此，现有标准出现了强制性标准、强制性条文、推荐性标准多种概念，标准定位比较混乱。

2.4.4 标准编制国际化理念

发达国家在标准形成过程中十分注意与国际标准的接轨，采取开放式的发展理念，对于一些国际通用的产品和技术方法等，则实现拿来主义，以直接采用国际标准的准则，减少本国重复建设；而对于涉及本国特点或者具有技术优势领域，则站在国际角度，制定标准，并努力实现本国标准国际化，形成了品牌标准。即使是标准起步相对比较晚的印度，以双编号的形式发布大量 ISO 国际标准。另外，发达国家不同团体、部门的标准针对同一问题也会出现不同的规定，但一方面因其有技术法规对原则性问题进行了统一规定，另一方面政府部门负责制定的技术标准和社团标准，在实践过程中具有同样的地位，标准是否被采纳，关键取决于标准的技术竞争优势，通过竞争，实现优胜劣汰。因此，尽管许多技术标准没有被技术法规采用，但是由于其技术优势，在实际使用过程中形成了事实上的“强制性”标准。例如在土工测试方法标准方面，国际影响最大的是美国材料试验协会的 ASTM 标准，几乎囊括所有常用的室内土工试验和原位测试。其系统性强，格式统一，标准体系开放，标准更新速度较快，包括美国在内的多数市场经济国家在岩土工程招投标中，经常以 ASTM 为试验标准。公平公开的标准技术竞争，极大地促进了标准的技术进步，也减少了标准执行上的混乱。标准编制部门也长期形成了发展优势技术、形成品牌标准的发展理念，以美国五家老牌的标准化协会 ASTM、ASME、ASMME、ASCE、AIEE 为例，并不盲目追求标准编制范围与领域的扩大，而是长期围绕各自优势技术领域发展标准，也实现标准化人力资源的合理利用。

我国水利标准目前采标率只有 0.35%，与国际标准的衔接有差距。我国修建和正在修建的水利水电工程数量和工程规模，均位居世界首位，混凝土面板堆石坝和碾压混凝土坝筑坝技术处于国际领先水平，中国水利工程建设与管理标准的技术水平在某些具体技术指标方面，甚至高于国外相应标准的技术水平。中国标准外文版翻译目前尚未形成整个产业领域标准的英文体系化，未站在国际角度制定标准，水利行业标准化相关协会、国际相关组织也未围绕自身优势技术去发展标准，处于一种闭关状态，尽管小水电技术标准国际化刚刚实现零的突破，但不足以成为国际市场竞争的支撑体系，以至于在国际水利工程建设市场上竞争力不强，或被国际水利工程建设市场接受较困难。

2.4.5 国际标准参与度

从许多国际组织及其活动反映的情况看，标准的话语权体现了主导权。在 ISO、IEC 等国际标准化组织中，起主导作用的仍然是美国、欧洲等西方国家。

虽然到 2019 年水利部与发达国家、发展中国家累计签署了 77 份合作谅解备忘录，与国外水利部门建立 33 个双边固定合作交流机制。通过世界水论坛、中欧水资源交流平台等多边合作平台，全面加强与国际组织的多边合作。成功举办世界水理事会董事会会议、国际水利学大会、国际大坝会议等多个国际会议和国际水事活动，我国水利专家担任多个重要国际水组织领导职务，但我国水利行业无论是单位还是个人加入国际组织很少，专家入选其领导机构的组织也不多，当选为主席、副主席的组织就更少了，在国际标准制修订工作中很少发声，我国水利优势技术在国际水利标准中也体现不出来。

2.4.6 标准形成过程

发达国家在政府主导、社会各界共同参与下形成标准，尽管标准也由政府多个部门共同负责，但是政府管理职能基本上是按照技术实施流程进行划分的，管理职能之间界限比较明确。如美国环境保护规划署负责制定系列饮水安全标准，陆军工程兵团主要负责全国防洪工程技术要求与规定的制定，联邦紧急事务管理署（FEMA）负责灾害发生前的各种减灾措施。政府部门负责直接编制标准或者委托社会团体及研究机构制定有关标准。而任何团体和个人都可提出标准草案作为国家授权标准制定团体的原案提交各方讨论，也可以根据自身技术优势或者需要编制标准、发布社团标准，保证标准产生渠道的广泛性，充分体现了标准来自社会实际需求的原则。政府部门能广泛接纳社会各界提出的标准草案，包括新增加标准及其已颁标准的修订，并在标准立项、标准文本定稿及其发布的全过程中，又能广泛征求各方意见。标准制修订工作一般只需 1～2 年完成，标龄控制在 3～5 年，有关人身安全的标准，要求更加严格，控制在 2～3 年。标准能及时吸纳先进技术成果，具有较高的技术水平。

水利技术标准立项基本上采取自上而下的方式。编制过程中社会各界反馈意见的积极性与主动性不够强，征求意见过程很难取得理想效果，不能实现标准应有的协商一致性。标准编制周期平均需要 2～3 年，有些标准因前期技术准备不足，标准编制周期长到 4～5 年；标准复审周期也比较长，个别标准甚至达 30 年以上还未进行修订，不能很好地反映科技快速发展进程。

2.4.7 标准体系特点

发达国家技术体系结构松散，但内容完整。尽管没有明确的水利技术体系，技术规定从形式上包括了技术法规、标准、手册、指南等，从发布主体上，包括了国家标准、政府标准、协会或社团标准。看似结构松散，但是在水利领域形成了以技术法规为主导、标准为支撑，标准通过技术法规引用以及技术优势竞争等，在实际应用过程，形成了一套具有较高公认度的技术体系。

水利技术标准体系在 1994 年发布了第一版，经过 2001 版、2008 版、2014 版，体系架构、功能设置、专业标准分布逐步成熟，基本覆盖水利工作的所有领域。标准设置与国家法律法规有效衔接，水利技术标准体系基本健全。随着水利由建设型向治理型转变，治理和监管标准出现了缺失，如水资源总量控制方面的定额标准、节水及评价标准、水生态修复系列标准等。

2.4.8 标准化对经济增长贡献率

发达国家非常重视标准化工作，对标准化效益进行跟踪测算，利用经济模型测算出标准化对经济增长的贡献率，其结果显示不尽相同，与标准重视程度、标准投入以及实施充分性等有关。

我国标准化研究院2008年测算结果显示：实际GDP的增长率中，约有0.79个百分点缘于标准的增长（我国1979—2007年标准存量约10％的平均增长率，实际对GDP年贡献率应为7.9％）。住建部测算结果显示：我国工程建设标准对GDP的贡献率为0.49个百分点；利用C-D生产函数模型评估结果表明，水利标准对GDP增长的贡献率约为0.39个百分点（2004年以来水利标准存量年增长率约为10％，实际对GDP增长的贡献率应为3.9％。）

水利标准对GDP增长的贡献率，与我国工程建设标准相比落后1个百分点，相当于我国整体标准贡献率的1/2，远低于发达国家，见图2.41所示。

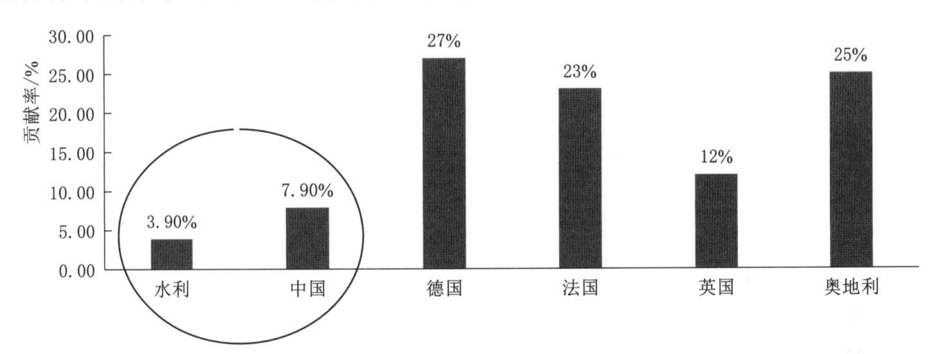

图2.41 我国水利行业和部分国家标准化对经济增长的贡献

3

国内外标准效益评价研究

标准具有统一性和简单性。统一的目的就是去除多样性而引起的混乱，建立共同遵守的最佳秩序。通过标准化活动，把多余、不必要的或低功能的环节简化，减少事物的复杂性，简化的过程就是提高效率和效能的过程。所以说标准既是先进技术的有效载体，也是创新技术的必要平台，对于经济增长具有重要贡献，引起国内外的广泛关注和深入研究。

3.1 国外标准效益研究现状

3.1.1 概况

1975 年，国际标准化组织（ISO）发表了《标准化的经济效果》研究报告，报告中介绍了当时主要发达国家和学者对国家标准化经济效益的研究成果。IEC 在世界范围内规范了电子、电工的技术标准，并从 4 个案例的分析中证明，公司的确从标准投资中获得巨大收益和更大的市场份额，并降低了成本。1979 年，国际标准实践联合会（IFAN）建立的第一工作组就是标准化经济效果工作组，经过几年的研究，提出了指导性文件《公司标准化经济效果的计算方法》和题为“标准化的效益”的小册子。国际标准化组织标准化原理常设委员会（ISO/STACO/WGIO）在经过大量调查研究的基础上撰写了《贯彻国际标准的效果》《贯彻国际标准化经济效果的判断》《经济效果的计算》《经济效果的近似判断》《经济效果的分析》《产品国际标准化优先顺序评价》等一系列文件，为各国的标准化经济效益研究提供了参考。

3.1.2 宏观层面研究成果

国家层面标准经济效益评估是标准化经济效益研究领域得到较早和较充分的关注点之一。国家层面的标准化经济效益评估的研究成果，主要是为政府制定标准化战略和政策，加强国际标准化活动提供重要决策依据。世界各国从 20 世纪 60 年代起对标准化经济效益进行了大量研究，并已取得了相应成果。

3.1.2.1 欧盟

20 世纪 80 年代以来，欧盟一直把标准作为国际经济竞争的首选战略，通过标准战略的实施，成功地将本地标准制定成国际标准并向全世界推行，获得巨大的经济效益。

标准化机构 DIN 委托弗朗霍夫系统工程与创新研究所和德乐思登技术大学市场营销及政策研究学院联合发起标准化经济效益的研究，分别在德国、奥地利和瑞士展开调查。调查结果显示，被访问企业通过使用欧洲标准和国际标准节约的费用是 400 万马克到 1300 万马克之间，合计节约费用 3100 万马克，通过采用其他国家标准而节约的费用年均 35 万马克，最低费用是 2500 马克，最高费用是 600 万马克。对技术宏观经济效益进行的研究表明，德国经济平均年增长率为 3.3%左右，其中标准贡献率占 1/3。欧盟标准对国民经济增长的贡献率见表 3.1。由此可见，德国的标准化对经济增长的贡献可达 27%。

表 3.1　　欧盟标准对国民经济增长的贡献率　　%

年均经济增长率	资本	劳动力	专利	专利技术/转让许可	标准
3.3	1.6	0.2	0.1	0.5	0.9

资料来源：德国标准化机构 DIN 的《调查结果综述》，BEUTH 出版社。

发达国家（如英国、德国）的研究成果已证明，标准化虽然直接创造的经济价值并不高，但对单个生产单元的生产过程发挥着重要的推动作用，而这种推动作用可用多种经济指标来衡量。

3.1.2.2　德国

德国是研究标准最多的国家之一，主要在宏观方面对标准化经济效益进行研究，2000 年德国标准化学会（DIN）董事会委托弗劳恩豪夫系统工程与创新研究院和德累斯顿技术大学市场营销及经济政策研究教研室，对“标准化总体经济效益”进行了历时 2 年的大规模调查。利用柯布—道格拉斯生产函数的改造公式对 1960—1996 年的数据进行研究，发现德国经营性产业产值增长与标准有关，并且根据公式可计算出标准对德国经济年产值增长率的贡献度。是一次较为系统、全面的标准化经济效益研究。主要是通过“理论假设—问卷调查—专家访谈”的方法，从各个层面客观分析了标准化活动对国民经济、对外贸易、科技创新、企业效益等方面的影响，全方位地证明了标准化的积极意义。研究发现，德国标准化活动对其 GDP 的贡献率约为 1%。1997 年德国标准化学会（DIN）对德国、奥地利和瑞士 3 国标准化总体经济效益的研究，用计量方法测量得到经济平均增长 3.3%，其中标准化的贡献占到 0.9%。

2001 年，针对 DIN 申请国际标准的情况，德国设置了 DIN 奖，在德国社会公开收集参与国际标准化活动并取得经济效益的成功案例，通过对 DIN 的专利登记数量、外国专利许可证费用支出、标准化数量、参照对总生产额的参变数进行分析，推算出德国 1981—1995 年期间国际标准化活动给本国带来的经济效益达 31.5 亿马克，占到了国民生产总值的 1%。

2004 年，德国标准化学会（DIN）出版《标准经济学——理论、证据与政策》，提出标准经济学概念，指出标准化的作用在德国的经济增长中位居第二，占年均增长率的 0.2%～1.5%。德国的宏观分析基本证实标准化的经济效益约为国民生产总值的 1%。

德国罗兰·贝格战略咨询公司基于价值链的概念研究开发了一套企业标准化经济效益

评价方法。该研究方法既关注了微观经济层面，也可以对整个行业进行研究。2010年以来，ISO将该方法在成员国进行了推广实施，寄望将标准经济效益评价结果作为国家、行业和企业制定标准化战略和政策的重要参考依据。2011年我国受ISO邀请在新兴铸管股份有限公司和大连船舶重工集团有限公司开展了此项研究。

3.1.2.3 美国

美国20世纪70年代以前由于标准化活动不充分，使工业效率损失40%；到了80年代，美国又对2000个企业和研究设计院进行了一次调查，结论是花在制定标准方面投资，每1美元可以收到50美元的效益。另外，美国国家科学与技术研究院以个别测量法调查了私有标准产生的效益，称有63%～423%的社会回报率（Tassey，1995）。

3.1.2.4 英国

英国标准学会（BSI）秘书处1980年4月报道，英国标准对英国国民生产总值一半左右起作用。

2002年，英国经济学者Temple、Paul等专家在德国研究基础上，以1948—2002年英国数据为例，建立了一个评估劳动生产力增长与标准关系的模型，评估了标准对英国经济增长的贡献，研究结果表明，标准对劳动生产力的增长存在着长期影响，标准与劳动生产力间是单向因果关系，劳动生产力和标准数量间的弹性系数为0.05，即标准数量增长1%会引起劳动生产力增长0.05%。标准对此期间英国劳动生产率的贡献份额为13%。该期间英国GDP增长率为2.5%，技术进步对GDP贡献率占1%，而标准在技术进步中大约占25%以上的贡献份额。该方法可以评价标准数量对劳动力增长的贡献，但是只考虑了由劳动生产力到标准数量的单向因果关系，不适合用于企业标准经济效益的评价。

2010年，英国商业、创新和技能部（BIS）的“标准化经济学”研究建立了宏观经济层面标准化与生产力增长、经济总体增长的关系。

3.1.2.5 澳大利亚

2002年，澳大利亚开展了“标准、创新与澳大利亚经济”的研究。依据截至2002年的前40年的数据，研究结果表明，标准数量增加1个百分点，整个经济的生产力增加0.17个百分点。标准中各类知识积累每增加1个百分点，可使整个经济的生产力提升0.12个百分点。标准为水力发电业带来的经济效益每年大约19亿澳元，标准为采矿业带来的经济效益每年大约在2400万至1亿澳元。此外，澳大利亚国际经济中心（CIE）试验了两个独立的评价模型，第一个评价模型是分析研发（R&D）系统和标准对全要素生产率（TFP）的影响；第二个研究模型是将研发与标准相结合，建立一个关于澳大利亚经济中知识存量的指数。这两个评价模型用于评价澳大利亚所有采用的国际标准、所有澳大利亚/新西兰联合标准以及澳大利亚的唯一标准对澳大利亚经济所产生的价值。

2006年澳大利亚国际经济中心（CIE）评估得出：标准数量1%的增长可以使生产率提高0.25%，水利和电力行业通过建立并利用标准化网络每年增收19亿澳元。

3.1.2.6 法国

2009年，法国标准化协会（AFNOR）开展的标准化经济效益研究项目旨在研究标准和经济增长的关系，采用全要素生产率（TFP）作为测量指标，针对法国1950—2007年间的宏观经济进行了分析。全要素生产率是指产量与全部要素投入量之比；全要素生产率的来源包括技术进步、组织创新、专业化和生产创新（包括标准化）等。产出增长率超出要素投入增长率的部分为全要素生产率增长率。从经济增长的角度来说，生产率与资本、劳动等要素投入都贡献于经济的增长。从效率角度考察，生产率等同于一定时间内国民经济中产出与各种资源要素总投入的比值。从本质上讲，它反映的则是某个国家（地区）为了摆脱贫困、落后和发展经济在一定时期里表现出来的能力和努力程度，是技术进步对经济发展作用的综合反映。研究结论是：法国为标准化工作投资1法郎，可获得5～10法郎的经济效益。标准化对法国每年经济增长率的贡献是0.81%。在二战后法国经济繁荣的30年间，标准化的贡献率为年均1.1%。随后，在石油危机期间，法国经济增长显著放缓，近年来数据显示，标准化的贡献率达23%，标准化对于抵消经济衰退做出了重要贡献。

3.1.2.7 日本

1998年，日本经济产业省在参考德国国际标准化活动经济效益的调查方法和研究方法的基础上，开展了日本国际标准化活动经济效益的调查活动，从宏观经济和微观经济的角度，对国际标准化活动带来的经济效益进行了实证性分析。在微观上，采取“费用对比效益”的方法，即将参与制（修）订国际标准所需要的项目投入费用和该项标准被采纳为国际标准后而获得相关知识产权给日本产业界带来经济效益进行对比计算得出该项标准所获得的经济效益。在宏观上，日本将生产值、设备投资额、研究费用及日本提出的国际标准提案的数量之间的关系做了调查。研究结论显示，日本如果能将本国一项新技术产品形成国际标准，或者通过提出修改国际标准建议，将本国的技术条件反映到国际标准中去，一般能带来300亿日元的经济效益。反之，损失同样惨重，例如，日本手机技术在世界上系一流水平，但其制式和欧美等国家的制式不一样，未能形成国际标准，结果损失高达300多亿日元。此外，产值高的行业标准多，研究费用多的行业标准多，但设备投资额多的行业未必标准数量多。该方法能够简单、直接评价产品标准实施的经济效益，但只有在具有准确财务数据时，才能对产品标准的国际化经济效益进行评价。研究结果显示：日本标准化为日本铁路节约的资金是标准化工作费用的10倍。

3.1.2.8 荷兰

荷兰鹿特丹管理学院（RSM）开展了标准化经济效益的两个典型案例研究。泰科电子安普公司是全球电气、电子和光纤连接器以及互连系统的首要供货商。该公司通过参与国家、欧洲和国际标准化活动提高了产品的市场占有率。在1995—2004年，该公司通过提高市场占有率和利润率带来了0.5亿～1亿美元的额外收入。如果没有在标准化方面的投入，这些成绩是不可能取得的。据估算，公司在标准化工作的资金投入是10万～20万美元。因此，标准化的投入产出比大约是1∶500。再如，Wassenburg医疗设备公司是荷兰家族企业，该公司共有55名员工，是典型的中小型企业，它主要为医院生产清洗和消毒内窥镜的设备。在2000—2001年，Wassenburg公司销售了40台产品，而现在已经增长到了80台。通过参与国家和欧洲层面的标准化活动，获得了新的市场份额，从而使营业额增加了50%。公司每年为参与标准化活动而支出的经费是6000欧元。他们的利润率远远超过了该方面的成本。

发达国家的研究成果已证明，标准化虽然直接创造的经济价值并不一定高，但对单个生产单元的生产过程发挥着重要的推动作用，而这种推动作用可用多种经济指标来衡量。

3.1.3 微观层面研究成果

世界各国自20世纪60年代起，也相继提出企业标准化经济效益的评定与计算方法。1971年和1972年，日本分别提出《公司级品种简化的经济效益计算方法》和《重要度评估与优先顺序的评估方法》。1971年美国宇航工业协会颁布了“公司级标准化节约的计算方法”等9个计算标准化经济效益的宇航标准（NAS 1524）。此外，20世纪70年代中期，苏联总结了十几年的研究成果和实践经验，先后颁布了《标准化经济效果、计算方法基本规定》（TOCT 20779）等7项关于标准化经济效果计算方法的国家标准。1975年ISO发表了《标准化的经济效果》研究报告，其中介绍了各国有代表性的研究成果。如美国宇航标准NAS 1524：《标准化节约的确定与计算》（1971）；拉多纳和拉萨里兰的《1972年国家标准化的经济效果》（1973）；松浦四郎的《工业标准化原理》（1973）；ISO/STACO 4830（REV. 4）：《产品国际标准化优先顺序评估》（1973）等。

Jones（1996）研究标准化在产品质量评估中的作用，结果表明：标准化不仅有利于减少产品质量评估成本，而且还可以增加消费者的福利。Allenetal（2000）运用案例研究标准对企业创新的影响，结果表明：标准对企业创新的促进作用远远大于阻碍作用。Lecraw（1984）采用跨行业数据，运用多重线性回归分析标准对企业产品价格、质量、通用性的影响，但没有研究标准影响产品价格的作用机制。1997年德国标准化学会（DIN）在对国家层面标准化经济效益进行评估的同时，还对企业层面标准化经济效益进行了评估，DIN选择了10个行业并向随机选择的4000多个企业寄送了调查表，研究结果显示75%的企业参加国家标准化机构活动，其中60%的企业不但积极参加国家标准化活动，而且积极参加国际标准化活动。企业通过参加标准化活动。可获得内部知识和最新信息，企业采用欧洲标准或国际标准，不必对自身进行大幅度调整，在竞争上则可获得优势。欧洲标准和国际标准的调整统一，可使企业减少贸易费用。被调查的62%的企业在与其他公司签订合同时，由于采用欧洲标准和国际标准，简化了有关手续。54%的企业认为，在自身行业中，欧洲标准和国际标准有利于减少贸易壁垒。企业通过参加标准化活动，可以减少研发与市场风险。参加标准化活动的企业，可抑制自己向不具备竞争能力的技术领域拓展，还可共享研究成果，降低公司的研发费用。

3.2 国内标准效益研究情况

3.2.1 概况

1979年国务院颁布的《中华人民共和国标准化管理条例》中明确规定：“标准化是组织现代化生产的重要手段，是科学管理的重要组成部分，在社会主义建设中推行标准化是国家的一项重要技术经济政策，没有标准化就没有专业化，就没有高质量、高速度。”这是对标准化工作的重要性及其效果的精辟概括，也是对开展标准化经济效果研究提出的要求。

效果包括成效和效益两方面。标准化成效主要指通过标准化带来的一系列影响和产生作用；而效益分为经济效益、社会效益和环境效益，其中经济效益主要针对的是投资回报的，也就是我们的经济生产活动对投资回报的效果和收益；社会效益主要针对的是人文伦理的，也就是我们的经济生产活动对人文伦理的效果和收益；环境效益主要针对的是自然生态的，也就是我们的经济生产活动对自然生态产生的效果和收益。从根本上来说，环境效益是经济效益和社会效益的基础，经济效益、社会效益则是环境效益的后果，三者互为条件，相互影响，是辩证统一的关系。

无论是成效和效益均有正负之分，效益均有正成效和负成效、直接作用和间接作用，正效益和负效益、直接效益和间接效益之分。辩证研究和评价标准化效果才能客观地得出公正结论。

国内不同层面的研究成果如下。

3.2.1.1 宏观层面研究成果

我国的标准效益研究起步较晚，在充分消化吸收国外相关研究成果的基础上，我国标准化领域的专家学者也都从不同方面展开了对标准化经济效益的评估研究，特别是中国标准化研究院展开了大量的具有一定影响的开创性研究。

资料显示，对标准化效果进行定量计算，在20世纪60年代初就提出了。具有代表性的著作是1963年国防工业出版社出版的《标准化工作》一书，提出4个方面计算方法和11个计算公式。

20世纪70年代末80年代初，随着国民经济建设的全面开展，努力提高经济效益已成各行各业的中心课题，标准化经济效果的定量评价研究在我国标准化学术界引起广泛重视，并迅速发展。1978年，国家统计局颁布了工业企业《十六项主要经济效果指标的计算方法》，这使经济效果评价工作有了基本依据。

20世纪80年代初，相继发布了GB 3533.1—1983《标准化经济效果的评价原则和计算方法》、GB 3533.2—1984《标准化经济效果的论证方法》、GB 3533.3—1984《评价和计算标准化经济效果　数据资料的收集和处理方法》以及GB 3533.4—1984《确定标准的制定和贯彻费用的方法》，我国的标准经济效益研究由此开始。

“十一五”期间，我国学者撰写了《中国技术标准发展战略研究——技术标准作用》研究报告，出版了《标准的实证经济学研究》专著；“十二五”期间，深入开展了定量结合典型案例研究，撰写了《标准化对GDP贡献率研究》。2008年，于欣丽等出版了《标准化与经济增长——理论、实证与案例》专著，得出的结论是：标准存量的弹性系数为0.079，说明我国国家标准存量每提高1个百分点，实际GDP增加约0.079个百分点。根据我国1979—2007年标准存量约10%的平均增长率，结合生产函数，推算出我国标准对实际GDP增长的年度贡献约为0.79%。

根据ISO理事会的决定，ISO邀请我国于2011年开展标准化效益研究。由中国标准化研究院作为主要承担单位，选取了有较长的业务经营历史、积极采用ISO标准的大型企业——新兴铸管股份有限公司，并于2011年底向ISO提交了相关研究报告，以案例研究的方式对标准的经济效益进行了深入细致的评估。

改革开放以来，中国的标准化工作取得了令人瞩目的成绩，对于推动技术进步、规范市场秩序、提高产品竞争力和促进国际贸易发挥了重要作用。虽然国内对标准贡献率尚未制定相关标准，但国内部分单位对标准化效益研究进行了初探。国家标准委2005年开展的“技术标准对我国综合国力贡献率的初步研究”研究表明，1998—2000年间技术标准对中国科技的贡献率为2.98%，对经济的贡献率为1.16%，对中国综合国力的贡献率为1.5%。若科技进步维持在40%的水平，标准从业人员数量不再增加，仅考虑对标准的投入每增加10%，对综合国力的贡献率会增加近0.1个百分点。

2006年上海市标准化研究院开展“自主创新核心领域技术标准综合贡献率评估标准研究”，对上海市都市型农业、汽车制造及食品生产加工三个领域近百家企业调研。建立基本分析方法和“标准综合贡献评估指标体系”。利用多层次灰色评估法和多级模糊综合评判法，实现标准的定性和定量研究。

2008年，建设部开展“工程建设标准对国民经济和社会影响的研究”，采用可计算一般均衡模型（CGE），通过设计的调查问卷，获得工程建设标准化对模型中特定参数的影响，再通过模型模拟这些参数的标定对中国经济的影响得出工程建设标准化对国民经济的影响。该模型构建起宏观层面与微观层面的联系，分析工程标准化对国民经济的影响。研究结果：工程建设标准有利于促进经济增长，拉动GDP增长0.49%。

2013年，福建省沙县质量计量研究所进行的“基于比较分析法的农业标准化成果经济效益评价方法”，该研究利用与原有对照农业技术标准或具体措施方案进行比较，以最终的农产品产量和经济效益为主要指标进行分析计算，具有全面、直观、方便计算等特点，可减少多层次因素分析带来的复杂计算。计算结果表明，用于该成果的标准化投入（包括标准研制费用、标准实施费用、新增生产费用），每投入1元可得到1.34元的纯收入。

3.2.1.2 微观层面研究成果

国外标准化作用定量化研究对象主要是产品标准，它的作用主要是经济效益，通过产品的市场效益，估算其经济价值。目前，企业层面的标准化经济效益评估成为研究的热点。企业层面标准化经济效益评估，目的在于了解标准化对企业的影响，为企业标准化战略决策提供更加科学、可靠的依据。

2003年，中国标准化研究院“基于DEA方法的企业标准化效益评价”采用数据包络分析（DEA）对标准效益进行仿真运算，以有效相对性为基础，研究企业规模效益和技术效率随时间变化的实际状况，建立起产品的多指标投入与产出的直接或间接关联关系，从而达到量化标准经济效益的目的。但其也有局限性，它进行的是决策单元的横向比较，且运算较复杂，在实际应用中，企业效益评价的指标较多，运用难度大。

2010年，中国航空技术研究所对复杂产品研制项目的标准化效益评估研究，针对复杂产品标准化效益的总体效益结果不能定量计算只能进行定性分析或少量计算的问题，通过分析复杂产品研制项目标准化工作的特点，确定标准化工作权重计算方法，建立了复杂产品研制项目标准化工作项目体系及效益指标体系；研究复杂产品研制项目标准化效益评估模型的构建方法，编制总效益调研问卷，收集有关型号标准化工作效果数据，构建了复杂产品研制项目标准化效益评估模型。运用该方法建立了航空领域复杂产品研制项目标准化效益评估模型，并以某型飞机研制项目的真实数据验证了模型的准确度。

调查结果显示：搞不搞标准化，标准化活动充分不充分，效果相差很大。通过对企业的调查了解发现：企业的决策者对标准效益的认识还不够深入，我国企业还未能充分意识到标准对于提高企业效益的重大意义。我国大多数企业对标准（国家标准和行业标准）的认识还停留在“政府的强制要求”阶段，除需按国外用户要求组织生产的企业外，只有少数企业把国际标准和企业标准当作提高企业管理水平的手段，而企业对标准作用的认识不足，可以部分的归纳为我国标准经济效益评价工作滞后等原因。

3.2.1.3 相关书籍、论文

国内标准化效果相关书籍、论文及研究成果，见表3.2。

表3.2　国内标准化效果相关书籍、论文及研究成果

序号	类别	年代和作者	名称	主要内容
1	书籍	1965年，第四机械工业部标准化研究所	《标准化教材》（修订稿）	标准化经济效果可分为制定标准和贯彻实施标准两个主要环节
2		1974年，湖南省标准计量局	《标准化讲义》	对标准化经济效果进行预测
3		1980年，贵州省标准化计量管理局吴传中	《标准化原理》	7个方面的计算方法和10个计算公式
4		1980年，天津标准化学会	《标准化理论与实践》	5个方面计算方法和8个计算公式
5		1982年，李春田	《标准化概论》	王兰荣编写的《标准化的经济效果》：4个方面的计算方法和7个计算公式
6		1984年，叶柏林	《标准化经济效果基础》	系统总结了许多国家的经济效果计算方法和应用实例
7		1985年，何振华等	《现代标准化》	提出标准化效果预测的概念。对标准化效果进行预先评价，超前标准化是建立在预测的基础上的，预测提高标准有效性和预期最佳经济效益的前提
8		1992年，张锡纯	《标准化系统工程》	标准化效果有正面的，又有反面的。标准化效果就是有序化，主要效果表现为种种节约。标准化效果可以从经济、技术和社会三方面分析
9		1995年，三泰标准化技术开发中心	《标准化效益研究与评价》	提出方法体系：国家标准、行业标准、学术研究提出的方法，通过实践对已有方法的改进，补充和修正方法，本行业、领域特殊的计算方法
10		2004年，陈志田	《卓越绩效实例评说》	技术标准实施后的效益，并未探讨技术标准实施程度与效益的关系，从政府推动力、市场引导力和使用者自律能力等角度设计一套指标体系，用以评估技术标准实施程度与总体效果的关系
11		2008年，于欣丽	《标准化与经济增长——理论、实证与案例》	科学技术对经济社会发展的作用，标准在科技进步及生产力发展中的地位和作用，标准化对GDP贡献率研究的基本理论

续表

序号	类别	年代和作者	名　称	主要内容
12	论文	1980年，王兰荣	《标准化通讯》第4期：《标准化经济效果的分析与计算》	绝对经济效果和相对经济效果指标及各自的计算方法
13		1981年，盛崇德	《标准化通讯》1980年和1981年第5期：《标准化经济效果的探讨》和《系列设计经济效果的分析与计算》	标准化经济效果和计算方法
14		1998年，孙春雷、戚永连	《世界标准化与质量管理》1998年第12期：《标准化效果评价方法探讨》	对现行标准化经济效果评价指标体系进行分析，指出其在相关性、可比性、动态性等方面存在的问题，并运用技术经济分析的原理和方法，提出了新的指标体系和计算方法
15		2005年，吴海英等	《统计与决策》2005年第13期：标准化的经济效益评价	在借鉴国外学者评估方法的基础上，使用计量经济学中的产出增长型生产函数评价农业技术标准化在经济增长中的作用和经济效益
16		2007年，冯燕	施耐德电气杯"全国标准化优秀论文集"：《企业标准化的实施及经济效益的分析与探讨》	以武汉锅炉集团阀门有限责任公司为例，研究发现在企业大幅度提高零部件的标准化使用率后，阀门设计、开发速度明显加快，提高效率80%～96%，品种和规格大大减少，互换性、互通性加强，设计周期较过去提高了近3～5倍，设计图纸量大大减少，大大提高了设计工作效率
17		2001年，阮金元等	《标准化报道》第4期："标准化经济效益分析研究"	从技术标准化后企业各项费用节约的角度，构建企业技术标准化经济效益评估体系框架

3.2.2 经济效益评价标准

2009年我国颁布了GB/T 3533.1—2009《标准化经济效果评价　第1部分：原则和计算方法》，代替GB/T 3533.1—1983和GB/T 3533.2—1984。

3.2.2.1 GB 3533.1—1983《标准化经济效果的评价原则和计算方法》

该标准将"标准化经济效果"定义为"制定和贯彻标准所获得的有用效果与付出的劳动消耗之比"；将"标准化有用效果"定义为"贯彻标准所获得的节约，或其他有益的结果"；将"标准化经济效益"定义为"制定和贯彻标准所获得的有用效果与所付出的劳动之差"等。该标准"2 评价和计算标准化经济效果的原则"规定，评价和计算标准化经济效果必须从国民经济的全局利益出发，充分考虑到各方面的关联、相互制约的因素，对研制、生产、流通、消费等各个环节进行综合评价。评价和计算标准化经济效果必须依据准确可靠的数据，并应避免同一效果在不同环节上的重复计算。必须集中分析效果显著的项目，注意受标准化影响而扩展的项目。"3 评价和计算标准化经济效果的时期"规定，提出标准化规划、计划项目时期应进行标准化经济效果预测；审议报批标准时期，草案必须附有经济效果论证；批准标准时应对报批稿中的经济效果的论证进行复核；贯彻标准时期，计算贯彻该标准获得的实际经济效果。“5 评价和计算标准化经济效果考虑的主要因素”：规定不同类型的标准影响因素不同，如产品标准应考虑研制阶段、生产阶段、流通阶段、消费阶段的主要影响因素。“6 评价和计算标准化经济效果的指标体系”主要内容包括标准化经济效益、标准化投资回收期、标准化投资收益率、标准化经济效果系数、标准化经济效果指标的动态计算等。

3.2.2.2 GB 3533.2—1984《标准化经济效果的论证方法》

给出了标准化经济效果论证的 7 项原则，规定标准化效果论证要根据不同的技术、经济指标、技术参数、质量指标、系列参数、试验方法、公益要求、标准化投资、产品生产量、生产成本、标准化经济效益等若干方案进行综合分析比较，或对标准化前、后（包括修订标准前、后）的情况进行分析比较。标准化经济效果的论证方法主要采用方案比较法。论证方法中使用了 GB 3533.1—1983 和 GB 3533.4—1984 中的相关公式。

3.2.2.3 GB 3533.3—1984《评价和计算标准化经济效果 数据资料的收集和处理方法》

GB 3533.3—1984 是 GB 3533.1—1983 中有关条款的具体化，是收集和处理数据资料的基本方法，适用于各级标准，各使用单位可在该标准的基础上结合各自的特点，制订适合本单位的具体方法。该标准给出了数据资料收集和处理的基本原则、标准化经济效果数据资料的收集、数据资料的分析和处理方法、标准化经济效果评价计算体系表（见图 3.1）和数据资料来源（参考件）。

3.2.2.4 三项国家标准的更新状况

2009 年国家标准委根据国内外标准形势以及 GB 3533.1—1983 和 GB 3533.2—1984 实施情况，对两项标准进行了合并修订为 GB 3533《标准化经济效果评价》，该标准分为三部分：GB 3533.1—2009《标准化经济效果评价 第 1 部分：原则和计算方法》、GB 3533.2—2009《标准化经济效果评价 第 2 部分：数据资料的收集和处理方法》、GB 3533.3—2009《标准化经济效果评价 第 3 部分：确定标准制定和实施费用的方法》。

GB 3533.1—2009 代替了 GB 3533.1—1983 和 GB 3533.2—1984，并对“贯彻各类标准获得年节约的主要计算公式和数据资料收集”“标准化年节约因素点查表、标准化投资统计表”“贯彻标准获得的年节约额计算表、标准化经济效果汇总表”“标准化经济效果的评价和计算实例”“标准化经济效果论证的指标体系”“标准化经济效果论证举例”进行了删减，使标准更加简单明了。

GB/T 3533.1—2017《标准化效益评价 第 1 部分：经济效益评价通则》是在 GB 3533.1—2009 的基础上，全文把原“效果”改为“效益”，原“效益”改为“效率”，用词上更为准确；把标准的使用范围界定为“适用于预测、评价和计算实施标准的经济效益”，也就是说适用于标准的立项时经济效益的预测、标准实施效益的评价和计算编制预测，全过程的经济效益评价和计算；补充了“从国家、行业、企业层面进行标准化经济效益评价的原则和方法”“价值驱动因素”“C－D 生产函数模型”“标准化经济效益指标计算”；修改了“价值链各环节的标准化有用效果指标”“标准化有用效果主要指标的计算公式”等；其中“价值链各环节的标准化有用效果指标”按阶段划分出不同的标准化有用效果

附 录 A

标准化经济效果评价计算体系表

（参考件）

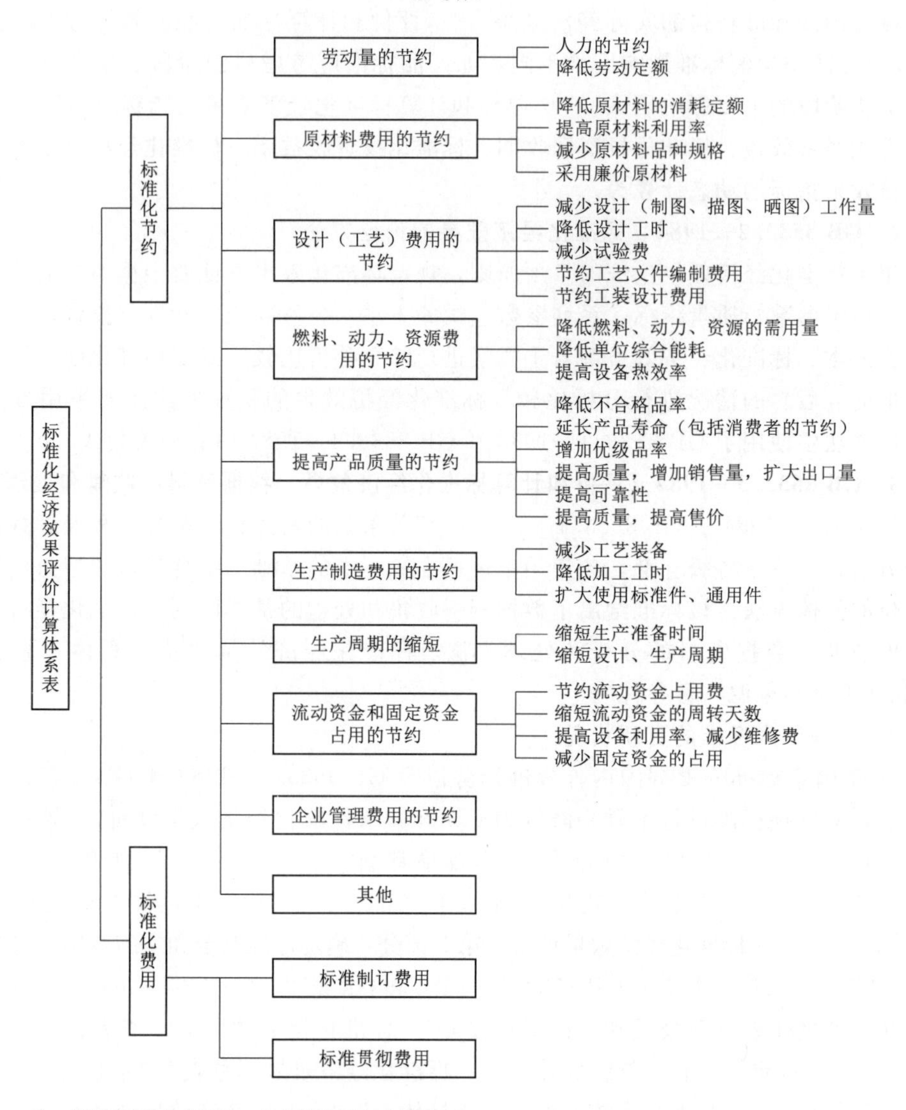

注：根据标准的具体情况，表中所列项目可以增删。

图 3.1　标准化经济效果评价计算体系表

指标：管理阶段（员工培训时间缩短、人力成本节约以及员工职业病伤害损失额的减少等 9 项）、研发阶段（新产品研发时间缩短、设计成本降低、实验费用的减少等 6 项）、工程阶段（建设工期缩短、质量提高、工程成本降低等 4 项）、采购阶段（产品质量的提高、品种的减少、成本的减少等 5 项）、入厂物流阶段（仓储费用的节约、周转率的提高、仓储面积/溶剂的增加等 9 项）、生产/运营阶段（产品合格率的提高、材料及动力费的节约、维修费的节约等 18 项）、出厂物流阶段（库存周转率的增加、产成品包装费用的节约、产品运输成本的减少等 11 项）、营销和销售阶段（销售额的增加、销售量的增加、销售费用的节约等 8 项）、售后阶段（售后服务人员数量的减少、售后服务工时的减少、顾客满意度的增加等4项）。

3.2.2.5　有关标准化经济效果评价的行业标准

三项国家标准颁布实施后，化学工业部参照国内外先进标准，结合化学工业的特点，1982年发布实施HG 0-1476—1982《化学工业标准化经济效果评价通则》，规定的原则和方法是评价化学工业标准化经济效果的基础，适用于化学工业标准化经济效果的评价。该标准是我国比较早的一个计算标准化经济效果的行业标准（该标准于1997年12月31日起废止）。1984年机械工业部制定发布了JB/Z 221—84《机械工业标准化经济效果评价原则和计算方法》，铁道部制定发布了TB 1530—84《铁道标准化经济效果评价原则和计算方法》和TB/T 1889—1987《铁道产品标准化系数计算方法》等。

3.2.3　社会效益评价标准

GB/T 3533.2—2017《标准化效益评价　第2部分：社会效益评价通则》，在技术层面给出了：

（1）“3 评价原则”：“在进行评价标准化社会效益时，应充分考虑现代科学技术的发展和我国的国情，所使用的方法应通俗、实用、简便易行，并遵循：全面考虑标准化社会效益发生的环节；着眼于生产领域和非生产领域的社会效益；依据准确可靠的数据，并避免同社会效益在不同环节上的重复计算；集中分析社会效益显著的项目，注意受标准化影响而扩展的效益项目”。

（2）“4 评价过程”：标准化社会效益评价过程如图3.2所示。

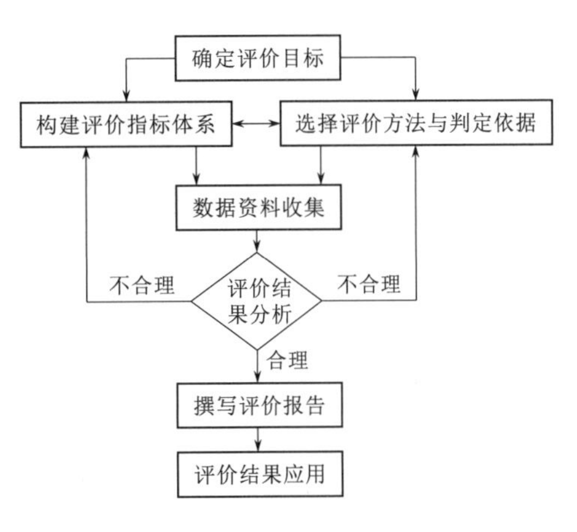

图3.2　标准化社会效益评价过程

（3）“7.1 标准化社会效益的评价方式”：一般采用多级评价方式，以五级方式为例，用“显著”“较显著”“一般”“不显著”“非常不显著”进行描述。通过对指标层、准则层、次准则层和目标层次依次进行五级评价，最终确定标准化社会效益的评价值。

（4）“7.2 权重确定”：各指标权重的取值范围应在0～1之间，同一层次的所有指标的权重之和应为1。用主观赋权法和客观赋权法，并给出了两种分类及比较，见表3.3。

表3.3　权重确定方法分类及比较

分　类	方法描述	主要方法	优　点	缺　点
主观赋权法	利用专家或个人的知识及经验，对权重做出判断	德尔菲法，层次分析法等（参见GB/T 3533.2—2017附录B）	计算简单、适用面广且方法应用过程中的解释较为直观	易受人为主观因素的影响
客观赋权法	从指标的统计性质来考虑，由实际所得数据决定，无须征求专家意见	熵权法、CRITIC法等（参见GB/T 3533.2—2017附录C）	基于统计、智能决策等方法之上，在很大程度上可排除人为因素的干扰	忽略指标的重要程度；并且其约束条件太多，对现实数据有较高的要求

（5）“7.3 指标层评价”：定性指标评价如道德素质、社会秩序、公共安全等，标准化对其影响程度可采用五级评价方法进行评价。定性指标评价的量化方法宜采用德尔菲法、层次分析法等。在 GB/T 3533.2—2017 附录 B 中给出了两种分析方法的概念、基本步骤、优点和局限性；定量指标评价如水资源节约、废弃物减少、专利增加量等，标准化对评价年影响程度宜采用实际值与基准年相比较，计算得出评价年的指标变动率。可将变动率分为相应的五个区域，每个区域分别对应五级评价中的一个等级。

（6）“7.4 次准则层与准则层评价”：利用五级评价方法得到的指标层评价结果，可按十分制分别赋予数值 10、8、6、4、2。对次准则层的指标加权平均，得到次准则层评价值。再对次准则层评价值加权平均，得到准则层的评价值。

（7）“7.5 目标层评价”：对准则层的评价值加权平均得到目标层评价值，即标准化社会效益的评价值。目标层评价结果判定依据见标准中的表 3.4。

表 3.4　　目标层评价结果判定依据实例

标准化社会效益评价值（y）	$0 \leqslant y < 2$	$2 \leqslant y < 4$	$4 \leqslant y < 6$	$6 \leqslant y < 8$	$8 \leqslant y < 10$
标准化社会效益效果判断	非常不显著	不显著	一般	较显著	显著

（8）“附录 A（资料性附录）指标体系表的范例”，见表 3.5：

表 3.5　　标准化社会效益评价指标体系表范例

目标层	准则层	次准则层	指　标　层
标准化社会效益	节能环保	资源环境	水资源、土地资源、森林资源、矿产资源……
		生态环境	气候、大气质量、土壤质量、物种多样性、湿地、自然栖息地……
		废弃物	温室气体、危险废物、固体废物……
		其他	……
	社会发展	科学技术	标准、专利……
		文化教育	教育水平、道德素质、文化程度……
		社会保障	人口、收入、健康、就业……
		公共利益	社会秩序、公共安全……
		（非营利性组织）服务水平	服务效率、服务质量、服务成本、顾客满意度……
		其他	……

注　本表仅为范例，具体应用时宜根据标准化社会效益评价的项目情况对指标体系进行增减。

此套评价标准针对单个标准所产生的直接经济效益进行的评价，既可以对定性指标评价的量化方法，又是对量化指标的定量评价方法。然而，将企业的标准看着一个整体，作为评价对象，对其产生的直接效益和间接效益进行评价的经济学方法，尚未提及。

3.2.4　环境效益评价标准

环境效益评价是对经济活动的环境净效益进行的货币估算。是环境费用一效益分析的重要内容之一。用环境效益与环境损失的差值表示，大于零时表明经济活动具有有利的环境影响，反之为不利的环境影响。环境净效益评价方法包括一般技术经济计算和环境价值评价方法。目前国内开展了大量有关环境影响评价研究，但尚未形成专门的环境效益评价标准。

3.2.5 标准效益评估的主要框架

纵观国内外相关研究的成果可知，目前国内外标准化的研究已经形成了如表 3.6 所示的研究框架。

表 3.6 标准效益评估的主要框架

评估模式	评估层面	主要测度指标
纵向评估	国家层面（宏观）	标准化对 GDP 的贡献
		标准对国际贸易的作用
		标准化对国家技术创新体系的作用
	企业层面（微观）	标准化对企业产出的贡献
		标准化为企业节约的费用
		标准化对产品、工程和服务质量的影响
		标准化对企业风险的影响
		标准化对企业技术创新的作用
横向评估	不同标准的经济效益比较	产品标准、工艺标准和服务标准
		国际标准、国家标准、行业标准和企业标准
		兼容性不同的技术标准

从表 3.6 可以看出：目前对介于宏观和微观之间的行业层面标准化经济效益评估的分析研究还很缺乏。宏观层次的标准经济效益评估，由于涉及的范围太广，难以为企业标准化活动提供具体的指导；而微观层次的评估，由于针对某个具体的企业，评估结果难以为其他企业的标准化活动提供具有一定普适性的指导。从整个行业角度检验标准化的活动成果，可以为同行业各个企业标准化投入决策、标准制定和标准规划提供基础和依据。

4 水利标准作用机理研究

4.1 水利工程建设特点

水利工程是指为了控制、调节和利用自然界的地面水和地下水，以达到除害兴利的目的而兴建的各种工程。以政府投资为主，大部分水利工程以社会效益为主。主要包括修筑堤防、兴建水库、建造水闸、利用蓄滞、分洪区、建立排水系统等。从工程类型亦可看出水利工程具有如下特点。

4.1.1 影响面广，有很强的系统性和综合性

水利工程是一项长期的并且有高度影响的基础设施，就水利工程规划而言，它是流域规划或地区水利规划的组成部分，而一项水利工程的兴建，对其周围地区的环境将产生很大的影响，既有兴利除害有利的一面，又有淹没、浸没、移民、迁建等不利的一面。如三峡工程是我国首个经全国人民代表大会全体会议通过而兴建的基本建设工程，早在 1918 年孙中山先生就提出了建造三峡大坝用于开发三峡的水能资源，并且收集了相关资料，但是对坝区的勘察一直都没有进行。随后国民政府也提出了建造三峡大坝工程，组成了勘测队，但最终还是没有能够落实。抗战结束之后终于有了动作，由于经费问题再一次停止。直到中华人民共和国成立之后，经历了几代领导人的努力，反复调研、反复测算、反复听取专家意见，终于在 1994 年三峡工程正式开工。三峡工程是兴建在世界第三大河长江干流上的巨型水利枢纽工程，以其规模宏大、综合效益显著、涉及面广、影响深远而举世瞩目。所以说水利工程有其较强的系统性和综合性，需从流域或地区的全局出发进行规划，在勘察选址、论证立项、工程设计、建设施工、运行管理以及工程报废等整个生命周期都需统筹兼顾，系统地、综合地进行分析研究，确定最为经济合理的优化方案，以期减免不利影响，确保经济、社会和环境的最佳效果。

4.1.2 影响大，对各方面产生不同程度的影响

中华人民共和国成立后，大工程建设正是从水利抓起的。1950 年夏，淮河流域大水，毛主席在短短一个月的时间内就先后作出 3 次批示，这些指示拉开了治理淮河的序幕，也开始了对大江大河水患的根治工作。再如 1952 年 10 月 30 日毛泽东主席提出“南方水多，

北方水少，如有可能，借点水来也是可以的”设想以来，形成了南水北调方案。南水北调工程，“四横三纵”把长江、黄河、淮河和海河四大江河联系起来，水资源南北调配、东西互济，不仅解决了北方的工业用水困难，还保障了人民群众的饮用水需求，从而改变了中国南涝北旱，北方地区水资源严重短缺局面，有力地促进了中国南北经济、社会与人口、资源、环境的协调发展。大型水利工程的开发和修建往往要付出巨大的人力和环境代价。移民是水利工程建设需要重点考虑的问题。大规模的人口迁移以及文化和生物多样性的丧失往往与水利工程周围居民、森林和景观的影响同时发生。如淡水鱼类向产卵觅食场迁移的路线会被切断，可能会导致鱼类死亡，如金沙江、澜沧江和怒江三江并流地区是中国生物多样性的中心，也是世界蕴藏最丰富的生物多样性的温带地区之一，其深邃而平行的河谷是这一地区的主要景观要素。

4.1.3 条件复杂，建设受自然条件制约多

水利工程建设工作条件较其他建筑物更为复杂。大坝的选址通常是偏远地区，多在河道、湖泊、沿海及其他水域施工，难以确切把握的气象、水文、地质等自然条件，需根据水流的自然条件及工程建设的要求，同时对道路和基础设施有要求，并要求一定量的劳动力和技术设备。要把握时机，合理安排计划，充分利用枯水期施工，解决施工中的防洪、度汛等问题，有很强的季节性和必要的施工强度，有的工程因受气候影响还需采取温度控制措施，以确保工程质量。

4.1.4 投资高，资源消耗大

三峡工程完成历时 17 年，是我国最大，也是迄今为止世界上最大的一个水电工程项目。中国三峡大坝于 2012 年竣工，斥资 370 亿美元，是世界上最大、造价最昂贵的工程。混凝土浇筑量达 2800 万 m^3，三峡水库移民涉及湖北省、重庆市的 19 个县（市）。工程所需投资，按 1993 年 5 月末不变价计算，静态投资为 900.9 亿元人民币。其中包括枢纽工程 500.9 亿元，水库移民工程 400 亿元。经过测算、分析，三峡枢纽工程静态投资可以控制在初设概算 500.9 亿元以内；若国家的移民政策不做大的调整，三峡工程的总投资可以控制在 1800 亿元以内，比 1994 年测算的 2039 亿元少用 200 多亿元。继三峡大坝之后，2013 年已开工建设的白鹤滩水电站，投入了大量的人力物力，已有 5 万人在建设这一工程，预计将在 2022 年完工，静态投资将近 6000 亿元。这个水电站完全竣工后将会淹没大量土地，因此旁边的村镇居民已有 10 万人移民搬迁，由于迁移人口数量多，仅移民的静态投资就将近 600 亿元，占了工程投资的一大半。

4.1.5 地点固定，大规模工程对各类效益影响大

水库是拦洪蓄水和调节水流的水利工程建筑物，在防汛中起滞洪作用和蓄洪作用。同时也可以用来灌溉、发电、防洪和养鱼等。水利工程一经投入建设或建成，其所在地点是无法改变或移动的。如被评为“新中国成立六十周年百项经典暨精品工程”的密云水库，这座人工挖出来的水库，于 1958 年 9 月动工兴建，20 多万“当代愚公”夜以继日、艰苦筑库，创造了“一年拦洪，两年建成”的奇迹，堪称中华人民共和国成立后水利建设的楷模。水库建成后，至今拦蓄洪峰流量大于 $1000m^3/s$ 的洪峰 30 余次，累计减淹土地近 200 万 hm^2，并累计为京津冀供水 380 多亿 m^3。水库的建设不仅根治了潮、白两河的水患，保护了华北地区千万人口的安全，而且在供水、灌溉、发电等方面发挥了巨大的经济效

益、社会效益和生态环境效益。

4.1.6 建设周期长，对其他行业拉动作用显著

水利工程一般工期较长，如秦汉时期的三大工程之一郑国渠，是最早在关中建设的大型水利工程，战国末年秦国穿凿，公元前 246 年由韩国水工郑国主持兴建，约十年后完工，工程浩大。灵渠作为世界最早的人工运河，在统一南方各地的征战中，保障军队向南推进和粮草、装备的运输；也曾经导引过无数南来北往的舟船，在舟楫的往来中，社会政治的分水岭不复存在，中央政府政令的传递可以畅流而行，南北两地的货物得以互通有无，中原与百越之地的文化、经济得以相互交融。随着灵渠的开通，湘江与漓江的水运航道衔接起来，存在于中原和百越之间的天然阻碍被潺潺流水所化解。它灌溉土地，济世济人、泽及天下达两千多年而不怠，也在无数人的心里留下了美好的记忆。

4.1.7 技术难度大，建设周期不可逆转

大运河立交地涵是淮河入海水道的第二级枢纽的主题工程，造型先进、结构复杂、技术含量高、施工难度大，是目前亚洲最大的水上立交工程，大运河立交工程在施工中成功实施了大面积软基开挖、超大型深基坑深井降排水和地涵薄壁混凝土施工，尤其是 10 万 m^3 结构长度超极限的薄壁凝土防裂技术使立交地涵混凝土未出现一条裂缝，技术水平达到国际先进水平。淮河入海水道工程彻底解决了淮河下游洪水出路问题，为淮河两岸及下游人民的生命财产安全和我国经济社会可持续发展提供了重要的基础保障。再如小浪底水利枢纽不仅是中国治黄史上的丰碑，而且是世界水利工程史上最具有挑战性的杰作。它是世界上水库运用方式最复杂多变的水利工程，它有世界上最大、最复杂、最密集的地下洞群和世界上最大、最复杂的进水塔群，它有世界上最大的孔板消能泄洪洞和世界上集中布置最大的消力塘，它有世界上最先进的水轮机抗磨、防护技术……自 1991 年 9 月 1 日前期工程动工至 2001 年年底主体工程全线竣工，历时 10 年，总投资 309 亿元人民币，成为我国跨世纪第二大水利工程。

4.1.8 失事损失大，会给下游带来巨大灾难

水利工程的投资额高及其不可逆性，决定了水利工程建设标准的执行与实施好坏对经济影响和贡献大小。水工建筑物设计优良、建造合理并且受到良好维护的水利工程使用年限能达 100 多年。如果建筑水平较低，各类型水坝的运行质量可能迅速下降，甚至溃坝，导致重大破坏。如 1975 年 8 月一场大暴雨导致板桥水库崩溃，随即如多米诺骨牌一般，引发了石漫滩水库、宿鸭湖水库等 60 座水库接连溃坝，近 60 亿 m^3 的洪水肆意横流，9 县 1 镇东西 150km，南北 75km 范围内一片汪洋。1015 万人受灾，倒塌房屋 524 万间，冲走耕畜 30 万头。纵贯中国南北的京广线被冲毁 102km，中断行车 16 天，影响运输 46 天，直接经济损失近百亿元。再如 2018 年 7 月老挝桑片—桑南内水电站工程垮塌，加之随之而来的暴雨，淹没了许多村庄，导致尚巴沙克省和阿塔佩省至少 40 人死亡，还有多人失踪。赔偿损失高达数十亿元，垮坝后的修复工作量大，修复时间长，还要付出巨额的清理费用。

4.1.9 具有随机性，工程效益受区域自然影响显著

水利工程的建设期和运营维护期都很受区域自然地理和水文气象的影响，降雨在时空分布上的变化，会引起大的洪水灾害。就众所周知的“98 大水”而言，当年气候异

常，长江流域降雨频繁、强度大、覆盖范围广、持续时间长。松花江流域雨季提前，降雨量明显偏多。气候变化是形成全流域特大型洪水，造成洪涝灾害的主要原因。同样规模的洪水，不同时间带来的经济损失和对社会、政治、环境造成的影响也是远不相同的。

4.2 水利标准特点

伴随着水利工程的建设与实施，水利标准化工作也取得长足进展。不仅有《水利水电勘测设计技术标准体系》《水利技术标准体系表》（多次修订）等“工具性”文件出台，还有 GB 5749—2006《生活饮用水卫生标准》、T/CHES 18—2018《农村饮水安全评价准则》、SL 754—2017《城市防洪应急预案编制导则》、SL 459—2009《城市供水应急预案编制导则》、SL 611—2012《防台风应急预案编制导则》等与人民群众的生活密切相关的“价值性”标准出台。也就是说，水利标准化不再仅仅是为了确保工程安全、产生更大的经济效益，还是保障人民群众根本利益的“守护神”。

4.2.1 法规的强制约束性

新《标准化法》规定：“对保障人身健康和生命财产安全、国家安全、生态环境安全以及满足经济社会管理基本需要的技术要求，应当制定强制性国家标准。”强制性标准必须执行。法律、行政法规和国务院决定对强制性标准的制定另有规定的，从其规定。水利强制性标准就是设定不可逾越的“底线”，避免出现重大损失，使得标准化的发展为国民经济建设和经济增长提供了一定的保障。如 GB 37822—2019《挥发性有机物无组织排放控制标准》、GB 13851—2019《内河交通安全标志》、GB 5135.1—2019《自动喷水灭火系统　第 1 部分：洒水喷头》、GB 29446—2019《选煤电力消耗限额》、GB 38383—2019《洗碗机能效水效限定值及等级》等。

4.2.2 较强的政策性

水利标准是在国家大政方针指导下制定的，与国家相应的法律法规相衔接。例如《中华人民共和国水法》第十四条规定：“国家制定全国水资源战略规划。”如何规划？GB/T 51051—2014《水资源规划规范》进行了详细规定；GB 51247—2018《水工建筑物抗震设计标准》就是为了贯彻执行《中华人面共和国建筑法》和《中华人面共和国防震减灾法》而制定的技术文件。2011 年中央 1 号文件明确提出，实行最严格的水资源管理制度，建立用水总量控制、用水效率控制和水功能区限制纳污“三项制度”，相应地划定用水总量、用水效率和水功能区限制纳污“三条红线”，水利部及时发布了 SL/Z 552—2012《用水指标评价导则》、GB/T 32716—2016《用水定额编制技术导则》、GB/T 29404—2012《灌溉用水定额编制导则》、GB/T 28714—2012《取水计量技术导则》、GB/T 34968—2017《地下水超采区评价导则》、SL/Z 712—2014《河湖生态环境需水计算规范》、GB/T 35580—2017《建设项目水资源论证导则》等；为了贯彻中央经济工作会议和全国安全生产工作会议精神，以及国家安全监管总局关于安全生产领域“改革年”的部署，水利部结合本行业特点，实时地颁布了 SL 258—2017《水库大坝安全评价导则》、SL/T 789—2019《水利安全生产标准化通用规范》以及《水利水电工程（水库、水闸）运行危险源辨识与风险评价导则（试行）的通知》（办监督函〔2019〕1486号）（其中1.4条“危险源辨识与风险评价应严格执行国家和水利行业有关法律法规、技术标准和本导则”）等规定。

4.2.3 较强的引导性

水利标准在落实国家技术、经济政策的同时，充分体现节能、节地、节水、节材、环保的要求，充分体现以人为本的发展理念，充分体现经济合理、安全适用的技术政策。如《中华人民共和国水法》第八条“国家厉行节约用水，大力推行节约用水措施，推广节约用水新技术、新工艺，发展节水型工业、农业和服务业，建立节水型社会”，如何构建和评价节水型社会？GB/T 28284—2012《节水型社会评价指标体系和评价方法》不仅给出了详细答案，同时把优化工程建设与转变发展方式、调整经济结构结合起来，把提高建设标准与节约环保、改善民主生活结合起来，把改进管理与规范经济秩序、增强市场竞争力结合起来，成为保障社会利益和公众利益的根本措施，充分发挥了标准定额的引导和约束作用，为经济社会平稳较快发展提供优质服务。《粉煤灰混凝土应用技术规范》引导人们将粉煤灰变废为宝，成为循环经济中可循环利用的重要资源，为循环经济可持续发展提供了坚实的技术支撑。

通辽市是全国重要的粮食主产区，也是粮食增产潜力最大的地区之一，加强农田水利建设是成为强市富民的根本途径。为进一步明确农业节水灌溉发展的方向、方式、思路，通辽市制定了《通辽市2018—2020年高效节水农业三年发展规划》，按照“集中连片、统筹规划、合理布局、统一管理、分布实施”的原则，因地制宜、讲求实效，抓好农业高效节水工程。2018年通辽市将完成高标准建设节水高产高效粮食功能区400万亩。2020年通辽市将在1000万亩节水高产高效粮食功能区内，在原有标准管灌的基础上，全部改造升级为不覆膜浅埋滴灌。项目实施后，将进一步促进农业结构调整，增强农业抵御自然灾害的能力，加速农牧民群众脱贫致富达小康的步伐。

再如，依据GB/T 32135—2015《区域旱情等级》、SL 579—2012《洪涝灾情评估标准》、SL 750—2017《水旱灾害遥感监测评估技术规范》、GB/T 51051—2014《水资源规划规范》、SL 613—2013《水资源保护规划编制规程》等标准，利用信息化系统对济南市的干旱灾害情况以及水资源承载能力进行分析、评估、预测，济南市的干旱灾害成因是由地理位置和气候条件造成的天然降水时空分布不均，以及社会经济快速发展共同导致。2014年济南市总体以轻旱为主，济阳县、章丘市旱情相对较重，4月、8—9月、12月旱情相对较重。对水资源承载能力预测结果：2015年、2020年、2030年三个发展水平年份下水资源可利用量将达到21.24亿m^3、23.26亿m^3和26.45亿m^3，第一、第二产业比重将略有下降，第三产业比重将略有上升，其中生活用水定额上升了21%，万元GDP生产用水有较大幅度的降低。考虑用水总量“红线”，预测未来水资源承载能力到2030年最多可承载952万人。对比济南市的规划人口，水资源的承载能力不足，需要采取增加其他水源和较严格的节水等措施。该成果已应用于济南市旱灾防御和水资源管理业务工作中，有效地支撑了济南市2015年以来冬春抗旱工作的开展，形成的技术体系和研发的旱情监测预警技术、旱灾风险评估技术在湖南省、安徽省、河南省等均得到了广泛应用使用，抗旱减灾效益显著。

4.2.4 明显的竞争性

标准是促进国家经济增长的基本因素，是支撑国民经济和社会发展的战略制高点。标准竞争符合经济学的一般规律，据经济合作与发展组织以及美国商务部的研究表明，标准和合格评定影响了80%的世界贸易。标准之争，是比品牌之争更高层次的竞争手段。标准竞争的能力和水平成为评估各国核心竞争力的重要依据，更是衡量各国政府执政能力、创新能力的重要标志。在经济全球化的浪潮下，“得标准者得天下”，这句话道出了标准引领举足轻重的影响力，尤其在高新技术领域，掌握了标准的制定权就赢得市场的主动权。国际标准化组织（ISO）秘书长罗博·斯蒂尔曾说过：“标准的话语权体现了主导权，不参与标准化和认证认可，就意味着将决策权拱手让给竞争对手。”

4.2.5 较强的适宜性

不同时期对标准需求是不一样的。标准化的效益，尤其是强制性标准的效益，如保障人身健康和生命财产安全、国家安全、生态环境安全以及满足经济社会管理基本需要的技术要求，随着社会进步和发展，不能单纯着眼于经济效益，还必须考虑社会效益。如有关抗震、防灾减灾、环境保护、改善人民生活和劳动条件等方面的各种技术标准，首先是为了获得社会效益，同时各项标准的制订需要适应相应阶段国家的经济条件。工程建设消耗的资源（包括各种原材料和能源、土地等）直接影响到环境保护、生态平衡和国民经济的可持续发展。标准的水平需要适度控制，需要考虑经济上的合理性和可能性，对安全、健康、公共利益与经济之间的关系进行了统筹兼顾。同时还要促进区域协调发展和贫困地区脱贫攻坚，有效拉动相关产业发展，促进就业和农民增收。

4.2.6 广泛的适用性

水利工程大部分是属于国家投资型公益类建设工程。工程规模大、技术复杂、投资大、影响涉及面广，需要从勘测、设计、施工、监测、评价等各个过程出发，制定安全保障技术方案和相应的保障措施，确保工程安全。水利工程建设标准对应的水利工程覆盖面广，水利工程肩负着水利建设和生态保护两副重担，充分依靠大自然的自我修复能力加快治理水土流失，充分发挥水利工程的生态功能，维护河流健康。不论在项目论证阶段还是项目审核阶段，都要考虑到工程带来的水资源、水土保持以及生态环境等社会影响，都要按国家规定进行方案论证、审批。其论证、审批的主要依据就是GB/T 35580—2017《建设项目水资源论证导则》、HJ/T 88—2003《环境影响评价技术导则 水利水电工程》、GB 50433—2018《生产建设项目水土保持技术标准》等标准。依据SL 315—2005《农村水电站工程环境影响评价规程》、SL/Z 705—2015《水利建设项目环境影响后评价导则》等开展环境影响评估将确保人们能了解水利工程建设对自然、社会、经济方面的潜在有利及不利影响，以及能否避免或减少不利影响。目前水利工程带来的移民问题也成为规划、审核中的一项不可缺少的因素，水利部出台系列移民标准，如SL 442—2009《水利水电工程建设征地移民实物调查规范》、SL 290—2009《水利水电工程建设征地移民安置规划设计规范》等，移民问题处理不好也会影响整个工程。

4.2.7 高度的关联性

单项标准很难发挥作用，只有系统地实施才能实现预期成效。水利工程建设需要从工程的论证、现场勘查、工程设计、材料与试验、施工与安装、设备和仪器、施工监理、质量检测监测、评价及验收、运行维护及管理、报废评定及处置等一系列的标准来支撑、保障工程的顺利进行。同时水利工程建设需要考虑水的特性，水文水资源标准作为水利工程建设标准的支撑，在工程建设前期的规划立项中又产生了很重要的作用。在设计、施工到运营维护都需要考虑水对工程建设产生的影响等。

4.2.8 区域的差异性

水利标准的制定不仅要聚焦国情，还要兼顾区情。而且不同的标准在不同的地区发挥的作用差异也较大。如在我国西藏、四川、云南、甘肃等省分布泥石流沟较多，属于泥石流多发地区。泥石流治理方面的规范在这些地区发挥的作用及产生的效益非常大。而根据我国水力侵蚀大体分布状况，主要水蚀区分为东北黑土区、北方土石山区、西北黄土区、南方红壤区、西南石漠化区、西北风沙区和长江上游及西南诸河区 7 个不同类型区，其中 SL446—2009《黑土区水土流失综合防治技术标准》主要应用于我国东北地区，保障国家重要的商品粮和农牧业生产基地健康发展，建设国家生态安全的重要保障区，为改善东北黑土区生态环境，防治水土流失提供技术支撑。再如，GB/T 50662—2011《水工建筑物抗冰冻设计规范》由于南北地区气温差异较大，在北方地区，特别是高寒地区，该标准发挥着巨大作用，为水工建筑物的设计提供了设计依据。

4.2.9 明显的阶段性

水利工程建设标准是为了在水利工程建设领域获得最佳秩序而制定的技术依据和准则，规范了水利工程建设的各个阶段。从水利技术工程标准的组成就可以看出，它贯穿工程建设的全生命周期。一些高度综合的标准，体现了标准全寿命周期阶段；绝大部分标准，为了便于专项工作的开展，针对不同的需求阶段工作编制而成。如在规划阶段，需要制定一系列规划标准。如 SL 613—2013《水资源保护规划编制规程》、SL 221—2019《中小河流水能开发规划编制规程》、SL 627—2014《城市供水水源规划导则》、SL 431—2008《城市水系规划导则》等。在勘察阶段需要制定相关的勘察标准，如 GB 50487—2008《水利水电工程地质勘察规范》、SL 373—2007《水利水电工程水文地质勘察规范》、SL 454—2010《地下水资源勘察规范》等。在设计阶段需要大量设计标准，如 GB 50286—2013《堤防工程设计规范》、GB 51247—2018《水工建筑物抗震设计标准》、SL 303—2017《水利水电工程施工组织设计规范》、GB 51018—2014《水土保持工程设计规范》等。施工、操作、验收、安全监测以及质量评定等都有相应的标准，如 SL 677—2014《水工混凝土施工规范》SL 714—2015《水利水电工程施工安全防护设施技术规范》、SL 288—2014《水利工程建设项目施工监理规范》，SL 631～637—2012、SL 638～639—2013《水利水电工程单元工程施工质量验收评定标准》，SL 176—2007《水利水电工程施工质量检验与评定规程》、SL 766—2018《大坝安全监测系统鉴定技术规范》、SL/T 791－2019《水库降等与报废评估导则》、SL 605—2013《水库降等与报废标准》、SL 621—2013《大坝安全监测仪器报废标准》等，具有明显的阶段性，体现工程建设整个生命周期。

4.2.10 投资影响性

工程设置标准决定了投资重点、投资区域、投资规模，通过标准合理控制水资源的开发利用，抑制需求的不合理增长，缓解和改善部分地区的水资源供需矛盾，协调水资源与经济社会发展之间的关系，积极调整生产力布局和产业结构，建立与区域水资源承载能力相适应的经济结构体系和产业布局。结合自然条件和经济发展特点，依据标准科学准确地选择投资方向，不仅可以减少投资，而且还会带来极大的经济效益。如我国的东南沿海地区包括上海、江苏、浙江、福建等经济发达区域，人口稠密，耕地稀少，但水资源丰富，农业条件好，根据本地区经济发展特点，依据农田灌溉系列标准，通过观测地区各种作物的节水灌溉灌水定额、灌水次数、灌水量，根系、产量、产值、生长动态，总结出该地区节水灌溉的各项指标，结合灌溉定额和效益分析，从经济增长点入手，选取适合能拉动该地区农业经济发展的农作物，为该地区节水灌溉的发展和经济转型提供科学依据，农业结构更加优化，优势产业和特色农产品增力得到加强。

4.3 水利标准与水利工程关联性

通过水利工程特点和水利标准特点分析，不难找出两者间的关联性，如图 4.1 所示。两者都有其科学性、系统性、复杂性以及可行性。

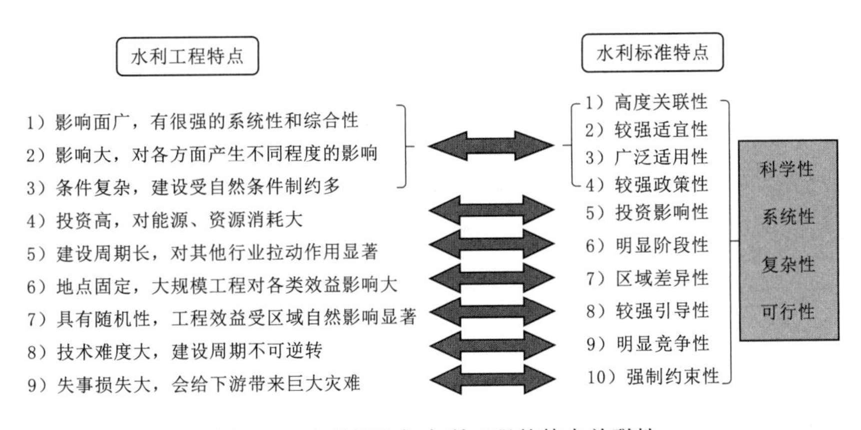

图 4.1 水利标准与水利工程的特点关联性

水利标准与水利工程建设相辅相成，二者的特点和特性是一一对应的。工程建设离不开标准，标准符合工程建设所需。水利工程的系统性和综合性以及影响程度，决定了水利标准的高度关联性和适宜性。工程类型的确定和使用的材料的选取关乎投资成本，而标准是确保工程建设安全、经济的基础和依据，同时，规范建设类型和合理使用所需材料，以相对科学的生产流程，缩短工期，降低成本，减少人力物力等。在工程不同阶段使用不同的标准，如工程规划阶段大多使用勘察、设计标准，施工阶段使用相应的施工标准等。在实际工程中，工程阶段性和相应阶段的标准对应较为明显。工程建设受所在区域自然环境、社会因素等多方影响，标准在制定过程中均已考虑区域差异方能适应建设所需。同时，标准是经过试验或实践检验的成果，工程建设可直接采用标准推荐的方法、路径、模式等。在标准的引导下，大大缩短论证时间。同时，标准的竞争性在工程建设决策方面也充分体现出来，也就是标准具有一定的主动权和话语权。水利工程安全直接影响国民经济发展和人民生命财产安全，水利标准中涉及该部分内容的条款均为强制性条款，具有强制性约束和法规效力。

4.4 水利标准作用机理

4.4.1 宏观作用和微观作用

水利标准是水利治理体系和治理能力建设的重要支撑部分，其作为政策法规的延伸、细化，使法律法规更具操作性，加速推进法制进程，成为依法行政的基础和重要依据，在水资源管理制度统一协调、管理和约束下，为实现依法治水和科学治水的宏伟目标提供保障，成为政府部门进行管理决策、监督检查的最重要评判依据。同时水利标准作为创新平台，承载、凝聚了水利先进经验与成果，与确保工程建设规范、工程质量安全、工程稳定运行以及促进技术进步密切相连，在普及、推广和应用过程中成为人们的行动指南，指导着人们生产实践，不断提高劳动者素质和技能，也已成为监管者监督管理水利工程安全运行的重要保障和质量安全评定的重要依据。标准化的一个重要目标就是创建一个强大、开放、组织良好的技术基础设施，作为创新驱动增长的基础。在标准实践过程中，新经验和技术的再创新，推动标准的更新，标准更新升级就是技术的再积累，带动新一轮科技的提升。标准成为“创新—普及—再创新”平台的同时，能够防止不良后果的出现，降低事故的发生率，也可以缓解组织风险责任，得到了各界的“采信认可”，传播效应犹如“信任大使”，解决了最初的技术不确定性，不仅增加了潜在使用人群间的交流机会，也成为人们和社会自觉、自律的行为准则，推动社会和行业良性循环和可持续发展。水利标准化作用和标准化效果间存在密切的因果关系，水利标准宏观作用及传导链见图 4.2 所示。

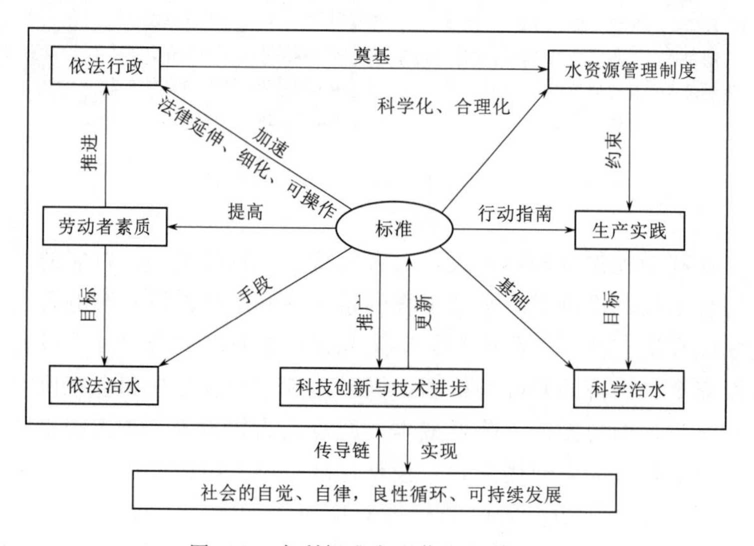

图 4.2　水利标准宏观作用及传导链

水利标准是应国家法律法规以及发展战略和社会经济的需求应运而生，服务于水利建设全寿命周期，为水利建设和管理提供技术支撑。总结水利工程建设过程，梳理水利标准特点以及专业和阶段特点，寻找其发生作用的方式、途径、过程，明确对水利经济和社会发展的作用结果和主要途径，提出水利标准微观作用及传导链，见图 4.3 所示。

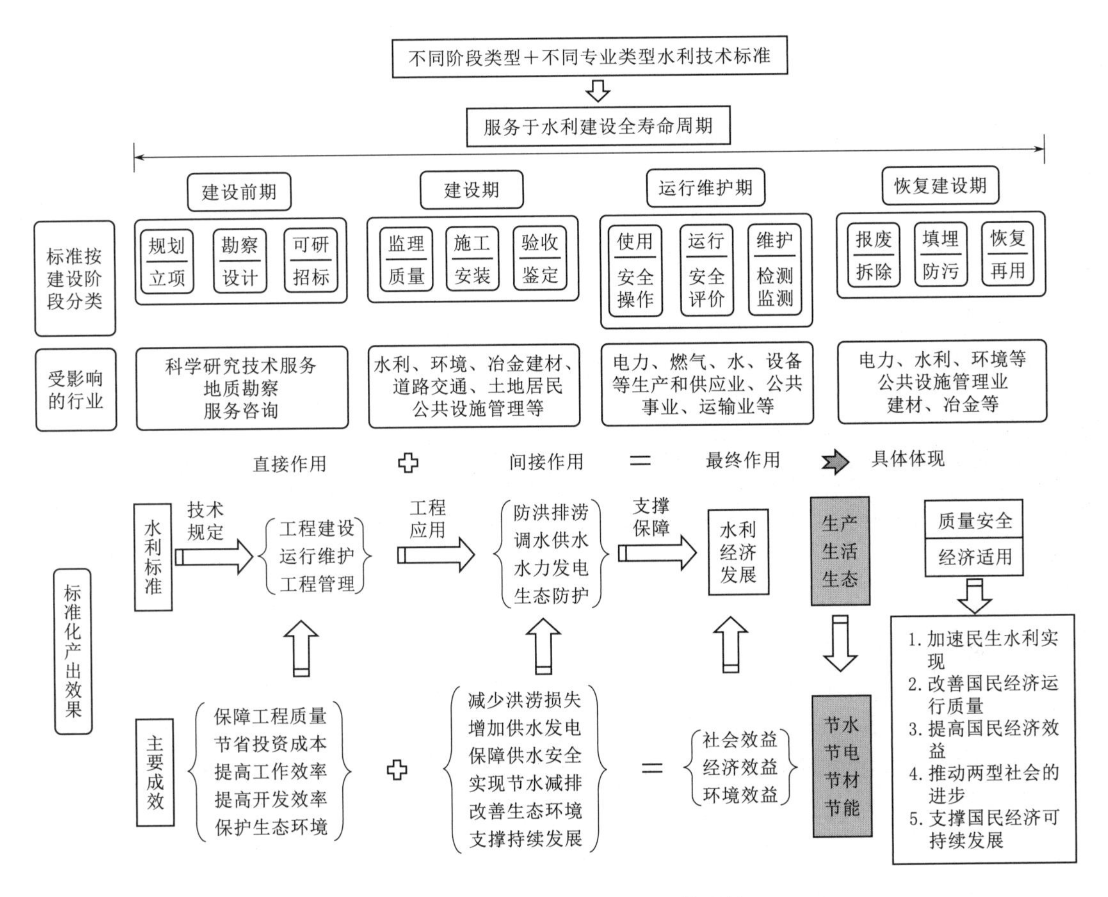

图 4.3　水利标准微观作用及传导链

4.4.2　直接作用和间接作用

水利标准产生的直接作用主要体现在标准的技术规定和要求对工程建设产生的效益，直接作用的主要成效包括保障工程质量、节省投资成本、提高工作效率、提高开发效率和保护生态环境。

标准产生的间接作用主要体现在工程建设投入实际运行中产生的效益，间接作用的成效包括工程建设项目减少洪涝损失、增加供水发电、保障供水安全、实现节水减排、改善生态环境和支撑持续发展。水利标准作用体现见表 4.1。

表 4.1　水利标准作用体现

服务阶段及专业分类		直　接　作　用	间　接　作　用
服务阶段	立项审批阶段	从源头保护资源，约束确、保工程及技术的可行性，减少环境损害，取水许可	为政府行政职能发挥提供技术支撑
	设计阶段	保障工程质量/节约资源/降低工程成本/保护环境	工程质量/安全
	施工阶段	指导建设，实现设计目标	工程建设保障
		提高施工效率和安全、质量	安全/质量保证
		统一检验与评定方法/监督评判工具	监督稽查基础

续表

服务阶段及专业分类		直接作用	间接作用
服务阶段	运营维护阶段	保障运行过程质量安全，提高运行效率	减低运营成本
		保证监测结果可信/评价结果可靠	减少质量事故风险
功能专业	水文水环境	确保水文、水质数据准确及其质量	提升社会服务能力/公信力
	水资源	以供定需，提高水资源利用效率，防治污染，保护水资源	支撑可持续发展
	水利工程	保证工程建设与运行质量/节省投资/提高工作效率/保护生态环境	工程效益发挥/供水安全/节能减排
	防洪抗旱	保障堤防工程质量，减少洪灾损失	节省投资/保护环境
	农村水利	保障灌排工程和村镇供水工程质量/节水/节能	提高用水效率/带动经济转型
	农村水电	保证工程建设与运行质量/节省投资	新农村建设/清洁能源/绿色发展
	水土保持	保证工程质量与治理效果	改善生态环境

4.4.3 最终作用和作用效果

水利工程建设通过直接作用和间接作用对国民经济和社会发展产生影响，标准产生的社会效益、经济效益和环境效益应该是直接作用产生的效益加上间接作用产生的效益总和。

标准化效果在很大程度上取决于标准化的实践作用。水利技术标准的不同属性和不同标准群，决定了发挥作用的影响程度。如强制性标准（包括全文强制和强制性条文），影响范围广，作用力度大，“四节一环保”标准群，在全社会关注可持续发展的背景下，影响深远。水利技术标准应用成熟技术的水平，一定程度上影响行业发展方式转变的速度，如通过混凝土相关标准的完善对混凝土高性能化应用技术的推广应用有着极大促进作用，可以节约工程建设成本，保证工程使用年限，有利实现“四节一环保”，有利于促进工程可持续发展。

如 SL 45—2006《江河流域规划环境影响评价》包括规划分析、流域环境现状调查分析与评价、环境影响识别及环境保护目标、流域规划环评指标体系的建立、流域规划方案环境影响预测分析与评价、可行流域规划方案比选及环境影响减缓措施。具体目标及评价指标见表 4.2。

表 4.2　SL 45—2006《江河流域规划环境影响评价》技术内容

环境主题	环境目标	评价指标
水资源	·保护流域地表水资源量，促进水资源可持续利用 ·保护地下水资源量，维持地下水排补平衡 ·其他	·水资源开发利用程度 ·地表水水文情势 ·地下水超采率、地下水位、地下水资源量
水环境	·维持和保护河流（湖、库）水功能区功能 ·功能区水质目标达标 ·保护地下水水质，防止地下水污染 ·恢复和改善控制性工程低温水状况 ·其他	·河流水功能区水质达标率水功能区纳污能力 ·地下水污染控制状况 ·下泄低温水恢复程度

续表

环境主题	环境目标	评价指标
土地资源	·保护和补偿淹没和工程占用的土地资源 ·防止污灌引起土壤环境污染 ·防治土地沙化、土壤盐碱化、潜育化、沼泽化 ·其他	·临时、永久占地面积及其整治和恢复 ·土壤环境质量及预防土壤污染措施 ·改变土地利用方式面积或程度
生态	·保护河流（湖泊）生态系统，维护生态平衡 ·保护流域生物多样性 ·保护湿地生态 ·防治和控制流域水土流失 ·其他	·流域生物量改变指数 ·生物多样性保护程度 ·生态需水量 ·水土流失治理率
社会经济	·促进流域（区域）经济、社会与可持续发展 ·保障防洪安全 ·提供清洁能源，改善城市、生活与农业供水 ·保护人群健康 ·其他	·防洪保护区人口、面积 ·装机容量与年发电量 ·供水水量 ·改善航运里程

SL 258—2017《水库大坝安全评价导则》是当前有关大坝安全评价的唯一的一项技术标准，专门用于对已投入运行的大坝安全评价，将大坝安全评价指标划分为防洪能力、结构安全、渗流安全、抗震安全和金属结构安全五大类，基本包括了评价大坝的整体安全性状的内容。按此五方面对大坝进行安全评价，能全面反映大坝的整体安全性。将五大类安全评价指标均分为 A、B、C 三个级别，以此来分别评价各项指标的安全等级是合适的。根据这些指标的安全级别，在分别确定大坝是属于一类，还是属于二类或三类。对于三类坝，国家提供辅助资金，用于除险加固。该标准为我国病险水库安全鉴定、除险加固起到了积极的推动作用和可靠的技术支撑。到目前为止，全国第一批 1346 座病险水库除险加固项目已基本实施完成，规划的第二批 1913 座病险水库安全评价、除险加固工作也已全面启动。2019 年水利部印发《防汛抗旱水利提升工程实施方案》，加快防洪重大项目建设，完成中小河流治理 7000 多 km，对 77 座大中型病险水库、3511 座小型水库实施除险加固❶。

4.4.4 效益产生路径

水利标准化效益分类及产生路径如图 4.4 所示。

定量评价水利标准对国民经济和社会发展作用，加深人们对标准化工作重要性的认识，为水利标准化发展科学决策提供依据，为水利标准立项审查等提供评定判据，也是充分发挥水利标准作用的重要手段。但是，由于水利标准对国民经济和社会发展的影响作用涉及面非常广，影响关系复杂，至今为止，人们对其重要作用的认识尚基于理论上、宏观定性分析层面，缺乏深入系统的调查和研究。

4.4.5 效益种类及体现

标准化效益按时间段可分为初始效益和最终效益；按效益影响快慢可分为近期效益和远期效益；按面线点划分可分为宏观效益和微观效益；按效益产生路径可分为直接效益和

❶ 资料来源：鄂竟平在 2020 年全国水利工作会议上的讲话。

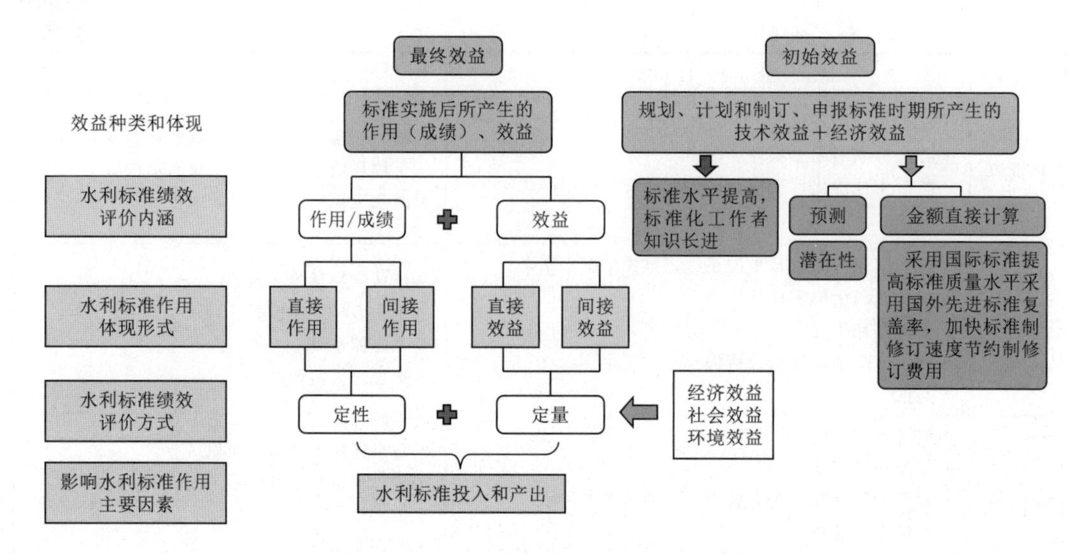

图 4.4　水利标准化效益分类及产生路径

间接效益；按正反结果可分为正效益和负效益；按效益核算方式可分为定量效益和定性效益等。

4.4.5.1　初始效益和最终效益

在提出标准化规划、计划项目时期和制订、申报标准时期所产生的技术、经济效益称初始效益，其多半是技术效益，如标准水平的提高、标准化工作者知识的长进。一项标准化措施的成败以及所取得的效果需要根据所能了解到的情况进行预测。对经济效果预先评价，是提高标准有效性和获得预期最佳经济效益的前提，是现代标准化的重要内容。在效果预测时，一是要根据标准的主导作用确定其主要效果，以预测该标准的价值；二是要考虑标准全寿命期内各阶段效果的动态性。通过论证可预测标准贯彻后的经济效益等，它富有潜在性。但有时也会伴有可以用金额直接计算的经济效益，如采用国际标准，以最小的成本符合国际标准，不仅可以提高标准的质量水平和采用国外先进标准的覆盖率，更具竞争优势，而且加快标准制修订速度，节约标准制修订费用。

在标准贯彻实施时期所产生的效益为最终效益，即在标准贯彻实施后对国民经济建设所起的作用和经济价值。主要包括经济效益、社会效益以及环境效益，三者之间相互依存、相互关联和相互渗透。谋求经济效益不能忽视社会效益和环境效益，从某种意义上讲，标准化的社会效益和环境效益可作为检验其获取经济效益的正当性和合理性的尺度；同样在谋求社会效益和环境效益时也要算经济效益。由于社会效益和环境效益往往直接涉及人类的生存和生产、生活的安全，如安全、卫生、环保、生态平衡等方面的标准，是以社会效果和环境效果为主的。这种社会效果和环境效果所产生的经济效果有的往往需要很长时间才能显示出来，而且难以计算。可用金额直接计算的经济效益作为本次研究标准的最终效益。

4.4.5.2　近期效益与远期效益

就一般标准而言，有的可直接或间接产生或转化成经济效益或社会效益或环境效益，但有些标准如安全、卫生、环保方面的标准，工程建设中的抗震、防火等方面的标准，其效益的转化十分迟缓，有些标准在不同历史背景下发挥的作用及产生的效益都不同。因此在评价标准时，不仅应做好近期效益部分的分析计算，还应注意长期效益。或许标准刚刚发布时，解决了急需，产生了巨大效益，但随着时间的推移和技术的进步，其带来的效益逐步减弱，直至不发挥作用，随即被废止，完成了一个时期的历史使命。如为了配合党的十五届五中全会提出的“加强生态建设和环境保护，有计划分步骤地抓好退耕还林生态工程建设，改善西部地区生产条件和生态环境”，实施以保护生态为目标的小水电代燃料非营利性公益工程，从源头上解决农民燃料和农村能源问题，水利部发布了SL 468—2009《小水电代燃料标准》该标准发布初期，有力地指导了全国1000多座小水电代燃料电站工程的建设，并且收到了较好的经济效益、社会效益和生态环境效益。目前小水电代燃料项目已全部建设，该标准无存在的必要，故予以废止。该标准的作用和产生的效益就是一个典型的衰弱过程。还有一些标准经过多次修订、优化或合并继续发挥着作用，如GB/T 18522.1～4《水文仪器通则》及GB/T 18522.6和GB/T 27993—2011《水位测量仪器通用技术条件》，被优化合并到GB/T 15966—2017《水文仪器基本参数及通用技术条件》中，其内容继续发挥着作用。所以在评估标准效益时不能以近期效益代替远期效益或主观臆测远期效益。

4.4.5.3 宏观效益与微观效益

标准化对整个国民经济或社会的影响为宏观效益，在生产、使用和管理等环节所反映的效益为微观效益。两者尽量统一，当发生矛盾时，以宏观经济效益为主。大多数标准宏观效益和微观效益都好，也存在微观效益不好，宏观效益好的。如因标准水平提高，解决或提高了产品质量，维护了消费者利益，对具体生产企业来说则加大了投资，效益下降，但从长远来看，微观效益、宏观效益都会好的。还存在标准宏观效益和微观效益都好，但在宏观和远期发挥的效果的确很差，如有些技术、工艺方法或制造标准等，在经济上对各方都有利，但导致环境污染，对人体健康和生态平衡的破坏造成难以挽回的损失，这种效果不可取。不允许标准的宏观效益和微观效益都不好的现象出现。

4.4.5.4 直接效益与间接效益

参加标准化活动或采用标准的目的：一是由标准本身产生获得的直接效益，如按标准要求可直接节约投资成本、节约劳动力、提高劳动效率、增产增收等；二是非直接产生的效益，即依托工程发挥的间接效益，如提高工程质量、延长工程寿命、降低工程运行维护成本、提高防洪能力、降低工程环境影响等。如GB/T 35580—2017《建设项目水资源论证导则》可以核减不合理项目上马，直接节约投资。如堤防系列标准，依托堤防工程间接发挥着防洪效益。再如GB 50286—2013《堤防工程设计规范》、SL 252—2017《水利水电工程等级划分及洪水标准》等，依托堤防工程的高质量建设，发挥更大的防洪效益。

4.4.5.5 正效益与负效益

标准化效益并非一定全是正效益，还可能存在一定的负效益。在编制阶段预测效益时主要关注标准的技术效益，要将标准水平与标准效果有机结合起来，全面考虑标准水平，标准水平过低或盲目追求高水平、高指标，在标准实施过程中都会产生负效益。标准编制时要从实际出发，把先进性与现实性统一起来，确定出科学合理的水平，使经济、社会以及环境的预期效益能最佳地结合起来，进而标准实施才能产生正效益，如 GB 50201—2014《防洪标准》各行各业都在使用。在评估过程中还应收集标准存在的不足，为标准修订时更好地规避负效益的产生。如 SL 85—1994《硫酸盐的测定（EDTA 滴定法）》，标准限制条件多，按此标准开展检测，实验时间过长，干扰因素多，步骤繁琐，体现出负效益，故评估结果为“需要修订”。

4.4.5.6 定量效益与定性效益

定量效益即为可用货币单位表示、准确量化的效益，如节约成本、节约劳动力、提高劳动效率、减低事故发生率等。水利标准大多涉及公众利益或国家利益，在很多情况下，标准能产生巨大效益，但又无法直接用单纯的价格或货币量化衡量。无法量化的即可根据其作用的优先程度定性加以说明，这是标准的定性效益，如术语和符号、标识和信息化等一些基础标准，主要作用是传播知识，提高使用者的科技文化素质，指导、规范人的行为，建立、维护统一的秩序等，在同一“语言”平台下沟通、互换信息，从而提高劳动生产力。

4.4.6 效益最终体现

根据社会需要和有利于社会发展的宗旨制定标准，最终是要取得效益。规范、有序、合理、有效，使之达到最优化的效果，是标准化的追求。按收益结果可将效益种类归结为经济效益、社会效益和环境效益。这三种效益均有初始和最终、宏观与微观、直接与间接、近期与远期、正和负的效益之分。初始效益因缺乏基础资料，无法对初始目标和效益预测进行考证；因水利工程的浩大，而且大多是百年工程，不确定因素（气候、自然灾害等）较多，宏观效益和远期标准化效益很难定量计算。故本课题将最终的“直接与间接”获得的近期和微观的正效益作为重点研究内容，其他效益作为附属部分不单独体现，负效益以案例方式加以体现。

另外，水利产品标准关乎国家、企业以及水利工程和人民群众利益、安全、环保等，其规定除满足质量特性以确保其适用性外，还存在一定的市场行为。在兼顾社会效益和环境效益的基础上，应将经济效益作为产品标准的重要考量。

4.4.6.1 经济效益

将制定与实施标准所获得效益，去除制定与实施标准所付出的活劳动和物化劳动消耗即为标准化的经济效益。一般产业共性的技术标准居多。水利标准的编制几乎由各大企事业单位、科研、高校等单位承担，实际情况下传统的资本和劳动力、技术的积累效果并未单独纳入标准化经济效益计算。像标准制定和实施与水资源保护和合理利用水平的相关标准以及能耗标准，能够达到规范、促进、引导资源保护和合理利用，限制高消耗、高污染、资源利用效率低的生产工艺和生产方式，最大限度地减少废弃物的产生，实现资源和能源的综合利用。如 GB/T 35580—2017《建设项目水资源论证导则》致力于水资源开发利用，主要对取水、用水、供水、耗水、排水等承载能力评价（前评估预测，后评估实际），对水资源论证、取水许可、非常规水源利用、地下水开发利用等内容进行规定。根据标准内容，可将“节约用水或核减用水量，产生的经济效益是多少”视为“直接经济效益”；“工程带来负面影响所做出的修复投入量”等视为“间接经济效益”。

4.4.6.2 社会效益

基础通用和公益标准主要围绕国家基础保障和治理能力提升，大多体现的是社会效益。依据此类标准开展能源与资源节约、环境保护、重要领域安全、社会管理和公共服务等，对社会发展（如科学技术、文化教育、社会保障、公共利益服务水平等）以及节能环保（如资源环保、生态环保、废弃物等）所起的积极作用或产生的有益效果。如SL 204—98《开发建设项目水土保持方案技术规范》作为行政审批的技术依据，实时颁布，加大了水行政主管部门对开发建设项目水土资源的监管力度。“避免不合理工程开工上马”“避免水土保持流失”等可视为直接社会效益；“避免了被核减的工程给社会带来的危害”等可视为间接社会效益。同时，标准平衡着供需双方对信息的了解程度，减少交易中的信息不对称，防止道德风险，降低购买风险。如水利建设中各类合同的签订，内容明示的、隐含的，通过“标准”的质量特性，承载双方供需要求和信任，减少争议，降低了诉述成本，创造了公正条件。如水利质检机构作为第三方开展各类检测业务，在承接任务、签订合同时，开展检测依据的标准作为合同中必须明示的内容，这些标准起到公益性的社会责任和质量追溯等作用。另外标准是安全的基础，劳动安全、设备安全、人身和财产安全等各类安全标准，保障社会的安全。如水利工程建设过程中的防火、防电、防辐射以及各项防护措施、安全标示和图形符号等，在相关标准中均有严格的规定。通过标准的发布实施、宣贯，提高使用者知识和技术水平，不断重复同样的程序也有利于劳动者尽快掌握新技术、新工艺和新方法，不断提高使用者的科技文化素质、劳动技能和劳动熟练程度，从而提高作业效率和劳动生产力。

4.4.6.3 环境效益

环境效益是对人类社会活动的环境后果即对环境质量变化所带来的损失或收益的衡量。此类标准大多致力于生态环境的保护、治理和控制，降低污染，实现生态环境可持续发展。通过规定环境要素中所含有害物质或者因素的最高限额标准，确保环境达到目标值。标准实现了由“末端控制”和“先污染后治理”到“污染预防”的转变，促使组织对产品生命周期内具有或可能具有的潜在环境影响因素加以控制，实现清洁生产、减少污染物排放，节约资源、预防环境污染的发生。环境效益可以从自然、经济、人文等多种角度对人类活动可能导致的环境变化进行综合评估和衡量。可按环境保护措施实行前后环境不利影响指标或环境状况指标的差值来算。如SL 45—2006《江河流域规划环境影响评价》，“掌握地下水污染控制状况、下泄低温水恢复程度”“维持和保护河流（湖、库）水功能区功能”等可视为直接环境效益；通过评价采取措施“恢复和改善控制性工程低温水状况”“保护地下水水质，防止地下水污染”等可视为间接环境效益。再如SL 204—98《开发建设项目水土保持方案技术规范》，“避免了被核减的工程给环境带来危害程度”可视为直接环境效益；“减少弃渣场地、运输方式等不合理而对环境带来的危害”可设视为间接环境效益等。

4.5 专业及工程阶段标准的作用

4.5.1 不同专业标准的作用

4.5.1.1 水文

水文工作是摸清水资源状况及其变化规律的基础工作，运用先进技术和仪器设备，采集与处理雨情信息，掌握流域水文、泥沙、水资源变化规律和发展趋势，对大坝渗压渗流、灌区水位流量、土壤墒情、风向风速、温度湿度、地下水位乃至在线水质监视参数进行监测，实时提供数据。水文科学技术在防汛抗旱，水资源管理、保护，水工程规划、设计、运行及国民经济建设中发挥了重要作用，取得了重大的社会效益、经济效益和环境效益。尤其是在抗击1998年长江、松花江大洪水和2003年淮河大水中，水文科技更是功不可没。

目前在现有水利技术标准中，水文标准174项，如GB/T 50138—2010《水位观测标准》、SL 58—2014《水文测量规范》、SL 21—2006《降水量观测规范》、SL 630—2013《水面蒸发观测规范》、SL 339—2006《水库水文泥沙观测规范》、SL 257—2000《水道观测规范》等，约占水利技术标准体系的1/3。水文测验领域是水资源领域标准发展最早、最为系统的领域，覆盖水文测验、管理、仪器设备和水文计算等领域，指导着全国3400处水文站、2万多个雨量站规范性地开展水文测报工作，准确、及时的水文预报，为我国有效防御洪旱灾害提供了重要依据，为水资源开发利用提供依据。我国水文自动测报系统近50年的发展史，就是伴随《水文自动测报系统技术规范》颁布和不断制（修）定而不断发展的历史，大大推动了水文自动测报技术设备和方法的发展与全国水文自动测报系统网络的建设，为我国防洪调度决策提供了技术支撑和信息保障，为防洪减灾作出了巨大贡献。以1998年长江大洪水为例，由于水文情报、预报准确，党中央为此做出英明决策，没有起用荆江分洪区，初步估算减少分洪损失67亿元。水文技术标准既是水文工作的质量保证，又是促进水文科技发展的有力武器。

4.5.1.2 水生态环境

水生态环境标准是水环境管理的基础和目标，也是识别水环境问题、判断污染程度、评估水环境影响程度和确定技术方法进行污染治理等的依据。水环境监测是为国家合理开发利用和保护水资源提供系统水质资料的一项重要基础工作，是水环境科学研究和水资源保护的基础。水环境监测的目的是及时、准确、全面地反映水环境质量现状及发展趋势，为水环境的管理、规划和污染防治提供科学依据。

目前水利技术标准中水生态水环境规范近80项，如SL 709—2015《河湖生态保护与修复规划导则》、SL 219—2013《水环境监测规范》、SL 733—2016《内陆水域浮游植物监测技术规程》、SL 684—2014《水环境监测实验室等级评定标准》、HJ/T 164—2004《地下水环境监测技术规范》以及SL 739—2016《水质　有机磷农药的测定　固相萃取—气相色谱法》等系列水质分析方法。

地下水是水资源的重要组成部分。地下水动态监测是地下水资源评价及生态与环境评价必不可少的基础工作。GB/T 51040—2014《地下水监测工程技术规范》对水利行业地下水监测站的规划、布设、测验、资料整编及信息系统建设作了统一规定，为水利建设规划、抗旱排涝、治沙治碱、合理开发利用和保护地下水资源提供依据。

4.5.1.3 水资源

以供定需，防治污染，保护水资源是水资源标准的主要作用。从水资源评价、水资源开发利用、水资源节约保护、水资源配置、水资源调度全方位地科学、可持续制定了我国取水用水标准，对水资源保护提出约束性要求。水源标准为提高水资源利用效率、实现可持续发展提供了保障。

目前我国水资源规范120多项，如GB/T 51051—2014《水资源规划规范》、SL 454—2010《地下水资源勘察规范》、SL 322—2013《建设项目水资源论证导则》、SL/T 238—1999《水资源评价导则》、SL 429—2008《水资源供需预测分析技术规范》、SL 365—2015《水资源水量监测技术导则》、SL/Z 349—2015《水资源监控管理系统建设技术导则》、SL 395—2007《地表水资源质量评价技术规程》、SL/Z 367—2006《城市综合用水量标准》等。

如SL 365—2007《水资源水量监测技术导则》就是为满足水资源调查评价、开发利用、合理配置、水生态环境保护、水资源管理等方面的需要，因地制宜、经济合理地选用监测方法，统一水资源水量监测技术，对水资源水量监测站网布设、水资源水量监测方法、监测频次、测验误差控制、资料整理进行了严格规定。

4.5.1.4　大中型水利工程

大中型水利工程是国民经济和社会发展的重要基础设施，通过水利工程实现挡水、泄水、输水、引水以及发电等功能。大中型水利工程技术标准是实现工程建设、运行管理的重要依据，在指导工程建设、保证工程的质量、节约成本方面功不可没，并对科学防洪、调水、供水、发电、水景观等发挥应有的贡献。

目前我国大中型水利工程技术标准370余项，如GB 50286—2013《堤防工程设计规范》、GB 50501—2007《水利工程工程量清单计价规范》、GB/T 50649—2011《水利水电工程节能设计规范》、GB/T 50872—2014《水电工程设计防火规范》、GB 50706—2011《水利水电工程劳动安全与工业卫生设计规范》、SL 17—2014《疏浚工程技术规范》、GB/T 50600—2010《渠道防渗工程技术规范》、HJ/T 88—2003《环境影响评价技术导则　水利水电工程》等。

如GB 50286—2013《堤防工程设计规范》规定了堤线布置及堤型选择，堤基处理，堤身设计，堤岸防护，堤防稳定计算，堤防与各类建筑物、构筑物的交叉、连接，堤防工程的加固、改建与扩建，堤防工程管理设计以及堤防工程的级别及设计标准。

4.5.1.5　水灾害防御

防洪抗旱主要工作是控制洪水、管理洪水、全面抗旱，主要通过堤防工程来实现减轻水旱灾害损失，保护人民生命财产安。灾害防御标准为洪水和干旱的监测、评价、防治规划及防治措施提供技术支撑，同时为洪水和干旱的综合管理提供决策支持。

目前我国灾害防御标准40余项，如GB 50201—2014《防洪标准》、SL 723—2016《治涝标准》、SL 602—2013《防洪风险评价导则》、SL 579—2012《洪涝灾情评估标准》、SL/T 778—2019《山洪沟防洪治理工程技术规范》、SL 675—2014《山洪灾害监测预警系统设计导则》、SL 767—2018《山洪灾害调查与评价技术规范》、SL 750—2017《水旱灾害遥感监测评估技术规范》、GB 50773—2012《蓄滞洪区设计规范》、GB/T 50805—2012《城市防洪工程设计规范》、SL 451—2009《堰塞湖应急处置技术导则》等。

如GB 50201—2014《防洪标准》适用于城市、乡村、工矿企业、交通运输设施、水利水电工程、动力设施、通信设施、文物古迹和旅游设施等防护对象，防御暴雨洪水、融雪洪水、雨雪混合洪水和海岸、河口地区防御潮水的规划、设计、施工和运行管理工作。

在防洪工作中，通过标准有效地规避、承受和降低风险，提高应对、化解和承受洪水风险的能力，为防洪抗旱提供了技术支撑。

4.5.1.6 农村水利

主要涵盖农村的灌溉工程和村镇的供水，通过灌溉工程来保障农田的供、排水，防止农田洪涝灾害，实现农田增产、节能和省工，促进产业化发展，保障村镇供水安全。如SL 462—2012《农田水利规划导则》、GB/T 50363—2018《节水灌溉工程技术标准》、GB/T 50085—2007《喷灌工程技术规范》、GB/T 50485—2009《微灌工程技术规范》、GB/T 29404—2012《灌溉用水定额编制导则》、SL/Z 699—2015《灌溉水利用率测定技术导则》、GB 50599—2010《灌区改造技术规范》、GB/T 30949—2014《节水灌溉项目后评价规范》等70多项系列标准，为我国2.8亿亩农业灌区的新建、改建、扩建提供了重要依据。“十五”期间，我国水灌溉利用系数由0.4提高到0.45，农业灌溉系列标准的作用功不可没。

如SL 4—2013《农田排水工程技术规范》，整合了现有的农田水利工程相关规范中涉及人民生命财产安全、人身健康、工程安全、生态环境安全、公众权益和利益安全，以及促进能源资源节约利用、满足社会经济管理基本要求的内容，主要技术内容涵盖农田、灌区规划设计、灌区改造、农村供水、灌溉与排水工程，泵站工程，并提出农村水利工程建设规模、功能、性能、选址与布局、建设条件、运行管理等目标要求，以及工程在勘测、设计、施工、验收、运维等技术等方面需要强制执行的技术要求，适用于农田水利工程的勘察、规划、设计、施工、运行和管理等。

4.5.1.7 农村水电

农村水电站是促进农村经济发展，实现以电代燃料，改善生态环境，提高人民生活水平的建设项目。农村水电系列标准贯穿农村水电建设的全过程，为小水电工程建设与运行维护的技术保障和支撑；同时大大提高了工程效率的发挥。推广、应用了新能源材料，清洁能源，为新农村建设创造了有利条件。

目前我国农村水电标准近60项，如SL 22—2011《农村水电供电区电力发展规划导则》、GB 50071—2014《小型水力发电站设计规范》、GB 51304—2018《小型水电站施工安全标准》、GB/T 50700—2011《小型水电站技术改造规范》、SL 172—2012《小型水电站施工技术规范》、GB/T 50964—2014《小型水电站运行维护技术规范》、GB/T 50876—2013《小型水电站安全检测与评价规范》、SL 752—2017《绿色小水电评价标准》、GB/T 50845—2013《小水电电网节能改造工程技术规范》等。

如SL 30—2009《水电农村电气化标准》对水电农村电气化县建设的任务、目标和实施范围，建设水电农村电气化县的基本条件、电源、电网建设的原则、用电标准和验收程序及方法，农村水电行业管理建设的经济、社会、生态效益等作了详细规定。SL 357—2006《农村水电站可行性研究报告编制规程》作为大中型水电站可行性研究报告编制规程的姐妹篇，总体内容、结构保持与大中型水电站规程基本一致，并着重体现小型水电站的特点，为规范农村水电站可行性研究的内容和深度要求编制的。主要技术内容有：工程建设的必要性、水文分析计算、工程地质、工程任务和规模、工程选址及工程总布置和主要建筑物、机电及金属结构、工程施工、建设征地及移民安置、环境影响评价及水土保持、工程管理、工程投资估算及经济评价。

4.5.1.8 水土保持

保护水土资源关系到中华民族的长治久安和实现可持续发展。水土保持是针对水土流失提出的防治措施。依法搞好水土流失防治，加强水、土资源的保护力度，确保生态安全、粮食安全和国土安全。水土保持标准对工程规划、工程实施以及工程的使用进行了水土控制，并对现有的水土保持现状进行适时监视、测量，依据标准进行科学控制、治理、修复，达到保护生态环境的目的。水土保持技术标准的不断颁布实施，提高了水土保持建设资金的使用效益，促进了水土保持技术管理的规范化、制度化和科学化，有力地推动了水土保持事业的发展。

目前水土保持系列标准有50余项。如SL 335—2014《水土保持规划编制规范》、GB 50433—2018《生产建设项目水土保持技术标准》、GB 51018—2014《水土保持工程设计规范》、SL 717—2015《水土流失重点防治区划分导则》、GB/T 22490—2008《开发建设项目水土保持设施验收技术规程》、SL 312—2005《水土保持工程运行技术管理规程》、SL 718—2015《水土流失危险程度分级标准》、SL 336—2006《水土保持工程质量评定规程》、SL 534—2013《生态清洁小流域建设技术导则》、水土保持综合治理系列标准等。

如GB/T 15774—2008《水土保持综合治理　效益计算方法》提出四个效益：基础效益、生态效益、经济效益和社会效益，规定了基础效益即保水保土效益包括增加土壤入渗、拦蓄地表径流、减轻土壤侵蚀、拦蓄坡沟泥沙，生态效益主要包括水、土、气、生（物）四个方面，经济效益主要分析和计算水土保持措施产生的直接经济效益、间接效益，社会效益主要是减轻自然灾害、促进社会进步的效益。GB/T 15773—2008《水土保持综合治理　验收规范》是在项目竣工验收时，进行总体评价，通过后评估，总结经验，寻找差距和问题，改进今后工作。

水利技术标准发展迅速，对保障供水安全、提高用水效率、保护生态环境等作用显著，其技术地位与重要作用越来越得到国家和各级政府的高度肯定。综上所述，不同专业类型标准发挥的作用不同，可归纳为表4.3。

表4.3　　不同专业类型标准作用对比表

分　类	标　准　要　点	直　接　作　用	间　接　作　用
水文	水文监测与分析技术	提高水文数据质量	基础依据
水生态环境	水质监测方法	提高水质数据质量	基础依据
水资源	取水用水、水资源保护约束性要求	以供定需，防治污染，保护水资源	提高水资源利用效率/实现可持续发展
大中型水利工程	挡水、泄水、输水、引水、水电站建设与运行管理技术要求	保证工程建设与运行质量/节省投资/保护环境	
水灾害防御	防洪标准，堤防工程建设与维护技术要求	保障堤防工程质量，节省投资/保护环境	保障洪水安全，减少洪灾损失
农村水利	灌溉排水、村镇供水	保障灌排工程和村镇供水工程质量/节水/节能	增加供水、增产，保障村镇供水安全

续表

分　类	标 准 要 点	直 接 作 用	间 接 作 用
农村水电	小水电工程建设与运行维护技术要求	保证工程建设与运行质量/节省投资	新农村建设、清洁能源
水土保持	治理工程技术要求	保证工程质量与治理效果	防洪、保护水源与生态环境保护

4.5.2 不同工程阶段标准的作用

水利标准贯穿工程建设的始终。各阶段的工作内容虽然相通、相连，但所涉及的标准有所不同。水利工程从规划、设计、施工、质量验收、运行维护、安全监测和评价每一过程都离不开标准。

4.5.2.1 立项审批阶段

在立项审批阶段，项目立项部门对项目选址、规模大小以及关键技术等投资前期所开展的全面、系统的分析和论证，往往依据标准编制相应的规划可行性报告，提交给审批部门。从项目论证到项目审批，不同的部门，尽管站在不同的角度，但都是依据标准进行论证、审核。

目前我国水利工程规划标准已有 30 多项，如 SL 669—2014《防洪规划编制规程》、SL 613—2013《水资源保护规划编制规程》、SL 201—1997《江河流域规划编制规范》、SL 335—2014《水土保持规划编制规范》等。

4.5.2.2 勘察设计阶段

可行性报告批准后，勘察部门采用科学方法对建设地点的地形地貌、土质、岩性、地质构造、水文等自然条件进行勘探、测量、测试、试验、鉴定和综合评价，设计部门依据国家的法律法规和技术规程规范，利用勘测结果，对拟建工程进行初步设计、工程概算、技术设计和修正概算、施工图设计和工程预算。该阶段是工程建设的重要阶段，影响工程建设的投资、进度、质量，决定工程实体质量和安全可靠性。

目前水利工程勘测设计标准有 150 项左右。如 GB 50487—2008《水利水电工程地质勘察规范》、SL 652—2014《水库枢纽工程地质勘察规范》、SL 704—2015《水闸与泵站工程地质勘察规范》、SL 299—2004《水利水电工程地质测绘规程》、GB/T 50805—2012《城市防洪工程设计规范》、GB 51018—2014《水土保持工程设计规范》、SL 279—2016《水工隧洞设计规范》、SL 282—2018《混凝土拱坝设计规范》、GB 51247—2018《水工建筑物抗震设计规范》等。

4.5.2.3 施工阶段

施工单位根据设计要求，依据施工规范，设立质量目标，组织人、财、物进行科学组织、管理、施工。不仅要保证工程的质量，还要节约能源；不仅要保证施工人员的安全，用工合理、高效，还要兼顾施工对生态环境和水土流失的短期影响，将影响降低到最低。施工阶段是实现工程建设的重要手段，它涵盖建设项目破土动工到竣工验收前的全过程。

目前水利工程施工标准近 40 项，如 SL 677—2014《水工混凝土施工规范》、SL 49—2015《混凝土面板堆石坝施工规范》、SL 27—2014《水闸施工规范》、SL 32—

2014《水工建筑物滑动模板施工技术规范》、SL 62—2014《水工建筑物水泥灌浆施工技术规范》等。

4.5.2.4 质量检测与评定

为加强水利水电工程建设质量管理，保证工程施工质量，统一施工质量检验与评定方法，使施工质量检验与评定工作标准化、规范化，为水行政主管部门、工程质量监督机构、工程建设/参建/监理单位及工程质量检测单位等对水利水电工程施工质量检验与评定工作进行监督提供重要依据。

水利工程质量检测与评定标准大约60余项，包括SL 734—2016《水利工程质量检测技术规程》、SL 176—2007《水利水电工程施工质量检验与评定规程》、SL 336—2006《水土保持工程质量评定规程》、SL 694—2015《水利系统通信工程质量评定规程》。

4.5.2.5 项目/工程验收

验收是检查设计、工程质量以及投资使用的重要环节，对工程验收的组织、程序以及应具备的条件、文件资料、工程的移交、遗留问题作了详细规定，是保障工程建设质量的重要措施，是对建设工作的全面考核，使建设过程转入生产使用的标志。

目前水利工程验收类标准30项左右，如SL 223—2008《水利水电建设工程验收规程》、SL 765—2018《水利水电建设工程安全设施验收导则》、SL 317—2015《泵站安装及验收规范》、SL 682—2014《水利水电工程移民安置验收规程》、SL 588—2013《水利信息化项目验收规范》、SL 703—2015《灌溉与排水工程施工质量评定规程》等。

4.5.2.6 运行维护

工程项目完工交付使用后，运行处于安全状态，能够满足各项功能要求。在这阶段主要依据规程规范对工程和设备进行正常的维护、鉴定、加固等工作，并对运行与管理技术要求进行不断优化，保障运行过程质量安全，提高运行效率。

目前水利工程运行维护标准近90项，如SL/T 782—2019《水利水电工程安全监测系统运行管理规范》、GB/T 50964—2014《小型水电站运行维护技术规范》、SL 715—2015《水利信息系统运行维护规范》、SL 312—2005《水土保持工程运行技术管理规程》、SL 722—2015《水工钢闸门和启闭机安全运行规程》等。

4.5.2.7 安全监测与评价

为了消除工程建设和运行过程中出现的病险隐患和工程带来的污染，需要对工程实施安全监测。主要依据标准对工程应满足的技术指标进行监视测量，并对测量指标采用科学的评价方法进行评价，保证监测结果可信、可靠，进而保证工程质量、运行安全，预警提示，维修养护及时，减少质量事故风险。

水利工程安全监测与评价标准约60余项，包括SL 486—2011《水工建筑物强震动安全监测技术规范》、SL 551—2012《土石坝安全监测技术规范》、SL 601—2013《混凝土坝安全监测技术规范》、SL 764—2018《水工隧洞安全监测技术规范》、SL 768—2018《水闸安全监测技术规范》、SL 258—2017《水库大坝安全评价导则》、SL/Z 679—2015《堤防工程安全评价导则》等。

综上所述，标准在各阶段产生的作用不同，见表4.4。

表 4.4 标准在各阶段产生的作用效果表

<table>
<tr><th>阶段</th><th colspan="2">标 准 要 点</th><th>直 接 作 用</th><th>功 能</th></tr>
<tr><td>立项审批阶段</td><td colspan="2">建设项目从规划的确定，到可研报告的批准。
主要目标：工程选址、规模以及工程总体布局技术要求、建设过程中技术问题，并作出决策等</td><td>工程及技术可行性约束生态环境保护约束取水许可约束</td><td>工程建设基础</td></tr>
<tr><td>设计阶段</td><td colspan="2">从初步设计到完成施工图设计。
主要目标：工程勘察设计和计划，设定工程质量、制定技术方案</td><td>保障施工质量降低工程成本节约资源保护环境</td><td>工程建设依据</td></tr>
<tr><td rowspan="4">施工阶段</td><td rowspan="4">建设项目开始动工建设到竣工验收投入使用。包括建设准备、施工安装（制定施工技术方案）、竣工验收（验收程序与技术规定）</td><td>建设准备</td><td>实现设计目标</td><td>工程建设保障</td></tr>
<tr><td>施工安装</td><td>提高施工效率和安全</td><td>建设安全/工程 质量保证</td></tr>
<tr><td>质量检测与评定</td><td>统一检验与评定方法监督评判依据</td><td>监督稽查评判依据</td></tr>
<tr><td>竣工验收</td><td>保障工程建设质量、保护生态环境</td><td>工程建设质量保障措施</td></tr>
<tr><td rowspan="2">运营维护阶段</td><td rowspan="2">工程交付使用到工程不能满足功能要求</td><td>运行维护：工程养护/优化运行与管理技术要求</td><td>保障运行过程质量安全，提高运行效率</td><td>保障工程运行质量/提高运行效率</td></tr>
<tr><td>安全监测与评价：监测实施技术，评价指标与评价方法</td><td>保证监测结果可信评价结果可靠</td><td>减少质量事故风险</td></tr>
</table>

4.6 影响标准效益的主要因素

4.6.1 外在影响因素

标准从无到有、从产生到实践，其实是标准化的过程。标准产生、实施和传播，也是标准治理过程。在这个过程中，存在很多影响因素。组织保障、资金保障、制度保障、社会保障以及技术保障均对标准的产生、实施、监督等环节带来影响，这些环节可以单独带来影响，也可能环环相扣产生系列影响。不论是单个影响还是连锁影响，终将反映到标准的作用发挥、效益的大小。

4.6.1.1 组织保障

从标准体系规划、立项需求分析、标准编制过程控制、标准的批准发布，都需要有牵头组织部门。按照《中华人民共和国标准化法》规定“国务院标准化行政主管部门统一管理全国标准化工作。国务院有关行政主管部门分工管理本部门、本行业的标准化工作”。水利技术标准归口行政主管部门为水利部。目前水利行业标准化工作尤其是行业标准的申报、立项、审批仍然是政府集中控制和行政主导。按照《水利技术标准化管理办法》要求，水利部国际合作与科技司是水利标准化工作的主管机构。水利部有关业务司局是有关水利技术标准的主持机构。水利技术标准编制的第一起草单位是主编单位。水利部标准化工作专家委员会是水利标准化工作的技术咨询组织。尽管标准化组织保障体制基本健全，但各标准主持机构标准管理人员对专业知识不能面面俱到，缺少技术标委会的支撑，标准审查时，对标准技术内容很难把握。

4.6.1.2 资金保障

水利标准化以公益类为主，政府投入的资金属于补助性质。主编单位以奖励机制的方式在标准编制过程中或标准发布后给予一定的资金补贴或奖励。绝大多数标准的编制是依托科研项目、科学研究、实践工程的进行而完成的，所以水利标准化投入的人力、物力、财力并不是纯标准化投入。尽管水利部每年在标准化方面投入上千万元，远远不足支撑水利纯标准化过程，标准制修订经费不足仍然普遍存在。

4.6.1.3 制度保障

《水利标准化工作管理办法》规定，主管机构组织制定水利标准化工作的政策制度和发展规划、水利技术标准体系以及水利技术标准项目的年度计划等。主持机构指导本专业领域标准编制工作，负责所主持标准的编制质量、进度和经费使用的监督管理，负责组建本专业领域专家组，主持标准工作大纲和送审稿的审查；水利标准化工作专家委员会主要负责标准体系、标准项目的技术审查与论证等工作。标准项目的立项是以体系表为依据。水利技术标准编制可分为起草、征求意见、审查和批准四个阶段。各阶段工作分工和要求均已明确。

4.6.1.4 社会保障

标准编制过程中，主持机构办理征求意见文件，并通过纸质、网络等多种方式公开征求意见，征求意见时间不少于1个月。公众参与、见证标准内容的制定，发挥社会相关力量，确保标准内容公平公正。各阶段审查（定）会专家组具有高级技术职称及相应的业务能力，且有从事相关技术标准的编制或审查经验，选取应遵循回避原则，邀请水利行业外相关专业领域专家参加行业标准审查（定）会，对有争议的问题，充分讨论和协商，遵照协商一致、共同确定的原则，客观、公正、恰当地给予评价。尽管如此，仍然存在征求意见不具代表性和不够全面的问题，项目的提出未充分从市场经济的实际需要出发，与经济建设脱节。

4.6.1.5 技术保障

GB/T 3533.1—2017《标准化效益评价　第1部分：经济效益评价通则》规定，提出标准化规划、计划项目时，宜调查并预测标准化经济效益；审批报批时，宜进行经济效益论证；批准前宜进行复核；标准实施后，对经济效益进行计算和评价。前期预测是为了确保有限的财政投资、获得最大的标准化效益。标准编制过程中，主编单位可以根据标准功能对其“标准化效果”指标进行预设置。如水资源开发利用标准，主要对取水、用水、供水、耗水、排水等承载能力评价（前评估），对水资源论证、取水许可、非常规水源利用、地下水开发利用等内容进行规定。这些预设指标基础就是开展关键技术研究、专项论证、科学试验、工程实践等提供技术支撑。经过专家审查、广泛征求意见、协商相关方，达成一致。但目前对标准化预设效果在标准审查过程中缺乏复核验证的过程。

4.6.2 内在影响因素

4.6.2.1 标准的适用性

影响因子主要有立项论证、制定过程、技术问题。

主要受技术标准使用的难易程度、标准平均技术指标的适应性、技术内容先进实用性等影响，又由于水利技术标准具有高度关联性特点，因此，标准作用还与标准之间的系统性与协调配套性等因素有关。在标准立项时，要充分论证，明确制定标准的目的、内容与适用范围，对于使用价值不高或使用人群很少的标准不应立项。在标准的制定过程中，要做好调查研究，认真听取有关各方专家和代表的意见，保证标准制定的透明度、公正性和权威性。纳入标准的内容，要有可靠的依据。对于有分歧的问题要经过充分协商。对重要问题的几种方案，要反复权衡，必要时进行试验验证。

4.6.2.2 标准的先进性

影响因子主要有技术成熟度、技术质量和先进性。

标准是指导技术和管理工作的依据，标准中规定的各种技术特征、指标、要求和方法，必须以先进科技成果和成熟的经验为基础，与当代科技发展和管理现代化的要求相适应，有利于生产和建设的发展，促进产品质量的提高，推动技术进步，使其真正能在实践中起到指导作用。标准中技术内容的先进性主要包括技术指标的先进性和试验、检验方法的先进性，两者是相辅相成的。

4.6.2.3 标准的充分性

影响因子主要有标准立项论证的充分性、标准宣贯培训程度、标准主动执行程度、标准被动执行程度。

标准只有被大家广泛使用，才能产生作用，这不仅决定于从业人员自觉执行标准的主动性、使用标准人员的技术水平和标准化意识等多个方面。标准制定颁布实施以后，要求对标准进行宣贯，组织标准的使用者和执行者对标准的具体内容进行学习，目的是让标准能被使用者了解和熟知，强制性标准要求使用者严格按照标准的条款执行。标准的宣贯力度不够，就会导致标准的作用不能充分发挥。主要表现为使用人员对新标准不能及时掌握和应用、对标准理解不全面或存在误解。决定于对标准使用情况的监督检查及其激励机制等，对于强制性标准，是否建立了健全的标准实施情况监督检查；对于推荐性标准，则需要建立鼓励和激励机制，鼓励大家使用标准。

4.6.2.4 标准的广泛性

影响因子主要有标准编制过程的透明度、征求意见的广泛性、工程建设规模和不同行业应用的广泛性。

标准征求意见阶段是否广泛征求了相关单位和人，是否具有代表性，覆盖是否全面，这对标准的适宜性有一定的影响，也对将来标准的实施带来影响。水利技术标准如 SL 204—1998《开发建设项目水土保持方案技术规范》，在水利部、国家计委、国家环保局联合发布《开发建设项目水土保持方案管理办法》(水保〔1994〕513 号) 基础上制定，在很多行业领域得到了认可，使用非常广泛。随即升国标 GB 50433—2008《开发建设项目水土保持技术规范》，其修订后最新版为 GB 50433—2018《生产建设项目水土保持技术标准》。随着论证工作的深入开展，在论证编制、审查和培训工作中得以普遍运用。

4.6.2.5 标准的有效性

影响因子主要有自然水文情势变化、国民经济发展水平、工程应用过程有效性、标准复审。

在标准实施以后，随着科学技术迅速发展，许多新的科技成果不断涌现，一方面需要通过将这些成果纳入标准使之转化为生产力，另一方面，随着经济建设的发展，对标准也会不断提出新的更高要求。标准能够对这些变化有灵活的适应，必须通过复审才能做出判断，所以标准的复审机制对标准的有效性有很大的影响。

编制标准的先进性、充分性、适宜性和实施标准的广泛性最终的结果体现在标准成本上，使用标准的广泛性和工程应用的有效性最终的结果体现在标准产生的效益上。

4.6.3　影响效益关键因素

影响标准实施效果的因素较多，主要体现在标准本身、标准管理以及标准应用理念等环节。不同标准的作用在不同环节的影响因素产生的结果不同，主要体现如图4.5所示。影响因素主要体现如下方面。

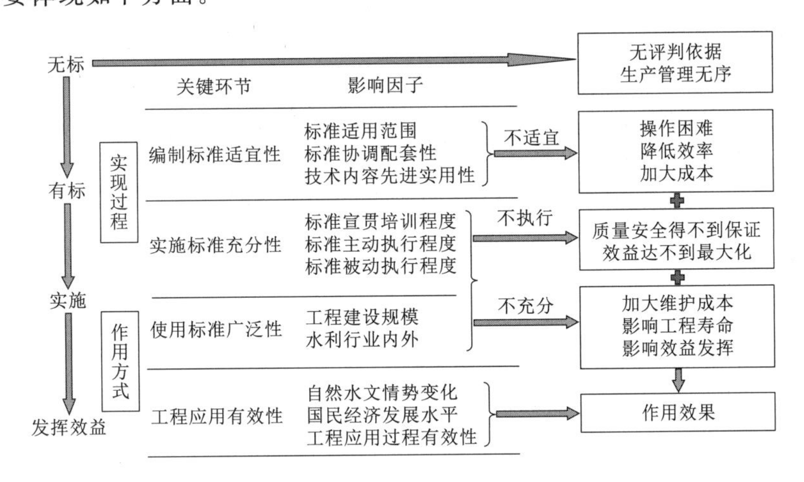

图4.5　作用与作用效果影响因子关系

4.6.3.1　初始效益的主要影响因素

影响标准的初始效益的因素主要体现在标准编制过程。如标准内容过时，不能全面及时吸收先进技术新成就；采标率低，与国际先进水平不匹配；标准内容交叉重复，多重引用；标准效益目标评估、审查以及技术校验/校核薄弱或复核验证不到位；标准编制和修订周期过长（体制与机制），不符合技术发展和更新换代要求等。

4.6.3.2　最终效益的主要影响因素

（1）标准宣贯与示范。在我国标准化程度尚不是很高的情况下，标准编制发布以后，加大标准的宣传与推广应用，让大家尽快地了解、熟悉标准非常重要，这就涉及标准的发行环节、标准的宣讲与宣传、试点示范等多个环节，这些环节直接关乎标准的实施效果。

（2）标准实施监督检查。目前我国重标准编制、轻标准实施的现象普遍存在。对于强制性标准，是否建立了健全的标准实施情况监督检查；对于推荐性标准，则需要建立鼓励和激励机制，鼓励大家使用标准。标准实施监督检查及其激励机制尚未建立健全，大大影响了标准的实施效果。

（3）标准实施效益评估。标准实施产生的效益只有在标准实施后的一段时间，也许更长时间才能显现，标准后评估是检验标准存在必要性和标准是否适宜、是否需要修订的关键。

考虑到水利标准的特点，梳理水利标准化过程，标准实施后的效益评估一方面采用在有、无标准情况下对照的方法，以此显示标准的作用。另一方面，收集标准实施后实际产生的效益。标准实施效益可以从两方面考虑。一是标准本身产生的直接效益；二是所依托的工程发挥的间接效益。标准本身效益可以从对成本的影响（经济效益），对就业影响（社会效益），对节能减排的影响（环境效益）等方面设置。工程效益尽量从标准对工程的影响出发，对工程寿命、工程运行维护成本（经济效益）、工程质量（社会效益）、工程环境影响（环境效益）等方面的影响考虑，采取有标准和无标准的情况对照，对工程状况、工程发挥的作用以及对环境的影响等方面设置绩效目标。

标准的不同发展阶段在工程项目中的实现过程，主要包括工程建设标准的立项阶段、制定阶段、实施阶段、修订阶段和废止阶段中，工程建设标准在工程项目中是如何实现和发挥作用的，以及带来的关联影响。工程建设标准的作用方式，主要体现在对工程建设的推动作用，进而促进行业生产管理能力和技术水平的提升。选择水资源节水、农田灌溉、堤防工程、水土保持四大系列标准，近百项水利技术标准，对其产生和实施过程以及产生的作用和带来的效益进行收集、评估。详见本书案例部分。

标准是成熟、经过检验的成果，是统一秩序、确保安全的工具和抓手。在质量与成本的天平上，设立一个有效支点，通过这个支点的移动，让产品质量提高与成本的关系，由正相关到零相关直到负相关。这个支点就是标准，前提就是标准要与科技进步及管理创新相符合。水利工程建设方案优劣和技术水准高低不仅直接决定着水利工程质量的好坏，而且直接影响着质量目标中的成本目标。

5

水利标准评价指标体系

5.1 体系建立原则

5.1.1 全面系统与突出重点相结合

标准效益评价是一个涉及标准实施过程和实施后效果的复合系统，不能用几个指标反映和涵盖，需要建立一套系统的指标体系。因此，对标准效益进行评估不能只考虑某一项因素，如果指标独立性差、相互兼容、重叠，评价结果的准确性和合理性就会大打折扣。绩效指标的制定，不单单是一个指标，一个数字，要纵深到具体专业、具体项目类型，要综合衡量，主要考虑水利标准的多因性、多维性和动态性等特点，见表5.1。根据项目的类型、专业的不同，针对工作的重点环节、某一方面的重点突出绩效，要真实反映经济效益、环境效益、社会效益。

表5.1　水利标准绩效特点对应的原则

水利标准绩效评价特点		评价指标体系设置原则
多因性	标准的绩效的优劣取决于多个因素的影响，包括编制和实施的外部环境、机遇，编写人的智商、情商和其所拥有的技能和知识结构，以及企业的激励因素	目的性 科学性 系统性 重点性 可行性
多维性	标准绩效的优劣应从多个方面、多个角度（不同的人群、不同的地理区域、不同的专业领域、不同的作用地位等）去分析，才能取得比较合理的、客观的、易接受的结果	
动态性	标准的绩效随着时间、工程建设与运行情况的变化而变化	

5.1.2 可测度与可比性相结合

指标设置应注意指标含义的清晰度，尽量避免产生误解和歧义，另外还应考虑指标数量得当、指标间不出现交叉重复、消除冗余，以此来提高实际评估的可操作性。选择的指标应该可度量，而且能从现有资料、主管部门或其他渠道获取数据。从可比性方面考虑，指标年度之间应能动态比较，地区之间也能横向比较。

5.1.3 定性与定量相结合

标准的作用不仅可以直接用定量指标来体现，而且更多地体现在难以在统计报告中反映的指标中，如果只设定量指标，就不能对标准所带来的效益有一个完整和全面的评价。除了用数值定量反映某些因素外，还有些指标无法提取数据，例如，企业技术人员对标准的了解程度，这种主观感受的指标，可通过问卷调查设计评分方法测定程度高低。在整个指标体系中，只有定性和定量相结合，才能全面反映标准实施情况和标准的社会、经济效益。

5.2 水利标准评价指标体系

针对不同的评价目标和评价目的，对标准化整体水平的评价较为宏观，对单个标准的绩效评价较为微观、细致。为了便于使用，分别从宏观层面和微观层面构建了水利标准化水平指标评价体系和水利标准绩效指标评价体系。

5.2.1 水利标准化水平评价指标体系

在设计水利标准化整体水平评价指标体系时，应从宏观的角度注重体系的完整性、综合性、科学性、有效性以及数据的可获得性。标准化整体水平与标准现状水平、国际化水平、标准化投入以及标准效益等重要方面相关。基于此，水利标准化水平定量评价指标体系可以采用系统分解和层次结构分析法（AHP）进行设计。为了满足不同的目标和目的，可以针对一级层次或二级层次中的不同维度的指标进行单独评价/联合评价/整体评价，水利标准化水平的指标评价体系构成可分为三个层面、9大要素、32项指标，见表5.2。

表5.2 水利标准化水平评价指标体系

一级指标	二级指标	三级指标
1. 标准现状	a）标准技术水平	①适用范围
		②获奖情况
		③使用频繁度
		④主编单位性质、与标准关联性
		⑤引用情况
		⑥被引用情况
		⑦采标情况
	b）标准管理水平	①管理模式/管理机制/标准化人员配备
		②标准体系完整性
		③国家标准数量及变动情况
		④行业标准数量及变动情况
		⑤标龄情况
		⑥满足需求情况/标准缺失情况
		⑦标准化投入（人力、物力、财力）
	c）标准适用性	①标准内容能否满足标准制定时的目的
		②技术要求能否满足现有需求

续表

一级指标	二级指标	三　级　指　标
2. 标准国际水平	a）采标情况	①等同
		②等效
		③非等效（修改采用）
	b）参与情况	①主导制定国际标准
		②参与制定国际标准
	c）国际应用	①水利标准在国际工程中应用、认可情况
		②成为事实标准
3. 标准化效益	a）经济效益	①减少取水、实现减排、废物利用
		②节水、节地、节材、省工、增效
		③节约投资、节约资金、节约征地
	b）社会效益	①公共健康和安全，促进水资源的优化配置
		②公共服务能力，防灾减灾
		③增加劳动就业，减轻社会负担
		④调整产业结构，推动行业发展和科技进步
	c）环境效益	①保护资源，资源节约（资源循环利用）
		②改善生态环境（水生态、水质、水土流失）

5.2.2　水利标准绩效评价指标体系

针对单个标准或系列标准评价的绩效评估，根据水利标准特点以及作用途径、产生的效益，为了满足不同评估目的的需求，可将单一标准或系列标准评估工作从标准自身技术评价指标、实施情况评价指标、实施效益评价指标三方面分层设置评价指标体系，分别细化评价要素和评价指标，应体现标准生命周期，覆盖各类标准绩效指标。效益指标中将水利标准发挥的效益尽可能地提出，以便今后标准编制时设计初始效益以及标准实施后最终效益的收集。水利标准评价指标体系表见5.3。共分为三大层面、11大要素、42个指标。针对第一级层次或第二级层次中的不同维度的指标可以进行单独评价/联合评价/整体评价，满足不同的评价目标和评价目的。

表5.3　　　　水利标准绩效评价指标体系

第一层		第二层	第　三　层	
序号	评价功能	评价要素	评　价　内　容	评　价　指　标
1	标准自身技术评价	a）适用性	与市场发展需求一致程度	是否与制定时的目的一致/满足需求
		b）先进性	与国际标准、国外行业水平相比	①技术指标高于/低于现有水平
				②引用国际先进技术情况
		c）协调性	与法律法规、国内其他标准协调一致性	①要求是否一致
				②指标、参数、方法、图表一致程度
		d）可操作性	要求符合实际	①符合实际，能实施、便于操作使用
				②不符合实际，内容复杂、不便操作

续表

第一层		第二层	第三层	
序号	评价功能	评价要素	评价内容	评价指标
1	标准自身技术评价	e）引用标准	引用标准情况	①引用标准有效性
				②引用国际标准情况
2	实施情况评价	a）标准推广	标准传播	①标准的宣贯培训次数、示范、宣传材料等
				②标准的销售量、查询（点击）量、下载量等情况
		b）实施应用	被采用情况	①政府相关政策文件、制度、规划等采用标准情况
				②行业协会下发文件推动标准实施情况
			工程应用状况	①国内工程应用
				②国际工程应用
		c）被引用情况	被法律法规、行政文件、标准等引用	①被法律法规引用
				②被标准引用
				③被行政文件引用
3	实施效益评价	a）经济效益	1）管理阶段	①减少人力投入/减少管理费用
				②优化资源配置
			2）研发/设计/规划阶段效益	①节约原材料、使用替代性材料
				②降低（工程建设和运行维护）投资成本
			3）工程阶段效益	①缩短工程建设工期
				②降低工程成本
			4）物流阶段效益	降低采购/运输成本/仓储费用
			5）生产/运营阶段效益	①降低安全事故发生率、不合格品率
				②节约耗能设备燃料、动力、维修费
			6）提高市场竞争力	①扩大市场规模，占有率/减少进口/扩大出口
				②促进技术创新，推动科技成果转化
		b）社会效益	1）就业	①增加配套人力资源，增加就业人数
				②提高人均收入
			2）公共健康和安全	①提升饮水安全，增加安全饮水达标人口
				②规范社会公共秩序、行为和公共安全
			3）行业发展/科技进步	①技术内容革新、创建新
				②产业结构转型与升级/淘汰落后生产工艺、设备
				③提高工程质量，有利于成果推广、转化为生产力
			4）公共服务能力	①提升防灾减灾/供水能力，促进社会发展
				②提升社会满意度
		c）生态效益	1）资源节约	节省水、土壤、森林等资源，提高资源利用率
			2）资源利用/节能减排	减少废弃物排放/提高废弃物回收利用率
			3）改善生态环境	①开发清洁能源
				②生态防护，水保治理、环境改善

6 水利标准绩效评估量化方法研究

中国人民解放军陆军工程大学钱七虎院士曾经说过："判断低水平、落后水平需要有个依据；改变低水平、落后水平，改到什么程度才算先进水平，需要有个说法，也就是一系列量化的指标。这个依据和说法，可以有很多种，但是最简洁明了的，就是标准。"

标准在现代经济中的作用已经得到广泛认可。学术界对标准化绩效研究集中在经济效益这一部分，标准化能够节约企业费用、提高产品质量、降低研发风险，促进经济发展、技术进步和国际贸易等这些定性的结论都能够被大多数学者、实践单位所感知，定性效益较为普遍，但具体标准化的经济效益为多少，用货币直接表示标准的效益（即定量效益），一直是理论界研究的热点和难点之一。

发达国家管理体制与我国水利标准管理体制存在一定的差异。如欧美发达国家主要采用技术法规和标准相结合的管理体制，水利标准的独立性并未突出，专门研究水利标准对国民经济发展的影响的很少。水利标准不仅影响相关行业的技术进步，也对固定资产投资、折旧率等经济指标有很大影响，具有一定的特殊性。

6.1 常用标准效益评价方法

标准效益评价是立足标准化的全局和全过程，以标准化的整体效果为主体进行的评价。按预定的目的，确定研究对象的属性（指标），并将这种属性变为客观定量的计值或主观效用的行为。标准效益评价是对研究对象功能的一种量化描述，它既可以利用时序统计数据去描述同一对象功能的历史演变，也可以利用统计数据去描述不同对象功能的差异。

如何根据评价目标和评价对象的特点，选择科学适用的评价方法，对标准效益评价结果的准确性评价至关重要。目前的评价方法已有几十到上百种，每种方法都有各自的优缺点和适用的范围，为达到最佳的评价效果，需要根据评价对象的特点，分析各种方法的优劣势，选择最合适的评价方法。基于国内外文献梳理，发现目前比较常用的几种标准效益评价方法：专家评价法、经济分析法、运筹学以及其他数学方法。

6.1.1 专家评价法

专家评价法是一种以专家的主观判断为基础，通常以“分数”“指数”“序数”“评语”等作为评价的标准，对评价对象作出总的评价的方法。常用的方法有：评分法、分等方法、加权评分法及优序法等。相对比较简单，因而也得到了广泛的应用。以德尔菲法为例，介绍如下。

6.1.1.1 德尔菲法基本原理

德尔菲法，又称专家规定程序调查法，是一种匿名反复函询的专家征询意见法，采用背对背的通信方式征询专家小组成员的预测意见，经过几轮征询，使专家小组的预测意见集中，最后得到具有较高一致性的集体判断结果。德尔菲法有以下特点：

（1）匿名性：所有专家组成员不直接见面，只通过函件交流信息，在由调查工作者组织的书面讨论中，以匿名的方式向专家传递信息。

（2）反馈性：3～4个轮回的信息反馈，使最终结果基本能够反映专家的想法和对信息的认识，结果较为客观、可信。

（3）收敛性：通过书面讨论，言之有力的意见会逐渐为大多数专家所接受，分散的意见会趋向集中，呈现收敛的趋势。

（4）局限性。由于评价环节本身所呈现的阶段性和局限性，参评专家难以最大限度地发挥各自的优势，评价组织者虽处于主动地位但工作量较大，两者呈现相对复杂的协调关系。在整个评价过程中的贡献，专家的判断意见涉及面相对较小。

6.1.1.2 对德尔菲法的评价

德尔菲法简单易行，费用较低，利于专家坦率发表意见，充分发挥每位专家的能动性，消除权威的影响，大多数情况下可得到准确的预测结果。但是，德尔菲法预测是建立在专家主观判断的基础之上，预测结果有时会不稳定，而且函询方式也不利于专家间的意见交流和创新。

6.1.1.3 德尔菲法的应用

德尔菲法是一种主观、定性的方法，不仅可以用于预测领域，而且可以广泛应用于各种评价指标体系的建立和具体指标的确定过程。

6.1.2 经济分析法

经济分析法是以事先议定好的某个综合经济指标来评价不同对象的综合评价方法，常用的方法有：直接给出综合经济指标的计算公式或模型的方法、费用-效益分析（cost - benefits analysis）法等。这类方法常用于新产品的开发、科技成果和经济效益的评价、区域经济不平衡发展的程度及投资项目的各种评价等。

6.1.2.1 C-D生产函数

C-D生产函数的评估方法的基本思路是把标准存量数据当作一种投入要素，并与其他投入要素，如资本、劳动一起共同构成对经济效益发挥作用的因素，采取统计分析方法，对标准产生的作用进行定量测定。生产函数通常表示为

$$Y(t)=A(t)F[K(t),\ L(t)] \tag{6.1}$$

式中：$Y(t)$ 为 t 时刻的经济产出；$K(t)$ 为 t 时刻的资本投入；$L(t)$ 为 t 时刻的劳动投入；$A(t)$ 为反映技术水平的外生因子。

自新古典增长模型产生以来，经济学家提出了多种推广或改进的生产函数，其中经济学家 Cobb 和 Dauglas 提出的 C－D 模型将标准等作为技术进步的具体因素加入其中，在实践中应用最为广泛，模型具体设计如下：

$$Perf_t = A_t K_t^{\alpha} L_t^{\beta} \tag{6.2}$$

式中：$Perf_t$ 表示经济效益。

由于标准的作用是通过影响技术的创新和推广来实现的，其必然通过影响技术来影响行业的最终经济效益。根据目前标准化经济效益的研究成果，大多采用标准有效存量对标准化进行度量，计算方法如下：

$$STD_t = \sum_{i=-\infty}^{t} p(i) - \sum_{i=-\infty}^{t} w(i) \tag{6.3}$$

式中：STD_t 为当前标准有效存量的数目；$p(i)$ 为第 i 年发布的标准数量；$w(i)$ 为第 i 年废止的标准数量。

6.1.2.2 贡献率分析方法

贡献率常用来分析经济效益，其含义之一是有效或有用成果数量与资源消耗及占用量之比，即产出量与投入量之比，或所得量与所费量之比。计算公式如下：

贡献率(%)＝贡献量(产出量，所得量)/投入量(消耗量，占用量)×100%。(6.4)

贡献率也用于分析经济增长中各因素作用大小的程度。计算公式如下：

贡献率(%)＝某因素贡献量(增量或增长程度)/总贡献量(总增量或增长程度)×100%。

(6.5)

这里贡献量实际上是某因素的增长量（程度）占总增长量（程度）的比重。

参照贡献率的两种含义，可以设计两种不同的评价方法：

(1) 在广泛搜集标准实施投入和相应的数据基础上，从宏观、中观、微观层次入手，将标准在部门甚至微观经济主体的层次上，对经济乃至整个社会发展方面的促进作用从其他因素中剥离出来，然后按照综合国力构成要素和评价指标体系建立合成模型，最终得出标准对综合国力的贡献率。

(2) 估算标准投入对科技发展的贡献率，估算科技进步对经济增长的贡献率，评价综合国力，并参照评价指标体系推算其与科技进步和经济增长的关联系数，从而评估标准对综合国力的贡献率。这一思路实际上在不同的步骤上分别采用了贡献率的两种含义，以科技发展为桥梁将标准与经济发展、综合国力联系起来。鉴于标准和标准化可以视为科技发展的组成部分，分别采用两种贡献率评价方法不会构成整个评价过程中的逻辑冲突。

6.1.2.3 可计算的一般均衡模型（CGE）

可计算的一般均衡模型自 20 世纪 60 年代（约翰森）出现于宏观政策分析和数量经济领域，在发达国家和发展中国家都被广泛应用于税收、贸易、环境保护、收入分配与发展策略等问题的分析中。

自 20 世纪 70 年代起，静态（ORANI）模型和动态（MONASH）模型先后被开发出来。ORANI 模型的优点是可分析国内各个产业受到各种国内外因素变化时，竞争力会有何影响，并发现遭受损害最大的产业和影响竞争力提高的主要因素。MONASH 模型的优点是分析 2 个政策变化的历史阶段内，每一年的经济各因素变化及趋势和总体效应评估。

近年来，我国有一些学者开始应用CGE模型对中国经济进行研究，建立了中国经济动态CGE模型，包括42个中国经济部门，分别是：1个农业部门（第一产业）、25个工业部门（第二产业）以及16个流通与服务业部门（第三产业）；7大模块，分别是：价格模块、生产模块、投资和资本积累模块、收入模块、消费模块、贸易模块以及均衡模块。

2006年，原建设部开展了“工程建设标准对国民经济和社会发展影响研究”，采用CGE模型分析标准的实施对我国国民经济的均衡影响。在利用动态CGE模型分析标准综合经济效益时，认为标准对国民经济影响的因素主要有固定资产折旧、技术进步和投资三个方面，这三个方面可以作为外生变量作用于CGE模型（这三方面与CGE模型参数对应关系见表6.1），进而影响模型中的其他方面，反映标准对国民经济影响的其他效果。

表6.1　　标准与CGE模型参数的对应关系

参　　数	参　数　解　析	数据获取方式	反映的标准效益
固定资产折旧率	反映固定资产存量变化	统计数据和调查数据	标准影响折旧
全要素生产率	反映技术进步变化	统计数据和调查数据	标准影响技术进步
投资变化	反映投资流量的变化	统计数据和调查数据	标准影响投资

研究首先建立了能够用于分析工程建设标准对国民经济的影响的CGE模型；其次以我国2002年的投入产出表（包含42个部门）为基础，结合有关统计年鉴的数据建立我国的社会核算矩阵（SAM）；最后，根据我国工程建设的实际情况（调查问卷的结果），设计了基态方案和高、中、低三种方案，分别调查在高、中、低三种方案下，标准对GDP、三次产业增加值、投资、消费、对外贸易等国民经济主要指标的定量影响，进而计算得到工程建设标准对国民经济的影响。其中，基态方案是指：未考虑工程建设标准影响条件下，取全社会固定资产存量的年均折旧率为5.5%，取全要素生产率（Total Factor Productivity，TFP）的年均增长率为2.7%。高、中、低三种方案是在考虑工程建设标准影响下，分别通过对折旧率（使用寿命因素）、全要素生产率的年均增长率（技术进步因素）的上浮或下调实现。

根据调查问卷反馈的行业统计，可以得出高、中、低方案下42个行业的折旧率、全要素生产率及投资变化。然后通过折旧率、全要素生产率、投资变化这三个外生变量，对高、中、低三种方案得出CGE计算结果并同基态方案进行对比，从而得出工程建设标准对国内生产总值（GDP）增长的影响。

6.1.2.4　指标评价法

国内有研究认为，标准化效益评价的目标是对标准的宏观经济效果进行分析和评价，从而更好地利用有限的资源，实现可持续发展。因而，标准效益评价的主要指标也就是国民经济的增长的目标，具体有以下5个指标。

（1）社会净收益（SS）。社会净收益是反映社会总消费的效益，是物质生产部门的劳动者在一定时期内为社会创造的全部新增价值。对国家来说是指项目财政收入，即项目投资后所得净增值和扣除职工的全部工资额后的盈余。

（2）经济净现值（$ENPV$）。经济净现值是反映标准化对国民经济贡献的一项绝对效果指标，是用来进行标准化项目评价的主要依据。它是指用社会折现率将标准计算期内各年的净效益流量折算到初期的现值之和。计算公式如下：

$$ENPV = \sum_{t=1}^{n} (CI - CO)_t (1 + i_s)^{-t} \tag{6.6}$$

式中：CI 为用影子价格计算的现金流入量；CO 为用影子价格计算的现金流出量；i_s 为社会折现率；n 为标准有效期。

如果经济净现值等于或大于 0，说明项目可以达到符合社会折现率的国民经济贡献，认为该标准化项目的实施产生了一定的意义。

(3) 经济内部收益率（$EIRR$）。经济内部收益率是指标准化项目在实施过程中逐年累计的经济净现值等于 0 的折现率，即标准化项目动态投资最大收益率，是反映标准项目对国民经济净贡献的相对指标，见下式：

$$\sum_{t=1}^{n} (CI - CO)_t (1 + EIRR)^{-t} = 0 \tag{6.7}$$

$EIRR$ 等于或大于社会折现率，表明标准化项目对国民经济的净贡献达到或超过了要求的水平，认为标准化项目实施有效。

(4) 固定资产折旧降低率。标准避免了一些对固定资产具有较强损耗作用的行为，提高了其使用寿命，相应地降低了固定资产的折旧率，减缓了固定资产的折旧速度，降低了建设成本，该指标代表了标准对降低固定资产折旧率的有用效果。

(5) 社会平均定额工时节约率。社会平均定额工时节约率是指标准化前后社会平均定额工时之差与标准化前平均定额工时的比值。该指标代表标准化对劳动效率的作用效果，比值越大，说明标准带来的劳动效率的提高越明显。

指标评价法是标准化效果评价最基础的一个方法，能够直接得到标准化活动带来的能够用货币衡量的效益，但仅能够度量标准化带来的资金流量。借鉴国外发达国家的经验，在进行行业级标准化效益评价计算时，可选取一定数量的已经实现标准化的企业，对企业标准化数据进行综合整理，得到国家标准化的基础数据；再按照确定的影子价格对基础数据进行调整，同时依据相关评价参数，计算国家标准化的各种指标。

6.1.3 运筹学和其他数学方法

这类方法用到的数学知识更多一些，目前用得较多的有以下几类：模糊综合评判方法（fuzzy comprehensive evaluation，FCE）、数据包络分析方法（data envelopement analysis，DEA）；层次分析法（analytic hierarchy process，AHP）；多目标决策方法（multi-objective-decision making，MODM）；数理统计方法。主要介绍以下几种方法：

6.1.3.1 模糊综合评判法

模糊综合评判方法是从多个因素对被评价事物隶属等级状况进行综合性评价和判断。与定量评估分析方法相比较，模糊综合评判方法在处理问题时主要有两个方面的特点：其一，充分定量地考虑模糊因素，使评价的结果更符合客观实际，具有一定的说服力；其二，考虑人们对事物的认识性质，虽然不能明确地说出准确的数值，但可以浮动地选取阈值，从而得到一系列不同水平下的分析结果，能够大致确定某一决策的效果。具体来说，可按如下几个步骤进行：

(1) 标准实施对经济效益影响的因素分解，设计指标体系。

（2）标准实施对行业经济效益影响的因素测量。这是关键的一步。首先，应根据研究精度的需要和被访人的辨别能力，把每个因素定出评判等级，为有利于综合判断，等级词一般是统一的。如对标准实施对经济效益影响的评判，可分为有重大影响、很大影响、很小影响、无影响、阻碍五个等级，让每个人评判。然后，按各等级词加权平均，得出该类被访者对某一因素的各等级词的隶属度，构成单因素的评价向量，同理得出剩余的单因素评价向量，最后得出模糊评价矩阵。

（3）确定各因素的权重。各单因素对经济效益的各个影响来说，其重要性不尽相同。但对价值观类似的群体来说，有大致相同的权重数值。如果一个群体测得的权重向量内部存在显著差异，宜根据实际情况分类，通常较为常用的层次分析法（AHP）或熵权法。

（4）根据综合评判向量，并对照评语集，给出评价结果。

6.1.3.2 数据包络分析法

有时我们不仅想了解标准实施后产生的经济效益，不同的行业或同一行业内部不同的企业，采用同一标准产生经济效益的差异状况，也是标准化理论和实践中需要关心的问题，这就涉及标准实施经济效益的相对评价问题。数据包络分析法（DEA）是一种应用较为广泛且比较有效的评价方法，它适应用于多投入多产出的多目标决策单元的绩效评价。这种方法以相对效率为基础，根据多指标投入与多指标产出对相同类型的决策单元进行相对有效性评价。

建立输入、输出指标体系，是应用 DEA 方法的一项基础性的前提工作，对于将 DEA 方法应用到行业标准化经济效益评估方面，指标体系的设计要注意如下几点：

（1）输入向量与输出向量的选择要服务、服从于评价目的。为了做到这一点，需要把评价目的从输入和输出两个不同的侧面分解成若干个指标，并且该评价目的的确能够通过这些输入向量和输出向量构成的“生产”过程，在“黑箱”意义下进行描述。

（2）要能全面反映评价目的。一个评价目的需要多个输入输出指标才能被较为全面地描述，缺少某个或某些指标会使评价目的不能完整地得以实现。

（3）要考虑到输入向量与输出向量之间的联系。由于标准在发生作用的时候，决策单元中各输入与各输出之间往往不是孤立的，因此，某些指标被确定为输出或输出后，会对其他指标的认定产生影响。

（4）要考虑输入、输出指标体系的多样性。由于 DEA 方法的核心工作是评价，因此，很难讲对某个评价目的，指标体系的确定是唯一的，实践中的通常做法尽可能多选择几套指标体系，对每一种指标体系的结果进行分析、比较。

此外，在输入、输出指标的可控性和可处理性方面，相对性指标与绝对性指标的搭配、指标数据的可获取性、定性指标的“可度量性”、指标总量究竟多少较为适宜等问题，也会在实际工作中遇到并且要逐一加以解决。

6.1.3.3 层次分析法

把复杂问题分解为各个组成因素，即把问题条理化、层次化，将各个组成按支配关系分组形成有序的梯阶型层级结构，即结构模型，构造两两比较判断矩阵，通过两两比较的方式确定层次中诸因素的相对重要性，根据判断矩阵计算相对权重，宜采用和法、根法、特征根法和最小平方法等方法计算，计算各层元素对目标层的合成权重，对方案进行综合评价。然后综合人的判断以决定诸因素相对重要性的顺序。

该方法特别适用于具有定性的或定性、定量兼有的决策分析，其核心功能是对方案进行排序优选。得出的结果是粗略的方案排序，人的主观判断、选择对层次分析法的分析结果影响较大。

6.1.4 几种方法比选

专家评价法需要大量专家的数据支撑，相对比较简单，应用广泛。

经济分析法的优点是含义明确，便于不同对象的对比。需要搜集的数据较少，但存在一定的难度，可以从宏观层面直接入手；不足之处是计算公式或模型不易建立，而且对于涉及较多因素的评价对象来说，往往很难给出统一于一种量纲的公式，但计算公式或模型不易建立。

运筹学和数学方法。CGE 模型对 SAM 表数据要求较高，一般难以满足，涉及的数学知识更多，极少数人能掌握，因此应用难度较高。

从已翻译和掌握的资料来看，国内外针对标准对国家经济增长贡献的定量化研究主要采用了三个方法：一是生产函数法，二是 CGE 模型，三是指标评价法。德国、英国和我国开展的相关定量研究中，研究专家应用基本相同的生产函数法对其国内的数据进行了研究分析，得出了标准对德国、英国和我国经济贡献的估算结果。然而，一个事实是这三项研究是以国家标准作为研究对象，从统计数据来看，相关数据信息的记录要比水利行业充足得多。为此，需要基于我国水利行业的特点并根据水利行业的现有数据资料基础，建立适当的估算模型，选择适当的经济增长解释变量，以此对水利标准对水利行业发展贡献率进行估算。

CGE 模型是一个定量、定性相结合的优化模型，作为政策分析的有力工具，经过 30 多年的发展，已在世界上得到了广泛的应用。利用 CGE 模型可以更综合地分析标准对国民经济的影响。但 CGE 模型需要的数据复杂，在水利行业中难以找到，鉴于数据的缺乏，有一定的局限性。

指标评价法的核心思想是利用具有典型性的企业数据作为样本数据，分析标准实施对企业产生的效益，根据样本的数据并综合各企业标准实施的效益对总体进行测算，得到标准对经济的影响。该方法的缺点在于更偏重于微观经济体（企业），数据收集难度较大，没有考虑标准对科技进步、生产力的影响，而且标准总体效益并不是单个标准效益的简单集合。

分析比较上述几种方法，针对水利工程建设项目的特点以及水利标准的作用机理研究，本次分别采用专家法、投出产出法、生产函数法、贡献率法、模糊评价法等几种方法或几种方法结合来进行绩效评价。其中，生产函数法主要通过水利技术标准的传导机制，对水利行业发展产生的影响，会通过直接或间接的途径显示出来。标准的科学性、先进性等特点是影响技术进步的一个重要因素，因此，可以将标准作为技术水平的影响因素，通过建立生产函数方法测度标准对水利行业的影响。采用生产函数法需选取适当的生产函数形式，收集函数中三个变量——经济产出（Y）、劳动投入（L）和资本投入（K）的统计数据，以及与这三个变量相关的其他统计数据，并将标准数量作为度量指标，计算得到水利标准对国民经济的贡献率。

6.2 水利标准效果评价方法研究

6.2.1 “点-线-面”耦合评价方法

在对水利标准进行全面梳理的基础上，需根据评价目的和评价对象开展评价。确定评价目的是开展水利标准评价的基础，不同的评价目的将决定评价对象和评价方法的选择。考虑水利标准总量庞大，涉及的专业门类复杂，技术标准占绝大多数，并发挥重要作用，遵循“点-线-面”相结合的原则，针对单项典型技术标准、特色技术标准群以及技术标准体系全部标准，制定不同的评估方法和评价指标，开展绩效评估。

6.2.1.1 “点”——单个标准

列举各类有经济效益、社会效益、环境效益的标准。因为研究对象明确、针对性强，可以采用个案研究法，针对单项标准这一个点，将标准的主要内容、技术指标、社会经济效益等影响要素进行分解，通过归纳提取形成综合评价指标体系，并借助德尔菲法、层次分析法、模糊综合评价法对每一项指标的影响权重和作用分值进行深入、定量分析。

可采用 BCA 模型（原子结构模型）测算法、专家打分法、标准单项指标法，进行效益评价。

6.2.1.2 “线”——标准集群

由若干项标准构成的针对某一领域或范围的系列标准群，如水资源节水系列标准、堤防工程标准系列、农田灌溉标准系列、水土保持标准系列等，因为评价对象在适用范围、关键技术、技术经济指标等方面具有大致相似性，可以按照一条评价主线对该类标准进行同一尺度的衡量，宜采用定性、定量相结合的方法，如灰色关联分析法、数据包络分析法、TOPSIS 分析法，评价结果侧重于对标准群内的各项标准效益的相对排序。

可选用投入-产出分析法（IO）模型测算节水方面的标准效益。

6.2.1.3 “面”——水利全部标准

对于水利技术标准体系涵盖的全部标准，因为标准化对象、标准属性、适用范围等相差较大，很难用统一的定量指标逐一进行评价，需采用系统分析的方法，把评价对象看作一个整体，进行面上的、宏观性分析、测算，主要体现在标准水平的评价和标准贡献率的测算。

水利标准水平评价与科技水平评价原理是一样的，科技水平的评价已有成熟的系统与方法，完全适用于水利标准化水平评价，只不过将评价指标加以替换。采用系统分解和层次分析法（AHP）进行设计，构建两层树状结构的指标体系，在收集二级指标数据的基础上，通过专家打分和数据的标准化，可给出不同指标权重，从而可以定量计算出水利标准在不同时段的标准化水平。

标准贡献率一般指标准对 GDP 的贡献率。在 6.1 节中已做介绍。常采用适用宏观经济分析的 CGE 模型（一般均衡模型）、C－D 生产函数法等，测量总体经济指标和行业经济指标（具有明确的经济运行路径），利用模型测算标准对经济增长的贡献率。

评价方法的选择与评价目的的设立有密切的联系，对于相同的评价范围，数据复杂度随“点-线-面”逐渐降低，应根据评价目的选择合适的评价方法。水利标准的“点-线-

面”耦合评价方法逻辑关系如图 6.1 所示。

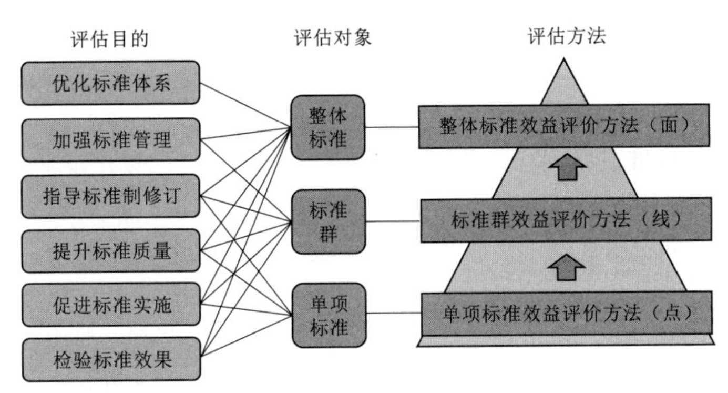

图 6.1　水利标准“点-线-面”耦合评价方法逻辑图

6.2.2　量化步骤和内容

通过深入实际调查研究，参考《中国统计年鉴》《中国水利年鉴》等资料，收集水利标准在实际中的应用状况。通过调查问卷以及以往标准技术复审情况，选用合理的统计评价方法，使用数理等统计计算，对标准的关键环节进行评价。通过对标准作用的机理分析，找出标准的直接作用和间接作用以及产生的效果和效益，并对其进行综合评估。量化步骤和方法见表 6.2。将从以下几方面开展研究。

表 6.2　　量化步骤和方法

量化步骤	量化内容	量化方法
标准实施现状调查	新建工程概况及标准使用状况，运行工程标准使用状况	工程概况：统计年鉴、规划报告、审批情况； 实施状况：问卷调查、专家咨询、案例调查
标准实施效果定量化测算	确定标准效益分类及其定量化评价指标，进行效益定量化测算	评价指标：基于标准作用机理； 实物量指标量化：统计年鉴、各类报告、专家咨询、实地调查、分析测算
标准效益评估	标准贡献率	资料查询、数据测算；问卷调查、专家咨询

（1）资料查询和分析整理。通过文献资料、深入实际调查、专家咨询等多种手段，广泛收集工程建设标准服务对象的总体概况、标准使用状况信息等。

（2）确定量化指标。调查水利工程建设和运行过程中，标准的作用类型和作用成效，确定工程建设标准直接作用量化指标；调查工程运行以后产生的作用类型和作用成效，确定工程建设标准间接作用成效量化指标。针对现有的 854 项水利技术标准，在实施过程中，其发挥的作用各不相同，甚至差异非常大，在综合评价工程建设标准化作用成效过程中，需选取重要的，影响大的工程建设标准作用成效作为研究对象，设计量化评估指标。

（3）有标准和没有标准对比评估工程建设和运行成效。通过选用专家评价法，对评价对象作出总的评价，通过分等、赋分、加权等方法得出量化指标对应的作用成效；通过实地调查掌握直接的综合经济指标和间接的综合经济指标；利用费用—效益分析法等得出直接经济效益，通过实地调研、问卷调查得出间接效益和社会效益。

（4）确定标准贡献率。基于国内外标准作用评估方法综述，针对水利工程建设项目的特点、水利标准的作用机理，以及水利标准对国民经济和社会的影响，将水利标准对经济增长的贡献率等同于水利标准对 GDP 的贡献率，采用 C－D 生产函数法进行水利标准对 GDP 贡献率的测算。

6.2.3 标准效益的评价实施方案

上述提出了单一标准或系列标准共同作用产生的作用成效的量化步骤和方法。受人力物力限制，在短时段内不可能完成所有标准的定量化作用成效研究。为此，本书通过分析筛选，选择水利标准中的重要专业标准群和典型技术标准作为案例，应用上述确定的量化步骤和方法，深入研究重要标准群和标准的影响作用成效。采取以点带线、推及至面的方式，分析水利标准对国民经济和社会发展影响的作用（见图 6.2）。

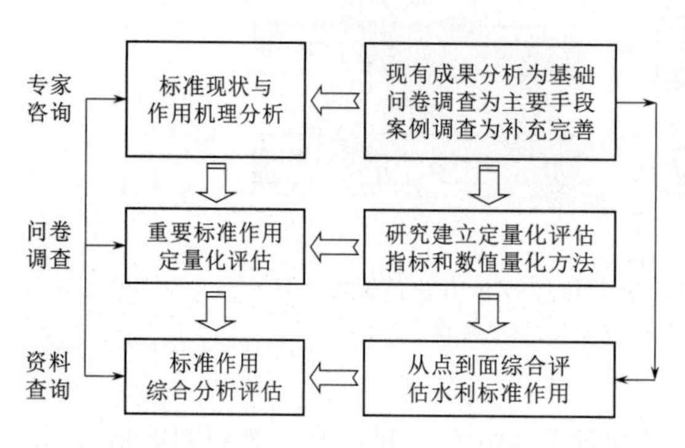

图 6.2　标准效益的评价实施方案

另外，由于长期以来，人们对标准化的作用成效重视不够，现有基础资料积累非常缺乏。因此，本书在深入挖掘现有资料的基础上，设计了一系列问卷调查，全面调查水利标准的作用成效，具体评价路线见图 6.3。

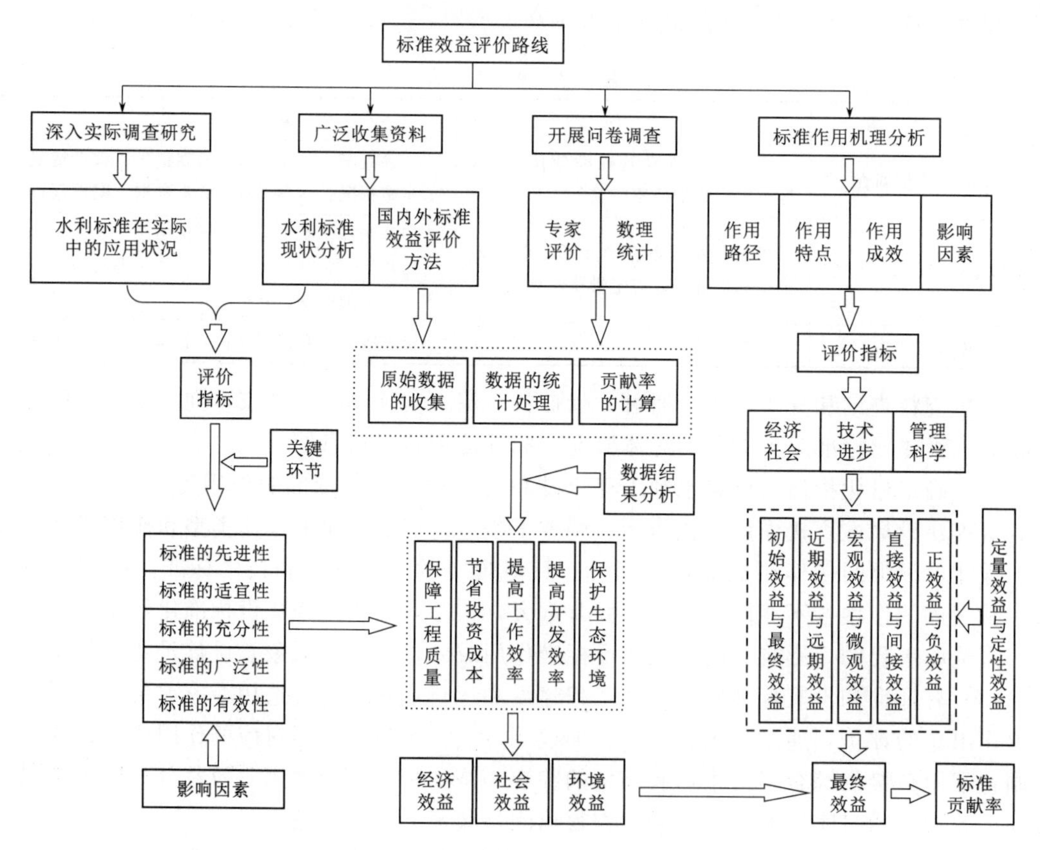

图 6.3　标准效益评价路线

6.3 案例选取及评价指标设置原则

6.3.1 案例选取

6.3.1.1 “点”——典型水利技术标准

“点上”评估：从标准集群中选取代表性较强、影响面广，适用范围、关键技术、技术经济指标等大致相似，可按一条评价主线进行同一尺度衡量的标准，选择水利国家标准《建设项目水资源论证导则》《防洪标准》《粉煤灰混凝土应用技术规范》，利用层次分析法建立评价指标体系，测算其综合效益。

6.3.1.2 “线”——水利技术标准集群

“线上”评估：根据水利标准在工程建设中发挥作用的独特性，遴选具有独特性一族的水利技术标准群或发挥独特而明显作用的现行技术标准进行评价。水资源节约配置、防洪抗旱、农田灌溉、水土保持、水工材料等领域对国民经济和社会发展发挥着重要的保障作用以及反映水利部的重要职能。因此，选择水资源节水系列、农村水利中的农田灌溉系列、防洪抗旱中的堤防系列、水土保持系列以及水利工程常用材料系列的5大标准集群，以及典型标准作为评估对象。如水资源类《建设项目水资源论证导则》等，农田灌溉节水类《节水灌溉工程技术标准》等，堤防类《防洪标准》等，水土保持类《开发建设项目水土保持技术规范》等，水利工程建设用主要几类材料如混凝土、粉煤灰、砂石料、沥青以及土工合成材料等，选择了混凝土标准指标选取对比、《粉煤灰混凝土应用技术规范》《土工合成材料应用技术规范》《胶结颗粒料筑坝技术导则》等。对5个系列从标准的发展历史与现状、作用及成效几个方面进行评价，见本书“标准集群及典型标准案例分析”部分，并给出定量与定性相结合的贡献率评价结果。为了确定同一标准集群实施效益的差异状况，对水资源标准群中节水系列标准，利用DEA模型开展评价。

6.3.1.3 “面”——水利技术标准体系

“面上”评估：水利标准是水利经济基础设施的一个重要部分，拥有很强的公共利益因素，不一定会提高所有的使用者的盈利能力，而是符合经济的整体效益。根据《水利技术标准体系表》的划分，将与水利政府职能和施政领域密切相关、反映水利事业的主要对象、作用和目标的技术标准分成：综合、水资源、水文水环境、大中型水利水电工程、防洪抗旱、农村水利、水土保持、农村水电、移民、水利信息化10个部分。每一个部分都有一系列标准，这些标准为整个水利事业的整体目标服务，透过水利行业对国民经济和社会发展产生影响。

在水利技术标准体系中选择具有代表性的标准及标准群（见表6.3）作为重点评估案例进行分析，对其主要作用及效益进行评价。

6.3.2 评价指标选择原则

（1）目的性原则。指标是目标的具体化描述，因此，评价指标要能真实地体现和反映综合评价的目的，能准确地刻画和描述对象系统的特征，要涵盖为实现评价目的所需的基本内容。水利标准的实施过程是必不可少的指标，标准实施就会产生相应的效果，所以，标准的实施过程和实施效果是全面衡量标准综合作用的重要指标。

表 6.3 重点标准及标准群绩效评估对象及主要作用评价

面	线	点	主要作用评价
全部水利标准	标准群集	典型标准	
水利技术标准体系（854 项）	水资源节水系列标准 5 项	《建设项目水资源论证导则》	合理开发利用水资源，从源头控制高耗水项目立项
		《节水型社会评价指标体系和评价方法》	高效节水建设节水型社会
		《节水型社会评价标准(试行)》(2017 年)	
		《节水型高校评价标准》 《高校合同节水项目实施导则》	
		《灌溉用水定额编制导则》	
	农田灌溉标准 2 项	《节水灌溉工程技术标准》	节水灌溉、提高用水效率
		《农田低压管道输水灌溉工程技术规范》	
	堤防工程标准 3 项	《防洪标准》	防洪抗旱、保障工程建设质量和人民财产安全
		《水利水电工程等级划分及洪水标准》	
		《堤防工程设计规范》	
	水土保持标准 3 项	《开发建设项目水土保持技术规范》	水土流失的预防、治理，确保生态安全
		《沙棘生态建设工程技术规程》	
		《牧区草地灌溉与排水技术规范》	
	水利工程建设用主要几类材料标准 5 项	混凝土指标	标号与强度等级指标选取对经济的影响
		《粉煤灰混凝土应用技术规范》	减少投资、变废为宝、保护环境，带动产业转型
		《土工合成材料应用技术规范》	节约投资，推广新技术，带动经济转型
		《胶结颗粒料筑坝技术导则》	就地取材，减少对环境、资源的影响，推广新技术，带动经济转型
		《水工混凝土试验规程》 《水工沥青混凝土施工规范》	提高工程稳定性，加快施工速度，确保工程质量安全

（2）完备性原则。评价指标是对对象系统某一特征的描述和刻画，评价指标集则应该能较全面地反映被评价对象系统的整体性能和特征，从多个维度和层面综合地衡量对象系统的属性，并不是要求评价指标体系能百分之百地表达出对象系统的全部特征。通常情况下，只要求评价指标体系能表达出评价对象的主要特征和主要信息即可。需考虑标准实施过程中如标准发布、宣贯、使用、问题反馈、标准复审等必要环节，同时还要考虑促进标准实施的有力措施，如政策和经费支持等。标准实施效果要结合标准的固有特点，如环境、安全、质量及经济效果等方面。

（3）可操作性原则。评价指标的可观测性以及观测成本关乎评估工作是否可操作。综合评价指标体系中的每一个评价指标，无论是定性指标还是定量指标，都要求指标能够被观测与可衡量，即评价指标的评价数据可被采集，或者可被赋值，否则该指标的设定就没有任何意义。评价指标的设计要能够尽量规避或降低评价数据造假和失真的风险，评价指标数据应尽可能地公开和客观获取，并要综合权衡评价指标数据的获取成本与评价活动所带来的收益问题。一般情况下，评价指标的数据应易于采集，观测成本不宜太大。根据上述原则，本书中所筛选的指标都是较为易于统计与收集的，比如标准宣贯、政策支持、标准使用、质量影响等指标数据均可以通过调查问卷或网络搜索来获取。

（4）独立性原则。要求每个指标要内涵清晰、尽可能地相互独立，同一层次的指标间应尽可能地不相互重叠，不相互交叉，不互为因果，不相互矛盾，保持较好的独立性。对于多层级的综合评价指标体系，应该根据指标的类别性与层次性，建立自上而下的递阶型层次结构，上下级指标保持自上而下的隶属关系，指标集与指标集之间、指标集内部各指标间应避免存在相互反馈与相互依赖，保持良好的独立性。

（5）显著性原则。理想情况下，综合评价指标体系应尽可能描述和覆盖对象系统的全部特征，且指标间应该保持独立性。但在现实实践中，这种理想状态几乎不可能达到。因此在评价指标体系的设计过程中，并不是指标数量越多越好，指标数量越多，一方面评价数据的获取成本和信息集成成本也就越大，另一方面也极有可能导致数据冗余。一般情况下，在综合指标体系中，易简不宜繁、宜少不宜多，应保留主要的关键、核心指标，剔除次要的非关键指标。

6.4　调查问卷的设计和实施

6.4.1　工作思路

水利标准问卷调查采用德尔菲法原理进行问卷设计。在构建评价指标体系之前，首先，需要充分考虑水利标准效益评价的影响因素，通过文献调研法、头脑风暴法、专家访谈法、鱼骨图分析法等列举出尽可能多而全的预评价指标，将预评价指标划分为不同的大类和若干细分小项，建立目标和影响因素之间的层次框架；其次，根据初步拟定的预评价指标，运用德尔菲法，设计《水利技术标准效益评价专家问卷调查（第一轮）》，并向专家发放调查问卷，进行首轮专家调查。在调查对象方面，选择专家时要遵循以下原则：专家要具备与研究课题相关的专业素质，要保证专家具备合理的知识结构，必须是具有一定的水利专业知识和丰富实践经验的人员。另外，专家组的人数要依据研究课题的规模而定，一般以10～30人为宜。

第一轮专家调查的目的是从预评价指标中筛选出专家认为相对重要的（即影响评价程度等级较高的）评价指标，以剔除那些支持率不高的评价指标。在问卷设计方面，由于李克特五点量表有助于提高问卷的填写率和回答质量，因此可分别用1分、2分、3分、4分和5分来表示“很不同意”“不同意”“没有意见”“同意”和“很同意”等5种专家态度。在第一轮的指标筛选结束后，可将3.5的平均分（处在“没有意见”和“同意”之间）视为专家对指标入选达成共识的临界分值。换言之，凡是平均得分超过3.5的指标将得以保留，而其余的指标将被淘汰。为了确保问卷结果的可靠性，还可采用SPSS等统计分析软件对问卷结果进行信度检验。对于问卷或量表而言，总体的信度系数最好在0.80以上，如果在0.70～0.80之间也属于可接受的范围。

经过第一轮专家咨询，综合专家意见对评价指标进行筛选，以此设计出《水利技术标准效益评价专家问卷调查（第二轮）》，并再次发给上述专家进行咨询。本轮筛选的目的在于让专家对指标的态度趋于一致，以获得最终的评价指标。经过两轮专家咨询后，如果专家对水利技术标准效益评价指标认同程度大体相同，且评价者也认为指标体系较为合理，可不再进行第三轮咨询，指标体系基本确立。

6.4.2 调查问卷设计

6.4.2.1 设计目标

以方便评估者开展评估为目标，力争评价者对评价内容不发生歧义，采取提示、选择方式，亦方便评价者使用，评估内容既要满足现有标准评估要求，又要满足未来标准效益评估需要，优化设计评价体系，细化评估内容，遴选评估指标，收集标准的经济效益、社会效益以及生态环境效益。

标准犹如“双刃剑”，往往会体现出其正反两方面的作用。为科学、客观地评价标准效益，在调查问卷中，将效益分为正效益和负效益两方面，对每项效益需给出总体评价结论。对存在问题的标准希望评价人指出具体的问题，并给出明确整改意见，如修订、废止、合并、转化为行政文件、转为团标等。

6.4.2.2 设计原则

按照设计调查问卷的一般原则，在设计水利标准实施效果问卷时应遵循如下原则：

（1）尽可能保证题目数量的合理性。

（2）题目的设计要便于数据统计处理和分析。

（3）尽可能细化问题，可通过一些补充文字来说明。

（4）整体结构和布局合理，同类问题尽可能放在一起，保持逻辑性和连贯性。

（5）中性化用词，避免使用诱导性、倾向性、敏感性词语，使调查尽量真实。

6.4.2.3 功能设计

（1）数据采集设计原则。基于标准作用机理，首先从单位、人员入手，利用从事不同业务专业的单位和不同专业的人员，对标准适宜性、标准实施状况、标准作用状况（包括建设质量、建设成本、安全运行、科技进步）和标准贡献（包括工程建设、运行管理）等几方面认识不同，进行水利标准对水利工程建设与运行管理的综合性作用调查。根据水利行业特点，选择重点领域如堤防工程建设、农田灌溉工程进行特色问卷设计，多角度、全方位了解标准作用的机理、实施效应。每一题目中设置不同的等级，被调查人可以根据自己的认知程度，选择合适的答案。

（2）等级划分。从统计学角度出发，每一问题设计“好、较好、一般、较差”4个认同程度答案，代表每一等级。如“标准自身评价”中的“先进性”评价，与国际标准、国外行业水平相比，“好”：领先；“较好”：保持一致；“一般”：略低于“较好”；“较差”：差距较大。

（3）关键技术问题。对照表5.3水利标准绩效评价指标体系，对已确定评估的标准集群和重要标准群，选用具有行业代表性，又具相对独立性，在实际工作当中作用比较明确的效益指标，作为问卷调查的主要内容。并建议调查人写出自己熟知的成功案例加以佐证。

6.4.3 实施调查

调查问卷是利用从总体中抽取的样本，以及设计好的一份结构式的问卷，所需的信息可通过电话、函询、面对面访谈等多种方式开展。

6.4.3.1 问卷发放原则

（1）发放范围。采取重点调查的方式，针对水利工程各个专业领域，包括标准的主管机构、主持机构，各大流域机构，水利系统的省厅局，勘测、设计、规划院，工程局，指挥部，研究院（所），工程检测、监测中心，工程咨询、监理及施工单位等。

（2）发放对象。在问卷发放时，对问卷发放的对象认真分析，主要归纳为三类：一是标准使用者，二是标准制定者，三是标准管理者。为保证数据的相对真实、准确，结合水利工程特点，按照技术使用的群体对象以及主要从事水利事业的单位业务专业领域再进行分类（见图 6.4），并将熟悉标准化工作的工程技术人员作为主要的重点调查对象。

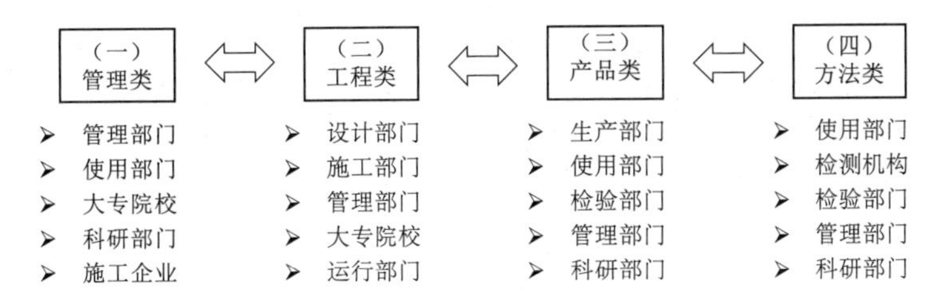

图 6.4 不同类标准调查对象分类图

6.4.3.2 调查统计情况

对 854 项水利技术标准实施效果评估过程中，主要通过问卷发放、针对问卷内容开展专家咨询、实地调研、召开研讨会等方式开展调查工作。其中电话咨询 2626 次，实地调研 152 次，发放调查问卷 10207 份，回收调查问卷 6527 份，回收率为 64%，召开各类专家咨询会 72 次。具体情况见表 6.4。几乎覆盖了水利行业各个领域。同时通过水利科技信息网，将电子版发向全社会，广泛征集意见。

表 6.4　　调查情况统计表

序号	调查方式	数量/（次、份）	调查对象
1	电话咨询	2626	主要是标准应用单位、设计人员、科研人员以及起草者等
2	实地调研	152	至标准应用单位实地调研
3	问卷调查	10207	通过函等形式发放调查问卷，对象包括生产企业、设计单位、施工企业、工程管理部门、行政管理部门、科研院所、大专院校、检验检测机构等单位人员
4	问卷回收	6527	实际回收的调查问卷
5	专家咨询会	72	组织相关领域专家，采用分组讨论、单独咨询审查等方式开展

针对《防洪标准》《建设项目水资源论证导则》《节水灌溉工程技术标准》的标准自身水平、标准实施情况、标准实施效益情况通过微信群发放调查问卷，共收到 124 份答卷，其中《防洪标准》收到 49 份，《建设项目水资源论证导则》收到 44 份，《粉煤灰混凝土应用技术规范》收到 31 份。

6.4.3.3 信息处理方法：

（1）数据统计：

1）根据回函的问卷，对每一问题进行数据录入。

2）根据所需的统计角度、统计口径，进行筛选分类、分项统计。

3）数据核实，以免重复、遗漏。

（2）数据分析：

1）对每一题目，从不同角度、不同侧面进行总体分析。

2）根据级数进行数据对比。

（3）数据结果的总体评价：

1）利用统计学运算手段进行数据平均值计算。

2）数据结果对比分析，得出总体评价结果。

6.5 利用层次分析法（AHP）测算单个标准效益

6.5.1 评价指标

对于单项标准效益评价，指标体系构建主要从标准自身水平、标准实施情况以及标准实施效益三个维度进行综合衡量。其中，标准自身情况主要考察标准的适用性（如能否满足标准制定的目的和界定范围内的需求）、先进性（如技术创新、标准国际化方面等）、标准协调性（是否存在与法律法规、标准体系内其他标准的交叉重复等）、可操作性（如标准是否便于实施、符合实际等）；标准推广状况主要考察标准的发布情况、标准发行情况、标准的宣贯培训、标准衍生物（如配合标准使用的操作手册、技术体系文件、图册等）；标准实施状况主要考察标准在单位的应用情况、技术人员对标准的熟悉和掌握程度如何、标准在水利工程中是否准确有效使用、标准被法律法规和其他标准的引用情况；标准效益主要从标准实施产生的经济效益、社会效益、环境效益三个方面衡量。

基于“6.3.2 评价指标选择原则”，在表 5.3 水利标准绩效评价指标体系中选用较为常见、发挥作用和效益较为突出、数据信息较为方便收集等 10 项作为本次评估的指标。评价指标框架如图 6.5 所示。

细化评估内容，从统计学角度出发，将评估结果分为“好、较好、一般、较差”，详细说明每个评估内容和结果一一对应，如“标准自身评价”中的“先进性”评价，与国际标准、国外行业水平相比，“好”——领先；“较好”——保持一致；“一般”——略低于；“较差”——差距较大。

6.5.2 计算权重

权重是一个相对的概念，是针对某一指标而言。某一指标的权重是指该指标在整体评价中的相对重要程度。权重是被评价对象的不同侧面的重要程度的定量分配，对各评价因子在总体评价中的作用进行区别对待。

6.5.2.1 方法选择

如何有效地分配评价指标的权重是标准效益评价中较为关键的一步。确定权重的方法有很多种，根据计算权重时原始数据的来源不同，可将权重分为主观赋权法、客观赋权法。主观赋权法的研究比较成熟，这类方法的特点是能较好地反映评估对象所处的背景条件和评估者的意图，但各个指标权重系数的准确性有赖专家的知识和经验的积累，因而具有较大的主观随意性。客观赋权法的原始数据来源于评估矩阵的实际数据，这类方法切断了权重系数的主观来源，使系数具有绝对的客观性，但容易出现“重要指标的权重系数小而不重要”的不合理现象。赋权的原始信息应当直接来自样本，赋权过程是深入讨论各参数间的相互联系和影响，以及它们对目标的“客观”贡献分。然而，这种方法仅能考虑数据自身的结构特性，不能建立各影响指标与评估目标间所呈现的复杂非线性映射关系，有时还需要用变量变换的方法将非线性问题转化为线性问题，这种变换依赖于建模者的经验。

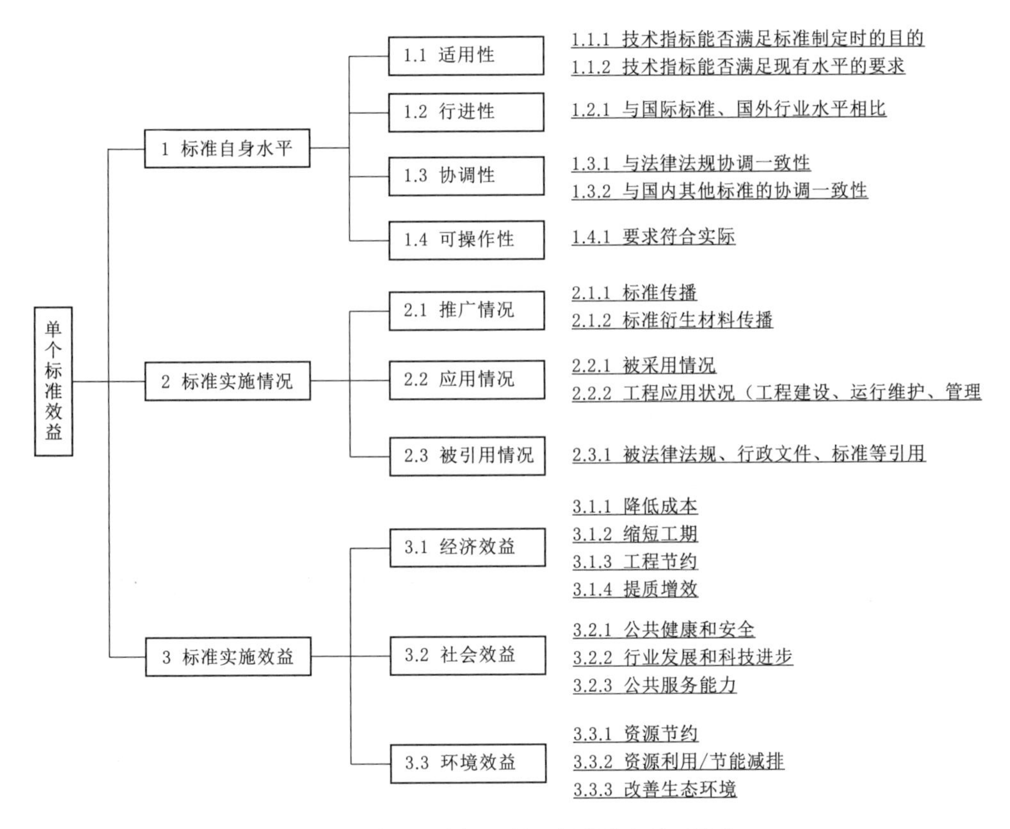

图 6.5　单项技术标准效益评价指标体系框架

常用的主观赋权法有：①主观经验法，评价者凭自己以往的经验直接给评价指标加权；②专家调查加权法，这种方法是要求所聘请的专家先独立地对评价指标加权，然后对每个评价指标的权数取平均值，作为权重系数；③层次分析法，将评价指标分解成多个层次，通过两两比较下层元素对于上层元素的相对重要性，将人的主观判断用数量形式表达和处理以求得评价指标的权重。

常用的客观赋权法主要有：①熵权法、变异系数法和主成分分析法。熵权法根据同一指标观测值之间的差异程度来反映其重要程度。当各个指标权重系数的大小应根据各个方案中该指标属性值的大小来确定时，指标观测值差异越大，则该指标的权重系数越大，反之越小。②变异系数法：直接利用各项指标所包含的信息，通过计算得到指标的权重，为了消除各项评估指标量纲不同的影响，需要用各项指标的变异系数来衡量各项指标取值的差异程度。③主成分分析法：是把原来多个变量化为少数几个综合指标的一种统计分析方法，而这些综合指标能够反映原始指标的绝大部分信息，指标变量间相关效果程度越高，效果越好，即效果与变量间相关效果程度高低成正比。

上述方法中，层次分析法是从系统的观点出发考虑决策的问题，将标准实施中难以量化的因素，进行重要性、影响力、优先程度的量化分析，为标准效益评价科学决策提供依据。运用层次分析法由上至下逐层确定各级指标的比较重要程度，通过判断矩阵计算各指标的相对权重，这样既可以充分利用专家经验进行定性分析，又能够使评价指标间相对重要性得到合理体现，从而大大提高了标准效益评价的科学性和有效性。

6.5.2.2 层次分析法计算过程

1. 构造判断矩阵

任何系统分析都以一定的信息为基础。层次分析法的信息基础主要是人们对每一层次各因素的相对重要性给出判断，这些判断用数值表示出来，写成矩阵形式就是判断矩阵。判断矩阵是层次分析法工作的出发点。构造判断矩阵是层次分析法的关键一步。

首先解决第一个问题：每个准则（因素）权重具体应该分配多少。如果直接给各个因素分配权重比较困难，在不同因素之间两两比较其重要程度是相对容易的。

现在将不同因素两两作比获得的值 a_{ij} 填入到矩阵的 i 行 j 列的位置，则构造了所谓的判断矩阵，见表 6.5。判断矩阵中，行要素与列要素相比，行要素为前者，列要素为后者，也就是说，以表的左列要素为前者，以表的最上面横行的要素为后者。表中数值为前者与后者相比较的重要程度，以 1～9 标度法进行衡量，若前者比后者重要，则填写 1～9 的数值，数越大，重要性越强。反之，则填写 0～1/9 的数值。标度含义见表 6.6。

表 6.5　　指标评价判断矩阵示例

标准自身水平	适用性	先进性	协调性	可操作性
适用性	1	5	5	3
先进性		1	3	1/3
协调性			1	1/3
可操作性				1

表 6.6　　标度含义解释表

标　　度	含　　义
1	表示两个因素相比，具有相同重要性
3	表示两个因素相比，前者比后者稍重要
5	表示两个因素相比，前者比后者明显重要
7	表示两个因素相比，前者比后者强烈重要
9	表示两个因素相比，前者比后者极端重要
2、4、6、8	表示上述相邻判断的中间值
倒数	若因素 i 与 j 重要性之比为 a_{ij}，则因素 j 与 i 重要性之比为 $a_{ji}=1/a_{ij}$

上述判断矩阵为正互反矩阵，即矩阵的主对角线各元素为 1，以主对角线为对称轴的

各元素互为倒数。将矩阵记为 $A=(a_{ij})_{n\times n}$，则满足如下特性：

$$\begin{cases} a_{ij}>0 \\ a_{ij}=\dfrac{1}{a_{ji}}(i\neq j) \\ a_{ii}=1(i=1,2,\cdots,n) \end{cases}$$

执行时为了方便专家正确判断，设计评价表格体系，结合上述1～9标度法进行填表。以对角线为界，只填右上部分，因为判断矩阵为逆对称矩阵，即有 $a_{ij}\times a_{ji}=1$，所以专家只需填上半矩阵的分值即可，矩阵下半部分通过对应元素的倒数自动计算得出。

2. 计算权重

计算出某层次因素相对于上一层次中某一因素的相对重要性，这种排序计算称为层次单排序。理论上讲，层次单排序问题可归结为计算判断矩阵的最大特征根及其特征向量的问题。一般用迭代法求得近似解，计算步骤如下：

（1）计算判断矩阵 A 每一行元素的乘积 M_i：

$$M_i=\prod_{j=1}^{n}a_{ij} \qquad i=1,2,\cdots,n \tag{6.8}$$

（2）计算 M_i 的 n 次方根 $\overline{W}_i$：

$$\overline{W}_i=\sqrt[n]{M_i} \tag{6.9}$$

（3）对向量 $\overline{W}=[\overline{W}_1,\overline{W}_2,\cdots,\overline{W}_n]^{\mathrm{T}}$ 进行归一化处理：

$$W_i=\overline{W}_i/\sum_{j=1}^{n}\overline{W}_j \tag{6.10}$$

（4）计算判断矩阵的最大特征根 $\lambda_{\max}$：

$$\lambda_{\max}=\sum_{i=1}^{n}\frac{(AW)_i}{nW_i} \tag{6.11}$$

当判断矩阵 A 通过一致性检验后，W_n 即为评价指标的权重。

3. 判断矩阵的一致性检验

上述过程中建立了判断矩阵，若出现甲比乙极端重要，乙比丙极端重要，丙比甲极端重要的情况显然是违反常识的。为了保证应用层次分析法得到合理结论，还需要对构造的判断矩阵进行一致性检验。根据矩阵理论，当判断矩阵不能保证具有完全一致性时，相应判断矩阵的特征根也将发生变化，这样就可以用判断矩阵特征根的变化来检验判断的一致性程度。

在层次分析法中引入判断矩阵最大特征根以外的其余特征根的负平均值，作为度量判断矩阵偏离一致性的指标：

$$CI=\frac{\lambda_{\max}-n}{n-1} \tag{6.12}$$

$\lambda_{\max}$ 为矩阵的最大特征根。CI 值越大，表明判断矩阵偏离完全一致性的程度越大；CI 值越小，表明判断矩阵的一致性越好。此外，衡量不同阶判断矩阵是否具有满意一致性，还需引入判断矩阵的平均随机一致性指标 RI 值。对于1～9阶判断矩阵，RI 值分别列于表6.7中。

表 6.7　　　　平均随机一致性指标

1	2	3	4	5	6	7	8	1	2
0.00	0.00	0.58	0.90	1.12	1.24	1.32	1.41	1.45	

对于1、2阶判断矩阵，RI 只是形式上的，因为1、2阶判断矩阵总是具有完全一致性。当阶数大于2时，判断矩阵的一致性指标 CI 与同阶平均随机一致性指标 RI 之比称为随机一致性比率，记为 CR。

$$CR = \frac{CI}{RI} \tag{6.13}$$

当 $CR<0.1$ 时，即认为判断矩阵具有满意的一致性。

6.5.3 模糊综合评价法

6.5.3.1 建立因素集

将技术标准效益评价的各种影响因素构成的集合称为因素集 U，记为 $U=\{u_1, u_2, \cdots, u_m\}$，按照指标体系结构分层建立，以图6.5的指标体系为例，因素集表达如下：

第一层为 $U=\{u_1, u_2, u_3, u_4\}$

第二层为 $u_1=\{u_{11}, u_{12}, u_{13}\}$

$u_2=\{u_{21}, u_{22}, u_{23}, u_{24}\}$

$u_3=\{u_{31}, u_{32}, u_{33}, u_{34}\}$

$u_4=\{u_{41}, u_{42}, u_{43}\}$

6.5.3.2 建立模糊评语集

基于所建立的评价指标体系，对标准效益影响因素进行测量。首先把每个因素分为若干评判等级，记为模糊评语集：$V=\{v_1, v_2, \cdots, v_n\}$，用于刻画每一因素所处状态的 n 种决断，例如{优、良、中、差}或{重大影响、较大影响、一般影响、轻微影响、无影响}等。

6.5.3.3 单因素模糊评价

首先对因素集中的单因素 $u_i=(i=1, 2, \cdots, m)$ 作单因素评判，以确定评价对象对评价集合 V 的隶属程度。设评价对象按因素集 U 中的第 i 个因素 u_i 进行评价，对评价集 V 中第 j 个元素 $v_j=(j=1, 2, \cdots, n)$ 的隶属度为 r_{ij}，这样就得出第 i 个因素 u_i 的单因素评判集：

$$R_i=(r_{i1}, r_{i2}, \cdots, r_{in}) \tag{6.14}$$

单因素模糊评价是进行综合评价的关键，在所有因素都进行分别评价后，即每一个被评价对象确定了从 U 到 V 的模糊关系，就构造出了一个总的评价矩阵 R：

$$R=(r_{ij})_{m\times n}=\begin{bmatrix} R_1 \\ R_2 \\ \vdots \\ R_m \end{bmatrix}=\begin{bmatrix} r_{11} & r_{12} & \cdots & r_{1n} \\ r_{21} & r_{22} & \cdots & r_{2n} \\ \vdots & \vdots & \vdots & \vdots \\ r_{m1} & r_{m2} & \cdots & r_{mn} \end{bmatrix} \tag{6.15}$$

其中，r_{ij} 表示从因素 u_i 考虑，该评判对象能被评为 v_j 的隶属度（$i=1$，2，…，m；$j=1$，2，…，n）。具体来讲，r_{ij} 表示第 i 个因素 u_i 在第 j 个评语 v_j 上的频率分布，一般将其归一化使之满足 $\sum r_{ij}=1$。这样，R 矩阵本身就是没有量纲的，不需作专门处理。归一化公式如下：

$$\overline{r}_{ij}=r_{ij}/\sum r_{ij} \qquad i=1, 2, \cdots, m;\ j=1, 2, \cdots, n \tag{6.16}$$

6.5.3.4 综合评判

R 中不同的行反映了被评价对象从不同的单因素来看对各等级模糊子集的隶属度。将各单因素评价矩阵分别与权重集进行模糊变换，即可得到被评价对象从总体上看对各等级模糊子集的隶属度，即模糊综合评判结果向量。

引入 V 上的一个模糊子集 B，称为模糊评价，又称决策集：

$$B=A\circ R=(b_1, b_2, \cdots, b_n) \tag{6.17}$$

式中，“$\circ$”表示 A 与 R 的广义的合成运算，即模糊算子的组合。模糊算子有多种组合，不同的组合构成不同的评价模型。实际应用中，经常采用的模型是加权平均型和主因素突出型。前者常用在因素集很多的情形，可以避免信息丢失；后者多用于所统计的模糊矩阵中的数据相差很悬殊的情形，防止异常数据干扰。

6.5.4 评价案例

从节水、堤防和材料三个水利领域中选择适用范围、关键技术、技术经济指标等大致相似，可按一条评价主线对同一尺度衡量的三项目国家标准 GB/T 35580—2017《建设项目水资源论证导则》、GB 50201—2014《防洪标准》和 GB/T 50146—2014《粉煤灰混凝土应用技术规范》进行评价。

6.5.4.1 权重计算

指标权重采用层次分析法（AHP）计算获得。首先，根据确立的指标体系，设计《水利标准效益评价指标权重调查问卷》（见附录 A），用以协助专家来判断评估指标的相对重要性程度。该调查问卷要求专家对同一层次的各个评估指标的重要性进行两两比较，比较的衡量尺度划分为极端重要、十分重要、明显重要、略显重要、同等重要等 5 个等级，分别对应 9、7、5、3、1 的分值，如果比较态度介于相邻尺度之间，则可以选择 8、6、4、2，而上述分值的倒数则表示相应的不重要程度。

为获取各评价指标的相对重要性信息，将咨询问卷发放给参加过指标筛选的 12 位专家，成功回收 11 份，回收率为 91.7%。在这 11 份问卷中，有 3 位专家的问卷结果由于没有通过一致性检验，而未能建立起相应的判断矩阵。根据 8 位专家的问卷结果建立了 88 个两两对比的判断矩阵，每个专家对应 11 个判断矩阵。采用公式（6.8）～公式（6.10）对上述 88 个判断矩阵依次进行 AHP 计算。

以专家 A 填写的一级指标“标准自身水平 B_1”的判断矩阵为例（见表 6.7），计算过程如下：

利用迭代法求解判断矩阵的最大特征根及其特征向量，得出该指标层各因素的相对重要性。

第一步，利用公式（6.8）计算判断矩阵 C_{ij} 每一行元素的乘积 M_i，如下：

$$M_i = \begin{bmatrix} 75.00 \\ 0.200 \\ 0.022 \\ 3.000 \end{bmatrix}$$

第二步，利用公式（6.9）计算 M_i 的 n 次方根 $\overline{W}_i$，如下：

$$\overline{W}_i = \begin{bmatrix} 2.9428 \\ 0.6687 \\ 0.3861 \\ 1.3161 \end{bmatrix}$$

第三步，利用公式（6.10）对 $\overline{W}_i$ 进行归一化处理，获得判断矩阵的特征向量，即该指标的权重 W，如下：

$$W = \begin{bmatrix} 0.5538 \\ 0.1259 \\ 0.0727 \\ 0.2477 \end{bmatrix}$$

第四步，利用公式（6.11）计算判断矩阵的最大特征根 λ_{max}，如下：

$$\lambda_{max} = 4.1975$$

为了达到信度良好，还需要对问卷结果进行一致性检验，即检查由专家判断所构成的两两对比矩阵是否为一致性矩阵。只有通过了一致性检验，专家判断才具有逻辑上的合理性。利用公式（6.11）～公式（6.13）求得随机一致性比率 CR，如下：

$$CR = 0.0731$$

因为 $CR < 0.1$，所以该判断矩阵具有满意的一致性，符合通行的信度要求。

最后对 8 位专家的计算结果汇总并取平均值，见表 6.8，并按照图 6.5 的指标层级进行整理，得到最终的水利标准效益评价三级指标体系的各权重值，见表 6.9。

表 6.8　　8 位专家的计算结果汇总表

指标		专家 1	专家 2	专家 3	专家 4	专家 5	专家 6	专家 7	专家 8	平均值
一级指标	B1	0.156	0.179	0.263	0.143	0.387	0.230	0.527	0.082	0.246
	B2	0.185	0.113	0.079	0.143	0.169	0.122	0.099	0.603	0.189
	B3	0.659	0.709	0.659	0.714	0.443	0.648	0.374	0.315	0.565
二级指标	C11	0.554	0.563	0.355	0.366	0.330	0.330	0.318	0.120	0.367
	C12	0.126	0.228	0.355	0.145	0.202	0.110	0.121	0.271	0.195
	C13	0.073	0.082	0.160	0.096	0.393	0.125	0.390	0.568	0.236
	C14	0.248	0.128	0.131	0.393	0.076	0.434	0.171	0.042	0.203
	C21	0.105	0.105	0.232	0.328	0.137	0.387	0.214	0.169	0.210
	C22	0.637	0.258	0.584	0.413	0.239	0.443	0.352	0.443	0.421
	C23	0.258	0.637	0.184	0.260	0.625	0.169	0.434	0.387	0.369
	C31	0.163	0.105	0.196	0.243	0.101	0.149	0.240	0.258	0.182

续表

指　　标		专家 1	专家 2	专家 3	专家 4	专家 5	专家 6	专家 7	专家 8	平均值
二级指标	C32	0.540	0.637	0.493	0.669	0.226	0.160	0.550	0.637	0.489
	C33	0.297	0.258	0.311	0.088	0.674	0.691	0.210	0.105	0.329
三级指标	D111	0.250	0.167	0.500	0.667	0.667	0.750	0.750	0.167	0.490
	D112	0.750	0.833	0.500	0.333	0.333	0.250	0.250	0.833	0.510
	D121	1.000	1.000	1.000	1.000	1.000	1.000	1.000	1.000	1.000
	D131	0.833	0.750	0.667	0.750	0.800	0.400	0.200	0.333	0.592
	D132	0.167	0.250	0.333	0.250	0.200	0.600	0.800	0.667	0.408
	D141	1.000	1.000	1.000	1.000	1.000	1.000	1.000	1.000	1.000
	D211	0.750	0.750	0.800	0.500	0.857	0.750	0.667	0.667	0.718
	D212	0.250	0.250	0.200	0.500	0.143	0.250	0.333	0.333	0.282
	D221	0.125	0.167	0.333	0.200	0.143	0.500	0.333	0.833	0.329
	D222	0.875	0.833	0.667	0.800	0.857	0.500	0.667	0.167	0.671
	D231	1.000	1.000	1.000	1.000	1.000	1.000	1.000	1.000	1.000
	D311	0.078	0.070	0.109	0.067	0.125	0.208	0.073	0.208	0.117
	D312	0.521	0.588	0.418	0.283	0.329	0.486	0.170	0.175	0.371
	D313	0.201	0.186	0.225	0.469	0.329	0.223	0.472	0.175	0.285
	D314	0.201	0.156	0.249	0.181	0.217	0.083	0.285	0.442	0.227
	D321	0.188	0.265	0.286	0.200	0.193	0.230	0.400	0.240	0.250
	D322	0.081	0.063	0.143	0.073	0.106	0.648	0.200	0.550	0.233
	D323	0.731	0.672	0.571	0.727	0.701	0.122	0.400	0.210	0.517
	D331	0.156	0.200	0.187	0.231	0.249	0.260	0.594	0.333	0.276
	D332	0.185	0.200	0.127	0.060	0.157	0.328	0.249	0.333	0.205
	D333	0.659	0.600	0.687	0.709	0.594	0.413	0.157	0.333	0.519

表 6.9　　标准效益评价指标权重

一级指标	一级权重 A	二级指标	二级权重 A_i	三　级　指　标	三级权重 A_{ij}
标准自身水平 B_1	0.246	适用性 C_{11}	0.367	技术指标能否满足标准制定时的目的 D_{111}	0.490
				技术指标能否满足现有水平的要求 D_{112}	0.510
		先进性 C_{12}	0.195	与国际标准、国外行业水平相比 D_{121}	1.000
		协调性 C_{13}	0.236	与法律法规协调一致性 D_{131}	0.592
				与国内其他标准的协调一致性 D_{132}	0.408
		可操作性 C_{14}	0.203	要求符合实际 D_{141}	1.000
标准实施情况 B_2	0.189	推广情况 C_{21}	0.210	标准传播 D_{211}	0.718
				标准衍生材料传播 D_{212}	0.282
		实施应用 C_{22}	0.421	被采用情况 D_{221}	0.329

续表

一级指标	一级权重 A	二级指标	二级权重 A_i	三级指标	三级权重 A_{ij}
标准实施情况 B_2	0.189	实施应用 C_{22}	0.421	工程应用状况（工程建设、运行维护、工程管理）D_{222}	0.671
		被引用情况 C_{23}	0.369	被法律法规、行政文件、标准等引用 D_{231}	1.000
标准实施效益 B_3	0.565	经济效益 C_{31}	0.182	降低成本 D_{311}	0.117
				缩短工期 D_{312}	0.371
				工程节约 D_{313}	0.285
				提质增效 D_{314}	0.227
		3.2 社会效益 C_{32}	0.489	公共健康和安全 D_{321}	0.250
				行业发展和科技进步 D_{322}	0.233
				公共服务能力 D_{323}	0.517
		3.3 生态效益 C_{33}	0.329	资源节约 D_{331}	0.276
				资源利用/节能减排 D_{332}	0.205
				改善生态环境 D_{333}	0.519

6.5.4.2 建立评语集

针对标准评价体系的各项指标，将每一指标所处的状态分为“好、较好、一般、较差”四个等级，将其组成评语集 V，并给出每个等级状态判断依据，据此编制标准效益模糊评价调查表（见附录 B），开展问卷调查。

6.5.4.3 数据处理

本次共回收调查问卷 124 份，其中 GB/T 35580—2017《建设项目水资源论证导则》44 份，GB 50201—2014《防洪标准》49 份，GB/T 50146—2014《粉煤灰混凝土应用技术规范》31 份。依次统计每位专家对上述 3 项标准三级指标评语的判断数据，整理后得表 6.10；采用公式（6.16）对表 6.10 进行数据归一化处理，得 3 项标准的单因素模糊评判矩阵，见表 6.11。

表 6.10 3 项标准的模糊评价调查表

三级指标	GB/T 35580—2017				GB 50201—2014				GB/T 50146—2014			
	好	较好	一般	较差	好	较好	一般	较差	好	较好	一般	较差
技术指标能否满足标准制定时的目的	38	6			44	5			28	3		
技术指标能否满足现有水平的要求	30	11	3		41	8			18	13		
与国际标准、国外行业水平相比	13	27	4		26	21	2		14	17		
与法律法规协调一致性	28	14	2		39	9	1		26	4	1	
与国内其他标准的协调一致性	23	18	3		33	14	2		22	9		
要求符合实际	24	17	3		34	15			21	10		
标准传播	28	13	2	1	35	10	2	2	17	14		

续表

三级指标	GB/T 35580—2017				GB 50201—2014				GB/T 50146—2014			
	好	较好	一般	较差	好	较好	一般	较差	好	较好	一般	较差
标准衍生材料传播	14	22	7	1	21	22	4	2	13	18		
被采用情况	34	10			42	7			12	19		
工程应用状况	33	10	1		42	7			24	7		
被法律法规、行政文件、标准等引用	22	15	7		40	7	2		15	16		
降低成本	28	12	4		27	20	2		27	4		
缩短工期	24	14	6		28	19	2		27	4		
工程节约	31	11	2		30	17	2		28	2	1	
提质增效	29	15			27	21	1		27	4		
公共健康和安全	29	11	4		39	10			25	6		
行业发展和科技进步	28	14	2		28	20	1		26	5		
公共服务能力	30	11	3		36	13			21	10		
资源节约	34	10			34	15			25	6		
资源利用/节能减排	31	12	1		32	17			29	2		
改善生态环境	33	9	2		34	13	2		27	4		

表 6.11　3 项标准的单因素模糊评判矩阵

单因素评判集	GB/T 35580—2017				GB 50201—2014				GB/T 50146—2014			
	好	较好	一般	较差	好	较好	一般	较差	好	较好	一般	较差
R_{11}	0.864	0.136	0.000	0.000	0.898	0.102	0.000	0.000	0.903	0.097	0.000	0.000
	0.682	0.250	0.068	0.000	0.837	0.163	0.000	0.000	0.581	0.419	0.000	0.000
R_{12}	0.295	0.614	0.091	0.000	0.531	0.429	0.041	0.000	0.452	0.548	0.000	0.000
R_{13}	0.636	0.318	0.045	0.000	0.796	0.184	0.020	0.000	0.839	0.129	0.032	0.000
	0.523	0.409	0.068	0.000	0.673	0.286	0.041	0.000	0.710	0.290	0.000	0.000
R_{14}	0.545	0.386	0.068	0.000	0.694	0.306	0.000	0.000	0.677	0.323	0.000	0.000
R_{21}	0.636	0.295	0.045	0.023	0.714	0.204	0.041	0.041	0.548	0.452	0.000	0.000
	0.318	0.500	0.159	0.023	0.429	0.449	0.082	0.041	0.419	0.581	0.000	0.000
R_{22}	0.773	0.227	0.000	0.000	0.857	0.143	0.000	0.000	0.387	0.613	0.000	0.000
	0.750	0.227	0.023	0.000	0.857	0.143	0.000	0.000	0.774	0.226	0.000	0.000
R_{23}	0.500	0.341	0.159	0.000	0.816	0.143	0.041	0.000	0.484	0.516	0.000	0.000
R_{31}	0.636	0.273	0.091	0.000	0.551	0.408	0.041	0.000	0.871	0.129	0.000	0.000
	0.545	0.318	0.136	0.000	0.571	0.388	0.041	0.000	0.871	0.129	0.000	0.000
	0.705	0.250	0.045	0.000	0.612	0.347	0.041	0.000	0.903	0.065	0.032	0.000
	0.659	0.341	0.000	0.000	0.551	0.429	0.020	0.000	0.871	0.129	0.000	0.000

续表

单因素评判集	GB/T 35580—2017				GB 50201—2014				GB/T 50146—2014			
	好	较好	一般	较差	好	较好	一般	较差	好	较好	一般	较差
R_{32}	0.659	0.250	0.091	0.000	0.796	0.204	0.000	0.000	0.806	0.194	0.000	0.000
	0.636	0.318	0.045	0.000	0.571	0.408	0.020	0.000	0.839	0.161	0.000	0.000
	0.682	0.250	0.068	0.000	0.735	0.265	0.000	0.000	0.677	0.323	0.000	0.000
R_{33}	0.773	0.227	0.000	0.000	0.694	0.306	0.000	0.000	0.806	0.194	0.000	0.000
	0.705	0.273	0.023	0.000	0.653	0.347	0.000	0.000	0.935	0.065	0.000	0.000
	0.750	0.205	0.045	0.000	0.694	0.265	0.041	0.000	0.871	0.129	0.000	0.000

6.5.4.4 模糊综合评价

从最底层指标开始逐级向上进行计算。例如，对于 GB/T 35580—2017《建设项目水资源论证导则》的三级指标（$D_{111} \sim D_{112}$），通过查表 6.11 可知，其对应的单因素评判集为：

$$R_{11} = \begin{bmatrix} 0.864 & 0.136 & 0 & 0 \\ 0.682 & 0.25 & 0.068 & 0 \end{bmatrix}$$

查表 6.9 可获得该三级指标的权重 $A_{11} = [0.49 \quad 0.51]$，利用公式（6.17）可求得该三级指标的模糊决策集：

$$B_{11} = A_{11} \circ R_{11} = [0.771 \quad 0.194 \quad 0.035 \quad 0]$$

同理，依次求得其他 3 项三级指标 D_{121}、（$D_{131} \sim D_{132}$）、D_{141} 对应的模糊决策集 B_{12}、B_{13}、B_{14}：

$$B_{12} = A_{12} \circ R_{12} = [0.295 \quad 0.614 \quad 0.091 \quad 0]$$
$$B_{13} = A_{13} \circ R_{13} = [0.590 \quad 0.355 \quad 0.054 \quad 0]$$
$$B_{14} = A_{14} \circ R_{14} = [0.545 \quad 0.386 \quad 0.068 \quad 0]$$

将上述模糊决策集作为下层指标构建上层指标评判集，即二级指标（$C_{11} \sim C_{14}$）的评判集，如下：

$$R_1 = \begin{bmatrix} B_{11} \\ B_{12} \\ B_{13} \\ B_{14} \end{bmatrix} = \begin{bmatrix} 0.771 & 0.194 & 0.035 & 0 \\ 0.295 & 0.614 & 0.091 & 0 \\ 0.590 & 0.355 & 0.054 & 0 \\ 0.545 & 0.386 & 0.068 & 0 \end{bmatrix}$$

通过查表 6.9 可获得该二级指标的权重 A_1，如下：

$$A_1 = [0.367 \quad 0.195 \quad 0.236 \quad 0.203]$$

该二级指标的模糊决策集如下：

$$B_1 = A_1 \circ R_1 = [0.590 \quad 0.353 \quad 0.057 \quad 0]$$

按照上述方法，依次可求得另两项二级指标（$C_{21} \sim C_{23}$）、（$C_{31} \sim C_{33}$）的模糊决策集 B_2、B_3：

$$B_2 = A_2 \circ R_2 = [0.618 \quad 0.296 \quad 0.081 \quad 0.005]$$

$$B_3 = A_3 \circ R_3 = [0.685 \quad 0.258 \quad 0.056 \quad 0]$$

查表6.9可得一级指标权重 $A=[0.246 \quad 0.189 \quad 0.565]$，结合模糊决策集 $B_1 \sim B_3$ 构成的总体评价矩阵 R，得标准GB/T 35580—2017《建设项目水资源论证导则》最终的模糊综合评价结果为：

$$B = A \circ R = A \circ \begin{bmatrix} B_1 \\ B_2 \\ B_3 \end{bmatrix} = [0.6492 \quad 0.2886 \quad 0.0613 \quad 0.0009]$$

同理，依次可求得另外两项标准GB 50201—2014《防洪标准》和GB/T 50146—2014《粉煤灰混凝土应用技术规范》的评价结果，见表6.12。3项标准的评语集统计分布见图6.6～图6.8。

表6.12　**3项标准效益的模糊综合评价结果**

评语 / 标准名称	好	较好	一般	较差
GB/T 35580《建设项目水资源论证导则》	0.6492	0.2886	0.0613	0.0009
GB 50201《防洪标准》	0.7152	0.2657	0.0175	0.0016
GB/T 50146《粉煤灰混凝土应用技术规范》	0.7312	0.2667	0.0021	0.0000

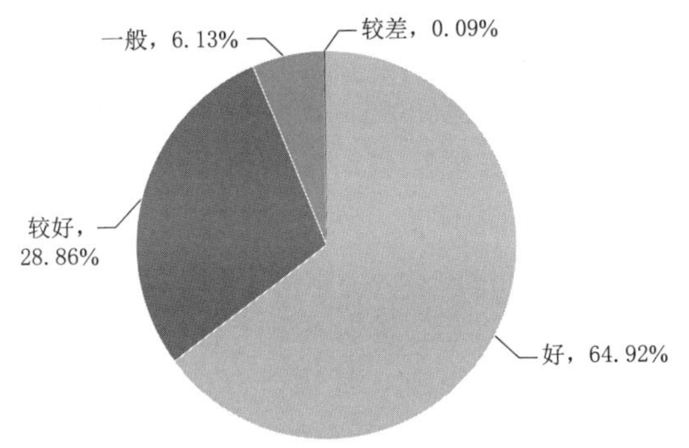

图6.6　《建设项目水资源论证导则》模糊评价结果

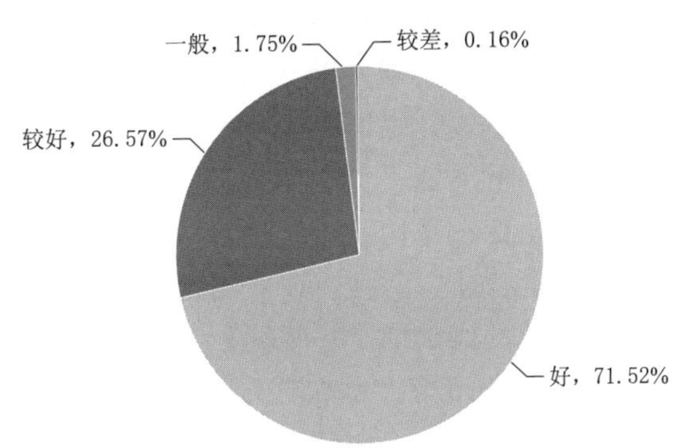

图6.7　《防洪标准》模糊评价结果

根据最大隶属度原则，3项标准效益评价结果均为“好”。该评价结果是对单一标准综合状况分等级的程度描述，它不能直接用于多项被评价标准间的排序评优，可根据定性评价结果，给评语集赋予不同等级分值的方式，将模糊评价的定性描述转化为定量分析，以此实现对若干项标准的统一衡量。例如对评语集赋分如下：

赋分集 $C=\{$好：10，较好：8，一般：6，较差：4$\}$

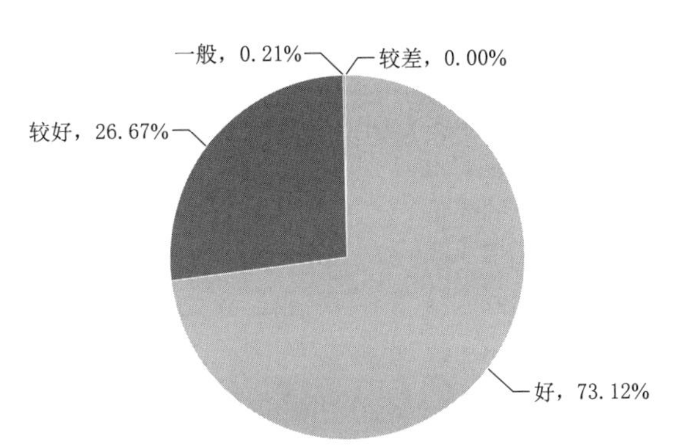

图6.8　《粉煤灰混凝土应用技术规范》模糊评价结果

将赋分集与表6.12中每项标准的模糊综合评价结果相结合，可得3项标准的定量评价结果，见表6.13。

表6.13　　3项标准效益评价结果定量测算

标准名称及编号	评价结果	分值	排序
GB/T 50146《粉煤灰混凝土应用技术规范》	优	9.46	1
GB 50201《防洪标准》	优	9.39	2
GB/T 35580《建设项目水资源论证导则》	优	9.17	3

6.6 利用投入产出分析法（IO）模型测算标准群效益

有时我们不仅想了解某项标准实施后产生的效益，对于采用若干项某一类型标准产生效益的差异状况，也是标准化理论和实践中需要关心的问题，这就涉及标准集群实施效益的相对评价问题。数据包络分析（Data Envelopment Analysis，DEA）方法是一种应用较为广泛且比较有效的相对有效性评价方法，本书也将该方法引入进来。

DEA方法是运用数学工具评价经济系统生产前沿面有效性的非参数方法，它适应用于多投入多产出的多目标决策单元的绩效评价。这种方法以相对效率为基础，根据多指标投入与多指标产出对相同类型的决策单元进行相对有效性评价。应用该方法进行绩效评价的一个特点是它不需要以参数形式规定生产前沿函数，并且允许生产前沿函数可以因为单位的不同而不同，不需要弄清楚各个评价决策单元的输入与输出之间的关联方式，只需要最终用极值的方法，以相对效益这个变量作为总体上的衡量标准，以决策单元（DMU）各输入输出的权重向量为变量，从最有利于决策的角度进行评价，从而避免了人为因素确定各指标的权重，而使得研究结果的客观性受到影响。这种方法采用数学规划模型，对所有决策单元的输出都“一视同仁”。这些输入输出的价值设定与虚拟系数有关，有利于找出那些决策单元相对效益偏低的原因。该方法以经验数据为基础，逻辑上合理，故能够衡量每个决策单元由一定量的投入产生预期输出的能力，并且能够计算在非DEA有效的决策单元中，投入没有发挥作用的程度。

6.6.1 评价指标体系

建立输入、输出指标体系，是应用DEA方法的一项基础性的前提工作，对于将DEA方法应用到标准群效益评价方面，指标体系的设计要考虑到能够实现评价目的，即输入向量与输出向量的选择要服务、服从评价目的。为了做到这一点，需要把评价目的从输入和输出两个不同的侧面分解成若干个指标，并且该评价目的的确能够通过这些输入向量和输出向量构成的“生产”过程，在“黑箱”意义下进行描述。

标准化投入过程相对于其产出的不确定性，相对容易归类和体现。标准的投入主要分为三个部分：资金物质投入、人力资源投入和调研协商的投入。资金物质投入是指在标准创制过程中所产生的物质消耗，主要包括机械设备、原材料等相关物耗。对于这些物耗的费用统称为资金物质投入。人力资源投入是指从事技术标准研制相关人员的使用。此外，因为技术标准的制定要满足先进性和可行性行统一的原则，因此在研制标准过程中，需要进行多次的调研、会议协商以及实验外协，这些方面的投入应该归为调研协商投入。

（1）资金物质投入（x_1）。资金物质的投入计算应采取投入累计的方法，通过统计标准化期间所有用于购买设备仪器、原材料耗材、测试化验加工或是存在相关物耗费用的累计值来作为该指标的计算结果。其计算公式如下：

资金物质投入＝设备费＋原材料费＋资料和印刷费用＋其他物耗费

（2）人力资源投入（x_2）。标准化的人力资源投入可采用标准化人员的工资与福利支出成本进行衡量。

（3）调研协商投入（x_3）。与资金物质投入相类似，调研协商费用的计算应遵循所有相关费用的累计值，其计算公式如下：

调研协商投入＝调研费＋会议协商费＋实验外协费

根据上述原则，设定标准群效益输入输出指标体系见表 6.14。

表 6.14　　标准群效益评价指标体系

投入方面	产出方面
1. 资金物质投入（x_1） 计算：设备费＋原材料＋资料和印刷费用＋其他物资消耗 2. 人力资源投入（x_2） 计算：标准化人员工资与福利支出成本 3. 调研协商投入（x_3） 计算：调研费＋会议协商费＋实验外协费	1. 质量控制方面的变化（y_1） 衡量指标：工程不合格率 2. 生产效率方面的变化（y_2） 衡量指标：工程建设周期缩短率 3. 经济和环境效益方面的变化（y_3） 衡量指标：生产成本降低、利润率提升、资源利用率提升、环境保护和改善等综合衡量 4. 社会效益方面的变化（y_4） 衡量指标：行业规范、技术进步、产业升级等综合衡量

6.6.2　DEA 模型选择

DEA 的第一个模型，也是应用最广泛的是 C_2R 模型。它是以决策单元（Decision Making Unit，DMU）的投入、产出指标的权重系数为变量，借助数学规划模型将决策单元投影到 DEA 生产前沿面上，通过比较决策单元偏离 DEA 生产前沿面的程度，来对被评价决策单元的相对有效性进行综合绩效评价。

假设有 n 个待评价的标准（即 n 个 DMU），每个 DMU 都有 m 种类型的投入及 s 种类型的产出，它们所对应的权重向量分别记为：$V=(v_1, v_2, \cdots, v_m)^T$、$U=(u_1, u_2, \cdots, u_s)^T$。在这 n 个决策单元中，第 j 个的投入和产出量用向量分别记作：

$$X_j=(x_{1j}, x_{2j}, \cdots, x_{mj})^T, j=1. 2. \cdots, n \tag{6.18}$$

$$Y_j=(y_{1j}, y_{2j}, \cdots, y_{sj})^T, j=1, 2, \cdots, n \tag{6.19}$$

式中：x_{ij} 为第 j 个决策单元对第 i 种类型输入的投入总量；y_{rj} 为第 j 个决策单元对第 r 种类型输出的产出总量，且 x_{ij}，$y_{rj}>0$；v_i 为第 i 种输入指标的权重系数；u_r 为第 r 种产出指标的权重系数，且 v_i，$u_r>0$。则每个决策单元投入与产出比的相对效率评价指数如下：

$$h_j=\frac{\sum_{r=1}^{s} u_r y_{rj}}{\sum_{i=1}^{m} v_i x_{ij}} \tag{6.20}$$

通过适当选取权重向量V和U的值，使对每个j，均满足$h_j \leqslant 1$。现对某第j_0个决策单元进行绩效评价，则以第j_0个决策单元的效率指数为目标，以所有的待评价决策单元的效率指数为约束，第j_0个决策单元记为$\mathrm{DMU_0}$，故可以得到一般的DEA优化模型如下：

$$\max \frac{U^{\mathrm{T}}Y_0}{V^{\mathrm{T}}X_0}$$

$$\text{其中}\begin{cases} \dfrac{U^{\mathrm{T}}Y_0}{V^{\mathrm{T}}X_0} = h_j, \ j=1, 2, \cdots, n \\ V \geqslant 0, U \geqslant 0 \end{cases} \tag{6.21}$$

上面的模型是分式规划问题模型，为了方便计算，通过适当的变换，可以将其转化为一个等价的线性规划数学模型，并且引进阿基米德无穷小量ε，构成了具有非阿基米德无穷小量ε的C^2R的模型。它的对偶线性规划问题模型如下：

$$D(\varepsilon) = \min[\theta - \varepsilon(e^- S^- + e^+ S^+)]$$

$$\text{其中}\begin{cases} \sum\limits_{j=1}^{n} X_j\lambda_j + S^- = \theta X_0 \\ \sum\limits_{j=1}^{n} Y_j\lambda_j - S^+ = Y_0 \\ \lambda_j \geqslant 0, \ j=1, 2, \cdots, n \\ S^+ = (s_1^+, s_2^+, \cdots, s_s^+)^{\mathrm{T}} \geqslant 0 \\ S^- = (s_1^-, s_2^-, \cdots, s_s^-)^{\mathrm{T}} \geqslant 0 \end{cases} \tag{6.22}$$

式中：θ，$\lambda_j = 1, 2, \cdots, n$，均为对偶变量，$m$维单位向量$e^- = (1, 1, \cdots, 1) \in E_m$，$s$维单位向量$e^+ = (1, 1, \cdots, 1) \in E_S$，$S^+$和$S^-$均是松弛变量。

模型C^2R表明：当第j_0个决策单元产出Y_0保持不变的情况下，应尽量保证投入量X_0按照同一比例减少。假设上述规划问题模型求得的最优解为λ^0，S^{0-}，S^{0+}，θ^0，若$\theta^0=1$，且$S^{0-}=0$，$S^{0+}=0$，则称被评价决策单元相对于其他决策单元而言DEA有效，此时，该决策单元既满足技术有效又满足规模有效；若$\theta^0=1$，但S^{0-}，S^{0+}不同时等于零向量，则称被评价决策单元为弱DEA有效，如果$\theta^0<1$，则称此被评价的决策单元为非DEA有效。

6.6.3 模型求解与评价

假设对n个水利技术标准实施效益进行对比，每个评价对象都有m项与标准化有关的投入，如标准研发资金、从事标准开发人员和固定资产等，并且每个标准都有s项产出。令x_{ij}表示第j个标准的第i项标准化投入，y_{rj}表示第j个标准的第r项标准化产出，v_i表示第i项标准化投入的权重系数，u_r表示第r项产出的权重系数。则第j_0个标准的实施相对绩效E_0，由如下的数学规划问题决定：

$$\max E_0 = \sum_{r=1}^{s} u_r y_{rj0} \Big/ \sum_{i=1}^{m} v_i x_{ij0} \tag{6.23}$$

上式满足如下条件：

$$\sum_{r=1}^{s} u_r y_{rj} / \sum_{i=1}^{m} v_i x_{ij} \leqslant 1$$

$$u_r > 0,\ v_i > 0,\ r = 1,\ 2,\ \cdots,\ s,\ i = 1,\ 2,\ \cdots,\ m$$

显然，上述的非线性、非凸的分式规划问题，可以转化为如下更为求解的线性规划形式：

$$\max E_0 = \sum_{r=1}^{s} u_r y_{rj0} \tag{6.24}$$

上式满足：

$$\sum_{i=1}^{m} v_i x_{ij0} = 1$$

$$\sum_{r=1}^{s} u_r y_{rj} - \sum_{i=1}^{m} v_i x_{ij} \leqslant 0$$

$$u_r > 0.\ v_i > 0,\ r = 1,\ 2,\ \cdots,\ s,\ i = 1,\ 2,\ \cdots,\ m$$

通过统计水利领域某一类标准群（决策单元 DMU）各产出量指标和标准化投入量指标的数据，作为分析样本，在确定了指标体系和合适的 DEA 模型后，进行相对有效性评价，并在评价结果基础上进行分析，借助 DEA 规划模型计算结果判断各决策单元的 DEA 有效性如何，找出非有效性决策单元的无效原因及其改进措施。

6.6.4 评价案例

评判某一类型标准产生效益的差异状况，也是标准化理论和实践中需要关心的问题。针对水资源领域节水系列标准 GB/T 35580—2017《建设项目水资源论证导则》、GB/T 28284—2012《节水型社会评价指标体系和评价方法》、《节水型社会评价标准（试行）》（水资源〔2017〕184 号）、T/CHES 32—2019《节水型高校评价标准》、GB/T 29404—2012《灌溉用水定额编制导则》，利用投入产出分析法（IO）模型测算这几项标准实施效益的相对差异。

6.6.4.1 评价指标

建立输入、输出指标，是应用 DEA 方法的一项基础性的前提工作。对于将 DEA 方法应用到标准群效益评价，评价指标的设计主要从标准化投入和标准化产出两个方面进行考虑。其中，标准的投入主要分为标准实施费用、人力资源投入和技术投入三个部分，标准产出主要从经济效益、社会效益和环境效益三个方面衡量。设定标准群效益评价指标见表 6.15。

表 6.15　标准群效益评价指标

投 入 方 面	产 出 方 面
1. 标准经费投入（x_1） 计算：制修订费＋宣贯培训＋技术改造等消耗费用（万元） 2. 人力资源投入（x_2） 计算：标准化人员工资与福利支出成本（万元） 3. 标准技术投入（x_3） 计算：标准中给出的技术方法、测评指标在实践中应用的难易程度，用技术指数（1～10）衡量	1. 经济效益影响指数（y_1） 衡量指标：标准实施带来的生产成本降低、工期缩短、工程节约、提质增效等方面作用的综合衡量（百分比） 2. 社会效益影响指数（y_2） 衡量指标：标准实施带来的公共健康和安全、行业发展和科技进步、公共服务能力等方面作用的综合衡量（百分比） 3. 环境效益影响指数（y_3） 衡量指标：标准实施带来的资源节约、资源利用、节能减排、改善生态环境等方面作用的综合衡量（百分比）

6.6.4.2 DEA 评价数据

经过调查统计（见“标准集群及典型标准案例分析”），5 项标准的产出见表 6.16。

表 6.16 各决策单元的投入产出数据

投入产出指标	决策单元				
	D1	D2	D3	D4	D5
标准经费投入（X_1）	55	30	50	25	35
人力资源投入（X_2）	3	6. 5	2.66	5.5	4.5
标准技术投入（X_3）	8.5	7	8	9	9.5
经济效益影响指数（Y_1）	20	15	25	40	45
社会效益影响指数（Y_2）	94.7	70	80	90	95
环境效益影响指数（Y_3）	80	70	90	75	85

6.6.4.3 评价模型计算

经典的 DEA 模型——C^2R 模型可视为等价的线性规划问题：

$$\max y_i^{\mathrm{T}} u = E_{ii}$$

$$y_j^{\mathrm{T}} u \leqslant x_j^{\mathrm{T}} v (1 \leqslant j \leqslant n),\ x_i^{\mathrm{T}} v = 1,\ u \geqslant 0,\ v \geqslant 0$$

采用 C^2R 模型进行计算，有时会出现多个决策单元都能取到最大的效率值 1 的情况，这样就不能完全反映决策单元优劣。因此，本书引入交叉评价机制，用每一个决策单元 DMU_i 的最佳权重去计算其他 DMU_k 的效率值，得交叉评价值。基本思路：先用 C^2R 模型计算出 DMU_i 的自我评价值 E_{ii}，然后以 $\max y_i^{\mathrm{T}} u$ 作为第一目标，以 $\min \dfrac{y_k^{\mathrm{T}} u}{x_k^{\mathrm{T}} v}$ 作为第二目标，建立交叉评价模型。计算步骤为：

第 1 步：先用 C^2R 模型计算出 DMU_i 的自我评价值 E_{ii} （$1 \leqslant i \leqslant n$）

第 2 步：给定 $i \in \{1, 2, \cdots, n\}$，$k \in \{1, 2, \cdots, n\}$，求解如下线性规划：

$$\begin{cases} \min y_k^{\mathrm{T}} u \\ y_j^{\mathrm{T}} u \leqslant x_j^{\mathrm{T}} v (1 \leqslant j \leqslant n),\ y_i^{\mathrm{T}} u = E_{ii} x_i^{\mathrm{T}} v,\ x_i^{\mathrm{T}} v = 1,\ u \geqslant 0,\ v \geqslant 0 \end{cases}$$

第 3 步：利用上式的最优解 u_{ik}^* 和 v_{ik}^* 求出交叉评价值 $E_{ik} = \dfrac{y_k^{\mathrm{T}} u_{ik}^*}{x_k^{\mathrm{T}} v_{ik}^*}$。

第 4 步：由交叉评价值构成交叉评价矩阵：

$$E = \begin{bmatrix} E_{11} & E_{12} & \cdots & E_{1n} \\ E_{21} & E_{22} & \cdots & E_{2n} \\ \cdots & \cdots & \ddots & \cdots \\ E_{n1} & E_{n2} & \cdots & E_{nn} \end{bmatrix}$$

其中，主对角线元素为 E_{ii} 自我评价值，非主对角线元素 E_{ik} （$k \neq i$）为交叉评价值。E 的第 i 列是各决策单元对 DMU_i 的评价值，这些值越大，说明 DMU_i 越优；E 的第 i 行（对角线元素除外）是 DMU_i 对其他决策单元的评价值，这些值越小对 DMU_i 越有利。以 E 的第 i 列的平均值 $e = \dfrac{1}{n}\sum_{k=1}^{n} E_{ki}$ 作为衡量 DMU_i 优劣的一项指标，e_i 可视为各决策单

元对 DMU_i 的总体评价，e_i 越大说明 DMU_i 越优。

利用数学软件 MATLAB 对上述算法进行编程求解。输入表 6.16 中的评价数据，得交叉评价矩阵：

$$E=\begin{bmatrix}1.000 & 0.3412 & 0.8976 & 0.5173 & 0.6688\\ 0.7581 & 1.0000 & 0.9243 & 0.9218 & 0.9303\\ 0.7193 & 0.2547 & 1.0000 & 0.4030 & 0.5583\\ 0.2273 & 0.3125 & 0.3125 & 1.0000 & 0.7540\\ 0.3526 & 0.2308 & 0.4870 & 0.7269 & 1.0000\end{bmatrix}$$

其中对角线元素 E_{ii} 为自我评价值，对 E_{ii} 进行 DEA 交叉评价，计算结果为

$$e_i = \quad 0.6115 \quad 0.4278 \quad 0.7243 \quad 0.7138 \quad 0.7823$$

按 e_i 的大小，得上述 5 项标准的 DEA 有效排序为

$$DMU_5 \rightarrow DMU_3 \rightarrow DMU_4 \rightarrow DMU_1 \rightarrow DMU_2$$

即按照 DEA 交叉评价法，这 5 项水资源领域的标准实施效果评价见表 6.17。

表 6.17　　水资源领域 5 项节水标准实施效果相对有效性评价

序号	标准编号	标准名称	DEA 排序
1	GB/T 35580—2017	《建设项目水资源论证导则》	4
2	GB/T 28284—2012	《节水型社会评价指标体系和评价方法》	5
3	水资源〔2017〕184 号	《节水型社会评价标准（试行）》	2
4	T/CHES 32—2019	《节水型高校评价标准》	3
5	GB/T 29404—2012	《灌溉用水定额编制导则》	1

结果表明，GB/T 29404—2012《灌溉用水定额编制导则》实施效果相对其他 4 项标准处于领先的位置。该标准是国家标准，适用范围广，灌溉用水涉及的人群数量大，节水效果好，带来的经济效益、社会效益以及环境效益得到认可。《节水型社会评价标准（试行）》是以行政文件下发的，带有一定的指令性，实施力度大，实施效果显著。《节水型高校评价标准》是团标，面向各大高校，我国高校数量较多，人员相对集中，用水相对较多，国家投入较大，特别是老旧校区加强合同节水，企业给学校进行节水改造，企业能赚到钱，学校用水量也大大减少，减少了水费支出，该标准充分发挥出了团体标准的作用，政府和市场双赢，各项效益均体现出来。《建设项目水资源论证导则》随着近几年工程建设的缩减，标准发挥的作用也在逐渐减弱。GB/T 28284—2012《节水型社会评价指标体系和评价方法》在实际实施过程中显现出了一些不可操作、不明确之处，影响其效益的发挥。

6.7 利用模型定量估算水利技术标准贡献率

6.5 节从微观层面上针对单项标准和若干项同类标准实施效益进行评价。从宏观层面上分析标准与其他因素一起对整个水利行业的发展和社会经济效益发生作用，需要将水利标准视为一个整体。对水利标准总体而言，其效益是指水利标准对水利行业发展以及社会

经济的贡献，体现出水利行业对标准化这一要素的依赖程度。由于水利标准具有高度关联性的特点，其总体并不是若干个相互不相干的标准的简单集合，而是标准之间相互配合、相互衔接，其标准体系也形成了相互关联的有机整体。因此，水利标准总体具有系统效应，其效益也绝不简单等于各个标准效益的总和。而且，由于水利标准的效益具有时间滞后性、不易分离性、高度关联性和难以量化性的特点，准确衡量水利标准总体效益是很困难的。

第 3 章分析各国目前开展的相关定量研究方法和模型，在此基础上，选择并设计适合水利标准的评价模型。对于标准总体而言，德国、英国等发达国家开展了标准对整个国家的经济增长贡献的实证研究，支持标准促进经济增长的观点。我国的标准化研究院、住房与城乡建设部标准定额研究所也分别开展过类似研究。采用的研究方法主要集中在生产函数模型（Product Function）和可计算的一般均衡模型（Computable General Equilibrium，简称 CGE)。

作为一种投入要素从总体上衡量水利各类标准的实施效益和作用，宜采用基于古典经济理论的 C－D 生产函数法进行估算。

6.7.1 建立估算模型

C－D 生产函数评估方法的基本思路是，把整个行业的标准存量数据当作一种投入要素，并与其他投入要素，如资本、劳动一起共同构成对行业经济效益发挥作用的因素，采取统计分析方法，对标准产生的作用进行定量测定。在这方面，国际通行的是利用经济增长理论建立行业层次的基本评估模型。新古典经济增长理论认为，经济增长不仅仅取决于资本增长率和劳动增长率，还取决于技术进步，它将反映技术进步的全要素因子作为一个外生变量，用来解释不能由生产要素增长解释的经济增长部分。参照 GB/T 3533.1—2017《标准化效益评价　第 1 部分：经济效益评价通则》中有关评价和计算标准化经济效益的方法，我国水利行业标准化对其经济增长的促进作用可以利用 C－D 生产函数模型测算得到。运用生产函数法计算和评估水利行业标准化对其经济增长的影响，应把代表我国水利行业标准化水平的相关国家标准存量与行业标准存量之和数据作为投入要素，同时引入代表我国水利行业技术创新水平的国内专利存量，并与水利行业资本投入、劳动投入一起共同构成对我国水利行业经济效益发挥作用的因素，采用计量经济方法对水利行业标准化所产生的作用进行定量测算。

假设水利行业标准化对其经济增长促进作用的 C－D 生产函数模型为

$$WY_t = WA \times WK_t^{\alpha} \times WL_t^{\beta} \times WP_t^{\gamma} \times WS_t^{\theta} \tag{6.25}$$

式中：WY_t 表示 t 时期水利行业的经济产出；WA 表示 t 时期水利行业的技术变动因素，其值为常数项；WK_t 表示 t 时期水利行业的资本投入；WL_t 表示 t 时期水利行业的劳动投入；WP_t 表示 t 时期与水利行业有关的国内专利存量；WS_t 表示 t 时期与水利行业有关的国家标准存量与行业标准存量之和；α、β、γ、θ 分别表示水利行业资本投入、劳动投入、专利存量、标准存量对水利行业产出的弹性系数。

为消除上述变量间的异方差现象，对式（6.25）两边取自然对数，并加入回归误差项 μ_t，得到如下线性回归模型：

$$\ln WY_t = \ln WA + \alpha \ln WK_t + \beta \ln WL_t + \gamma \ln WP_t + \theta \ln WS_t + \mu_t \tag{6.26}$$

利用线性回归模型参数估计方法估算标准化对水利行业经济产出的弹性系数 θ。若

$\theta > 0$，说明标准化对水利行业经济产出具有正向影响；若 $\theta < 0$，说明标准化对水利行业经济产出具有负向影响；若 $\theta = 0$，说明标准化对水利行业经济产出没有影响。$|\theta|$ 的大小反映标准化影响水利行业经济产出的强弱程度。

6.7.2 数据变量的来源与处理

所采用的数据主要来自国家统计局发布的《中国统计年鉴》、水利部发布的《全国水利发展统计公报》以及国家知识产权局、国家标准委的公共信息平台。目前，由于我国水利行业相关统计数据包含在地质勘查业水利管理业（1999—2003 年）和水利、环境和公共设施管理业（2004 年至今）中，考虑到数据获取难度较大，同时为确保统计口径的一致性，本书以 1999—2003 年的地质勘查业水利管理业和 2004—2017 年的交通、水利、环境和公共设施管理业相关数据为样本近似代替水利行业相关指标。

（1）水利行业经济产出指标（WY_t）。水利行业经济产出指标用反映水利行业经济增长数量的增加值来衡量。同时，为剔除价格的影响，确保数据之间的可比性，本书以 1999 年为基期，利用国家统计局发布的基于不变价格的国内生产总值指数计算的水利行业历年增加值数据对 2000—2017 年水利行业的名义增加值进行平减，将之调整为实际增加值。具体参见表 6.18。

（2）水利行业资本投入指标（WK_t）。用水利行业资本存量衡量。目前，由于我国没有国民经济各行业资本存量的统计数据，需要以往期固定资产投资流量的积累作为本期资本存量，并根据相关资本形成、固定资产投入、资本折旧率等数据进行推算。为此，水利行业的资本存量采用国际上通用的永续盘存法[1]计算得到，该方法将本期资本存量表示为上一期净资本存量（总资本存量与资本折旧之差）与本期固定资产投资之和，具体公式如下：

$$WK_t = WK_{t-1}(1 - WD) + WI_t \tag{6.27}$$

式中：WK_t 为 t 时期的资本存量；WK_{t-1} 为 $t-1$ 时期的资本存量；WI_t 为 t 时期的固定资产投资额；WD 为资本折旧率。根据 2000 年《全国水利发展统计公报》，从中可以获得 1999 年我国水利行业的资本存量。然后再基于 1999—2017 年各年的水利行业的全社会固定资产投资额、固定资产投资价格指数和资本折旧率分别计算得到各年的水利行业资本存量。在水利行业资本折旧率的选择上，本文假设每年的资本折旧率相同，并根据财政部发布的《水利工程管理单位财务制度》（〔1994〕财农字第 397 号），取水利行业的资本折旧率为 5%。同样，为剔除价格的影响，确保数据之间的可比性，本书以 1999 年水利行业的全社会固定资产投资额为基期，利用以不变价格计算的历年固定资产投资价格指数对 2000—2017 年间水利行业的名义全社会固定资产投资额进行平减，将之调整为实际全社会固定资产投资额。具体参见表 6.19。

（3）水利行业劳动投入指标（WL_t）。用全国水利系统从业人员数量衡量，主要包括水利系统在岗职工以及其他从业人员。具体参见表 6.20。

（4）水利行业专利投入指标（WP_t）。用其 t 时期得到批准授权的专利存量数量来衡量，专利的类型包括发明专利和实用新型专利。考虑到有关水利行业的专利存量无法通过已经公开的统计资料获取，本研究委托北京轻创知识产权代理有限公司通过佰腾专利检索

---

[1] 李伯兴，周建龙．会计学基础．北京：中国财政经济出版社，2010.

平台，以水利行业相关关键词（表 6.21）进行搜索，统计并计算汇总得到与水利行业有关的专利数据。由于我国自 1985 年起开始实行专利制度，1986 年起对批准授权的专利进行公开（公告），故与水利行业有关的初始专利存量就是 1986 年得到批准授权的水利行业专利总数。截至 1999 年年底，我国水利行业授权的发明专利和实用新型专利存量分别为 15 项和 38 项，2000—2017 年我国水利行业授权专利存量情况参见表 6.22。

表 6.18　　2000—2017 年我国水利行业增加值

序号	年份	名义增加值/亿元	GDP 指数（上年＝100）	GDP 指数（1999 年＝100）	实际增加值/亿元	实际增加值对数 $\ln WY_t$
基期	1999	316.17	—	100	—	—
1	2000	328.6	108.5	108.50	343.04	5.837860
2	2001	343.1	108.3	117.51	371.52	5.917595
3	2002	356.75	109.1	128.20	405.33	6.004690
4	2003	348.82	110.0	141.02	445.86	6.100000
5	2004	768.57	110.1	155.26	490.89	6.196219
6	2005	850.05	111.4	172.96	546.85	6.304176
7	2006	945.8	112.7	194.93	616.30	6.423735
8	2007	1110.71	114.2	222.61	703.82	6.556516
9	2008	1265.5	109.7	244.20	772.09	6.649095
10	2009	1480.44	109.4	267.15	844.66	6.738936
11	2010	1802.5	110.6	295.47	934.20	6.839686
12	2011	2132.2	109.6	323.84	1023.88	6.931353
13	2012	2556.8	107.9	349.42	1104.76	7.007388
14	2013	3056.3	107.8	376.68	1190.94	7.082495
15	2014	3472.7	107.3	404.17	1277.88	7.152954
16	2015	3851.9	106.9	432.06	1366.05	7.219677
17	2016	4253.8	106.7	461.01	1457.57	7.284528
18	2017	4762.8	106.8	492.36	1556.69	7.350316

注　数据来自 1999—2019 年《中国统计年鉴》。

表 6.19　　2000—2017 年我国水利行业资本存量

序号	年份	名义全社会固定资产投资/亿元	固定资产投资价格指数（上年＝100）	固定资产投资价格指数（1993 年＝100）	实际全社会固定资产投资额/亿元	资产存量/亿元	资产存量对数 $\ln WK_t$
基期	1999	498	—	100	498	2968.5	—
1	2000	613	101.1	101.10	503.48	3323.55	8.10878967
2	2001	560	100.4	101.50	505.49	3662.87	8.206001525
3	2002	787	100.2	101.71	506.50	3986.23	8.290600397
4	2003	813.7	102.2	103.94	517.65	4304.56	8.367430534

续表

序号	年份	名义全社会固定资产投资/亿元	固定资产投资价格指数（上年=100）	固定资产投资价格指数（1993 年=100）	实际全社会固定资产投资额/亿元	资产存量/亿元	资产存量对数 $\ln WK_t$
5	2004	790.3	105.6	109.77	546.63	4635.97	8.441600189
6	2005	827.4	101.6	111.52	555.38	4959.55	8.509070165
7	2006	932.7	101.5	113.19	563.71	5275.28	8.570787587
8	2007	1026.5	103.9	117.61	585.70	5597.21	8.630024336
9	2008	1604.1	108.9	128.08	637.82	5955.18	8.692016099
10	2009	1702.7	97.6	125.00	622.51	6279.93	8.745114501
11	2010	2707.6	103.6	129.50	644.93	6610.86	8.796469218
12	2011	3452.1	106.6	138.05	687.49	6967.81	8.849056061
13	2012	4117.2	101.1	139.57	695.05	7314.47	8.897610013
14	2013	3954.0	100.3	139.99	697.14	7645.89	8.941922957
15	2014	4345.1	100.5	140.69	700.62	7964.22	8.982713674
16	2015	5452.2	98.2	138.16	688.01	8254.02	9.018455254
17	2016	6099.6	99.4	137.33	683.88	8525.20	9.050781817
18	2017	7132.4	105.8	145.29	723.55	8822.49	9.085059443

注 数据来自 1999—2017 年《全国水利发展统计公报》、2018 年《中国统计年鉴》。

表 6.20 2000—2017 年我国水利行业从业人员年末人数

年份	在岗职工年末人数/万人	其他从业人员年末人数/万人	从业人员人数合计/万人	从业人员人数合计对数 $\ln ll_t$
2000	138.16	3.15	141.3	4.950967717
2001	131.44	3.23	134.67	4.902827341
2002	128.88	3.84	132.72	4.888241646
2003	122.85	3.87	126.72	4.841979928
2004	118.2	3.94	122.14	4.805167928
2005	110.46	4.18	114.64	4.741796784
2006	109.17	3.90	113.07	4.728007096
2007	106.76	3.46	110.22	4.702478368
2008	105.57	3.04	108.61	4.687763484
2009	103.74	2.88	106.62	4.669271111
2010	103.69	2.94	106.63	4.669364898
2011	102.47	4.01	106.48	4.667957174
2012	103.4	3.60	107.00	4.672828834
2013	100.5	3.50	104.00	4.644390899
2014	97.1	2.80	99.90	4.604169686
2015	94.7	2.70	97.40	4.578826211

续表

年份	在岗职工年末人数/万人	其他从业人员年末人数/万人	从业人员人数合计/万人	从业人员人数合计对数 $\ln ll_t$
2016	92.5	2.70	95.20	4.555979942
2017	90.4	2.80	93.20	4.534747722

注 数据来自 2000—2017 年《全国水利发展统计公报》。

表 6.21　　水利行业关键词

一级检索词	二级检索词	检索范围
水利	水文	水文站网布设、水文监测预测、情报预报、水文资料、水文仪器设备等
	水资源	水资源规划、水资源论证、非常规水资源利用、地下水开发利用、水源地保护、水生态系统保护与修复、水功能区划与管理、节水等
	防汛抗旱	防洪排涝、洪水调度、水库调度、蓄滞洪区、河道整治、水旱灾情、河流冰情观测、水文测站、山洪、凌汛、堰塞湖等灾害防治
	农村水利	农田灌溉、农田排水、村镇供排水、灌区改造、节水灌溉等
	水土保持	水土保持监测、水土流失治理、水土保持植物措施、水土保持区划、水土流失、重点防治区划分、生态清洁小流域建设、水土流失监测等
	农村水电	农村电气化、小水电建设、农村电网等
	水工建筑物	水库、大坝、堤防、水闸、泵站、水利枢纽、抽水蓄能电站等
	机电与金属结构	水利工程中涉及的水轮机、闸门、压力钢管、启闭机、起重机、搅拌机、节水产品、水泵等
	移民安置	水利水电工程移民规划、征地、移民安置

表 6.22　　2000—2017 年我国水利行业专利存量

年份	发明专利存量/项	实用新型专利存量/项	专利存量合计/项	专利存量对数 $\ln WP_t$
2000	18	39	57	4.043051268
2001	22	41	63	4.143134726
2002	25	43	68	4.219507705
2003	26	45	71	4.262679877
2004	27	50	77	4.343805422
2005	30	54	84	4.430816799
2006	32	58	90	4.49980967
2007	34	64	98	4.584967479
2008	36	73	109	4.691347882
2009	36	86	122	4.804021045
2010	39	108	147	4.990432587
2011	49	116	165	5.105945474
2012	57	155	212	5.356586275
2013	61	199	260	5.560681631

续表

年份	发明专利存量/项	实用新型专利存量/项	专利存量合计/项	专利存量对数 $\ln WP_t$
2014	71	245	316	5.755742214
2015	98	317	415	6.02827852
2016	126	396	522	6.257667588
2017	146	475	621	6.431331082

注 数据来自佰腾专利检索平台。

(5) 水利行业标准化投入指标 (WS_t)。用水利行业 t 时期实施的国家标准存量与行业标准存量来衡量。由于我国第一个水利行业标准是 1956 年发布，第一个水利国家标准是 1981 年发布，因此我国水利的行业标准和国家标准的存量分别以上述两个年份作为初始元年开始汇总计算。根据中国水利学会提供数据，截至 1999 年年底，我国水利的行业标准和国家标准存量分别为 459 项和 111 项，2000—2017 年我国水利行业的整体标准存量情况参见表 6.23。

表 6.23 2000—2017 年我国水利行业标准存量

年份	国家标准存量/项	行业标准存量/项	标准存量合计/项	标准存量合计对数 $\ln WS_t$
2000	113	472	585	6.371611847
2001	116	488	604	6.403574198
2002	125	493	618	6.426488457
2003	126	512	638	6.458338283
2004	126	535	661	6.49375384
2005	132	560	692	6.539585956
2006	139	608	747	6.616065185
2007	157	663	820	6.70930434
2008	199	697	896	6.797940413
2009	213	733	946	6.852242569
2010	222	779	1001	6.908754779
2011	236	831	1067	6.972606251
2012	247	897	1144	7.042286172
2013	252	982	1234	7.118016204
2014	282	1052	1334	7.195937226
2015	285	1106	1391	7.237778192
2016	300	1129	1429	7.264730178
2017	308	1164	1472	7.294377299

6.7.3 研究方法

本研究以扩展后的 C-D 生产函数模型为基础，从实证角度分析标准化对水利行业经济增长的作用，所采用的研究方法是统计学和计量经济学分析中比较常用的主成分分析法。之所以采用主成分分析法，是因为这种方法可以通过线性变换将原有的多个数据指标组合成少数几个相互独立、能够充分反映总体信息的指标，进而在不丢失重要信息的前提下避开并消除指标变量间存在的多重共线性，方便进行更加深入的分析❶。利用主成分分析法提取出的每个主成分都是原有多个数据指标的线性组合。从原则上讲，假设有 X 个变量，最多是可以提取出 X 个主成分，只不过如果将之全部提取出来就丧失了利用这种方法简化数据指标的意义。一般情况下，只要提取包含 90%以上信息的主成分即可，其他的主成分可以忽略不计。该方法的基本原理：将自变量转换成若干个主成分，这些主成分分别从不同的侧面反映自变量的综合影响且互不相关，故可将因变量与这些主成分进行回归，再根据主成分与自变量之间的对应关系，求得原回归模型的估计方程。

主成分分析法的具体操作主要包括以下几个步骤：①计算原始样本数据中相关自变量的特征值、累计贡献率和特征向量；②利用计算得到的特征值检验模型的多重共线性；③对原始样本数据的因变量和自变量进行标准化处理，得到标准化的因变量和自变量；④根据原始样本数据自变量的累计贡献率确定主成分变量，建立标准化后的因变量与所选择主成分变量的回归方程并进行估计；⑤将各变量代入主成分回归方程，求解原始样本数据变量的回归模型。本研究以 MATLAB_R2016a 软件作为主成分分析法的研究工具。

6.7.4 评价过程及结果分析

首先运用普通最小二乘法对式（6.26）进行估计。具体结果参见表 6.24。由回归结果可知，调整后的 R^2 为 0.998814，F 统计量为 3581.228，p 值为 0。这些数据说明，四个自变量 $\ln WK_t$、$\ln WL_t$、$\ln WP_t$、$\ln WS_t$ 能够较好地解释因变量 $\ln WY_t$ 的变异，模型整体拟合效果较好。

表 6.24　因变量 $\ln WY_t$ 与自变量 $\ln WK_t$、$\ln WL_t$、$\ln WP_t$、$\ln WS_t$ 的回归估计结果

变　量	系　数	t 统计量	t 统计量的 p 值
$\ln WA$（常数项）	−4.463250	−2.555340	0.023949
$\ln WK_t$	0.816730	5.630179	0.000082
$\ln WL_t$	−0.237240	−1.113168	0.285760
$\ln WP_t$	−0.045217	−1.687201	0.115397
$\ln WS_t$	0.786877	6.568533	0.000018
R^2	0.999093		
F 统计量	3581.228		
残差平方和	0.003815		
调整后的 R^2	0.998814		
F 统计量的 p 值	0.000000		

运用主成分回归对原模型进行处理。这里设定 4 个主成分分别为 Z_1、Z_2、Z_3、Z_4，其对应的特征值分别为 λ_1、λ_2、λ_3、λ_4。具体参见表 6.25。

❶ 杜子芳. 多元统计分析. 北京：清华大学出版社，2016.

表 6.25 自变量 $\ln WK_t$、$\ln WL_t$、$\ln WP_t$、$\ln WS_t$ 的主成分分析结果

项目	主成分 Z_1	主成分 Z_2	主成分 Z_3	主成分 Z_4
特征值 λ	3.858578	0.110793	0.025995	0.004634
贡献率	0.964645	0.027698	0.006499	0.001158
累计贡献率	0.964645	0.992343	0.998842	1.000000

表 6.26 每个特征值所对应的单位特征向量

自变量	向量 1	向量 2	向量 3	向量 4
$\ln WK_t$	0.504614	−0.317665	0.393270	0.699852
$\ln WL_t$	−0.496701	0.603584	0.524583	0.337324
$\ln WP_t$	0.493757	0.692958	−0.474638	0.225237
$\ln WS_t$	0.504834	0.233632	0.587256	−0.587953

首先通过因变量 $\ln WY_t$ 及自变量 $\ln WK_t$、$\ln WL_t$、$\ln WP_t$、$\ln WS_t$ 的标准差和均值（表 6.27）对原始数据进行标准化处理，标准化公式如下：

$$R' = \frac{R - R_m}{R_s} \tag{6.28}$$

式中：R 为原始数据；R'为标准化数据；R_m 为原始数据均值；R_s 为原始数据标准差。

将新生成的标准化因变量和自变量分别记为 $\ln WY'_t$、$\ln WK'_t$、$\ln WL'_t$、$\ln WP'_t$、$\ln WS'_t$，见表 6.28。

表 6.27 因变量 $\ln WY'_t$ 及自变量 $\ln WK'_t$、$\ln WL'_t$、$\ln WP'_t$、$\ln WS'_t$ 的标准差和均值

项　　目	$\ln WY_t$	$\ln WK_t$	$\ln WL_t$	$\ln WP_t$	$\ln WS_t$
均值	6.644290	8.676861	4.713709	4.972767	6.816855
标准差	0.497533	0.303975	0.120961	0.759717	0.326159

表 6.28 标准化因变量 $\ln WY'_t$ 及标准化的自变量 $\ln WK'_t$、$\ln WL'_t$、$\ln WP'_t$、$\ln WS'_t$ 序列

$\ln WY'_t$	$\ln WK'_t$	$\ln WL'_t$	$\ln WP'_t$	$\ln WS'_t$
−1.620857	−1.868810	1.961439	−1.223767	−1.365113
−1.460596	−1.549008	1.563458	−1.092029	−1.267117
−1.285543	−1.270700	1.442877	−0.991500	−1.196862
−1.093978	−1.017948	1.060426	−0.934674	−1.099210
−0.900586	−0.773949	0.756098	−0.827890	−0.990626
−0.683601	−0.551990	0.232202	−0.713358	−0.850105
−0.443297	−0.348955	0.118202	−0.622544	−0.615621
−0.176418	−0.154082	−0.092847	−0.510453	−0.329750
0.009658	0.049855	−0.214496	−0.370427	−0.057992
0.190231	0.224536	−0.367375	−0.222117	0.108498
0.392730	0.393479	−0.366599	0.023253	0.281764
0.576973	0.566477	−0.378237	0.175300	0.477532
0.729796	0.726207	−0.337963	0.505214	0.691170

续表

$\ln WY'_t$	$\ln WK'_t$	$\ln WL'_t$	$\ln WP'_t$	$\ln WS'_t$
0.880756	0.871985	−0.573062	0.773860	0.923358
1.022372	1.006176	−0.905575	1.030615	1.162263
1.156481	1.123757	−1.115092	1.389349	1.290548
1.286826	1.230103	−1.303964	1.691289	1.373182
1.419053	1.342868	−1.479493	1.919879	1.464080

采用标准化变量建立主成分回归方程。由表 6.25 可知，因为主成分 Z_1 的累计贡献率已经达到 96.46%，故模型只需要取主成分变量 Z_1 来建立回归方程即可。将主成分 Z_1 的特征向量与标准化变量相结合，得主成分回归方程如下：

$$Z_1=0.504614\ln WK'_t-0.496701\ln WL'_t+0.493757\ln WP'_t+0.504834\ln WS'_t \tag{6.29}$$

对新生成的标准化因变量 $\ln WK'_t$ 和主成分 Z_1 进行回归估计，结果见表 6.29。

表 6.29　标准化因变量 $\ln WK'_t$ 与主成分 Z_1 的回归估计结果

变　量	系　数	t 统计量	t 统计量的 p 值
Z_1	0.506768	43.114179	0.000000
R^2	0.990937		
残差平方和	0.154065		
调整后的 R^2	0.932114		

可以得到主成分回归方程为：

$$\ln WY'_t=0.506768Zl \tag{6.30}$$

将式（6.29）代入式（6.30），得：

$$\ln WY'_t=0.255722\ln WK'_t-0.251712\ln WL'_t+0.25022\ln WP'_t+0.255834\ln WS'_t \tag{6.31}$$

根据式（6.31）中的系数以及表 6.26 中均值和标准差求解原回归模型的系数 α、β、γ、θ。具体为：

$$\alpha=0.497533\times\frac{0.255722}{0.303975}=0.418555$$

$$\beta=-0.497533\times\frac{0.251712}{0.120961}=-1.035331$$

$$\gamma=0.497533\times\frac{0.250220}{0.759717}=0.163868$$

$$\theta=0.497533\times\frac{0.255834}{0.326159}=0.390257$$

进而可以得到常数项 $\ln WA$ 的系数 C。具体为：

$$\begin{aligned}C&=6.644290-(0.418555\times8.676861-1.035331\times4.713709\\&\quad+0.163868\times4.972767+0.390257\times6.816855)\\&=4.417592\end{aligned}$$

最终得到原始模型的回归方程：

$$\ln WY_t = 4.417592 + 0.418555\ln WK_t - 1.035331\ln WL_t + 0.163868\ln WP_t + 0.390257\ln WS_t + \mu_t \quad (6.32)$$

由式（6.32）可知，代表水利行业资本投入、劳动投入、专利投入、标准化投入指标的自变量 $\ln WK_t$、$\ln WL_t$、$\ln WP_t$、$\ln WS_t$ 对代表我国水利经济增长指标的因变量 $\ln WY_t$ 的影响程度分别为 0.418555、－1.035331、0.163868、0.390257。在其他投入要素保持不变的情况下，我国水利标准存量每提高 1%，水利产出将增加 0.39%。这说明，标准化对水利行业经济增长具有一定的正向促进作用，其作用仅次于资本投入，高于专利投入和劳动投入，居第二位。

本次评估将水利标准对经济增长的贡献率等同于水利标准对 GDP 的贡献率。我国 1978 年以来标准存量约 10%的平均增长率。2002 年“三五工程”以来 2014 年以前水利标准存量将近 10%的平均增长率，与我国的平均增长率相当。

我国标准对实际 GDP 增长的年度贡献率约为 0.79%，即实际 GDP 的增长率中，约有 0.79 个百分点源于标准的增长，（1979—2007 年我国标准增长率为 10%）占实际 GDP 增长率的 7.9%。

由此估算，水利标准对实际 GDP 增长的年度贡献率约为 0.39%，即实际 GDP 的增长率中，约有 0.39 个百分点源于标准的增长（实际增长率为 10%），占实际 GDP 年均增长率的 3.9%。

6.8 利用层次分析法（AHP）测算水利标准化水平

利用层次分析法对水利标准化发展现状水平综合评估模型进行计算，得出水利标准发展的总体水平值最终为 79.0，处于上中等水平。

本书 2.2～2.4 节，利用实证验证 AHP 模型测算结果，两者形成了吻合。

7

水利标准绩效评估结果

通过对水利标准的国内外对比分析，以及对单个标准、标准集群以及整个水利标准体系的绩效评价，形成评估结果。有主观判断，也有客观理论计算，还有真实实践结果。有定量的，也有定性的，对这些结果进行综合分析，为总体评价结论的得出奠定基础。

7.1 标准实施效果分析

7.1.1 总体实施效果和认可度

将标准的实施效果分成4个等级："好""较好""一般""较差"，调查结果统计如图7.1所示。实施效果"好"的标准占51%，"较好"的占30%，"一般"的占15%，"较差"的占4%。总体来看，标准整体水平较好，占81%，大多数标准应用广泛，在水利工程建设、水文水资源管理、水旱灾害防治、节水等工作中发挥了重要的基础性和引领性作用，有效提高了水利工程建设、产品和服务质量，为水利改革发展提供了有力的技术支撑和保障。

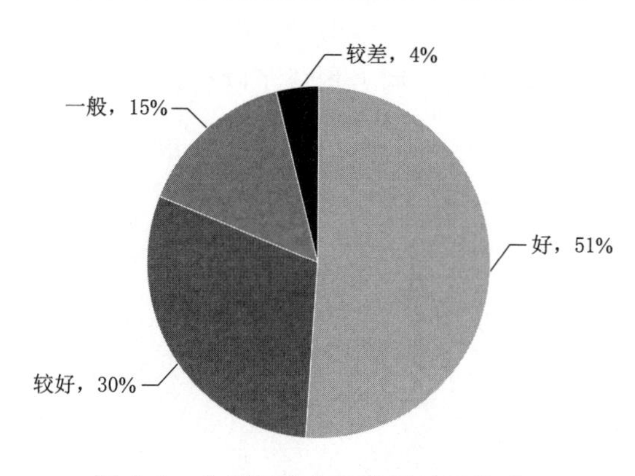

图7.1 水利标准实施效果结果统计图

评估过程中也发现部分标准实施效果一般乃至较差。一是部分标准编制质量较差，如部分标准存在引用问题，部分标准间条文有一定交叉重复甚至矛盾问题，部分标准适用范围不合理，上位标准已经规定的技术内容，就没有必要再参照下位标准开展相关工作等。二是由于技术更新发展、市场化程度不断提高，导致部分标准的实用性降低，并随着新材料、新工艺、新技术的发展，原有技术内容变得单一，技术内容落后，不能满足发展需求。三是由于标准化改革、政府机构改革以及政府简政放权等原因，部分技术标准不再纳入水利职责范围，不适于继续以“政府主导制定标准”形式发布的标准，需转化为规范性文件或团体标准。

15%的标准实施效果“一般”，主要原因是内容存在缺陷，适用范围较窄，不能有效满足使用者需求。如SL 403—2007《土工合成材料综合测试仪校验规程》规定的土工合成材料综合测试仪使用的范围较窄，不能完全满足目前所有土工合成材料的检验与检测的需求。同时该标准的内容与现行的检定标准有相当大的重复，与其他的标准交叉，在其他检定标准中均可实现；4%的标准实施效果“较差”，主要原因是存在重大缺陷，不能满足使用者需求。如：GB/T 18870—2011《节水型产品通用技术条件》仅仅对所涉及的61个标准的主要内容进行了简单的复制摘抄，没有对节水产品的内涵进行提炼，从而和61个标准的内容产生重复。而相关标准又陆续进行了修订，又导致GB/T 18870—2011和相关标准技术要求不一致的情况发生。从实施层面看，标准应用者遵循的是各单项标准。GB/T 18870—2011内容广泛但是不深入，从而使其不具可实施性。

标准犹如一把双刃剑，它不只产生正效益，有时也会带来负效益。对调查结果中1.3%起不到指导作用和1.7%起不到支撑作用的标准进行进一步评估，经过专家综合论证、评价，权衡其利弊的总体影响，以决定评价结果。如：SL 452—2009《水土保持监测点代码》，由于标准规定对临时设置的监测点不予编码，导致标准编制后新建的监测站点无法获取相应编码，因此各监测站点在管理上使用两套编码，一套为标准中的编码，另一套为带省级简称的编码，且使用时以第二套为主，造成标准无法发挥应有作用。评估结论：予以废止。GB/T 18185—2014《水文仪器可靠性技术要求》，标准最大的问题在于无法验证。按照标准实验方法，测定一个MTBF＝16000h的仪器，需要耗时12000h即500天，这是无法实现的，缺少加速老化实验方法。关于ADCP，H-ADCP的指标要求宜进一步细化，针对降雪、降雨量计的指标要求应更明确和有可操作性。评估结论：予以废止。SL/T 182—1996《水文自动测报系统设备　前置通信控制机》，标准涉及的产品已淘汰，这类标准就会阻碍产品的创新。评估结论：予以废止。

7.1.2 各专业实施效果和认可度

从图7.1可看出，实施效果非常好和好的结果占81%。另外，标准实施效果认可度与标准的宣贯与培训等有很大关系。宣贯与培训做得好，人们对标准内容认识较为深刻，操作时不易产生歧义，标准即可发挥其最大功效；反之就会使标准实施效果大打折扣。同时标准实施效果及认可度与标准质量有很大关系，可操作、指标适宜、内容通俗易懂的标准就容易被使用者接受，使用者对其的认可度相对就高。

目前水利行业技术标准整体实施效果较好，大多数标准应用广泛，在水利工程建设、水文水资源管理、水旱灾害防治、节水等工作中发挥了重要的基础性和引领性作用，有效提高了水利工程建设、产品和服务质量，为水利改革发展提供了有力的技术支撑和保障。按专业门类对标准实施效果进行评估，情况统计见表7.1。

（1）水文。本专业共有174项标准，经评估，其中85项标准实施效果好，占49%；48项标准实施效果较好，占28%；32项标准实施效果一般，占18%；9项标准实施效果差，占5%。

表 7.1　各专业标准实施效果与数量统计

序号	实施效果	水文		水资源		防汛抗旱		农村水利		水土保持		农村水电		水利工程		机电与金属结构		移民安置		其他		小计	
		标准数量	比例/%	标准数量	比例/%	标准数量	比例/%	标准数量	比例/%	标准数量	比例/%	标准数量	比例/%	标准数量	比例/%	标准数量	比例/%	标准数量	比例/%	标准数量	比例/%	标准数量	比例/%
1	好	85	49	25	47	18	44	35	67	13	25	24	56	152	54	50	59	7	64	25	42	434	50.8
2	较好	48	28	15	28	18	44	6	12	30	58	10	23	102	36	17	20	2	18	11	19	259	30.3
3	一般	32	18	11	21	5	12	10	19	9	17	9	21	28	9	9	11	2	18	16	27	131	15.3
4	较差	9	5	2	4	0	0	1	2	0	0	0	0	2	1	9	11	0	0	7	12	30	3.5
总计		174	100	53	100	41	100	52	100	52	100	43	100	284	100	85	100	11	100	59	100	854	100

(2) 水资源。本专业共有53项标准，经评估，其中25项标准实施效果好，占47%；15项标准实施效果较好，占28%；11项一般，占21%；2项较差，占4%。

(3) 防汛抗旱。本专业共有41项标准，经评估，其中18项效果好，占44%；18项较好，占44%；5项一般，占12%。

(4) 农村水利。本专业共有52项标准，经评估，其中35项效果好，占67%；6项较好，占12%；10项一般，占19%；1项较差，占2%。

(5) 水土保持。本专业共有52项标准，经评估，其中13项效果好，占25%；30项较好，占58%；9项一般，占17%。

(7) 水利工程。本专业共有284项标准，经评估，其中152项效果好，占54%；102项较好，占36%；28项一般，占9%；2项较差，占1%。

(6) 农村水电。本专业共有43项标准，经评估，其中24项效果好，占56%；10项较好，占23%；9项一般，占21%。

(8) 机电与金属结构。本专业共有85项标准，经评估，其中50项效果好，占59%；17项较好，占20%；9项一般，占11%；9项较差，占11%。

(9) 移民安置。本专业共有11项标准，经评估，其中7项效果好，占64%；2项较好，占18%；2项一般，占18%。

(10) 其他。本专业共有59项标准，经评估，其中25项效果好，占42%；11项较好，占19%；16项一般，占27%；7较差，占12%。

根据本次评估结果，评估单位从标准的实施效果、应用对象、应用范围等方面进行了分析，说明了标准效果的有效与否，并指出了标准在制定和应用中存在的不足。

7.1.3 各专业领域标准实施成效

7.1.3.1 水文方面

标准功能划分较为细致，有效覆盖了水文工作各个环节。现行标准实施效果“较好”以上的约占77%，其中多数为水文测验和水环境类标准。如：SL 42—2010《河流泥沙颗粒分析规程》统一我国河流泥沙颗粒分析及资料整理的方法和技术要求，保证了颗粒分析成果质量，给工程建设和经济发展提供了可靠依据。水中挥发性卤代烃、阿特拉津、有机磷农药等有机物测定方法类标准用于水利系统江河湖库、地表水和地下水水质监测，有效指导了重要饮用水水源地水质监测工作，具有显著的经济效益、社会效益和环境效益。

7.1.3.2 节约用水方面

为实现节水目的，通过编制发布节约用水方面的基础要求、节水技术、方法等指导性标准，为我国节约用水建设和管理提供科学依据，如GB/T 32716—2016《用水定额编制技术导则》在指导和规范《用水定额》的编制和修订时发挥了较好的作用，使用领域及对象广泛，在支撑水利工作、提高水利工程质量、促进水利行业科技进步、促进水利科技成果推广应用、保障人民群众健康和生命财产安全中发挥了良好的作用，产生了良好的社会效益、经济效益、环境效益。GB/T 50363—2018《节水灌溉工程技术标准》对确保节水灌溉工程建设的质量、充分发挥工程效益起到了很好的支撑作用，对大中型灌区续建配套和节水改造工程、旱涝保收高标准农田等工程的建设具有重要的指导作用。

7.1.3.3 水生态保护方面

积极利用标准化手段，规范生态保护要求和方法，编制发布了综合技术、规划、评价导则、设计等方面标准，在水生态保护中发挥了积极的引导和建设作用。如 SL 709—2015《河湖生态保护与修复规划导则》的实施解决了不同的地域、气候、水文等自然条件下和伴随着污染原因不同、人类的活动规律等因素的影响问题，该标准在指导编制国家、流域和地方的河湖生态修复规划或流域（区域）水利综合规划的河湖生态修复方面发挥了重要作用。仅 2018 年水利部本级依据 GB 50433《开发建设项目水土保持技术规范》，共审批水土保持方案 54 个，其中 7 个项目不满足条件未通过审批[1]。GB 50434—2018《生产建设项目水土流失防治标准》适用于公路、铁路、机场、港口码头、水工程、电力工程、通信工程、矿产和石油天然气开采及冶炼、城镇建设、地质勘探、考古、滩涂开发、生态移民、荒地开发、林木采伐等一切可能引起水土流失的生产建设项目的水土流失防治。该标准为建设单位、设计单位、监测单位、监督执法单位的工作提供了各自需要遵循的依据和目标，使《水土保持法》在项目执行过程中得到了充分体现。

7.1.3.4 工程建设方面

目前，颁布的 386 项水利工程建设标准已形成覆盖大坝、水闸、泵站、堤防等全工程类别，涵盖规划、勘测、设计、施工、安装、运行维护、检验检测、验收废止等全生命周期的完整标准体系，全面支撑水利工程建设各个方面，受到一线技术人员的好评，部分技术领域标准达到了国际领先水平。其中，《混凝土重力坝设计规范》《混凝土拱坝设计规范》《碾压混凝土坝设计规范》等大坝设计规范助力我国三峡、溪洛渡等大型水利工程建设，总结了大量的工程实践经验和科学研究成果，为我国大坝设计提供规范性指导。《堤防工程施工规范》为堤防工程施工提供了技术指引，该标准为提高堤防工程产品或管养质量、保障人民群众健康和生命财产安全提供了技术依据。《防洪标准》适用于防洪保护区、工矿企业、交通运输设施、电力设施、环境保护设施、通信设施、文物古迹和旅游设施、水利水电工程等防护对象的规划、设计、施工和运行管理工作。自实施以来，已成为我国各行业工程技术和管理人员制订防洪标准的最重要依据。SL 675—2014《山洪灾害监测预警系统设计导则》有力地指导各山洪灾害易发的省、市、县各级政府开展山洪灾害防御建设，提高公共服务能力与水平，有效提高了山洪灾害防御的工作效率和效果，提高了公众灾害防范意识和主动防灾避险能力，发挥了显著防洪减灾效益。如湖南省山洪灾害防御综合应用系统，有效指导危险区群众提前避灾 1130 余万人次，紧急解救被洪水围困群众 19.8 万人次，因山洪伤亡人数较项目实施前减少约 80%，有效降低了山洪灾害造成的人员伤亡和财产损失，减灾效益明显，对全国山洪灾害防御起到很好的示范作用，取得了显著的社会、生态和经济效益。

7.1.3.5 工程运行管理方面

标准已成为工作安全运行管理的重要保障，通过标准的实施，规定工程中操作、养护、检查、检测等一系列运行管理要求，杜绝隐患，形成一道有效的保护屏障。如 SL 436—2008《堤防隐患探测规程》在南水北调工程、长江堤防、黄河堤防、吉林哈达

---

[1] 资料来源：《2019 年中国水利发展报告》：水土保持工作综述。

山灌区等堤防的检测工作中发挥了很好的规范作用。针对堤防隐患探测，该标准详细给出了技术方案、操作指南，指导具体操作，为隐患探测起到了很好的引领和支持作用，解决了众多工程实践问题，保障了重大工程结构安全。SL 75—2014《水闸技术管理规程》规程对水闸的运用调度、安全监测、养护修理等方面起到良好的指导作用。同时，该标准在水闸的加固、扩建工程中也得到了应用，如淮河干流城西湖进洪闸加固工程、沙颍河耿楼枢纽复线船闸扩建工程等，根据该标准，对水闸管理运行资料进行了详细分析，综合评价其安全稳定状况，并依据该技术规定，对施工期工程安全监测等做出了明确指导性意见。

7.1.4 部分水利典型标准案例实施效果

对于标准集群从发展历程和现状、实施情况、标准的作用和效益、实施效果等方面进行全面评估；对于单项标准从标准编制目的、历次版本信息和基本内容、实施效果和效益等方面进行全方位评估，并给出效果评估结论。典型标准案例实施效果见表 7.2。详细介绍见《水利技术标准绩效评估标准集群及典型标准案例分析》报告。

7.1.5 使用者对标准的满意度

通过调查，从总体层面上体现使用者对标准的满意程度，使用者对 48.3%的标准表示满意，对 49.1%的标准表示基本满意，只对 2.6%的标准表示不满意。使用者对部分专业标准的满意情况见图 7.2。也有不尽人意的地方，如不同行业各自为政，标准出自多门，使用时容易混乱，如检测方法类的标准。少数标准不能满足标准使用者的需要，需要补充现有标准的内容。

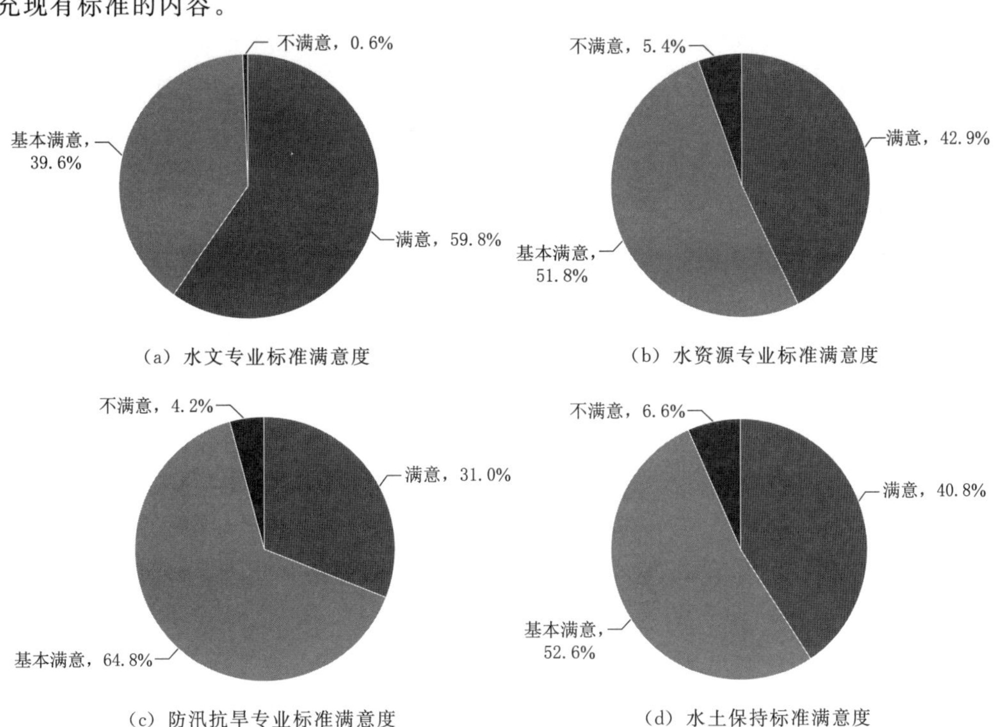

图 7.2（一） 使用者对各专业标准满意情况

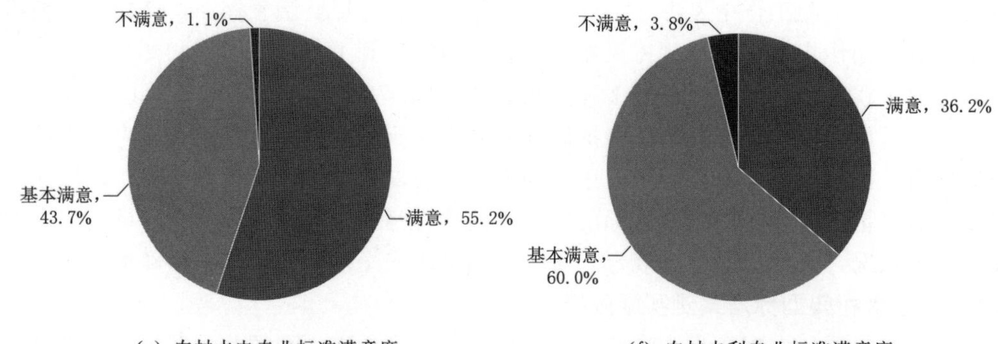

（e）农村水电专业标准满意度　　（f）农村水利专业标准满意度

图 7.2（二）　使用者对各专业标准满意情况

7.1.6 引领、指导、支撑作用

水利标准大部分为公益类的标准，根据其专业和功能发挥着不同的作用。标准作用及作用的大小结果见图 7.3～图 7.5。

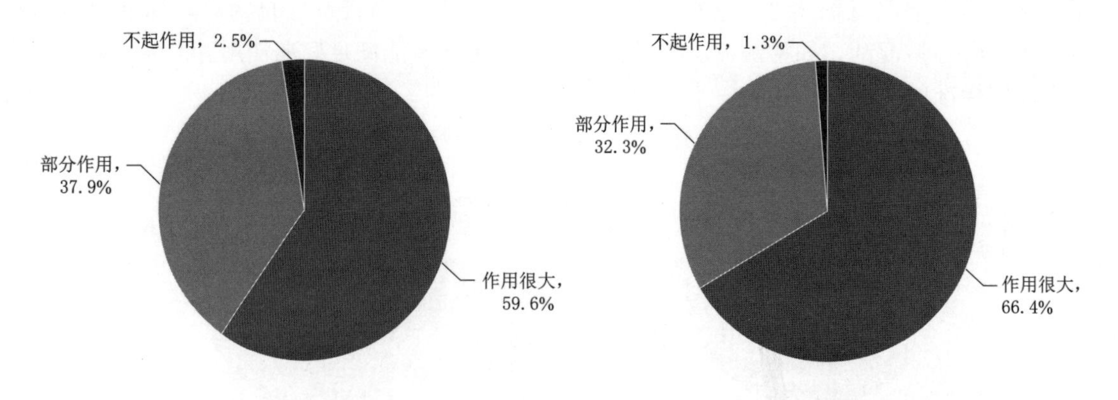

图 7.3　标准作用程度　　图 7.4　标准指导作用程度

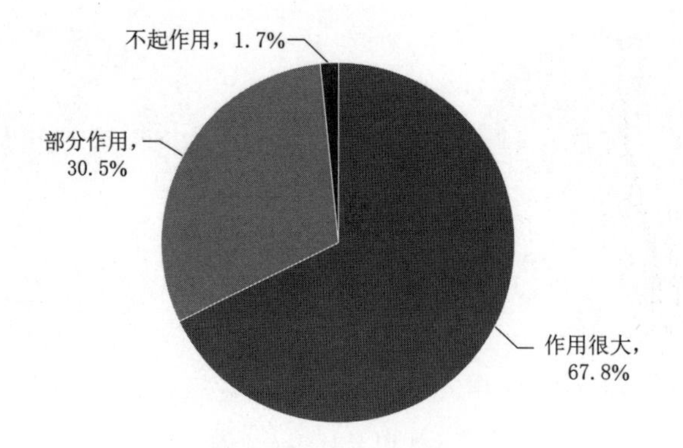

图 7.5　标准支撑作用程度

表 7.2　　典型标准案例实施效果

序号	典型标准/指标	主要内容	效益			模糊综合评价法测算结果	实施效果评价结论
			经济效益	社会效益	环境效益		
1	GB/T 35580—2017《建设项目水资源论证导则》	规定了水资源论证原则、内容、工程程序和技术方法等，明确了建设项目的取用水和推水等环节的论证要求。适用于申请取水的新建、改建、扩建的建设项目水资源论证报告书的编制	a）实现节水效益：一般项目减少取水 10%～20%，有些项目减少 50%； b）实现减排效益：退水减少 5%～20%； c）节约了资金，促进水资源的优化配置	a）作为制度纳入基本建设程序，限制高耗水、重污染项目建设，提高项目合理用水的保证程度，减少传统水资源的用量，促进水资源的优化配置，提高了用水效率，缓解水资源的供需矛盾； b）提高了取水许可管理水平，各行各业普遍运用，水资源管理力度得到加强，降低了投资和决策风险。充分论证取退水影响，避免水事纠纷的发生和水生态恶化，避免严重的水危机，保证水资源的可持续利用； c）带动水资源论证产业发展	a）通过水资源论证，限制了取水和用水不合理、用水可靠性差等对环境带来的不利影响； b）严格控制高耗水、高污染建设项目的上马，保障了水资源环境的健康发展	“优”分值 9.17	“好”“继续有效”
2	GB/T 50363—2006《节水灌溉工程技术标准》	规定了工程规划、灌溉水源、灌溉制度和灌溉用水量、灌溉水的利用系数、工程及措施、效益、灌溉管理、节水灌满面积等内容。适用于新建扩建或改建的农林牧业城市绿地生态环境等节水灌溉工程的规划设计施工验收管理和评价	a）经济作物节水 30%，增产 10%～15%。 b）每亩地可以节约 10 元电费、20 元人工费、50 元化肥费	a）有利于实现水资源优化配置高效利用和节约保护有利于保护生态环境； b）规范设计施工单位、工程选用的材料及设备、管理组织和规章制度等，确保供水安全和质量； c）大大提高农民对节水灌溉知识的认识和掌握，其节水意识和操作技能明显提高	指导农民科学、合理地使用农药，保护土壤，大大降低农药对作物及土壤的损坏和损害		“好”“继续有效”

续表

序号	典型标准/指标	主要内容	效益			模糊综合评价法测算结果	实施效果评价结论
			经济效益	社会效益	环境效益		
3	GB/T 20203—2017《管道输水灌溉工程技术规范》	规定了管道输水灌溉工程的规划、设计、管材与连接件、附属设备与附属建筑物、工程施工与设备安装、水泵选型与动力机配套、工程质量检验与评定、工程验收、运行维护及管理、效益分析及经济评价等的技术要求。适用于管道输水灌溉工程的建设与管理	a）亩年增产5%以上，增产效益30元/亩左右； b）亩年节水20～30m^3，节地1%，省工20%。	a）得到了社会和广大农民的认可，截至2017年管道输水已占灌溉工程的69%； b）增产节水，缓解水资源缺乏，提高灌溉保证率、灌溉水的利用率和水分生产率，提高了农作物的产量和品质，促高产、优质、高效的农业发展； c）通过标准宣贯，培养一批技术骨干，提高农民节水意识、文化素质以及操作水平，规范、高效地应用标准，提高标准实施效率	a）减少面源污染，改善了水环境； b）对井灌区由于减少灌溉用水量，地下水超采漏斗区得以回升，维持当地地下水的采补平衡		“好” “继续有效”
4	GB 50201—2014《防洪标准》	主要技术内容：总则、术语、基本规定、防洪保护区、工矿企业、交通运输设施、电力设施、环境保护设施、通信设施、文物古迹和旅游设施、水利水电工程。适用于其防护保护对象，防御暴雨洪水、融雪洪水、雨雪混合洪水和海岸、河岸地区防御潮水的规划、设施、施工和运行管理工作	a）提高水利工程、产品或服务质量31.8%； b）降低投入成本18.2%； c）降低时间成本，提高工作效率22.7%； d）降低运行维护管理成本9.1%； e）减少事故及处理成本18.2%	a）提高水利工程、产品或服务质量，提高监督管理水平，提升公共服务能力，推动行业发展； b）指导防洪抗旱，保障工程建设质量和人民财产安全，适应国民经济各部门、各地区的防洪需要和防洪建设的需要； c）该标准使用广泛，作为上位标准，仅水利行业就涉及7个专业43项水利标准引用	减少灾害对环境带来的破坏和不良影响，同时起到节约资源的作用	“优” 分值 9.39	“好” “继续有效”

续表

序号	典型标准/指标	主要内容	效益			模糊综合评价法测算结果	实施效果评价结论
			经济效益	社会效益	环境效益		
5	SL 252—2017《水利水电工程等级划分及洪水标准》	根据该标准可以确定防洪、治涝、灌溉、供水与发电等各类水利水电工程的工程等别，各类建筑级别、洪水标准。适用于防洪、治涝、灌溉、供水与发电等各类水利水电工程，对已建水利水电工程进行修复、加固、改建、扩建，执行本标准困难时，经充分论证并报上级主管部门批准，可适当调整	该标准体现国家经济政策和技术政策，为节约资源提供重要技术依据	a）该标准是水利水电行业以及堤防工程建设的重要标准。已应用于全国防洪、治涝、灌溉、供水与发电等各类水利水电工程设计、施工和应用管理，并被54项水利标准引用； b）该标准内容既关系到工程自身的安全，又关系到其水利工程局部与整体、近期与远期、上游与下游、左岸与右岸等保护区人民生命财产、工矿企业和设施的安全，还对工程效益的正常发挥、工程造价和建设速度有着直接影响，为我国经济社会和科学技术发展提供有力支撑	该标准体现了工程等别的划分以及洪水标准的确定是设计中应遵循的自然规律和经济规律，为节约资源、保护环境提供重要技术支撑		“好”“继续有效”
6	GB 50286—2013《堤防工程设计规范》	主要技术内容：堤防工程的级别和设计标准，基本资料，堤线布置及堤型选择，堤基处理，堤身设计，堤岸防护，堤防稳定计算，堤防与各类建筑物、构筑物的交叉、连接，堤防工程的加固、改建与扩建，防护工程管理设计，安全监测设计、堤基垂直防渗和排水减压沟、防洪墙底部渗流计算、抗倾稳定计算以及工程管理和运行管理以及基堤处理、设计潮位、波浪、堤岸防护、渗流、抗滑稳定的计算等。适用于新建、加固、扩建、改建堤防工程的设计	堤防工程减免损失值约1/3	对促进堤防工程建设、保障防洪安全，进而减少国民经济损失将起到不可估量的作用	堤岸绿化，保持河堤及城市的生态性		“好”“继续有效”

续表

序号	典型标准/指标	主要内容	效益			模糊综合评价法测算结果	实施效果评价结论
			经济效益	社会效益	环境效益		
7	GB 50433—2018《开发建设项目水土保持技术规范》	主要内容包括总则、术语、基本规定、水土保持方案、水土保持措施设计要求等。适用于建设或生产过程中可能引起水土流失的生产建设项目的水土流失防治	a）核减投资； b）节约外购土石方成本； c）减少临时占地面积； d）节约弃渣场征地、运输及防治的费用等	a）应用于水利水电、公路、铁路、电力（火电）、等20多个行业的水土保持方案编制、申报、行政审批，加大了水行政主管部门对开发建设项目水土资源的监管力度； b）预防和治理生产建设活动可能导致的水土流失，保护和合理利用水土资源，改善生态环境，保障经济社会可持续发展提供依据； c）培训、指导水土保持方案编制从业人员，提高其管理水平； d）带动水土保持方案	核减水土保持方案不合理项目的立项，从源头上制止、避免不合理项目带来的后续影响		“较好”“需要修订”
8	SL 350—2006《沙棘生态建设工程技术规程》	主要包括沙棘资源普查、项目设计、采种育苗、造林技术、经营管理、监测评价以及竣工验收等内容。适用于我国东北、华北、西北和西南地区的沙棘生态建设	沙棘果种植面积6000亩，示范户数200户，沙棘果按100kg/亩采摘，沙棘叶按30kg/亩计算，其效益： a）沙棘果：采到60万kg，按1元/kg计算，可得效益30万元； b）沙棘叶：采叶18万kg，按0.8元/kg计算，可得效益7.2万元； 两项共计效益37.2万元，户均增加1860元	a）通过标准宣贯培训和试点示范，农民掌握了沙棘种植技术，促进了农民增收和农村经济发展； b）解决了农民就业问题，改善了产业结构，稳定了农村劳动力队伍	a）增加了林草植被，昔日的荒坡、荒沟披上了绿装。 b）土壤含水量明显增多，有效地改善了小流域的生态环境，促进了项目区人与自然的和谐		“较好”“需要修订”

续表

序号	典型标准/指标	主要内容	效益			模糊综合评价法测算结果	实施效果评价结论
			经济效益	社会效益	环境效益		
9	SL 334—2016《牧区草地灌溉与排水技术规范》	主要内容包括牧区草地灌溉排水工程规划、设计方法与技术参数的规定；牧区草地灌溉排水工程施工方法、验收要求、工程运行管理和用水管理要求的规定；牧区草地灌溉排水工程效益分析与评价方法的规定等内容。主要适用于牧区草地灌溉与排水区域性规划的编制工程设计施工验收与运行管理以及盐碱化草地防治	a）牧业产值中供水的贡献率占10%～40%，每年可增牧业产值100亿～200亿元； b）亩均减灾150元左右	a）指导农村水利、牧区供水工程的规划、勘察、设计、验收、运行维护以及仪器检定/校验/校准试验，并用于牧区规划和该等院校教材的编制； b）增加牧区干旱年份人工饲草产量，增强牧区旱情监测预警评估能力，完善牧区抗旱管理服务体系，最大可能减轻旱灾损失，减少因旱减产（饲草）、因旱减畜、因旱减收现象发生； c）农、牧、副的比重也大大增加，有助于改善农村二元经济结构，促进农业种植结构改善	a）促进草原生态环境改善、对加快建设我国重要生态安全屏障提供支撑； b）确定了饲草灌溉制度，核定饲草地的需水量，进行了水资源供需平衡分析，确保水资源的合理利用		"较好" "继续有效"
10	GB/T 50146—2014《粉煤灰混凝土应用技术规范》	主要内容包括总则、术语、基本规定、粉煤灰技术要求、粉煤灰混凝土的配合比、施工及质量检验等。适用于粉煤灰作为主要掺合料的混凝土的应用	a）粉煤灰利用从1990年（标准实施）的28.3%增长到2018年的75.96%。其中标准的贡献率大约为50%； b）减少水泥和细骨料生产量，减少用水量，改善混凝土和易性，减少排放，节省能源。利用粉煤灰每吨混凝土可减少总单价约18.58%； c）每利用1万t粉煤灰，可为火力发电厂节约征地200m^2，节约运灰费2万～5万元。 以三峡工程为例，混凝土通过优化可节约经费约2亿元以上。工程共用粉煤灰大约170万t，可节约征地34000m^2，减少灰场投资运行费及节约运灰费700万～2000万元	a）变废为宝、促进循环经济发展，加快建设资源节约型、环境友好型社会发挥了重要的作用； b）缩短工期、减少摩擦，实现长距离、高空混凝土运输，降低原材料成本和施工成本； c）提高混凝土性能、降低水化热、降低混凝土内部温度、减少热能膨胀性、减少泌水，提高工程质量； d）引导产业向资源综合利用方向发展	a）粉煤灰综合利用率提高1个百分点，可以减少粉煤灰排放近200万t，并将使环境质量得到极大改善； b）废渣利用，减少废渣堆放，保护耕地，保护环境	"优" 分值 9.46	"好" "继续有效"

续表

序号	典型标准/指标	主要内容	效益			模糊综合评价法测算结果	实施效果评价结论
			经济效益	社会效益	环境效益		
11	GB/T 50290—2014《土工合成材料应用技术规范》	主要包括总则、术语和符号、基本规定、反滤和排水、防渗、防护、加筋、施工检测等。适用于水利、电力、铁路、公路、水运、建筑、市政、矿冶、机场、环保等工程建设中应用土工合成材料的设计、施工及检验	a）节约投资，无纺土工织物反滤层比砂砾料反滤层节约投资50%左右； b）降低了运输成本和施工难度，节省劳动力，提高工效，缩短工期。按人均铺设$20m^2$计算，需要人工3.5个，这样每平方米节省公时1.125个，大大减少人力资源投入	a）提高工程质量，保证工程安全度汛； b）减少市政运输、维护压力，减少料场占地； c）推动新材料、新技术的运用，带动产业转型升级	土工合成材料代替砂砾石，不仅降低对砂石料的开采和使用，保护资源的合理利用，同时减少砂石料的堆放，减轻风沙天气带给环境的污染		“好”“继续有效”
12	SL 678—2014《胶结颗粒料筑坝技术导则》	主要包括原材料，坝体材料性能，大坝的设计、施工以及质量控制与检查等内容。适用于中小型水利水电工程、强度不低于C1804的胶结颗粒料坝。围堰等临时工程可参照执行	a）与常规混凝土、碾压混凝土等方案相比，采用胶结颗粒料筑坝新技术，综合造价降低约25%； b）就地取材，降低了运输成本和施工难度，节省劳动力，提高工效，缩短工期50%左右	a）胶结颗粒料筑坝新技术的推广，是对传统土石坝、砌石坝、混凝土坝等筑坝技术构成的筑坝技术体系的有益补充，带来了良好的社会效益； b）施工速度快、与环境友好，且工程造价低，带动经济转型，将成为未来坝工技术的发展趋势	宜材适构，减轻了水利枢纽工程的施工对周围环境（尤其是植被）的破坏程度		“较好”“需要修订”

续表

序号	典型标准/指标	主要内容	效益			模糊综合评价法测算结果	实施效果评价结论
			经济效益	社会效益	环境效益		
13	SL 352—2006《水工沥青混凝土施工规范》	主要技术内容包括：总则、术语、原材料及技术要求、配合比的确定、沥青混合料的制备与运输、碾压式沥青混凝土施工、浇筑式沥青混凝土施工、沥青混凝土与刚性建筑物的连接、低温施工和雨季施工、安全监测、施工质量控制等。适用于土石坝、混凝土坝、砌石坝、蓄水库（池）、渠道等水利水电工程中的碾压式和浇筑式沥青混凝土施工	加快施工速度、降低工程造价	工艺简单，心墙体积小，工程造价低。防渗可靠，工程量少、施工速度快、适应变形能力大、抗震性能好，保证工程质量	该规范应用对于黏土缺乏地区更具有优越性，可取代防渗土料，少占用耕地，而且保护农田和植被、保护环境		“较好”“需要修订”
14	混凝土指标	标号与强度等级指标选取对经济的影响	三峡大坝内部用混凝土约1000万m^3，按差价40.3元/m^3计算，使用水泥标号比使用强度等级可节约资金约4个亿元	资源节约	节能减排		

防汛抗旱、节水灌溉工程、水土保持、农村水电专业标准大部分属于基础性、公益性，大部分标准在实际工作中发挥了很大的引领作用、指导作用和支撑作用，产生较大的经济效益、社会效益以及生态环境效益。如农村水电专业标准大部分属于基础性标准，有较强的原则性，在实际工作中发挥了较大的指导作用。以浙江省金华市源水水资源投资开发建设有限公司九峰电厂项目为例，该电站根据标准要求开展绿色小水电创建，通过复绿、增殖放流等方式，有效防止了水土流失，不断改善了水库水质（常年达到地表水Ⅱ类以上标准），库区植被恢复良好、环境优美，下游河道开阔，水流平缓、清澈见底，两岸植被生长茂密，加强了资源的节约与利用，改善和保护了环境，生态作用效果显著；全面完成移民工作，建成移民安置小区，并配套科、教、文、卫及广电、供水、供电等设施，保障了人民群众健康和生命财产安全，提升了公共健康和公共服务能力，防洪能力和灌溉保证率大幅提高；电厂狠抓安全生产管理，补短板、强监管，提高电站及行业形象面貌，2016 年通过标准化一级达标，设备性能及自动化程度高；实现盈利的同时，并反哺公益项目，综合效益显著；现已成为全国绿色小水电示范电站，促进水利科技进步及成果推广应用，许多电站业主和主管部门到此参观学习，起到了很好的示范引领作用，社会效益显著；实现了水电绿色发展水平的提高，通过改善区域生态价值提升当地居民生态养殖、旅游等收入，经济作用效果显著。

7.1.7 标准制修订的投入产出成效

水利标准以公益性、社会性为主，标准投入经费属于补助性质。水利标准财政投资建设资金主要来自政府部门。2010 年之前，平均每个项目补助经费约 10 万元。工程类的标准补助较非工程类标准高些。2010 年之后每个项目补助经费 20 万～40 万元，根据标准类型、难易程度而定。

水利标准 90%以上的主编单位是政府部门、公益性的科研单位、设计单位、施工单位以及高校等，故主编人头费（工资）未纳入标准编制投入。

按标准编制周期推算，2019 年以前制定为 3 年，修订为 2 年，以 2010 年为基准年，以 3 年之后完成标准的发布任务，2010 年水利部通过财政经费和基建前期经费共向 87 项标准补助 1578 万元，平均每项 18.14 万元。产出年以 2013 年年底计算，2013 年水利部共发布标准 85 项。这 85 项标准中有 SL 322—2013《建设项目水资源论证导则》、SL 72—2013《水利建设项目经济评价规范》、GB 50286—2013《堤防工程设计规范》、SL 228—2013《混凝土面板堆石坝设计规范》、SL 189—2013《小型水利水电工程碾压式土石坝设计规范》、SL 4—2013《农田排水工程技术规范》、SL 219—2013《水环境监测规范》、SL 534—2013《生态清洁小流域建设技术导则》、SL 602—2013《防洪风险评价导则》、SL 626—2013《小型水电站施工安全规程》、SL 623—2013《水利水电工程施工导流设计规范》等。

标准产生的效益与工程产生的效益很难界定，也很难将标准效益从工程效益中剥离出来。以有无标准给工程建设带来的影响来推算，就不难得出标准产出的效益。就《堤防工程设计规范》（1993 首次水利行业发布，1998 年上升国家标准，2013 年发布修订版），以拉萨河城区中段防洪工程为例，原堤建于 1964 年，设计标准很低。近百年来，拉萨河堤防 4 次决堤，拉萨市四次被洪水淹没，每次决堤都给拉萨市人民带来巨大的损失。1994

年以后，拉萨市政府和市水电局开始对右堤进行维修整治，但都属抢险应急性质，告急一段、抢修一段，段段不连续。堤防的体形不考虑河道的河势，施工时没有按堤防规范进行碾压，去年修今年垮的现象时有发生。从2002年开始，拉萨河防洪工程开工建设，工程根据拉萨河的特点进行了河堤的体形设计，确定了河道整治线。工程从设计到验收严格执行GB 50286—98《堤防工程设计规范》，取得了显著的效果。从2002年6月开始逐年投入使用，到2007年每年都要经历2000m^3/s以上洪水的考验，工程安然无恙。拉萨河防洪工程建成之后，将拉萨河堤防的防洪标准从不足20年一遇提高到100年一遇，基本上解决了拉萨市区的防洪安全问题。拉萨市左堤的修建，对于保证拉萨市火车站及柳吾新区的建设，起到了举足轻重的作用。迎流顶冲段堤防没有变形，主流靠岸段岸边流速明显降低，左岸部分河段的侧蚀得到了控制，工程取得了成功。现在，拉萨河城区中段防洪工程已成为西藏自治区的样板工程。

其他标准产出效益，详见本书“水利技术标准绩效评估标准集群及典型标准案例分析报告”。

7.1.8 标准贡献时长

从2.2.15节可看出，水利标准贡献时长在10年及以上的有569项，占65.1%，有工程建设标准，还有基础性、综合类的非工程建设标准，单纯从“服役”时间来看，存在的时间越长，其贡献越久远，说明越必不可少，伴随水利事业发展而发展，一如既往、持续地发挥功效，为工程建设和管理保驾护航。如GB 51247—2018《水工建筑物抗震设计标准》，最初以部标SDJ 10—1978发布，上升为行业标准SL 203—1997，由行业标准升为国家标准，有力支撑了水利工程建设，确保工程质量和安全，贡献时长达42年，仍在继续发挥作用。再如基础、非工程类的SL 1—2014《水利技术标准编写规定》，从1992年发布第一版，经过3次修订，历经28年，统一了水利工程建设标准的编写体例格式，彰显了水利行业标准特色，培养了大批标准编写人员，大大提高水利标准的编写质量。

7.1.9 水利标准对水利行业发展的影响

利用C-D生产函数模型评估结果表明，水利行业资本投入、劳动投入、专利存量、标准存量对水利经济产出的弹性系数分别为0.418555、-1.035331、0.163868、0.390257。这说明，水利标准化对水利经济增长具有一定的正向促进作用，其作用仅次于资本投入，高于专利投入和劳动投入，居第二位。在其他投入要素保持不变的情况下，我国水利行业标准存量每提高1%，水利行业产出将增加0.39%。即在实际GDP的增长率中，约有0.39个百分点源于标准的增长（标准实际增长率为10%），占实际GDP年均增长率的3.9%。

7.1.10 标准实施效果评估结果

针对实施效果为“好”“较好”的标准，且评估过程中无异议的，评估建议为“继续有效”；针对实施效果为“好”“较好”“一般”的标准，有需要修订内容的标准，评估建议为“需要修订”；与其他标准存在较多交叉重复，专家提出明确的并入意见和并入的理由、并入对象的，评估建议为“并入其他”；实施效果为“一般”“较差”，且明确提出“直接废止”的标准，最终评估建议为“直接废止”；有建议为“转为规范性文件”，且无其他异议的，评估建议为“转为规范性文件”；建议为“转为团体标准”，且无其他异议的，评估建议为“转为团体标准”。

854 项评估结果统计情况见表 7.3 和图 7.6，各专业门类标准评估建议见表 7.4。

表 7.3　　评估建议与标准数量分析

序　号	评　估　建　议		相应的标准数量/项		所　占　比　例/%
1	继续有效		225		26
2	需要修订		367		44
3	并入其他		123		14
4	废止	直接废止	139	102	16
		转为规范性文件		9	
		转化为团体标准		28	
总计			854		100

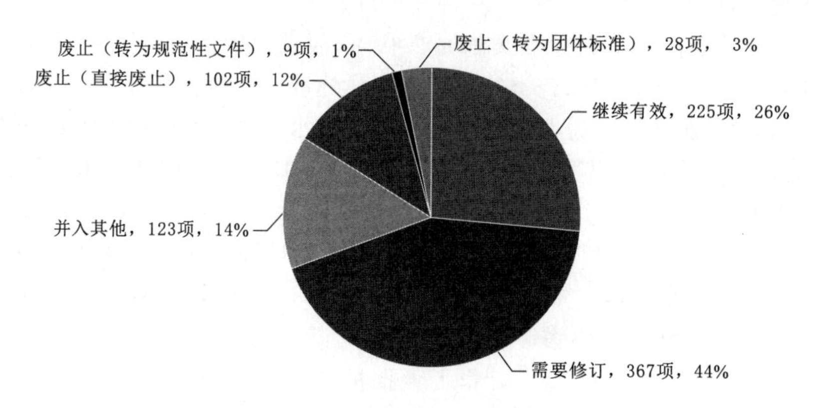

图 7.6　评估建议与标准数量分析

7.1.11　标准化总体水平

从水利标准体系水平、水利标准质量水平、水利标准国际化水平、水利标准管理水平、水利标准应用水平五大方面，利用层次分析法对水利标准化发展现状水平综合评估模型进行计算，得出水利标准发展的总体水平值最终为 79.0，处于上中等水平，见表 7.5。

本书 2.2～2.4 节，从标准数量、标准化投入、标准应用频率、采标情况、贡献时长等 17 个方面全面分析了水利标准化现状水平，从 18 个方面开展了国内外对比分析，基于现状和对比分析实证，以及存在的问题显示，除水利标准各专业门类标准以及优势领域专业门类区域发展还存在不完整性和不平衡问题、水利标准国际化水平较低有待提高外，从标准专业功能门类、标龄、标准应用情况、标准制修订贡献指数及排名、标准贡献时长、标准对国民经济贡献率指标等方面进行综合评估，水利标准专业门类覆盖度较高、功能序列设置合理，标准资金投入、标准质量、标准满足程度和管理体制和运行机制等均处于较高水平。

理论测算结果与实际实证对比见表 7.6。

表 7.4 各专业门类标准评估结论建议

序号	总体结论	水文		水资源		防汛抗旱		农村水利		水土保持		农村水电		水工建筑物		机电与金属结构		移民安置		其他	
		标准数量	比例/%	标准数量	比例/%	标准数量	比例/%	标准数量	比例/%	标准数量	比例/%	标准数量	比例/%	标准数量	比例/%	标准数量	比例/%	标准数量	比例/%	标准数量	比例/%
1	继续有效	41	24	9	17	10	25	20	38	4	8	19	44	84	30	29	34	3	27	6	10
2	需要修订	75	43	32	60	22	54	19	37	23	44	8	19	127	45	27	32	6	55	28	47
3	并入其他	28	16	4	8	5	12	5	10	16	31	2	5	55	19	8	10	0	0	0	0
4	废止	23	13	6	11	3	7	7	13	6	11	14	32	6	2	12	14	1	9	24	41
5	转规范性文件	2	1	2	4	1	2	0	0	1	2	0	0	0	0	1	1	1	9	1	2
6	转为团体标准	5	3	0	0	0	0	1	2	2	4	0	0	12	4	8	9	0	0	0	0
总计		174	100	53	100	41	100	52	100	52	100	43	100	284	100	85	100	11	100	59	100

表 7.5　　水利标准发展总水平指标值计算分析表

序号	指　　标	指标代码	指标权重	现状值	指标值	指标水平值
1	水利标准体系水平	H1	0.2976	—	79.5	23.6690
2	水利标准质量水平	H2	0.2976	—	78.4843	23.3569
3	水利标准国际化水平	H3	0.089	—	69.2640	6.1645
4	水利标准管理水平	H4	0.1579	—	80.248	12.6712
5	水利标准应用水平	H5	0.1579	—	83.3550	13.1617
6	总体水平					79.0

表 7.6　　水利标准发展总水平指标值计算分析表

序号	类型	指标	测算指标值	实　际　现　状	备注
1	水利标准现状	水利标准技术水平	23.3569	1）81%标准整体水平较好，4% 标准实施效果较差	7.1.1 节
				2）对 2.6%的标准不满意	7.1.5 节
				3）平均标龄 8.96 年，与国家标准和环境标准的平均标龄相当，中等水平	2.2.14 节 2.3.3 节
				4）26%继续有效，44%需要修订，16%废止，14%需合并	7.1.10 节
				5）13.3%的标准使用不频繁	2.2.11 节
				6）1%的标准不起作用、1.3%起不到指导作用	7.1.6 节
		水利标准管理水平	36.3402	1）国际管理模式、制度齐全	2.2.6 节
				2）专业全覆盖，功能反映了国民经济和社会发展所具有的共性特征	2.2.3 节
				3）水利标准化投入不到水利研发投入的 0.7%，同行中处于中上等水平	2.2.13 节
				4）3%标准不满足需要	2.2.16 节
				5）个别功能标准缺失	7.3.4 节
				6）标准增长中等水平	2.3.6 节
2	水利标准国际化水平	采标、参与程度	6.1645	1）水利行业只有 3 项采标标准，占我国全部采标标准的 0.02%	2.3.8 节
				2）现行有效标准 874 项的采标率为 0.46%	2.2.10 节
				3）主导制定并已发布的国际标准 2 项，数量占比不足 1%	2.3.10 节
3	水利标准实施效益	经济、社会、环境效益	13.1617	1）标准贡献在 10 年以上的占 62.1%，最长达 42 年	2.2.15 节
				2）产生正效益，效益显著	
				3）水利标准对 GDP 增长的贡献率，与我国工程建设标准相比落后 1 个百分点，相当于我国整体标准贡献率的 1/2，远低于发达国家	2.4.8 节 《案例分析》
总水平			79.0		

综合评判结果，若将标准水平分为“上、中、下”三个等级，较我国国家标准以及相关行业标准，不论是理论测算还是实际实证，结果吻合，印证评估模型测算结果准确，我国水利标准总体处于上中等水平。

7.2 主要经济效益体现

就一般标准而言，有的可直接或间接地产生或转化成经济效益或社会效益，但有些标准如安全、卫生、环保方面的标准，工程建设中的抗震、防火等方面的标准，其效益的显现十分迟缓，有些需要很长时间才能显示出来。标准的长期效益与标准水平发展的动态性相关，考虑到水利工程的复杂性，此次评估只就近期可见的效益部分进行分析计算。

水利标准以公益性为主，标准投入经费属于补助性质。据统计，水利行业自实施“三五”工程以来，水利标准平均每年投资1000万元开展100项标准编制，平均每个项目补助经费约10万元。工程类的标准补助偏多些，非工程类标准偏少些。个别主编单位自行补助经费若按50%计算，平均每项标准编制总投入约为15万元。水利标准90%以上主编单位是政府部门、公益性科研单位、设计单位、施工单位以及高校等，故主编人头费未纳入标准编制投入。以单项、直接产生经济效益标准测算标准的贡献率，结果如下。

7.2.1 减少取水、实现减排、节约资金、促进水资源的优化配置

以《建设项目水资源论证导则》在减少取水方面产生的主要效益进行测算，该标准可使一般项目减少取水10%～20%，以2007年某一地区综合水价2.8元/m^3计算，即10万元的标准在涉水1万m^3的工程中，即可减少取水0.1万～0.2万m^3，可以带来2800～5600元的经济利益。即标准在该地区涉水1万m^3的工程的贡献率可达1.9%～3.7%。

7.2.2 节水、节地、节材、省工、增效

依据《水利水电工程设计工程量计算规定》标准测算。可以估算出水利工程建设费用与单价，避免了因各地引用较高的概算定额造成的人财物等资源的浪费，同时也避免了因概算不足而降低建设标准的问题。统一、科学、合理的工程建设标准，避免了标准过高加大建设成本，也避免了标准过低达不到建设目的而造成的浪费。

以《农田低压管道输水灌溉工程技术规范》对灌区进行改造带来的效益初步计算，该标准使低压管道输水灌溉工程亩年增效30元左右，亩年节水20～30m^3，节地1%，省工20%，增产5%以上。全国300万亩低压管道输水灌溉程程建设，年节水6000万m^3，节地3万多亩，省工150万个以上，年增效益约9000万元以上。据调查统计，农业灌溉系列标准对农业节水作用的贡献率可达45.68%，合计年节水近64亿m^3，为缓解农业用水紧张、促进粮食连续增产、保障国家粮食安全作出了重要贡献。同时积极推广农业节水技术、节水设备和节水材料，“以塑代钢”通过设计优化并选用PE塑料管材后，可为工程结余资金近48%，既达到帮扶效果，又解决了饮水安全。

7.2.3 节约投资、节约征地，废物利用

以《粉煤灰混凝土应用技术规范》测算，该标准使粉煤灰利用率从“九五”到“十一五”综合利用率提高7个百分点，提高一个百分点可以减少近200万t粉煤灰的排放，利用粉煤灰每吨混凝土可减少总单价约18.58%。每利用1万t粉煤灰，可为火力发电厂节约征

地 200m²，减少灰场投资运行费 2 万～8 万元，节约运灰费 2 万～5 万元。那么 7 个百分点可以减少近 1400 万 t 粉煤灰，节约征地 2.8 亿 m²，减少灰场投资运行费 2800 万～11200 万元，节约运灰费 2800 万～7000 万元，混凝土就三峡工程通过优化可节约经费约 2 亿元以上。

7.3 水利标准存在的问题

根据评估结果以及影响绩效因素分析不难发现，水利标准存在的问题：点上主要集中在标准本身存在的问题；线上主要集中在标准实施与管理以及标准应用理念上存在的问题。这些问题反映到实际工作中，即面上的问题，可体现在如下几方面。

7.3.1 重要支撑保障标准缺位

一是标准的发展跟不上国家新政，如《国务院关于实行最严格水资源管理制度的意见》（国发〔2012〕3 号）出台后，明确提出“开发利用水资源应维持河流合理流量和湖泊、水库以及地下水的合理水位，充分考虑基本生态用水需求，维护河湖健康生态”，其中“河湖健康”如何确定？无标准可依；监测技术标准化是水资源质量监测重要的质量控制手段，水资源质量监测标准严重缺失，从技术层面影响了新政的推进。二是标准内容与新时代要求不相匹配，如水资源管理新需求与水环境监测手段存在矛盾，水功能区水质达标评价、统计、核算体系及标准的缺失，河流生态系统健康评估与修复技术标准不健全等现象，国家战略层面推动及顶层融合尚需加强。

目前水利技术标准主要集中在自然水资源数量与质量监测领域标准，包括监测分析方法及仪器设备、行业污水排放标准等。在水资源开发利用领域，主要集中在实现水资源开发利用的工程建设类技术标准，如水资源开发的水工程建设标准覆盖工程勘测、设计和施工等领域，社会经济用水过程中涉及的农业灌溉和生产领域的工程技术规定、材料与设备领域的技术规定、城市供水与排水过程中工程技术规定等，也即我国目前水资源领域技术标准，更多地主要集中在对水资源开发利用过程中一些具体工程建设技术或操作技术的规定，而在水灾害管理、水资源配置、节水（节水标准、用水定额、评价、常规水资源和非常规水资源高效利用）、水污染控制（包括治污和控污、总量控制及清洁生产）以及生态环境保护等环节技术标准十分缺乏。在水灾害环节，尤其是在抗旱领域，绝大多数地区没有制定具有法律和行政效力的抗旱预案，抗旱工作仍处于应急被动状态。部分地区灾情信息采集、传递、分析及报送不及时、不准确、不规范，难以为科学防灾决策提供全面、及时、有效的信息。

7.3.2 部分支撑保障标准错位

一是技术适宜性差，可操作性不强。存在标准的适用范围过大过小、技术水平高低、可操作性好坏、标准交叉重复等问题，均对标准的实施效果带来影响。如《城市防洪工程设计规范》适用范围过大，该标准主要适用于防洪工程，特别是堤防的建设，但标准内容中既有防洪工程，也有治涝工程，容易使工程技术人员将河道的护岸工程当成堤防工程设计；《防洪风险评价导则》适用范围过窄，仅该标准针对有无防洪工程做了洪水影响范围，以及洪水导致的居民财产、农林牧渔、工业信息、交通运输、水利设施等方面的直接损失和间接损失的估算，除用于防洪工程的减灾效益分析外，难以满足防洪风险评价的其他方面的需求；《蓄滞洪区设计规范》适用范围过泛，关于排涝标准无分类要求，撤退道路规模无明确规定且很难定量；技术指标适且性过低，如堤防超高要求，应结合蓄滞洪区特点，提高超高值；可操作性难，如通信预警与公网对接，转移道路的量化；其他还存在撤退转移道路及跨河桥梁的设计，需要交通部门做协调等问题；GB/T 22490—2008《开发建设项目水土保持设施验收技术规程》，适用范围过小、时间太久，与现行制度有一定偏差，部分内容陈旧等；SL 364—2015《土壤墒情监测规范》与国家标准 GB/T 28418—2012《土壤水分（墒情）监测仪器基本技术条件》在墒情监测精度（人工烘干称重法与墒情自动监测仪器比测精度）要求方面存在差异。GB/T 51240—2018《生产建设项目水土保持监测与评价标准》与 SL 277—2002《水土保持监测技术规程》名称和内容均存在相似之处，标准间存在交叉重复等。

评估发现部分标准可操作性不强：一是部分标准缺乏具体定量指标，以定性条文为主，存在实施弹性；二是部分标准缺少具体操作方法，无法有效指导一线工作人员开展工作；三是部分标准操作流程和方法过于繁琐，脱离实际，直接影响实际工作开展。如 SL 726—2015《区域供水规划导则》缺乏可采用的指标或可参考的指标范围，计算方法不具体，使用起来操作性不强。GB 50434—2018《生产建设项目水土流失防治标准》，其中涉及水土流失控制比，部分地区的容许值目前已经远远大于背景值，但标准没有给出处理的方法，造成实际操作困难。SL 92—1994《锑的测定（5—Br—PADAP 分光光度法）》，使用试剂较多，操作繁琐。SL 85—1994《硫酸盐的测定（EDTA 滴定法）》，标准限制条件多，实验时间过长，干扰因素多，步骤繁琐。

7.3.3 个别支撑保障标准越位

评估发现部分标准涉及非水利部职责范围工作。2018 年机构改革后，部分水利职能转为其他部委，而标准未做相应的调整。如 SL 611—2012《防台风应急预案编制导则》中涉及的部分职责应适应机构改革后的防风工作，标准内容也应做相应调整。SL 298—2004《防汛物资储备定额编制规程》中救灾职责已划归应急管理部，标准未做相应调整。

与相关部委标准交叉重复矛盾，表现得较为突出的就是水利与电力标准之间的交叉。据统计，至少有 30 多项标准，其标准名称几乎一样；有的稍有区别，如水利标准为“水利水电工程……”，电力标准为“水电水利工程……”如《水利水电工程沉沙池设计规范》与《水电水利工程沉沙池设计规范》。还有同名不同编号的 SL 279《水工隧洞设计规范》与 DL/T 5195；此外，相关水质、水环境、环境影响评价等标准与环保部发布的标准交叉，相关供水标准与住建部及工程建设标准化协会发布的标准交叉。水利标准内不同主持机构之间的标准交叉重复：如农水、水保、水文、水电领域的村镇供水、灌溉排水、牧区水利、水土保持、水文设施、小型水电站等标准化对象的可行性研究报告与初步设计报告编制规程，以及相关验收标准等，标准用途相同，交叉重复不可避免；同一主持机构不同标准之间的交叉重复：如《国民经济和社会发展规划水资源论证技术标准》《城市总体规划水资源论证技术标准》《建设项目水资源论证导则（试行）》《重点行业水资源论证报告书技术导则》等，标准内容相近，交叉重复明显。

7.3.4 支撑区域发展保障标准不到位

水利重点区域因经济、行政制度等不同，在水务信息共享、跨界河流治理、供水安全保障、生态保护与补偿等领域标准出现了不同，标准一体化发展有待进一步提升。如粤港澳大湾区建设，在“一国两制”下经济、法律和行政制度不同，三地的水利标准编制依据存在较大的差异，如在涉及水务信息共享、跨界河流治理、供水安全保障、生态保护与补偿等领域尤为突出，严重制约了标准一体化的发展；长江经济带及长江大保护没有针对长江流域独特的水文条件和开发利用现状制定流域性标准，不能满足长江大保护监督管理的需求；黄河流域在水量、水沙、水生态、水质等方面都有不同程度失衡，总体上呈现水资源超承现象普遍且严重、生态脆弱与功能受损、水沙关系不协调及洪水风险威胁大等态势。现行标准中，主要为普适性标准以及大量的方法标准，暂无针对性标准给予支撑。

7.3.5 应对多元化发展顶层设计不足

一是现行标准体系与时俱进不够，对照实际工作存在缺漏时不能及时更新和修订，强监管标准略显不足，团体标准尚未纳入标准体系，团体标准市场行为及监管的手段和力度尚未满足行业及社会需求。区域/流域特色以及局部需求的水利标准缺位，难以支撑区域/流域建设发展。国家倡导“标准走出去”，水利标准国际化顶层战略规划有待有力推进，水利标准国际化发展模式、采标及标准转化规划有待进一步明确。二是国际化发展战略部署和推进节奏缓慢，目前水利现行有效标准中，等同采用国际/国外标准只有 3 项，修改采用了国际标准有 1 项，非等效采用的 7 项，引用国际/国外标准的有 25 项。主要分布在水力机械、水文、计量、信息化等领域，覆盖面较小，尤其正在重点发展的水资源、水生态、水环境等领域，未涉及采用国际标准。主导制定国际化标准速度跟不上国际化工程需求，支撑保障能力跟不上国家新政。

7.3.6 标准化强监管震慑力不足

水利平均标龄与我国国家标准平均标龄（8.86 年）相当，高于电力/能源标准平均标龄 3.35 年，相当水利标准滞后电力/能源标准一个新制定标准的编制周期。水利标准严重老化，水利标准低于平均标龄 8.96 年的标准有 493 项，占 57.7%。

另外，从水利历次发生的重大事故追踪来看，事故分析以及相关结论均依据相关标准得出，很大程度与标准的执行力度有关。如 2018 年 7 月 19 日，内蒙古巴彦淖尔增隆昌水库副坝Ⅱ发生决口事故。原因分析中的一条就是“水库运行管理不到位，未按标准要求开展安全鉴定、配备大坝安全监测设施，违规同意危害大坝安全的施工行为。”2010 年 7 月 27 日，吉林大河水库溃坝，原因是人员疏于管理，未按调度规程在遇到险情时及时开闸泄洪，造成闸门门顶溢流无法开启，未采取有效的应急措施。2016 年，南宁西云江灌区龙溪坝渠节水改造工程，不足 100m 的水渠出现了 11 处不同程度的开裂渗水，导致下游灌溉水量不足，约 400 亩农田受到影响，其原因是该工程建设未按 GB/T 50600—2010《渠道防渗工程技术规范》要求配置钢筋的渠道防渗结构。在这些事故中可以看出，不执行标准后果有多严重，标准实施监督有多关键。目前标准化工作监督制度不完善，监督主体责任、监督对象、监督方法、监督内容、监督程序、监督结果使用等不明确，事中事后监督模式有待探索，对反映的突出问题缺乏跟踪、调查和处理。如每年水利行业组织的强制性标准条文执行情况检查发现的问题很多，但惩戒力度不够，未得到问题所在单位的高度重视，问题的后续整改跟踪不到位。标准作为水利行业监管的抓手，发力力度略显不足。

8 结论与建议

通过对水利标准绩效评估，可以得出水利标准是促进国民经济增长的基本因素，是支撑国民经济和社会发展的重要技术制度的组成部分。标准对经济增长的贡献与科技对经济增长的贡献是一致的。水利标准促进科技进步、实现科技成果转化为生产力、提高生产率的实际作用机制，直接促进经济增长。通过评估，可对水利标准总体水平、总体效益以及对国民经济和社会影响及贡献进行综合评判。

8.1 结论

8.1.1 总体水平

7.1.11节结合模型测算结果（总体水平值79.0）与实际实证及案例对比，结果是主观判断、客观测算以及实际状况吻合。在水利标准国际化水平、优势专业领域区域标准发展、标龄、使用频繁度、对国民经济贡献率指标等方面还存在提升空间。我国水利标准总体处于上中等水平。

8.1.2 总体效益

根据典型标准及标准群案例分析以及“点-线-面”耦合评价结果，标准化对水利行业经济增长具有一定的正向促进作用，其作用仅次于资本投入，高于专利投入和劳动投入，居第二位。水利标准总体效益呈现出正效益，作用显著。具体体现在以下方面。

8.1.2.1 经济效益

总结以往标准研究成果以及相关标准，将水利标准的经济正效益进行了归类、取舍，找出最可能出现的经济效益，又将其划分为提高水利工程、产品或服务质量，降低投入成本，降低时间成本，提高工作效率，降低运行维护管理成本，减少事故及处理成本以及其他方面。

本次调研结果显示，产生经济效益的标准大部分为水资源论证、农田节水、农村水电类的标准。调研的223项标准，设计、规划等类标准占多数，大约占35%，如GB 50201—2014《防洪标准》、SL 669—2014《防洪规划编制规程》、GB/T 50363—2018《节水灌溉工程技术标准》、GB/T 51051—2014《水资源规划规范》等标准。这些标准产生的经济效益有的是直接的效益，体现在直接作用到水资源和防洪的合理调配和利用中，为水资源的节约利用奠定了基础。GB/T 50600—2010《渠道防渗工程技术规范》，直接作用到节水灌溉工程建设和运行管理中，为渠道输水工程运行维护工作节约30%成本。GB 50201—2014《防洪标准》，直接作用到提高水利工程、产品或服务质量中，为工程建设节约投入，降低灾害损失。SL 596—2012《洪水调度方案编制导则》，通过减少事故及处理成本发挥间接效益节约防灾和救灾成本。有些标准产生的经济效益是间接的，如GB/T 50769—2012《节水灌溉工程验收规范》，通过验收环节提高工程质量，使工程发挥更大效益。

总体评价结果为正经济效益显著。

8.1.2.2 社会效益

不同的标准侧重点不同，产生的效益也不同，不能单从经济效益来衡量标准的效益。水利标准大多为公益性标准，以产生社会效益为多。通过总结和归纳，得出水利标准的社会效益集中体现在为水利中心工作提供支撑，同时体现在保障人民群众健康和生命财产安全、规范管理、提高监督管理水平、促进水利科技成果推广应用、与国际先进标准紧密结合、增加就业、提升公共健康和公共服务能力、推动行业发展等方面。如基础通用类制图标准、术语与符号标准、图式与计算方法标准、等级划分标准、编制规程等标准大部分产生社会效益。一些规划、勘测设计的技术标准如SL 145—2009《水电新农村电气化规划编制规程》、SL/T 246—2019《灌溉与排水工程技术管理规程》、GB/T 50363—2018《节水灌溉工程技术标准》等产生的社会效益有的是直接的，有的是间接的。如GB/T 50363—2018《节水灌溉工程技术标准》，直接作用到全国节水灌溉推广中，起到引领节水灌溉发展、指导节水灌溉工程建设、推动节水灌溉技术进步的重大作用，对促进我国节水灌溉发展具有重要意义。再如SL 675—2014《山洪灾害监测预警系统设计导则》有力地指导各山洪灾害易发的省、市、县各级政府开展山洪灾害防御建设，提高公共服务能力与水平，有效提高了山洪灾害防御的工作效率和效果，提高了公众灾害防范意识和主动防灾避险能力，发挥了显著防洪减灾效益。该标准被成功应用于湖南省山洪灾害防御综合应用系统，有效指导危险区群众提前避灾1130余万人次，紧急解救被洪水围困群众19.8万人次，因山洪伤亡人数较项目实施前减少约80%，有效降低了山洪灾害造成的人员伤亡和财产损失，减灾效益明显，对全国山洪灾害防御起到很好的示范作用，取得了显著的社会、生态和经济效益。

制定本行业的标准，有时会出现与其他行业标准不一致之处，致使标准使用者在业务开展时，在任务未明确规定使用的标准时，无法选用标准。如在水工建筑物抗震设计中，水利行业习惯用分项系数法，电力行业习惯用安全系数大老K法，GB 51247—2018《水工建筑物抗震设计规范》统一了使用方法，维护了良好的社会秩序。

总体评价结果为社会正效益显著。

8.1.2.3 环境效益

生态环境是人们赖以生存的条件，生态环境问题主要受自然因素如气候、地貌、土壤、植被等和人类活动的共同影响。人们为了生存和发展，不得不对大自然进行开发、改造。工程建设或多或少地对生态环境带来一定的负面影响，水利工程在合理开发利用水资源的同时，也未忽略对生态环境的保护。十八大以来，党和国家加大生态环境治理和保护力度，先后出台一系列法规、规章和标准。依据水利工程技术标准在水环境、水土保持等方面适时监测、评价，约束工程建设对生态环境的影响，将负面影响降低到最低程度。

如 SL 752—2017《绿色小水电评价》，通过复绿、增殖放流等方式发挥间接效益，改善水库水质，提升公共健康和公共服务能力。SL 22—2011《农村水电供电区电力发展规划导则》、SL 145—2009《水电新农村电气化规划编制规程》、SL 358—2006《农村水电站施工环境保护导则》，通过施工过程发挥间接效益，提升公共健康和公共服务能力。这些标准不仅给社会带来经济效益，而且产生了较大的生态环境效益。

8.1.3 标准对 GDP 增长的贡献率

经测算，在其他投入要素保持不变的情况下，我国水利行业标准存量每提高 1%，水利行业产出将增加 0.39%。也就是说，实际 GDP 的增长率中，约有 0.39 个百分点源于水利标准的增长。水利标准实际年增长率约为 10%，水利标准实际对 GDP 的贡献率为 3.9%。

水利标准对 GDP 增长的贡献率，与我国工程建设标准相比落后 1 个百分点，相当于我国整体标准贡献率的 1/2，远低于发达国家。

8.1.4 水利标准总体作用成效及支撑保障作用

水利标准经历 70 多年的发展历程，已覆盖了工程建设和运行维护整个生命周期的全过程。水利标准对国民经济和社会发展的影响作用，不仅体现在对工程建设和运行维护环节，更多的是通过工程的应用而体现其重要作用。标准产生的效益在很大程度上取决于标准的作用，水利标准效益包括标准本身得到的直接效益和由标准实施客体引起的间接效益。标准作为一种特定的社会实践活动，有着明显的目的、对象、内容与适用范围，因而其作用与效益之间关系十分明显。通过对重要标准集群和典型标准效益的分析、计算，水利标准的贡献不仅当前显示巨大，还有着可持续性、持久性，长远效益不可估量。

8.1.4.1 为国家水治理体系和治理能力提供技术支撑

在中国国家治理的传统中，政府往往扮演主导性的角色，随着中国国家治理从传统向现代的转型，特别是 1998 年特大洪水之后，中国治水理念从传统的治水观念转向现代治理理念，市场的力量迅速崛起，与政府的力量一起，成为支撑“中国之治”的两支主要力量。《标准化法》赋予团体标准法律地位，水利团体标准成为水利国家标准、水利行业标准的重要补充，发挥着市场引领作用。党的十九届四中全会总结了中国国家制度和国家治理体系的显著优势，当代中国治水成就尤其彰显了制度优势，如“坚持全国一盘棋、举国体制的优势；坚持党的集中统一领导、统筹解决复杂治理难题的优势；坚持改革创新、与时俱进、推动政策不断发展完善的优势”等。中国体制有潜在的优势，标准在水利治理体系和治理能力中作为“统筹兼顾”“因势利导”以及水法规的修订、规划计划的制定和创新政策等重要举措落地的一项重要“抓手”和“有力技术”支撑，有能力应对综合性强的公共事务，彰显中国国家制度和国家治理体系显著优势的有效运用和具体体现，推动当代中国水治理水平和能力的快速提升。

8.1.4.2 推进依法行政，为实践依法治水提供重要依据

党的十七大强调，必须在经济发展的基础上，加快推进以改善民生为重点的社会建设，着力保障和改善民生，推动建设和谐社会。水利工作与民生密切相关，防汛抗洪事关生命安危，饮水安全事关身心健康，水利建设事关生存发展，着力保障和改善民生，必须充分发挥水利的基础作用。水利标准符合国家大政方针，更多的是从技术层面、从协调人与自然关系层面，规定了人类水资源活动所应遵循的技术要求与技术规定，成为工程建设依据、准则和安全公认尺度、基准，评判人类水资源活动是否科学化、合理化，评价工程环境负效应的公正标度。对用水制定一系列节约用水评价标准、节水技术推广应用标准等，为政府履行节约用水的管理提供依据。政府只有根据法律法规所赋予的职责，按照标准的要求开展工作，才能确保水资源合法、科学利用，从而保障了人民群众生命安全、生活良好、生产发展、生态改善，为民生水利健康发展保驾护航。

8.1.4.3 促进科技创新与技术进步，为实现科学治水提供重要手段

标准是实践活动和发展在特定阶段的产物，是经过分析综合、总结提炼和优化的结果，是先进科研成果和实践经验的结晶，它将技术成果和实践经验固化下来，从理论走向实际、从局部走向全局，实现产业化，使其被社会所认同，得以广泛推广和应用，快速转化为生产力，提高生产效率，推动社会进步与发展。同时标准的“制定—实施—修订”过程就是科技的“创新—应用—再创新”的过程，标准作为过程转化平台，创新才不至于一切从头摸索、从零做起，使创新实现节约和提高，标准与科学技术相互依赖、交互促进。标准是确保数据科学规范、确保实验过程具有可比性的重要基础，也是创新的重要保障，科技的跨越式发展有赖于科技创新成果的传播、扩散和产业化，在推动中国的治水实践过程展现出高的效能。因此，标准还是促进科技持续进步、不断创新的推进器，通过标准与科技循环促进、螺旋式上升发展，逐步实现科学治水方略。

8.1.4.4 推进水资源管理制度科学化、合理化进程

自然千变万化，人类水资源活动多种多样、涉及面广，相互之间高度关联的水资源活动分别由不同部门负责决策管理，即使是同一地点、同一项水资源活动也会由不同人群实施、实践，导致人类水资源活动具有很大的随机性、偶然性，受自然和人为因素影响，人类水资源活动结果更具有动态多变性。为了正确引导不同人群水资源活动统一沿着既定的水资源发展方略全面展开，通过减少人为因素的随机性、偶然性和不确定性，使得相关活动过程与活动结果等具有规律性，包括纵向时间系列和横向相互之间的可分析、可预测、可比较性等，制定以总量控制和定额管理为核心系列重要标准，确保重点地区的供水安全和生态安全。抓住重点区域和生产消费的关键环节，积极推进节水型社会建设，不断提高用水效率和效益，为实现水资源节约保护、科学决策、统一管理奠定了基础，也极大地减少水资源活动成本和管理成本，成为提高水资源管理效率与效益的重要手段，推动水资源管理制度向着科学化、合理化方向发展。

8.1.4.5 改变我国经济粗放型发展结构，合理控制开发建设项目

标准严格控制了水资源的开发、利用，强化了水资源管理力度，实现水资源的可持续

利用，支撑经济社会的可持续发展。水利行业编制了《建设项目水资源论证技术导则》，作为新建设项目立项阶段开展水资源论证的唯一依据，该标准实施后，对6000多个重大项目进行了水资源论证，涉及水利水电和化工等十几个行业，从建设项目立项源头，限制了一批高耗水、重污染项目的开工建设，核减了大多数建设项目的许可取水量，一般项目平均减少取水10%～20%。该标准的实施，既节约了水资源又减少污染物排放。该标准还提出了污染影响的补救补偿措施技术方案建议，从而对保护其他用水户和生态环境的用水权益提供了技术基础，提高了人们的保护意识，并提前避免了大量的水事纠纷。“凡从事有可能造成水土流失的开发建设单位和个人，必须在项目可行性研究阶段编报水土保持方案，并根据批准的水土保持方案进行前期勘测设计工作”。“十三五”期间，依据水土保持标准全国共审批145494个方案，其中国家重点工程全年共批复新增项目71个项目，涉及30个省（自治区、直辖市）、142个地级市、463个县级行政单位，项目涉及水利水电、石油、天然气管道等各个方面，人为水土流失得到有效遏制。近10年，国家水土保持重点工程规模和范围不断扩大，全国累计初步治理水土流失面积近110万km^2，带动全国实施坡改梯面积近500万亩。“十三五”期间造林面积将达到“十二五”期间的两倍，全国有1.5亿群众从水土保持治理中直接受益，2000多万山丘区群众的生计问题得以解决。水利工程建设标准发挥了重要作用，极大地推动了开发建设项目的水土保持工作，预防了因开发建设引起的严重水土流失，还为防止新建设项目造成新的水土流失问题提供了决策依据，有效改变我国经济粗放型发展结构、实现国民经济又好又快发展。

8.1.4.6 精细水利工程建设及运行投资，降低成本，提高国民经济效益

水利工程技术标准全面规定了水利工程前期论证、勘测设计、施工工艺、工程验收要求等技术规定。一是依据标准可以估算出水利工程建设费用与单价，避免了因各地引用较高的概算定额造成的人财物等资源的浪费，同时也避免了因概算不足而降低建设标准的问题；二是通过规范化，实现水利工程建设和运行维护工作的流程化，极大地提高了从事工程建设和管理人员的工作效率、缩短了工程建设周期，减少了人力资本的投入；三是通过标准操作，提高工程建设质量，工程运行维护的人力物力投入明显减少，可降低工程建设和运行维护成本；四是通过将新的施工工艺和新的材料（如在水工混凝土中添加粉煤灰）等成果转化为标准，获得广泛认可，快速推广使用，转化为生产力，直接节省了工程建设成本和原材料的投入成本；五是通过安全检测、监测，可防患未然，减低事故风险，延长工程寿命，确保工程运行平稳、安全。因此，综合实施水利工程技术标准，简化了生产，消除重复劳动，提高劳动生产率，降低生产成本，避免资源浪费，减少环境污染，获得较大的经济效益。

8.1.4.7 节能、节水、节材、节地、资源综合利用，推动两型社会的进步

我国以占世界6%的水资源和9%的耕地，养活了占世界21%的人口，农业灌溉系列技术标准发挥了重要作用。通过农业灌溉系列标准的实施，为我国大中型灌区改造和新灌区建设提供了重要依据，提高了农业灌溉能力和水利用效率，取得了节水、节地和节能等多种效益，农业生产灌溉能力明显提高，改善了农业生产的水资源条件，保障了粮食生产安全。农业灌溉标准群将节约水资源、提高水资源利用效率作为主要出发点，大力推广了农业节水技术、节水设备和节水材料，改进了农业喷灌、微灌技术，防止输水管道漏水和

下渗，喷灌节水50%以上，微灌节水80%以上，有灌溉设施的农田单位面积粮食产量比靠天然降水的农田高近2倍，节水成效显著。据有关专家计算，仅黄河灌区1996—2015年粮食累计增产量7982亿kg，总增产效益27555亿元。另外根据标准及时调整产业结构，利用仅有的土地发展特色产业，标准成为发展优势产业和特色农产品的可操作的有力抓手，为农民脱贫致富创造条件。农业灌溉重要标准群的实施，还实现了节地和粮食增产等多种作用，为缓解农业用水紧张、促进粮食连续增产、保障国家粮食安全作出了重要贡献。

《粉煤灰混凝土应用技术规范》发挥了废弃物综合利用，实现节能减排、保护环境等多重功效。粉煤灰在水工混凝土中的利用率从1990年的28.3%增长到2017年的76.7%，极大地促进了粉煤灰的广泛使用，其中标准的贡献率大约为50%。调查表明，粉煤灰综合利用率，不仅节省工程建设水泥用量，节省投资，还通过废弃物再利用，保护了环境、节省了土地。水工混凝土对粉煤灰利用率提高1个百分点，可以减少近200万t粉煤灰的排放，环境质量也将得到极大改善。仅三峡工程用粉煤灰大约170万t，可节约征地34000m^2，减少灰场投资运行费及节约运灰费700万～2000万元，取得了可观的经济效益、环境效益。

8.1.4.8 保障饮水安全、小水电清洁能源建设，推动农村健康发展

农村饮用水不安全问题严重影响人口的身体健康和生活质量。一半以上的耕地是缺少灌溉条件的“望天收”，粮食安全的基础还不牢固。老少边穷地区还存在无电、缺电问题。部分库区和移民安置区基础设施薄弱，移民生活相对贫困。水土流失严重，一些地区水资源过度开发带来一系列生态环境问题。为解决我国广大农村饮水问题，2000—2008年，全国共投入616亿元，建设村镇供水工程，解决了1.6亿农村人口的饮水困难和不安全问题。SL 319—2019《村镇供水工程技术规范》保障了村镇供水工程建设质量、加快了村镇供水工程规范化建设进程，为保障村镇饮水安全发挥了重要的作用。T/CHES 18—2018《农村饮水安全评价准则》规定了水量、水质、用水方便程度和供水保证率共4项农村饮水安全的评价指标及其评价标准和方法，契合当前农村饮水安全工作的实际需要，被水利部、国务院扶贫办、国家卫生健康委员联合采信，直接用于农村饮水安全评价工作，作为各省份脱贫攻坚农村饮水安全精准识别、制定解决方案和达标验收的依据。这些标准不仅适应农村饮水安全巩固提升，同时也满足精准扶贫工作的新形势新要求。同时发展小水电，为新农村建设提供既清洁又可持续的能源保障，得到国家高度重视。SL 304—2011《小水电代燃料项目验收规程》、SL 593—2013《小水电代燃料生态效益计算导则》在小水电代燃料电站建设中发挥了重要作用。全国目前有1000多座小水电代燃料电站，仅云南省2009年以来共实施代燃料装机11.62万kW，解决42个乡（镇）、241个行政村的11.22万户、46.75万人农村居民的生活燃料问题。在经济、社会、生态效益上有效地保护森林植被面积246.33万亩，减少薪柴消耗量51.041万t，减少和吸收二氧化碳排放量189万t。燃料到户批复电价0.25～0.29元/（kW·h），每年每户节省开支320元，减少薪柴消耗量18.27万t。技术标准不仅使小水电工程造价和运行维护费用逐步降低，而且发电运行效率越来越高，对支撑农村小水电发展作用十分显著。

8.1.4.9 保障人民生命与财产安全，支撑水利建设可持续发展

如果把制定标准的费用与一次事故的损失相比较，制定标准的效益非常显著。1998

年特大洪水以前，我国由于缺乏堤防建设系列标准，我国大江大河堤防建设十分混乱，质量不尽人意。当遭遇1998年特大洪水后，堤防管涌、决堤等险情不断，险象环生，威胁人民生命财产安全，也造成了严重的经济损失。1998年特大洪水以后，水利部重点加紧编制了堤防设计和施工标准，随后又制定了堤防工程勘察规程、堤防工程质量评定标准，在堤防标准群指导下，堤防工程建设质量显著提高。1999年，尚在整治中的长江干堤，在抗御接近1998年洪峰水位的严峻形势下，发生的重大险情只相当于1998年的1/40，物料消耗不到1/61，防守堤防的劳力不到1/3，参加防汛的部队官兵不到1/10。因此，堤防标准实施后，大大保障工程质量，延长工程寿命，增强了防洪能力，大大减少了防洪抢险的人力和物力支出，洪涝灾害防御成本和洪涝灾害损失显著减少。

8.1.4.10 指导生产实践，为实现社会自觉、自律提供科学的行动指南

标准是建立自律性社会的必要条件。无论是水利工程建设还是水利工程运行维护都离不开标准，标准与人类生产生活过程密切相关、与人类的行为习惯密切相关，标准指导生产实践，规范人们的实践行为，是实现经济社会又快又好发展的政策约束和保障。我国人口众多，政府部门的监督管理总是有限的、被动的，实现社会自觉、自律是解决水资源问题的关键。这就更加需要一整套科学的水利标准，指导大家规范和约束自身活动，为人类自觉、自律行动指明方向，使一切社会活动更具安全、高效，减少人为的随意性。

8.2 建议

8.2.1 进一步规范标准评估机制，并纳入政府常规性公共开支预算

水利标准对国民经济的影响作用是一个动态变化的过程，在未来水利标准化工作中，考虑到水利标准作为推广先进水利科技成果和实践经验的重要工具和桥梁，需要伴随水利科技发展而不断修订发展、伴随水利工程发展遇到的新问题而不断深化发展，标准评估是一项长期性任务，通过动态评估，全面提高标准化工作作用成效。因此，建议统一规范评估指标、评估方法、以及评估结论的评判原则，并将水利工程标准化工作经费纳入政府常规性公共开支预算范畴，为水利标准化工作提供长期、稳定的资金保障。

8.2.2 加强标准评估信息化基础设施和条件建设

水利标准评估是一项系统工程，在评估的过程中不仅需要众多人员参与，更需要大量的基础数据作为支撑。大数据时代的核心是数据的分析和利用，分析利用的关键是模型建立和数据挖掘。标准信息数据库、高效便捷的评估软件，是提高标准评估的准确性和效率的关键。标准电子信息公开，方便标准使用、查询，提高标准使用效率。标准信息化管理有利于标准管理全过程、全生命周期的材料留存，为标准评估提供依据；同时建立国内外涉水标准数据库，通过“互联网＋”的深度融合，利用大数据平台开展国内外标准及标准指标和参数对比分析，一是同国际标准接轨，二是提高我国行业标准水平，使水利标准实现信息化和智能化。

8.2.3 加强水利标准基础理论和关键技术研究

标准化工作已不再是简单的管理工作，基础理论需跟上水利及经济发展。标准层次（颗粒度）及上下位设置关乎标准的相互关系确立。目前标准相互间关系错综复杂，可谓

动一发，连带千军，如何解决标准交叉重复问题，在“存量”基础上科学地做“减量”，需开展标准体系和标准基础理论研究，以做好风险预判，确保不缺、不漏、管用、实用。另外水利标准种类多、对国民经济和社会发展影响作用机理十分复杂、涉及面非常广。我国通常采用传统的同行评议和文献计量方法等对标准进行评估，前期研究基础非常薄弱，基础资料十分缺乏，人们的认识还比较模糊，作用机理、量化方法、关键影响因子均有待深化研究。应从系统的观点出发，本着定性与定量结合、长期与短期结合、内部评价与外部评价结合、经济效益评价与社会效益评价结合等原则，综合运用多种方法全面评估标准。

8.2.4 加大顶层设计和标准的统筹规划

标准不集成成套、标准不便使用、标准循环引用等问题与标准的顶层设计有很大关系，加大顶层设计力度，做好上位标准的规划和定位以及下位标准的配置和边界是解决标准交叉重复的较为有效的手段。上位标准尽可能不引用标准，如《防洪标准》，下位标准一定是上位标准的延伸和细化，但不得违反上位标准的规定。对于施工标准，从满足需求出发，做好标准的集成，以各类工程手册的方式，由协会或学会承担并发布，与标准配套使用。做好“存量”标准的合并优化同时，做好标准的“减量”工作，将一些具有市场性质的行业标准转化为团体标准，做好转化和承接，避免标准出现空位和断档。

8.2.5 加强水利标准监督管理

通过调查表明，尽管水利标准经过 50 年发展历程，水利标准化发展取得了显著的成绩。但是通过问卷调查也发现，水利技术标准本身还存在着不适宜、不配套、不便使用和缺项等问题；还存在标准修订不及时，引用失效文件的现象；标准交叉、重复，乃至不一致的现象仍然存在；标准的宣贯工作还有待加强，如部分被调查的标准使用者存在对标准内容不熟悉，在实施环节，存在执行标准不主动、有标不执行、监督不到位等现象；水利技术标准的作用尚未得到充分的发挥，具有很大的发展潜力。建议开展标准合规性评价，清理、复核标准，特别是对引用废止的标准进行及时复核或修订；顺畅信息反馈通道，便于问题反映和收集；规范标准审查制度，对引用标准做适当的限定。应从标准编制、实施、监督管理全过程出发，进一步全面加强水利标准化工作，才能充分发挥水利技术标准应有作用。

8.2.6 设立水利标准创新贡献奖

更好调动主编及主编单位编制标准积极性，进一步提高标准质量和其发挥的作用和效益，建议标准行业行政主管机构设立水利标准创新贡献奖，并设立单项标准创新贡献奖，将水利标准创新纳入行业评奖范畴，旨在鼓励标准创新，发挥标准最大效益，整体提高水利标准化事业向更高更好水平发展。

水利技术标准评估是个复杂的过程，具有多因性、多维性、动态性。绩效评估运用了管理学、统计学、运筹学、经济理论以及数学模型等理论方法，对单个标准、标准集群以及整个水利标准体系的绩效进行了综合评价，给出了定量结果和定性结论。主观判断与客观计算结果形成了耦合和互验，并形成一致性的结果。说明水利标准绩效评估方法和评估模型合理、可行，在今后的标准评估工作中可以进一步推广、应用、复核、验证，使水利技术标准评估工作不仅有专家主观判断结果，还有客观理论计算结果支撑，使评估结论更加科学、准确，为水利标准化投资决策和技术监督提供可靠依据。

附录 A

水利标准效益评价指标权重调查问卷

尊敬的专家：

您好！我们是“水利标准评估研究”课题组，此调查问卷的目的在于确定针对某单项标准效益评价体系各指标之间相对权重。您的参与对我们的研究非常重要，非常感谢您的帮助和付出的宝贵时间。

标准效益评价指标体系见表 A.1。

表 A.1　　标准效益评价指标体系

<table>
<tr><td rowspan="16">标准效益评价 A</td><td>一级指标</td><td>二级指标</td><td>三级指标</td></tr>
<tr><td rowspan="6">标准自身水平 B_1</td><td rowspan="2">适用性 C_{11}</td><td>技术指标能否满足标准制定时的目的 D_{111}</td></tr>
<tr><td>技术指标能否满足现有水平的要求 D_{112}</td></tr>
<tr><td>先进性 C_{12}</td><td>与国际标准、国外行业水平相比 D_{121}</td></tr>
<tr><td rowspan="2">协调性 C_{13}</td><td>与法律法规协调一致性 D_{131}</td></tr>
<tr><td>与国内其他标准的协调一致性 D_{132}</td></tr>
<tr><td>可操作性 C_{14}</td><td>要求符合实际 D_{141}</td></tr>
<tr><td rowspan="5">标准实施情况 B_2</td><td rowspan="2">推广情况 C_{21}</td><td>标准传播 D_{211}</td></tr>
<tr><td>标准衍生材料传播 D_{212}</td></tr>
<tr><td rowspan="2">实施应用 C_{22}</td><td>被采用情况 D_{221}</td></tr>
<tr><td>工程应用状况（工程建设、运行维护、工程管理）D_{222}</td></tr>
<tr><td>被引用情况 C_{23}</td><td>被法律法规、行政文件、标准等引用 D_{231}</td></tr>
<tr><td rowspan="4">标准实施效益 B_3</td><td rowspan="4">经济效益 C_{31}</td><td>降低成本 D_{311}</td></tr>
<tr><td>缩短工期 D_{312}</td></tr>
<tr><td>工程节约 D_{313}</td></tr>
<tr><td>提质增效 D_{314}</td></tr>
</table>

续表

	一级指标	二级指标	三级指标
标准效益评价 A	标准实施效益 B_3	社会效益 C_{32}	公共健康和安全 D_{321}
			行业发展和科技进步 D_{322}
			公共服务能力 D_{323}
		生态效益 C_{33}	资源节约 D_{331}
			资源利用/节能减排 D_{332}
			改善生态环境 D_{333}

调查问卷根据层次分析法（AHP）的形式设计。这种方法是在同一个层次上对指标重要性进行两两比较，指标之间相对重要程度值采用1～9标度，例如：

如果您认为X相对于Y极端重要，请选“9∶1”；

如果您认为X相对于Y十分重要，请选“7∶1”；

如果您认为X相对于Y明显重要，请选“5∶1”；

如果您认为X相对于Y略显重要，请选“3∶1”；

如果您认为X相对于Y同等重要，请选“1∶1”。

反之：

如果您认为X相对于Y极端不重要，请选“1∶9”；

如果您认为X相对于Y十分不重要，请选“1∶7”；

如果您认为X相对于Y明显不重要，请选“1∶5”；

如果您认为X相对于Y略显不重要，请选“1∶3”。

本问卷中，X代表前面的指标，Y代表后面的指标，下同。

一级指标（A－B）

指标 X	指标X较重要←				同等重要			→指标Y较重要		指标 Y
	9∶1	7∶1	5∶1	3∶1	1∶1	1∶3	1∶5	1∶7	1∶9	
标准自身水平										标准实施情况
标准自身水平										标准实施效益
标准实施情况										标准实施效益

二级指标——标准自身水平（B_1－C）

指标 X	指标X较重要←				同等重要			→指标Y较重要		指标 Y
	9∶1	7∶1	5∶1	3∶1	1∶1	1∶3	1∶5	1∶7	1∶9	
标准适用性										标准先进性
标准适用性										标准协调性
标准适用性										标准可操作性
标准先进性										标准协调性
标准先进性										标准可操作性
标准协调性										标准可操作性

二级指标——标准实施情况（B_2 - C）

指标 X	指标 X 较重要←				同等重要			→指标 Y 较重要	指标 Y
	9∶1	7∶1	5∶1	3∶1	1∶1	1∶3	1∶5	1∶7	1∶9	
推广情况										实施应用
推广情况										被引用情况
实施应用										被引用情况

二级指标——标准实施效益（B_3 - C）

指标 X	指标 X 较重要←				同等重要				→指标 Y 较重要	指标 Y
	9∶1	7∶1	5∶1	3∶1	1∶1	1∶3	1∶5	1∶7	1∶9	
经济效益										社会效益
经济效益										生态效益
社会效益										生态效益

三级指标——适用性（C_{11} - D）

指标 X	指标 X 较重要←				同等重要				→指标 Y 较重要	指标 Y
	9∶1	7∶1	5∶1	3∶1	1∶1	1∶3	1∶5	1∶7	1∶9	
技术指标能否满足标准制定时的目的										技术指标能否满足现有水平的要求

三级指标——协调性（C_{13} - D）

指标 X	指标 X 较重要←				同等重要				→指标 Y 较重要	指标 Y
	9∶1	7∶1	5∶1	3∶1	1∶1	1∶3	1∶5	1∶7	1∶9	
与法律法规协调一致性										与国内其他标准的协调一致性

三级指标——推广情况（C_{21} - D）

指标 X	指标 X 较重要←				同等重要				→指标 Y 较重要	指标 Y
	9∶1	7∶1	5∶1	3∶1	1∶1	1∶3	1∶5	1∶7	1∶9	
标准传播										标准衍生材料传播

三级指标——实施应用情况（C_{22} - D）

指标 X	指标 X 较重要←				同等重要				→指标 Y 较重要	指标 Y
	9∶1	7∶1	5∶1	3∶1	1∶1	1∶3	1∶5	1∶7	1∶9	
被采用情况										工程应用状况（工程建设、运行维护、工程管理）

三级指标——经济效益（$C_{31}-D$）

指标 X	指标 X 较重要←——同等重要——→指标 Y 较重要									指标 Y
	9∶1	7∶1	5∶1	3∶1	1∶1	1∶3	1∶5	1∶7	1∶9	
降低成本										缩短工期
降低成本										工程节约
降低成本										提质增效
缩短工期										工程节约
缩短工期										提质增效
工程节约										提质增效

三级指标——社会效益（$C_{32}-D$）

指标 X	指标 X 较重要←——同等重要——→指标 Y 较重要									指标 Y
	9∶1	7∶1	5∶1	3∶1	1∶1	1∶3	1∶5	1∶7	1∶9	
公共健康和安全										行业发展和科技进步
公共健康和安全										公共服务能力
行业发展和科技进步										公共服务能力

三级指标——生态效益（$C_{33}-D$）

指标 X	指标 X 较重要←——同等重要——→指标 Y 较重要									指标 Y
	9∶1	7∶1	5∶1	3∶1	1∶1	1∶3	1∶5	1∶7	1∶9	
资源节约										资源利用/节能减排
资源节约										改善生态环境
资源利用/节能减排										改善生态环境

附录 B

水利标准效益模糊评价调查问卷

尊敬的专家：

您好！我们是《水利技术标准绩效评估》课题组，此调查问卷的目的在于确定××标准实施效益的定性判断。请根据您在参与标准制定、审查以及实践工作中使用标准的经验，协助填写本调查问卷表，您的参与对我们的研究非常重要，非常感谢您的帮助！

1. 您认为，××标准在“技术指标满足标准制定时目的”方面效果如何？

A. 好□　　B. 较好□　　C. 一般□　　D. 较差□

A. 好	全部指标均满足
B. 较好	核心指标均满足，非核心指标有1项不满足
C. 一般	核心指标均满足，非核心指标有2项不满足
D. 较差	达不到“一般”要求

2. 您认为，××标准在“技术指标满足现有水平要求”方面效果如何？

A. 好□　　B. 较好□　　C. 一般□　　D. 较差□

A. 好	全部指标均满足
B. 较好	核心指标均满足，非核心指标有1项不满足
C. 一般	核心指标均满足，非核心指标有2项不满足
D. 较差	达不到“一般”要求

3. 您认为，××标准在“与国际标准、国外行业水平相比”方面效果如何？

A. 好□　　B. 较好□　　C. 一般□　　D. 较差□

A. 好	领先
B. 较好	保持一致
C. 一般	略低于
D. 较差	差距较大

4. 您认为，××标准在“与法律法规协调一致性”方面效果如何？

A. 好□　　B. 较好□　　C. 一般□　　D. 较差□

注：可从标准内容是否有利促进国家相关政策的实施，是否符合法律法规的规定等方面进行综合判断。

5. 您认为，××标准在“与国内其他标准的协调一致性”方面效果如何？

A. 好□　　B. 较好□　　C. 一般□　　D. 较差□

注：可从标准是否与上级和同级标准相互协调，指标、参数、方法、图表的一致性程度等方面进行综合判断。

6. 您认为，××标准在“要求符合实际”方面效果如何？

A. 好□　　B. 较好□　　C. 一般□　　D. 较差□

注：可从标准是否符合实际，是否易于实施、便于操作使用等方面进行综合判断。

7. 您认为，××标准在“标准传播”方面效果如何？

A. 好□　　B. 较好□　　C. 一般□　　D. 较差□

注：可从标准的宣贯培训次数、范围、费用，标准的销售量、查询（点击）量、下载量，标准示范、复核验证，以及适用人群对标准的认知程度及途径等情况等方面进行综合判断。

8. 您认为，××标准在“标准衍生物材料传播”方面效果如何？

A. 好□　　B. 较好□　　C. 一般□　　D. 较差□

注：可从标准的宣传材料、宣传传媒等配套情况等方面进行综合判断。

9. 您认为，××标准在“被采用情况”方面效果如何？

A. 好□　　B. 较好□　　C. 一般□　　D. 较差□

A. 好	政府相关政策文件、制度、规划等采用标准，或流域机构、地方主管部门有政策推动标准实施
B. 较好	行业协会下发文件推动标准实施
C. 一般	企业有相关政策推动标准实施
D. 较差	不被采用

10. 您认为，××标准在“工程应用状况”方面效果如何？

A. 好□　　B. 较好□　　C. 一般□　　D. 较差□

注：可从标准在工程建设、运行维护、工程管理等方面的应用情况进行综合判断。

11. 您认为，××标准在“被法律法规、行政文件、标准等引用”方面效果如何？

A. 好□　　B. 较好□　　C. 一般□　　D. 较差□

A. 好	被法律法规、国际标准或国外标准引用
B. 较好	被国家标准或行业标准引用
C. 一般	被地标、团标或行政文件引用
D. 较差	无引用

12. 您认为，××标准在“降低成本”方面效果如何？

A. 好□　　B. 较好□　　C. 一般□　　D. 较差□

注： 包括降低工程设计、工程建设、工程维护成本，减少试验、实验费用等。

13. 您认为，××标准在“缩短工期”方面效果如何？

A. 好□　　B. 较好□　　C. 一般□　　D. 较差□

注： 包括缩短工艺设计时间，工程建设周期，降低制造加工工时等。

14. 您认为，××标准在“工程节约”方面效果如何？

A. 好□　　B. 较好□　　C. 一般□　　D. 较差□

注： 包括工艺设备节约，工程材料节约，耗能设备燃料、动力节约等。

15. 您认为，××标准在“提质增效”方面效果如何？

A. 好□　　B. 较好□　　C. 一般□　　D. 较差□

注： 包括提高工程质量，减少设计误差，提高生产/工作/开发效率，扩大使用标准件、通用件，提高设备利用率，降低设备故障率等。

16. 您认为，××标准在“公共健康和安全”方面效果如何？

A. 好□　　B. 较好□　　C. 一般□　　D. 较差□

注： 包括提升饮水安全，增加安全饮水达标人口，规范社会公共秩序和公共安全，职业健康（危险品管控）等。

17. 您认为，××标准在“行业发展和科技进步”方面效果如何？

A. 好□　　B. 较好□　　C. 一般□　　D. 较差□

注： 包括技术内容革新，创建新的产品及品牌，产业结构转型与升级，淘汰落后的生产工艺、设备、企业，有利于成果推广、转化为生产力，提升人才队伍建设，增加节水技术、节水设备等。

18. 您认为，××标准在“公共服务能力”方面效果如何？

A. 好□　　B. 较好□　　C. 一般□　　D. 较差□

注： 包括提升防灾减灾能力，增加/改善除涝面积，增加供水量/供水能力，增加发电量/发电装机容量，增加/改善农田灌溉面积，增加水保治理面积，增加节水灌溉面积，增加水库库容，新建及加固堤防，提升社会满意度等。

19. 您认为，××标准在“资源节约”方面效果如何？

A. 好□　　B. 较好□　　C. 一般□　　D. 较差□

注： 包括水、土壤、森林等资源节省，提高原材料的利用率，避免或减少资源浪费等。

20. 您认为，××标准在“资源利用/节能减排”方面效果如何？

A. 好□　　B. 较好□　　C. 一般□　　D. 较差□

注： 包括减少废弃物排放，提高废弃物回收利用率，预防并减少污染物排放，降低单位综合能耗，增加废弃物排放或污染等。

21. 您认为，××标准在“改善生态环境”方面效果如何？

A. 好□　　B. 较好□　　C. 一般□　　D. 较差□

注： 包括开发清洁能源，生态防护，环境改善等。

填表人基本信息：

<table>
<tr><td>所在省市或者流域机构</td><td colspan="2"></td></tr>
<tr><td>从事水利工作年限</td><td colspan="2">5年以下 □ 5～10年 □ 10～15年 □ 20年以上 □</td></tr>
<tr><td>从事业务专业</td><td colspan="2">规划□ 勘测设计□ 施工□ 监理□ 试验□ 管理□ 科研□ 教学□ 综合□</td></tr>
<tr><td rowspan="4">联系方式</td><td>姓 名</td><td></td></tr>
<tr><td>所在单位</td><td></td></tr>
<tr><td>联系电话</td><td></td></tr>
<tr><td>电子邮箱</td><td></td></tr>
</table>

水利技术标准集群绩效评估及典型标准案例分析报告

一、概述

根据《水利技术标准体系表》的划分，将与水利政府职能和施政领域密切相关、反映水利事业的主要对象、作用和目标的技术标准分为：综合、水资源、水文水环境、大中型水利水电工程、防洪抗旱、农村水利、水土保持、农村水电、移民、水利信息化10个部分。每一个部分都有一系列标准，这些标准为整个水利事业的整体目标服务，通过水利行业对国民经济和社会发展产生影响。

受客观条件限制，在水利标准绩效评价过程中，根据水利标准在工程建设中发挥作用的独特性，选取具有独特性的一族标准，或发挥独特而明显作用的代表性标准进行评价。水利工程建设在水资源节约配置、防洪抗旱、农田灌溉、水土保持、水工材料等领域对国民经济和社会发展发挥着重要的保障作用。因此，选择水资源节水系列、农村水利中的农田灌溉系列、防洪抗旱中的堤防系列、水土保持系列4大部分技术标准群，以及有代表性的标准，如水资源评价类《建设项目水资源论证导则》等，农田灌溉节水类《节水灌溉工程技术标准》等，堤防类《防洪标准》等，水土保持类《开发建设项目水土保持技术规范》等。水工材料类，考虑水利工程建设用的主要几类材料，如混凝土、粉煤灰、砂石料、沥青以及土工合成材料等，选择了《粉煤灰混凝土应用技术规范》《土工合成材料应用技术规范》《胶结颗粒料筑坝技术导则》等标准进行评估。

评估的基本方法是从标准的发展历程与现状、作用及成效几个方面进行，给出定量与定性相结合的贡献评价结果。

根据选取的重要标准群集和典型标准（见表1-1），对5个部分依次进行评价。

表1-1　　重要标准群集和典型标准发挥的作用

<table>
<tr><th colspan="2">重要标准群集和典型标准</th><th>主要作用评价</th></tr>
<tr><td rowspan="6">水资源节水系列标准5项左右</td><td>《建设项目水资源论证导则》</td><td>合理开发利用水资源控制高耗水项目立项</td></tr>
<tr><td>《节水型社会评价指标体系和评价方法》</td><td rowspan="5">高效节水建设节水型社会</td></tr>
<tr><td>《节水型社会评价标准（试行）》</td></tr>
<tr><td>《节水型高校评价标准》</td></tr>
<tr><td>《高校合同节水项目实施导则》</td></tr>
<tr><td>《灌溉用水定额编制导则》等取、用水定额相关标准</td></tr>
<tr><td rowspan="2">农田灌溉标准2项左右</td><td>《节水灌溉工程技术标准》</td><td rowspan="2">节水灌溉、提高用水效率</td></tr>
<tr><td>《管道输水灌溉工程技术规范》</td></tr>
<tr><td rowspan="3">堤防工程标准3项左右</td><td>《防洪标准》</td><td rowspan="3">防洪抗旱、保障工程建设质量和人民财产安全</td></tr>
<tr><td>《水利水电工程等级划分及洪水标准》</td></tr>
<tr><td>《堤防工程设计规范》</td></tr>
<tr><td rowspan="3">水土保持标准3项左右</td><td>《开发建设项目水土保持技术规范》</td><td rowspan="3">水土流失的预防、治理，确保生态安全</td></tr>
<tr><td>《沙棘生态建设工程技术规程》</td></tr>
<tr><td>《牧区草地灌溉与排水技术规范》</td></tr>
</table>

续表

重要标准群集和典型标准		主要作用评价
水利工程建设用主要几类材料标准 5项左右	混凝土指标	标号与强度等级指标选取对经济的影响
	《粉煤灰混凝土应用技术规范》	减少投资，变废为宝，保护环境，带动产业转型
	《土工合成材料应用技术规范》	节约投资，推广新技术，带动经济转型
	《胶结颗粒料筑坝技术导则》	就地取材，减少对环境、资源的影响，推广新技术，带动经济转型
	《水工混凝土试验规程》 《水工沥青混凝土施工规范》	提高工程稳定性，加快施工速度，确保工程质量安全

利用层次分析法（AHP）测算《建设项目水资源论证导则》《防洪标准》《粉煤灰混凝土应用技术规范》3项标准绩效；利用投入产出分析法（IO）对水资源领域节水系列标准 GB/T 35580—2017《建设项目水资源论证导则》、GB/T 28284—2012《节水型社会评价指标体系和评价方法》、《节水型社会评价标准（试行）》（水资源〔2017〕184号）、T/CHES 32—2019《节水型高校评价标准》、GB/T 29404—2012《灌溉用水定额编制导则》进行绩效评价。

二、水资源及节水系列标准

山水林田湖草沙是一个综合生命共同体，水是生态系统的控制要素，水利是生态文明建设的重要任务。面对新形势与新需求，全面实施技术标准战略，严守水资源水环境水生态红线，努力走向社会主义生态文明新时代。水资源可持续利用已成为我国经济社会发展的战略问题，其核心是提高用水效率。目前，在水资源节约方面，黄河、海河、淮河水资源开发利用率都超过50%，其中海河高达95%，都超过国际公认的40%的合理限度。因此，只有通过采取一系列节水措施和开展节水型社会建设，全面实施节水增产、节水增效、节水降耗、节水减排，提高农田灌溉用水效率，加强再生水等非常规水源开发利用，强化水资源承载能力刚性约束，促进经济结构转型升级，不断提高各行各业的水资源利用效率，实行水资源消耗总量和强度双控行动，制定科学合理的取用水标准，降低对一个区域或者一个流域的水资源开发量和水资源利用率，实现一个区域或流域的水资源可持续利用，更好地满足广大人民群众对美好生态环境需求，进一步落实最严格水资源管理制度。

（一）水资源标准发展历程

1. 从标准到标准体系

我国水资源标准化的发展历程是中国社会经济发展和制度变迁的缩影。我国20世纪50年代以学习苏联经验为主，1956年制定的《水文测验暂行规范》为最早的水利标准。历年标准体系表中水资源标准情况如下：

（1）1988年版《水利水电勘测设计技术标准体系》：第一部水利水电标准体系表，1988年由原能源部和水利部联合编制。共有127项标准，主要是大中型水利水电工程的勘测设计类标准，其中在“通用标准”中涉及水资源的2项：SLJ 5—81《江河流域规划编制规程》和《河流水电规划编制规范》（拟编）。

（2）1994年版《水利水电技术标准体系表》：1994年9月水利部技术监督委员会办公室编印，共有45项标准，主要包括“水文、水资源及环境保护类”专用标准。从标准数量来看，以水文标准为主，只有《水资源水质评价规范》和《水资源公报编制导则》2项拟编水资源标准。

（3）2001年版《水利技术标准体系表》：水资源学因日益突出的水资源问题而逐渐受到重视。水资源与水文的不同点在于水资源是以研究评价、合理开发利用与保护水资源为总目标。水文学是以自然界水为研究对象，以研究水文规律为主要目标，是水资源的科学基础。该版体系表共有615项标准，在专业设置上有所改变，以“水文水资源”专业设立，但又细化出“水资源”专业，其技术标准20项。2003年发布的《水利信息标准化指南（一）》将《水资源术语》编制纳入标准体系。

（4）2008年版《水利技术标准体系表》：随着水资源专业的不断发展，该版体系表中“水资源”以单独专业出现在标准体系中，共有942项标准。其中水资源技术标准69项。

（5）2014年版《水利技术标准体系表》：体现了水利技术标准的创新发展，重在优化、重组、整合，标准由942项精简为788项，但水资源标准由69项增加到了77项，不仅优化了水资源标准，还对水资源标准进行了补充，如补充了《全国水资源分区》《区域供水规划导则》以及高耗水行业建设项目水资源论证系列标准等，体现了最严格水资源管理；补充了《水资源监测要素》，体现了实施水资源的统一监督管理；补充了《入河排污口设置论证报告技术导则》，核定水域纳污能力，提出限制排污总量建议，指导饮用水水源保护工作；将《水资源评价导则》拆分成系列节水评价标准，删减了《节水统计标准》《水务统计技术规程》等，将《用水审计技术大纲编制导则》优化到《用水审计技术导则》（试行），将《水资源术语》优化重组纳入《水文水资源术语》等，使水资源标准体系日趋完善。

近几年，根据水利中心工作的需求，通过签报补充部分水资源急需标准，如SL 201—97《江河流域规划编制规范》、SL 613—2013《水资源保护规划编制规程》等标准。根据国家机构改革，全国节水办承担了原水资源司节水标准管理工作，补充了系列节水标准，再将2008年版现行有效标准纳入2014版的标准，使得现行有效水资源标准达到123项，占现行有效标准总数（925项❶）的13.3%，按照功能序列划分为通用、规划、勘测、设计、监测预测、运行维护、仪器与设备、计量、监督与评价、用水定额、信息化等11类，其功能分布如图2-1所示。其中现行有效的节水标准69项，占现行有效的水资源标准的56.1%。全国节水办高度重视节水标准工作，对节水标准体系进行了全面梳理，形成了以节水标准和节水定额组成的节水标准体系共147项，目前已发布90项（其中21项节水定额以文件形式发布），完成率达61.2%；正在制定57项。

2. 为法律法规提供技术支撑

涉及水资源的法律有《中华人民共和国水污染防治法》《中华人民共和国水法》《中华人民共和国水土保持法》《中华人民共和国防洪法》等。尽管我国水资源立法的时间比较

❶ 资料来源：水利部国科司2019年12月统计数据，包括节水系列标准。

短，但立法数量却大大超过了一般的部门法，一个多层次的水法规体系已初步形成。

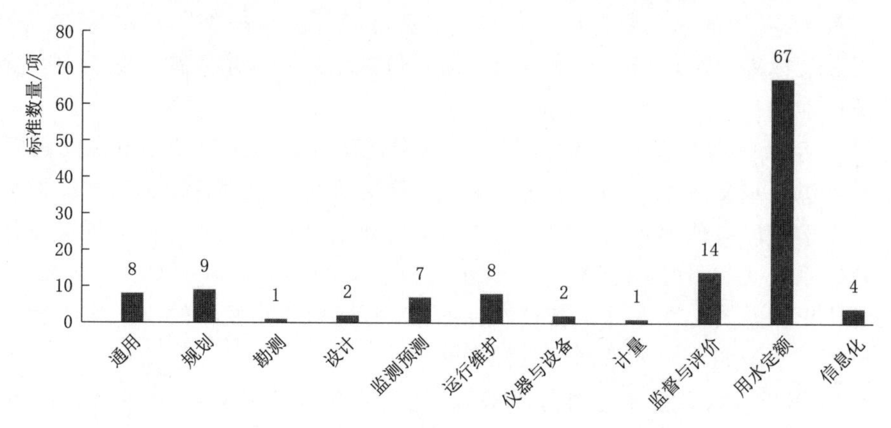

图 2-1　水资源现行有效标准功能分布图

例如 1988 年实施的《中华人民共和国水法》第一条规定："为合理开发利用和保护水资源，防治水害，充分发挥水资源的综合效益，适应国民经济发展和人民生活的需要，制定本法。"2002 年修订后规定："为了合理开发、利用、节约和保护水资源，防治水害，实现水资源的可持续利用，适应国民经济和社会发展的需要，制定本法。"水资源工作得到不断提升和扩展。

水资源标准是水资源法律法规的一个组成部分，是水资源法律法规和政策的"数字化"表现形式。水资源可持续利用管理重要依托和手段的水资源可持续利用技术标准与规范建设相对薄弱，使管理工作缺乏统一的标准或技术要求。因此，加强水资源可持续利用技术标准体系建设是当前一项迫切的任务，对贯彻新《中华人民共和国水法》具有重要意义。水利部"三定"方案职能的调整，从体制上加强了对水资源的统一管理、提高了水资源利用效率、促进了水资源的合理配置。2011 年中央 1 号文件明确提出，实行最严格的水资源管理制度，建立用水总量控制、用水效率控制和水功能区限制纳污"三项制度"，相应地划定用水总量、用水效率和水功能区限制纳污"三条红线"。2012 年 1 月，国务院发布了《关于实行最严格水资源管理制度的意见》，这是继 2011 年中央 1 号文件和中央水利工作会议明确要求实行最严格水资源管理制度以来，国务院对实行该制度作出的全面部署和具体安排，是指导当前和今后一个时期我国水资源工作的纲领性文件。2014 版水利技术标准体系表水资源技术标准的突增、优化也说明了这一点。

从水资源标准体系发展历程可以看出，水资源标准是应运国家大政方针和法律法规的落地抓手不断推出、国家的水事实践和水资源要务不断彰显、水利水资源管理职能得到不断显现的需求而发展，也充分体现出水利中心工作的不断调整和转移，从传统水资源管理向精细化、节约型发展。

习近平总书记指出，应对水危机、保障水安全，必须坚持"节水优先，空间均衡，系统治理，两手发力"治水思路。当前关键环节是节水。从开发建设工程、拓展供水渠道转向侧重提高用水效率，抑制不合理需求，通过节水加速推进用水方式由粗放向节约集约转变，以水资源可持续利用推进经济社会可持续发展。节水成为我国水利事业可持续发展的现实需求。水利部在节水行动规划中提出的“健全节水标准体系”，到2022年节水标准达到200项以上，基本覆盖取水定额、节水型公共机构、节水型企业、产品水效、水利用与处理设备、非常规水利用以及水回用等方面。目前受国内装备制造业整体水平和基础能力的制约，节水水平与部分发达国家仍有差距。从海水淡化技术领域来看，我国与国际先进水平相比，还有二三十年的差距。一些地下水超采地区，还未具体提出地下水开采强度控制标准；我国在地下水回灌与地下水污染的原位修复等技术方面，与国外发达国家也还存在较大差距。水量、水生态、定额等计算方法缺乏统一的标准。目前节水标准已发布90项（其中21项节水定额以文件形式发布），正在制定57项，仍不能满足当前形势所需，需要不断补充、扩展、细化、提升。

（二）应用及实施情况

1. 实施及作用情况

据调查，90%以上的水资源专业门类标准被广泛使用，使用频繁度和顾客满意度见图2-2和图2-3。

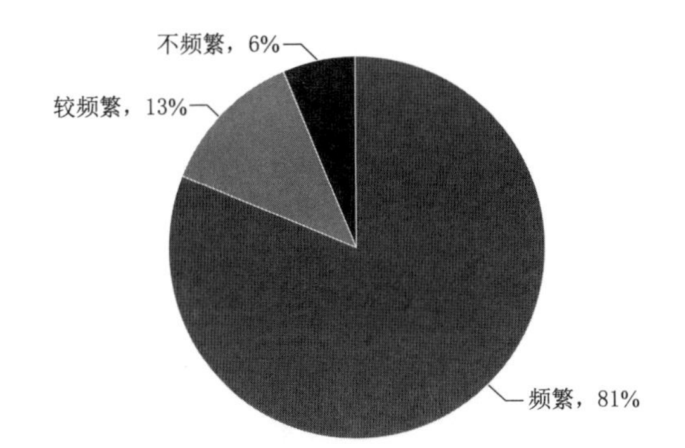

图2-2　水资源专业门类标准使用频繁度

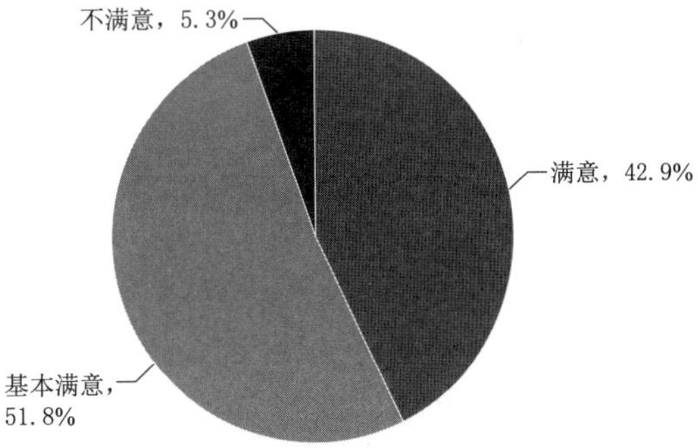

图2-3　水资源专业门类标准顾客满意度

水资源专业门类标准主要适用于规范水资源规划、水资源论证、非常规水资源利用、地下水开发利用、水源地保护、水生态系统保护与修复、水功能区划与管理、节水等方面，主要包括通用、规划、设计、评价、监测预测、计量类标准。评价类标准主要用于规范各类建设项目水资源论证、水功能区水质评价、河湖健康评价等方面，如SL 763—2018《火电建设项目水资源论证导则》适用于不同类型、不同规模的新建、改建和扩建火电建设项目水资源论证。

水资源专业门类标准的用户主要集中在行政管理部门、设计单位、科研院所、大专院校等，占用户总数的63%。其他用户分布见图2-4。

水资源专业门类标准的作用主要体现在：一是在节约用水方面，为实现节水目的，通过编制发布节约用水方面的基础要求、节水技术、方法等指导性标准，为我国节约用水建设和管理提供科学依据，如GB/T 32716—2016《用水定额编制技术导则》在指导和规范《用水定额》的编制和修订时发挥了较好的作用，使用领域及对象广泛，在支撑水利工作、提高水利工程质量、促进水利行业科技进步、促进水利科技成果推广应用、保障人民群众健康和生命财产安全中发挥了良好的作用，产生了良好的社会效益、经济效益、环境效益。二是水生态保护方面，积极利用标准化手段，规范生态保护要求和方法，编制发布了综合技术、规划、评价导则、设计等方面标准，在水生态保护中发挥了积极的引导和建设作用。如 SL 613—2013《水资源保护规划编制规程》，从工作内容、深度要求、技术方法等统一了规划编制的基本原则、技术要求，规定了水资源调查及评价的内容和方法，对地表水功能区如何复核和划分，规划目标和总体布局，入河排污口布局与整治、面源及内源污染控制与治理、水域纳污能力与污染物入河量控制方案的编制，地下水资源及饮用水资源地保护与监测和综合管理，水生态系统保护与修复，保证水资源规划编制的水平和质量，适用于大江大河、重要湖泊（水库）等流域或区域的地表水和地下水水资源保护规划的编制。SL 709—2015《河湖生态保护与修复规划导则》的实施解决了不同的地域、气候、水文等自然条件下和伴随着污染原因不同、人类的活动规律等因素的影响，该标准在指导编制国家、流域和地方的河湖生态修复规划或流域（区域）水利综合规划的河湖生态修复方面发挥了指导作用。三是水资源配置方面，在统一的水循环系统下，实行“高水高用，低水低用”，以及特殊情况下水资源应急分配预案的制定，如 SL 726—2015《区域供水规划导则》、SL 459—2009《城市供水应急预案编制导则》等。

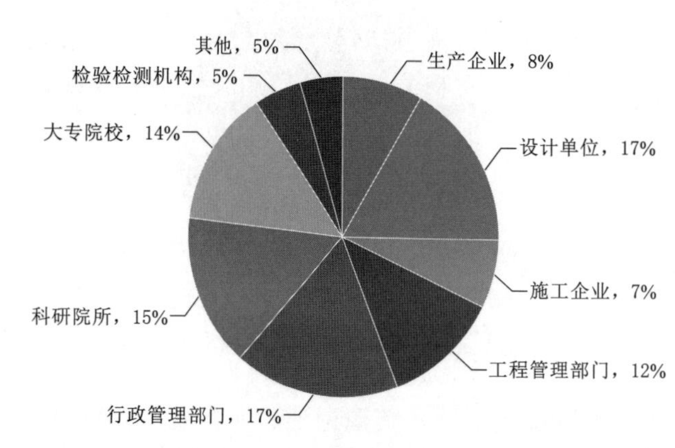

图 2-4 水资源专业门类标准用户分布情况

2. 评估结论与建议

2019 年 9 月对水资源专业门类 53 项标准进行评估，其中 25 项效果好，占 47%；15 项较好，占 28%；11 项一般，占 21%；2 项较差，占 4%，见图 2-5。

鉴于标准内容、使用情况、满意度以及专家评估结果，建议 9 项标准继续有效，占 17%；32 项标准需要修订，占 60%；4 项标准并入其他标准，占 8%；6 项标准直接废止，占 11%；2 项标准转为规范性文件，占 4%，见图 2-6。

3. 存在的不足及建议

对使用频繁度低、使用效果一般或较差、顾客不满意的标准进行分析；对于适用单位极少，技术指标适宜性不合理，实施效果较差的标准，给出了建议。如 SL 63—1994《地表水资源质量标准》，使用单位极少，技术指标适宜性不合理，建议直接废止；对于内容过时，不适用或已不用的标准，如 SL 459—2009《城市供水应急预案编制导则》、GB/T 17367—1998《取水许可技术考核与管理通则》、SL/Z 467—2009《生态风险评价导则》等，内容过时，不适用，予以废止；对于实施效果一般，使用单位较少，内容简单，对实际工作的指导性不足，实际操作性不强的标准，如 SL 726—2015《区域供水规划导则》、SL/Z 738—2016《水生态文明城市建设评价导则》，建议转为规范性文件。

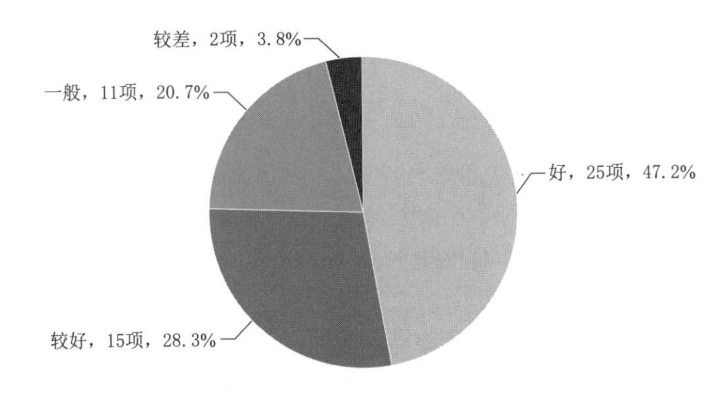

图 2-5　水资源专业标准实施效果

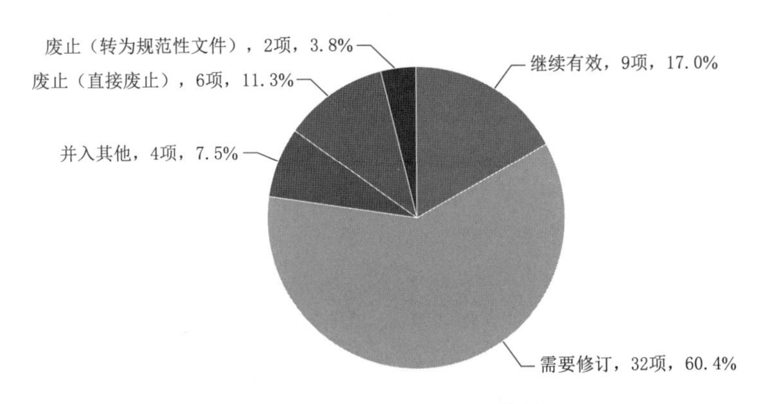

图 2-6　水资源专业标准评估结论

[典型标准案例 1]：《建设项目水资源论证导则》

1. 标准基本信息

（1）产生的背景。我国是世界上水资源严重短缺的国家之一，人均水资源量仅为世界水平的 1/3。随着经济社会的快速发展，对水资源的需求急剧增加，水资源供需矛盾越来越突出。与此同时，由于缺乏水资源节约保护意识和必要的管理手段，许多地方用水方式粗放，产业结构不合理，污染物排放水平居高不下，造成严重的水资源浪费和水污染状况，更加剧了水资源的短缺和生态环境的恶化。有些地方为了追求经济利益，不顾当地水资源条件而盲目上高耗水、高污染项目，无节制地开发利用水资源，导致江河断流、湖泊萎缩、水质恶化和地下水超采，其危害触目惊心，对我国生态安全和经济安全构成了直接威胁。在此背景下，如何进行科学的水资源开发利用和保护好水环境成为关注的重点。

水资源论证是根据国家相关政策、国家以及当地水利水电发展规划、水功能区管理要求，依据江河流域或者区域综合规划以及水资源专项规划，对新建、改建、扩建的建设项目的取水、用水、退水的合理性以及对水环境和他人合法权益的影响进行综合分析论证的专业活动，采用水文比拟法对已有的数据进行年径流计算、设计径流月分配等，对建设项目取用水的合理性、可靠性与可行性，取水与退水对周边水资源状况及其他取水户的影响进行分析论证，促进水资源的优化配置和可持续利用，保障建设项目的合理用水要求。为规范建设项目水资源论证工作，指导水资源论证报告书的编制和审查，需要尽快建立水资源论证技术标准体系，以更好地贯彻水资源论证制度，为取水许可审批提供技术支撑。

《中华人民共和国水法》和水利部、国家计委15号令《建设项目水资源论证管理办法》，对提高取水许可审批的科学性和管理水平，优化配置水资源，保障建设项目的合理用水要求，实现水资源可持续利用等方面发挥了重要作用。同时，《建设项目水资源论证管理办法》对水资源论证报告书的编制基本要求做了规定。由于全国各地水资源条件、项目情况等千差万别，论证报告书编制内容繁简不一，各编制单位对论证报告书编制基本要求理解不统一，专家评审中对有关技术方面的尺度不好把握等，影响了水资源论证工作质量。随着全国水资源论证工作普遍开展，这些问题越发突出，急需技术标准加以规范。

（2）历次版本信息：

——SL/Z 322—2005《建设项目水资源论证导则（试行）》

主要内容包括：总则，水资源论证内容及工作等级、范围与程序，建设项目所在区域水资源状况及其开发利用分析，建设项目取用水合理性分析，建设项目取水水源论证，建设项目取水和退水影响论证，特殊水源论证要求及部分典型行业论证补充要求，并给出了《建设项目水资源论证工作大纲》编制提纲和《建设项目水资源论证报告书》编写提纲。适用于水资源论证报告书的编制和审查。

该标准是为了适应建设项目水资源论证制度实施需要而编制的，对水资源论证中涉及的各方面工作做了详细、全面的指导和规定，指导论证报告书的编制和审查，为水资源论证报告书编制工作提供了基本的技术思路、方法，规定了论证技术流程和编制框架，解决了论证中的关键技术问题，为水资源论证分析工作提供了重要的技术依据，并于2007年荣获“中国标准创新贡献奖”二等奖。

——SL 322—2013《建设项目水资源论证导则（试行）》（替代SL/Z 322—2005）

该标准主要内容包括：总则，术语，水资源论证内容、等级和程序，论证范围，水平年及基本资料，水资源及开发利用状况分析，取用水合理性分析，地表水取水水源论证，地下水取水水源论证，取水影响和退水影响论证，综合评价。与SL/Z 322—2005相比，在水资源论证内容、等级、程序、范围、水平年及基本资料、取用水合理性分析、取水水源论证、取水影响和退水影响论证等做了详细的技术规定。适用于水资源论证报告书的编制和审查。

——GB/T 35580—2017《建设项目水资源论证导则》（替代SL 322—2013）

该标准规定了水资源论证原则、内容、工程程序和技术方法等，明确了建设项目的取用水和退水等环节的论证要求。适用于申请取水的新建、改建、扩建的建设项目水资源论证报告书的编制。

2．标准编制及创新

根据《取水许可制度实施办法》和《水利产业政策》，编制SL/Z 322—2005《建设项目水资源论证导则（试行）》（以下简称《导则》），其主要针对所有的与水资源有关的建设项目立项前期设立的技术标准，调整建设项目立项对水资源影响的强制性条文。《导则》要求所有的建设项目须提交水资源论证报告，方可进行下一步立项程序。实施以来，在全国产生巨大的影响。经济效益再好的项目，如果没有合理的水源或无法通过水资源论证，同样不能立项。从科学发展观的角度来看，以基础性自然资源和战略性经济资源的水资源为评判标准，作为评价建设项目立项与否的主要因素，符合科学发展观的基本要求。选择这一标准来评价，有着鲜明的代表性和符合科学发展的重要意义。标准的创新点体现在：

（1）理念上的创新。一是首部全面涵盖水资源领域的技术规范，内容丰富、全面、系统，非常切合水资源管理的实际需求，突破了其他的一些水资源技术规范对单一环节进行分析评价的局限。内容涉及水量、水质、水温和水能等水资源的四大要素，涉及取水、供水、用水、耗水、排水完整的用水过程，涉及地表水和地下水以及其他非常规水源的利用。前后内容相互联系，极富系统性。二是紧密结合了建设项目当前和未来的用水形势，对污水再利用水源、调整取水用途水源和混合水源等特殊水源，以及高耗水、重污染等部分典型行业（项目）论证都给出了专门要求，符合国家产业和节水政策要求，针对性强，便于实际应用。

（2）技术方法上的创新。一是首次创造性地提出了水资源论证工作的分析范围、论证范围、论证工作等级和等级划分的指标体系，同时还给出了论证工作大纲和报告书编写提纲，便于把握论证工作的深度要求和编写框架，极大地增强了论证报告书编制的操作性。二是首次提出开展建设项目取水退水对其他用水户的影响论证，并提出了影响补救补偿措施的技术方案建议，从而对保护其他用水户和生态环境的用水权益提供了技术基础，提高了人们的保护意识，并提前避免了大量的水事纠纷。三是结合项目和区域情况，在水资源管理和论证中首次明确提出水利水电开发项目下泄的最小水量应保证生态用水量，为其他用水和生态环境用水权益的保护提供了有力的保障，协调了生活、生产、生态用水。

（3）应用上的创新。一是该标准是水资源论证工作唯一的技术依据，指导全国各地论证工作普遍而深入地开展。另外，该标准不但在水利部门得以大量使用，而且在电力、建设、国土、环保、铁道、国防等行业的生产、设计、科研和高校单位得以使用，其应用面非常广泛。二是充分考虑了我国幅员辽阔，自然条件复杂，水资源的地区分布不均，经济发展不平衡以及水资源的开发利用程度和供需矛盾差别很大，具体指标难以涵盖不同地区的所有情况的现状，论证的要求定性准确，定量有一定幅度，应用时可结合实际情况选定，符合我国的实际情况，便于操作。

3. 标准作用分析

建设项目水资源论证制度的实施，对于优化流域及区域间水资源配置，加强取水许可管理，为建设项目提供可靠的水量和水质保障，保障水资源的平衡和安全，提高水资源的利用效率和使用效益，发挥水行政主管部门的公共管理和社会服务职能，对支撑和服务区域经济的发展发挥了重要的作用。

（1）作为制度纳入基本建设程序，限制了高耗水、重污染项目的建设。水资源论证和取水许可已纳入基本建设程序。凡需要申请取水许可的新建、改建和扩建的建设项目，必须进行水资源论证，编制水资源论证报告书。论证报告及其审查意见作为申请取水许可的基本要件，在微观层面上已成为落实国家水资源政策和规划目标的重要措施。大量实践应用证明，严格按照《导则》的编制和审查建设项目水资源论证报告书，全国有一批建设项目因不符合国家产业政策或不能满足当地水资源和水环境承载力而未能上马，限制了高耗水、重污染项目的建设；大多数建设项目通过论证审查核减了取用水量，即节约了水资源又减少污染物排放；提出的取水、用水和退水对水生态、水环境和相关人的影响的补救措施和补偿方案建议，最大限度地减少了建设项目不利影响，维护社会稳定；对于水资源供需矛盾和水污染问题突出的流域，可从根本上促进产业结构的调整，推动经济发展布局与水资源的协调发展。

（2）充分论证取退水影响，避免水事纠纷的发生和水生态恶化。不符合《导则》对退水方面规定的项目一律不予审批。按照《导则》的规定，整体上项目退水减少5%～20%，有相当一部分项目实现零退水、零排放，促进了水生态保护；《导则》规定建设项目取水应对河流生态水量留有余地，使生态用水得到合理保证，从而极大地改变了过度开发水资源的不利态势，保证了河流的合理生态流量，遏制了地下水超采而引发的地面沉降、塌陷、海水入侵等趋势、通过对建设项目取退水对周边地区、上下游地区的影响分析以及对当地其他用水户的潜在影响分析等，缓解了区域之间、用水户之间水资源的供需矛盾和水事纠纷。同时当建设项目确实对其他取水户产生影响时，论证报告也提出了相应的补偿方案建议和经济分析。

（3）提高了用水效率，降低了投资和决策风险。通过对建设项目用水合理性分析，提高了水资源利用效率，全国建设项目节水水平普遍提高10%～20%，有些项目提高超过50%。此外，通过对水源可靠性和可行性论证，保障了建设项目用水安全，也避免了项目的盲目投资、盲目建设，对当地水资源确实难以满足的建设项目，能够在其立项前即提出警示，为当地政府决策提供了水资源方面的依据。

（4）节约了资金，促进水资源的优化配置。按照《导则》的要求，各地在水源、供水、用水、耗水、排水各个环节，对建设项目取水水源等方面进行了充分的分析和论证，促进了建设项目采用先进的节水工艺、技术和用水定额，保证了项目的合理用水，通过科学论证，对项目用水水源保障性进行了充分的测算，避免了未来供水不足而带来的巨大的经济损失，一定程度上节约了资金，也使有限的水资源得到了合理利用。

《导则》正式颁布实施以来，在水利、电力、环保、国土资源、建设等十几个行业近万个建设项目的水资源论证工作中得以广泛应用，仅在《水利水电技术标准服务系统》（2020年5月28日—6月22日）不到一个月的时间内，该标准被访问次数296次，下载次数76次，使用非常频繁，成为全国各个流域机构和各级水行政主管部门及审查专家开展建设项目水资源论证工作的唯一的技术依据。《导则》作为我国水资源论证制度首部技术性规范，在理念、技术方法和应用上均作出了开拓性工作。通过对项目取水退水影响的分析，提出了对受影响的其他用水户（包括生态用水户）的补偿措施，很大程度上减少了其他用水户的经济损失。同时重视非传统水源的开发利用，一些地区还推动了水权转换的实施，使水资源流向效益更高的项目（行业），促进了水资源的优化配置。

（5）提高了取水许可管理水平。建设项目水资源论证是立足我国国情的一项新的水资源管理制度，制度的本身具有创新性，而该《导则》的发布实施也为国际水资源管理领域技术工作填补了一项空白。

实施水资源论证制度是以水资源为基础，指导建设项目合理布局，保障建设项目的合理用水要求，促进水资源的优化配置和可持续利用的重要措施，为科学审批取水许可提供可靠的技术支撑。《导则》是我国第一部关于建设项目水资源论证方面的开创性标准，近几年的实践应用表明，标准的技术内容科学、实用，为我国开展取水许可审批工作提供了强大的技术支撑，极大地推动了水资源论证工作向广度和深度的开展。

在《导则》的指导和规范要求下，水资源论证报告成为水行政主管部门审批取水许可的技术依据，大大提升了主管部门审批取水许可的科学化和规范化水平，很大程度上避免了取水许可审批和水资源管理上的失误，公众利益、取水户和他人的合法权益得到了有效保护，促进了水资源管理水平的提高。

(6) 各行各业普遍运用。《导则》作为水资源论证唯一的技术标准随着论证工作的深入开展，在论证编制、审查和培训工作中得以普遍运用。2002 年以来，全国共有 6000 多个建设项目进行了水资源论证，这些项目涉及水利、电力、化工、冶金、农业、生态、造纸、医药、交通、建设等数十个主要行业，部分地区已涉及重大建设项目的布局、工业园区（开发区）以及不同产业间“取水权”的置换与转让的水资源论证。如“首钢搬迁建设曹妃甸钢铁项目”水资源论证、曹妃甸循环经济示范区产业发展总体规划水资源论证、黄河流域农业灌溉用水转让发电用水的水资源论证等。这些项目的水资源论证大多是在 2005 年《导则》颁布后根据其要求进行编制和审查的。另外，《导则》还在水利部开展的日常监督检查和论证报告书抽查工作中发挥了重要的作用。2006 年底在第一次报告书抽查工作中，水利部对于虽已通过地方评审但抽查不符合《导则》要求的报告书予以了全国通报，并限期整改。

(7) 带动水资源论证产业发展。全国从事水资源论证的队伍也发展迅速，参与论证报告书编制、审查和管理的工作队伍规模已超过两万人。已涉及水利、建设、农业、国土资源、电力、环保等各行业的生产、设计以及大专院校和科研单位，基本形成了多领域、多学科的论证工作队伍。此外，全国 7 大流域机构和各个省级水行政主管部门都有专门的部门和人员从事水资源论证的管理工作。

4. 标准实施

2020 年 6 月，通过中国水利水电科学研究院标准化中心微信群对《建设项目水资源论证导则》进行调查，收到答卷 44 份，评价的设计单位占 36.4%，其次是科研院所和行政管理部门各 25%；参与评估的人员工作年限在 5 年以上的占 84.1%，其中在 10～15 年的居多，占 37.9%。其次是 5～10 年的占 36.4%，20 年以上的占 6.8%；标准的主要应用专业见图 2-7。

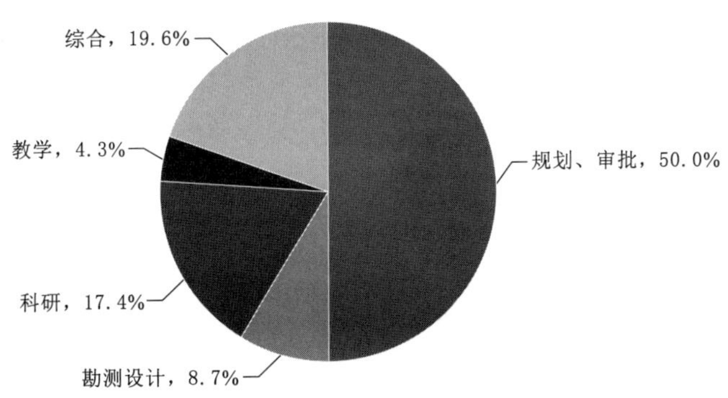

图 2-7 《建设项目水资源论证导则》应用专业统计图

细化评估内容，从统计学角度出发，将评估结果分为“好、较好、一般、较差”，问卷结果见表2-2。

5. 标准效益

水资源论证作为制度纳入基本建设程序，限制了高耗水、重污染项目的建设。全国水资源论证项目涉及水利、水电、化工等十多个主要行业，范围广，影响大。全国几百个用水不合理项目被否定，维护了水资源论证工作的严肃性和权威性。带动了水资源论证产业发展，生态效益明显。

表2-2　《建设项目水资源论证导则》及实施情况调查结果统计

一级指标	二级指标	三级指标	评估结果	票数	结论占比
1 标准自身水平	1.1 适用性	1.1.1 技术指标能否满足标准制定时的目的	好	38	86.4%
			较好	6	13.6%
			一般		
			较差		
		1.1.2 技术指标能否满足现有水平的要求	好	30	68.2%
			较好	11	25.0%
			一般	3	6.8%
			较差		
	1.2 先进性	1.2.1 与国际标准、国外行业水平相比	好	13	29.5%
			较好	27	61.4%
			一般	2	4.5%
			较差		
	1.3 协调性	1.3.1 与法律法规协调一致性	好	28	63.6%
			较好	14	31.8%
			一般	2	4.5%
			较差		
		1.3.2 与国内其他标准的协调一致性	好	23	52.3%
			较好	18	40.9%
			一般	3	6.8%
			较差		
	1.4 可操作性	1.4.1 要求符合实际	好	24	54.5%
			较好	17	38.6%
			一般	3	6.8%
			较差		

续表

一级指标	二级指标	三　级　指　标	评估结果	票数	结论占比
2 标准实施情况	2.1 推广情况	2.1.1 标准传播	好	28	63.6%
			较好	13	29.5%
			一般	2	4.5%
			较差	1	2.3%
		2.1.2 标准衍生材料传播	好	14	31.8%
			较好	22	50.0%
			一般	7	15.9%
			较差	1	2.3%
	2.2 实施应用	2.2.1 被采用情况	好	34	77.3%
			较好	10	22.7%
			一般		
			较差		
		2.2.2 工程应用状况（工程建设、运行维护、工程管理）	好	33	75.0%
			较好	10	22.7%
			一般	1	2.3%
			较差		
	2.3 被引用情况	2.3.1 被法律法规、行政文件、标准等引用	好	22	50.0%
			较好	15	34.1%
			一般	6	13.6%
			较差		
3 标准实施效益	3.1 经济效益	3.1.1 降低成本	好	28	63.6%
			较好	12	27.3%
			一般	4	9.1%
			较差		
		3.1.2 缩短工期	好	24	54.5%
			较好	14	31.8%
			一般	5	11.4%
			较差		
		3.1.3 工程节约	好	31	70.5%
			较好	11	25.0%
			一般	2	4.5%
			较差		

续表

一级指标	二级指标	三 级 指 标	评估结果	票数	结论占比
3 标准实施效益	3.1 经济效益	3.1.4 提质增效	好	29	65.9%
			较好	14	31.8%
			一般		
			较差		
	3.2 社会效益	3.2.1 公共健康和安全	好	29	65.9%
			较好	11	25.0%
			一般	4	9.1%
			较差		
		3.2.2 行业发展和科技进步	好	28	63.6%
			较好	14	31.8%
			一般	2	4.5%
			较差		
		3.2.3 公共服务能力	好	30	68.2%
			较好	11	25.0%
			一般	3	6.8%
			较差		
	3.3 生态效益	3.3.1 资源节约	好	34	77.3%
			较好	10	22.7%
			一般		
			较差		
		3.3.2 资源利用/节能减排	好	31	70.5%
			较好	12	27.3%
			一般	1	2.3%
			较差		
		3.3.3 改善生态环境	好	33	75.0%
			较好	9	20.5%
			一般	2	4.5%
			较差		

（1）经济效益。自开展建设项目水资源论证工作 4 年来，经流域机构、省级水行政主管部门负责审查通过的论证报告共有 2000 余份，全国累计完成审查的水资源论证报告超过 6000 份，涉及水利、水电、化工等十多个主要行业。实现的节水效益：一般项目减少

取水 10%～20%，有些项目减少 50%；实现的减排效益：退水减少 5%～20%。由于取水和用水不合理、用水可靠性差、不利影响严重以及有关程序不合理等原因，全国有近百个论证报告被否定，一些项目还受到严肃处理，加强了取水许可的科学审批，维护了水资源论证工作的严肃性和权威性。

（2）社会效益。我国正处于经济快速发展时期，建设的步伐不断加快，这种状态还会持续一个较长的时期，为保证水资源的可持续利用，避免严重的水危机，水资源管理的力度也得到加强，作为水资源管理工作的重要而有效的手段——水资源论证工作也将更加深入地开展。对建设项目所在的水源条件进行深入分析，提高了项目合理用水的保证程度，同时针对不同用水水质要求选择不同水源配置方案，大大减少了传统水资源的用量，相应地节约了水资源，促进了水资源的优化配置，缓解了水资源的供需矛盾。《导则》的应用领域也越来越广，如在水权转换，各类“开发区”及国民经济和社会发展规划，城市总体规划，重大产业规划（建设项目布局），污水处理回用，矿坑排水、海水等非常规水资源利用等方面将会发挥重要的指导作用。

（3）环境效益。根据《导则》要求，通过水资源论证，限制了取水和用水不合理、用水可靠性差、不利影响严重以及有关程序不合理等建设项目的审批，严格控制高耗水、高污染建设项目的上马，保障了水资源环境的健康发展。

6. 实施效果评估结论

2019 年 9 月对该标准实施效果进行评估，结果为实施效果“好”，对有效支撑水利中心工作，在提高水利工程、产品或服务质量，促进水利行业科技进步与科技成果推广应用，保障人民群众健康和生命财产安全，提高经济效益、社会效益和环境效益等方面效果好，建议“继续有效”。

7. 标准的拓展

随着国家大政方针的不断调整以及科技的突飞猛进，SL/Z 322—2005 也得到了及时修订和补充，由行业指导性文件（试行），升为行业强制性标准。SL 322—2013 实施后，得到各行各业广泛应用，并上升为国家标准 GB/T 35580—2017。水利部针对专项项目，针对高耗水行业编制、发布了 SL 525—2011《水利水电建设项目水资源论证导则》、SL 747—2016《采矿业建设项目水资源论证导则》、SL 763—2018《火电建设项目水资源论证导则》、SL/T 777—2019《滨海核电建设项目水资源论证导则》和 SL/T 769—2020《农田灌溉建设项目水资源论证导则》等。严格规划管理和水资源论证、严格控制流域和区域取用水总量、严格实施取水许可、严格水资源有偿使用，加强红线管理，进一步探索以生态优先、绿色发展为导向的新发展路子。以水定产、以水定城，生态优先，绿色发展，把水资源、水生态、水环境作为刚性约束，贯彻到发展改革各项工作，节约用水、环境友好，使有限的水资源支撑经济社会发展。经过努力，严格水资源管理制度实施以来，已经取得了积极进展和成效。“十二五”期间，我们国家用水大概只增长了 1.3%，国内生产总值增长了 46%。“十三五”以来，我国用水总量稳定在 6100 亿 m^3 之内，2017 年为 6043 亿 m^3，这几年我国经济也保持着中高速的增长水平，基本上是平衡的。所以，用水效率和效益都在不断提高，同时重要江河湖泊水功能区水质达标率也在逐步提升。

[典型标准案例2]：GB/T 28284—2012《节水型社会评价指标体系和评价方法》

1. 标准编制目的

节水型社会是资源节约型和环境友好型社会的重要内容，其内涵在不断发展。目前阶段其内涵有水资源统一管理和协调顺畅的节水管理体制；政府主导、市场调节、公众全面参与的机制和健全的节水法规与监管体系；节水体系完整、制度完善、设施完备、节水自律、监管有效、水资源高效利用，产业结构与水资源条件基本适应，经济社会发展与水资源相协调等。

《中华人民共和国水法》明确提出“国家厉行节约用水，大力推行节约用水措施，推广节约用水新技术、新工艺，发展节水型工业、农业和服务业，建立节水型社会。”2001年以来，我国开展了节水型社会建设工作，通过制度建设，着力构建全社会自觉节水的新机制，大力提高水资源利用效率和效益。各省（自治区、直辖市）节水型社会建设工作均取得积极进展，但在评价考核时存在量化困难等问题，主要原因在于国内有关部门、科研机构提出的节水指标较多，很多指标定义不一致，统计口径不同，统计数据往往相差很大，对数据使用造成一定困难。因此，制定《节水型社会评价指标体系和评价方法》国家标准，是我国节水型社会建设和管理工作的迫切需要。

2. 标准内容介绍

本标准主要内容有：节水型社会建设评价指标体系的构成，指标内涵及计算方法；推荐了指标权重计算方法、参考权重和评价方法。

(1) 评价指标体系的构成：节水型社会评价指标体系中，人均GDP增长率、万元GDP用水量、农田灌溉水有效利用系数、万元工业增加值取水量、工业用水重复利用率、城镇供水管网漏损率、人均用水量和城镇人均生活用水量都是国际通用指标，在水资源条件和经济发展程度类似的国家之间具有可比性。其余指标（注明适用范围的除外），都是国内通用指标，在水资源条件和经济发展程度类似的地区之间具有较强的可比性。

(2) 指标分类：在生活用水指标中，鉴于目前农村生活用水主要是保障供给问题，本标准暂未将农村生活节水指标作为评价指标。参考指标中的5个指标都是重要指标，其中人均用水量和城镇人均生活用水量2个指标是通用指标，但节水水平和生活水平提高对其数值变化具有不同方向的影响，无法对其进行直观评价，故作为参考指标；水资源开发利用率、地下水水质达标率和地下水超采程度是在特定类型区必须考虑的指标，亦作为参考指标。

(3) 指标内涵及计算方法：取水总量控制度和非常规水源利用替代水资源比例2个指标的计算方法以及节水管理机构、水资源和节水法规制度建设、节水型社会建设规划、节水市场运行机制、节水投入机制、节水宣传与大众参与6个定性指标评分计算方法，是广泛征求相关专家意见后确定的。其余指标的计算方法都是通用的方法。工业用水重复利用率，该指标中采用的工业用水总用水量和重复利用水量，很多地区缺乏统计资料，实际计算时，应由地方节约用水办公室采用抽样调查的数值，用加权计算的方法确定。

(4) 节水型社会评价方法：本标准推荐的节水型社会评价方法比较科学，但操作有些复杂。各地亦可由专家直接确定指标权重，采用比较简单的加权计算评价方法。

3. 标准实施效果

(1) 节水管理都得到了全面加强，各个达标县区都强化用水定额和计划用水管理，将城镇非居民用水单位都纳入计划用水管理，全面推进了水价改革，水资源费征缴都做到了应收尽收，有九成以上的县区实现了城镇居民阶梯水价制度和非居民用水户超计划超定额的累进加价制度，一半以上的县区建立了节水奖补机制，激励再生水的利用。

(2) 各个领域节水成效明显。在农业节水方面，各个达标县都积极开展灌区节水改造，优化种植结构，提高灌溉水利用效率。工业方面，加快节水型企业建设，科学制定各行业用水定额，优化高耗水工业空间布局。还有城镇节水，推行供水管网改造，严格控制城市景观用水，全面建设节水型城市，加快非常规水的利用，逐步提高非常规水利用比例。

(3) 节水单位建设成果显著。各达标县重点用水行业节水型企业和公共机构节水型单位平均建成率超过了50%。以实施节水灌区改造为重点，大力推进节水工程建设，提高计量设施安装率。严格市场准入、节水器具更换、加大节水宣传等，这65个县市节水器具普及率都接近百分之百。

(4) 宣传教育不断深入。各达标县大力加强宣传教育，在如“世界水日”“中国水周”，开展多种形式的教育。

2020年力争在北方地区40%以上、南方地区20%以上的县级行政区达到节水型社会的标准。按照国家节水行动的有关部署，到2035年全部达到节水型社会的标准。

4. 实施效果评估结论

尽管该标准在实施工作中发挥了较大作用，在提高水利工程、产品或服务质量，促进水利行业科技进步与科技成果推广应用，保障人民群众健康和生命财产安全，提高经济效益、社会效益和环境效益等方面有一定的效果，但该标准的评价指标及其确分方法过于繁琐，难以在实践中应用，在实施过程中还存在不能完全满足有效支撑水利中心工作，评估等级为“一般”。建议“修订”，进一步修改完善指标体系。

[典型标准案例3]:《节水型社会评价标准（试行）》(规范性文件)

1. 标准编制目的

2017年中央1号文件明确提出要开展县域节水型社会建设达标考核，为了更好地贯彻落实中央文件要求，深入贯彻节水优先方针，水利部制定了《节水型社会评价标准（试行）》，并于2017年5月向各省、自治区、直辖市水利（水务）厅（局），新疆生产建设兵团水利局印发《关于开展县域节水型社会达标建设工作的通知》（水资源〔2017〕184号，附《节水型社会评价标准（试行）》），在全国范围内开展县域节水型社会达标建设工作。总体目标为到2020年，北方各省（自治区、直辖市）40%以上县级行政区、南方各省（自治区、直辖市，西藏除外）20%以上县级行政区应达到《节水型社会评价标准（试行）》要求，并要求省级水行政主管部门加强组织领导，制定相应的措施，由各个县级人民政府具体落实目标责任和保障措施。包括北京在内的8个省（直辖市）、65个县（区），积极探索、因地制宜，按照水利部制定的标准和要求，完成了节水型社会建设的各项任务，而且都进行了评估、验收和公示。水利部组织有关单位对这项工作进行了总体核查和现场检查，65个县（区）节水成效十分显著，达到了节水型社会建设的标准，正式公布这65个县（区）为我国第一批节水型社会建设的达标县（区）。

2. 标准主要内容

本标准规定了节水型社会的必备条件、评价方法，并给出了节水型社会评价赋分表以及赋分说明。适用于县级行政区和直辖市所属区（县）节水型社会评价工作。

3. 标准实施情况

全国31个省级水行政主管部门加强组织领导，制定实施措施，强化监督管理和业务指导。各县级人民政府认真落实目标责任和保障措施，扎实推进县域节水型社会达标建设工作。经过努力，北京等8个省级行政区的65个县（区）完成建设任务，并进行了评估、验收和公示。2018年，水利部组织有关单位对各地达标建设情况进行了总体核查，并抽取20个县（区）对灌区、重点工业企业、公共机构、居民小区等节水载体进行了现场检查。根据核查检查结果，第一批公布北京市东城区等65个县（区）均达到了节水型社会评价标准。第二批公布北京市朝阳区等201个县（区）达到了《节水型社会评价标准（试行）》。

[典型标准案例4]：T/CHES 32—2019《节水型高校评价标准》、T/CHES 33—2019《高校合同节水项目实施导则》

1. 标准编制目的

2016年7月，国家发展改革委、水利部、国家税务总局联合印发了《关于推进合同节水管理促进节水服务产业发展的意见》。2019年4月，国家发展改革委、水利部联合印发的《国家节水行动方案》中也明确提出到2022年，建成一批具有典型示范意义的节水型高校。

我国高校数量较多，人员相对集中，用水相对较多，高校合同节水是贯彻习近平总书记"两手发力"的重要措施，"两手"就是指政府和市场两方面，特别是老旧校区加强合同节水，因为新建一个高校可以多用节水的产品，但是老旧校区可以通过节水的企业跟学校签订合同，企业给学校进行节水改造，一方面学校用水量可以大大减少，降低了水费支出，企业投资给学校开展节水建设，通过分成的形式，企业能赚到钱，学校也减少了开支，这就是高校合同节水。

为深入贯彻习近平总书记提出的"节水优先"思路，落实《国家节水行动方案》，教育引导广大学生树立节水意识，养成良好行为习惯和生活方式，加快推进用水方式由粗放向节约集约转变，提高高校用水效率，深入推进高校节约用水有关工作，2019年8月13日水利部、教育部、国家机关事务管理局联合印发了《关于深入推进高校节约用水工作的通知》（水节约〔2019〕234号）。

为了从技术角度更好地指导高校开展合同节水工作，2019年8月30日中国水利学会和中国教育后勤学会发布T/CHES 32—2019、T/JYHQ 0004—2019《节水型高校评价标准》和T/CHES 33—2019、T/JYHQ 0005—2019《高校合同节水项目实施导则》。

2. 标准主要内容

T/CHES 32—2019《节水型高校评价标准》：规定了节水型高校节水管理、节水技术和特色创新的评价指标及评价方法。适用于节水型普通高等学校的评价工作。

T/CHES 33—2019《高校合同节水项目实施导则》：规定了高校合同节水项目准备、

实施、运营维护以及项目完工移交等。适用于全日制大学、独立设置的学院和高等专科学校以及高等职业学校采用合同节水管理模式实施和管理高校节水改造项目。新建或扩建的高校合同节水项目可参照执行。

3. 标准实施效果

两项标准现已在全国各大高校得到广泛应用。2019年9月15日实施以来，据不完全统计，已有近百家高校签订了合同节水管理项目合作意向书/合同，预期的节水效益和对社会的影响示范作用将会比较显著。部分高校实施情况如下：

（1）河北工程大学。河北工程大学进行了合同节水管理试点，他们利用一个暑假实施节水改造，更换了一种节水水龙头，把学生洗澡、洗脸池的污水利用起来，楼上的污水经过简单处理后排到楼下冲马桶，学生回去以后可以带动家庭，对社会文明发挥很好的作用。实施后的用水量大约是实施前的50%左右，学校就少交差不多一半的水费，节水效率十分明显。签一个10年的合同，企业赚钱，学校也得利，10年之后这些设备都是学校的，营造出“政府和市场”双赢的局面。

（2）河北科技大学[❶]。河北科技大学采用合同节水模式改造学生浴室。河北科技大学新校区原采取集中洗浴的方式，学生浴室为两层框架结构，是全校用水量最大的单元，洗浴热水来源为天然气锅炉制取蒸汽经交换器后获得，没有废水回用系统，洗浴器具为普通顶喷花洒，数量为270个，2016—2018年浴室年平均用水量为65978t。

2019年7月，河北科技大学与节水服务企业签订合同，合同期限10年，采取用水费用托管型的合同节水管理模式对浴室进行改造，在经营管理期内，公司开展节水改造，自主经营、自主用工、自负盈亏，为广大师生提供优质、卫生、安全洗浴服务，对浴室进行经营和管理。

项目总投资为1228.82万元，节水改造主要包括供热系统改造、供水系统改造、智能计费系统、节水器具更换等内容。浴室建成后采用空气源热泵方式提供热水，同时配套智能计费管理系统，按流量付费洗浴。

目前，主体工程已基本完工，浴室改造完成后，节水率约为30%，每年可以节约用水15636t，节省水费8.79万元。主要通过以下措施节水：一是价格调整机制，洗浴用水费用从0.03元/L调整为0.039元/L，可以节省10%用水量。二是使用节水器具。使用668个节水型淋浴喷头，可节省20%用水量。三是计费系统节水。按流量付费洗浴，通过智能软件APP可实现洗浴线上支付、查看浴位使用情况、预约、排队等功能。

（3）上海部分高校[❷]。上海市的高校数量多、人员集中，用水量相对较多，节水潜力较大，节水预期效益也较为显著。同时，高校是传播知识、培养理念、立德树人的地方，探索高校合同节水模式建设节水型高校，不仅可以提高高校的用水效率，减少污水排放，降低办学成本，更可以培养学生爱水、节水、惜水意识，从而引领全社会形成节约用水的生活习惯和良好风尚。

2019年5月，上海市水务局会同市发改委、市教委、市财政局、市税务局等多个管

---

❶ 资料来源：河北省水利厅网站。

❷ 资料来源：上海市水务局网站，探索高校合同节水模式 助力节水型高校建设，2019-10-30。

理部门、专家、用水单位以及第三方专业化合同节水服务单位在同济大学组织召开了“2019年合同节水工作推进会”。会上，用水单位同济大学与第三方节水服务企业签订了合同节水项目合作意向书。

2019年7月，上海工程技术大学（逸仙路校区）、上海农林职业技术学院分别与第三方节水服务企业签订了合同节水项目合同书，开始节水改造工作。经过一个阶段的项目运行，节水效果较好。

上海工程技术大学（逸仙路校区）合同节水项目建设主要对校园的18个用水计量点位进行改造智能化工作，包括数据采集仪、智能水表等设备，集成智慧用水管理系统，实现对校园用水计量设备的物联网化，利于及早发现内部漏水及不合理用水等情况，促进水资源的节约和合理利用，进而提升学校用水的精细化管理水平。在项目建设之前，学校使用大量的自来水浇灌绿化、补充景观水、冲洗车辆等，没有合理利用学校的河道水。为此，该校2018年就申请了政府财政资金，并于暑期开展合同节水项目改造工作。该项目处理设备流量为$10m^3/h$，按照一天浇灌绿化4h计算，1年可节省自来水1万多吨。

下一步，上海将按照《高校合同节水项目实施导则》《节水型高校评价标准》，结合上海市高校节水用水实际，因地制宜部署推进高校合同节水工作；联合上海市教委召开高校合同节水管理推进会，积极引导更多的第三方节水服务企业参与合同节水管理，壮大节水服务市场；加强宣传推广，结合“世界水日”“中国水周”等活动，在各大高校中积极推广高校合同节水，强化各高校对合同节水管理的认识，同时加强高校师生的节约用水理念宣传，进一步提升高校师生节水、惜水意识。

（4）湖州师范学院。湖州师范学院中校区建于20世纪80年代末，近年来存在地下管网漏损、用水器具老旧、用水方式粗放等一些问题，水资源浪费及“跑、冒、滴、漏”现象亟须解决。为解决浪费水的现象，经市水利部门指导推荐，2018年底，湖州师范学院中校区启动开展了合同节水管理，预计年节水约6.78万t，人均年节水量约16t，年节约水费约20万元，预计节水率达到18%。目前走进湖州师范学院中校区，节水器具随处可见：在教学区、办公区等公共区域，全是崭新的节水龙头和感应式冲水阀；在学生公寓则全部安装了节水冲水阀和喷淋头，校园内的绿化灌溉也采用了高效喷滴灌技术等。这些节水技术的运用，得益于“合同节水”管理模式的实施。

目前湖州市实施合同节水管理的院校、企业、单位已有8家，年节水量超过50万t，取得了较好的经济效益。根据2018年湖州市万元工业增加值耗水19.2t测算，年节省50万t水可以支撑2.6亿元的地区工业增加值。按每使用1t清水产生0.7t污水计算，全市减少排污35万t，对减轻水环境污染具有重要作用。

此外，通过合同节水管理，湖州市进一步丰富了节水宣传载体，同时结合每年“世界水日”“中国水周”等活动，推动节水宣传进校园、进企业，让节水真正走进校园、走进市民生活。

（5）广西高校合同节水管理项目❶。2019年11月25日，广西首个高校合同节水管理

---

❶ 资料来源：广西壮族自治区水利厅网站，广西创新探索效果混合型（保证型+效益分享型）高校合同节水管理模式，2019-11-29。

项目在崇左幼儿师范高等专科学校正式签约，这也是广西全区继自治区水利厅开展合同节水管理项目以来的第二个合同节水项目。

根据合同约定，双方以效果保证型为基础，广西大禹节水公司须保证学校年节水率不低于20%，节水未达标部分由企业全部承担；而节水率超出20%的部分，则采用效益分享型，学校与公司之间按照4∶6进行效益分成。合同保证期为4年，主要内容包括智能监管系统建设、非常规水收集利用设施建设和校园文化宣传等。

崇左幼儿师范高等专科学校实施节水改造，能够有效提升校园科学智能化管理水平，是节水型校园建设的现实需要，符合深化高校后勤社会化体制改革的要求，对于改变师生用水观念、增强节水意识有着积极作用。

[典型标准案例5]：取、用水定额相关标准

1. GB/T 29404—2012《灌溉用水定额编制导则》

（1）标准编制目的。联合国2018年19日发布《世界水资源发展报告》，显示57亿人将在2050年前面临饮用水短缺。农业是用水最多的行业之一，全球70%的取用水用于农业灌溉。我国是农业大国，农业用水效率低，一直是农业节水关键问题。近年来，国家十分重视高效节水灌溉，在各项政策的引导下，水利部推出GB/T 29404—2012。

（2）标准主要内容。该标准规定了灌溉用水定额编制流程、编制方法及成果报告的编制。适用于指导各省（自治区、直辖市）编制灌溉用水定额，省以下各级机构编制灌溉用水定额时可参考。

该标准分区、分主要作物规定了灌溉用水定额。规定省级分区应依据自然条件、流域特点、农业分区以及影响灌溉用水因素，并结合水资源综合利用、节水灌溉、农业发展、环境保护等现行或在编规划综合考虑。采用基本用水定额、附加用水定额、调节系数、作物灌溉用水综合定额、灌溉用水定额规定位置以及渠系水利用系数等指标表示灌溉用水定额。规定了灌溉用水定额计算方法、作物需水量和净灌溉定额的计算方法以及作物综合灌溉用水定额和渠系水利用系数等，指导各省（自治区、直辖市）编制灌溉用水定额。

（3）标准实施情况。该标准发布后，全国各地普遍采用该标准编制灌溉用水定额，不仅规范了报告编制内容，同时也为各地灌溉用水规划的制定提供了有力支撑。2019年9月对该标准实施效果进行评估，结果为实施效果“好”，对有效支撑水利中心工作，在提高水利工程、产品或服务质量，促进水利行业科技进步与科技成果推广应用，提高经济效益、社会效益和环境效益等方面效果好，建议“继续有效”。

2. 18项工业用水定额标准[1]

（1）编制目的。我国工业用水量约占用水总量21%，其中高耗水工业企业是用水大户，不少还是高污染高排放大户。2019年12月24日水利部发布了钢铁、火力发电、石油炼制、选煤、罐头食品、食糖、毛皮、皮革、核电、氨纶、锦纶、聚酯涤纶、维纶、再生涤纶、多晶硅、离子型稀土矿冶炼分离、对二甲苯、精对二甲苯18项工业用水定额。

（2）标准编制情况。在定额编制过程中，水利部广泛调研了上述行业代表性企业的用水情况，在考虑行业特点、发展趋势和技术工艺升级改造潜力基础上，按照不同产品、原

[1] 资料来源：水利部网站。

料、工艺等分类制定。用水定额分为领跑值、先进值和通用值三级指标，其中，领跑值用于引领企业节水技术进步和用水效率的提升，也可供严重缺水地区新建（改建、扩建）企业的水资源论证、取水许可审批和节水评价参考使用；先进值用于新建（改建、扩建）企业的水资源论证、取水许可审批和节水评价；通用值用于现有企业的日常用水管理和节水考核。各项工业用水定额的用水边界均包括主要生产用水、辅助生产用水和附属生产用水等环节。

本次发布用水定额的工业行业均属传统高耗水行业，涉及的104项工业产品或生产工艺年用水总量约123亿m^3，占全国工业年用水总量的9.7%，为高耗水工业行业用水划定约束边界，科学制定工业高耗水行业的用水定额，防止粗放用水、浪费用水，以严格的用水定额管理倒逼其提高用水效率、减少废污水排放。

（3）实施情况。据有关行业协会和专家预测，18项工业用水定额在严格实施后，有关企业用水效率将提高10%～20%，年节水量可达10亿m^3，节水效益显著。

3.10项小麦等用水定额标准[1]

为深入推进节约用水工作，水利部制定了《农业灌溉用水定额：小麦》《工业用水定额：味精》《工业用水定额：氧化铝》《工业用水定额：电解铝》《工业用水定额：醋酸乙烯》《工业用水定额：钛白粉》《服务业用水定额：科技文化场馆》《服务业用水定额：环境卫生管理》《服务业用水定额：理发及美容》和《服务业用水定额：写字楼》（2020年1月17日发布，2020年3月1日实施）。

4.各省用水定额标准

用水定额管理是水资源管理的基础性工作，是节水型社会建设的核心任务之一。行业用水定额是环评中常用的基础数据资料，是用水核算和污水总量核算的重要依据。截至目前，全国各地制定了本省行业用水定额，现有山西、江西、河北、辽宁、安徽、天津、广东、云南、湖南、新疆、甘肃、山东、宁夏、重庆、江苏、四川、北京、陕西、黑龙江、内蒙古、吉林、福建、贵州、上海、浙江、广西、青海、湖北、河南等29个省（自治区、直辖市）制定了行业用水定额，很多地区将用水定额运用在建设项目水资源论证、取水许可管理、计划用水管理、用水超定额累计加价制度的实施等，有效强化了水资源管理，推进节水型社会建设工作。

2019年12月25日，安徽省市场监督管理局以公告11号发布了修订后的DB 34/T 679—2019《安徽省行业用水定额》，于2020年1月25日起正式实施。新发布的行业用水定额将2014年版用水定额值由变幅值设定为通用值、先进值，增加了8个行业大类、18个行业中类、51项产品、858个用水定额值，共覆盖57个行业大类、152个行业中类、307项产品，用水定额指标体系进一步完善，产品用水定额值及表现形式更加科学合理，为安徽省节约用水管理提供了重要依据。

（三）利用投入产出分析法（IO）模型测算标准群效益情况

利用投入产出分析法（IO）模型对水资源领域节水系列标准GB/T 35580—2017《建设项目水资源论证导则》、GB/T 28284—2012《节水型社会评价指标体系和评价方法》、

[1] 资料来源：水利部网站。

《节水型社会评价标准（试行）》（水资源〔2017〕184号）、T/CHES 32—2019《节水型高校评价标准》、GB/T 29404—2012《灌溉用水定额编制导则》进行绩效评价，评价结果见表2-3。

表2-3　水资源领域5项节水标准实施效果相对有效性评价

序号	标准编号	标准名称	DEA排序
1	GB/T 35580—2017	《建设项目水资源论证导则》	4
2	GB/T 28284—2012	《节水型社会评价指标体系和评价方法》	5
3	水资源〔2017〕184号	《节水型社会评价标准（试行）》	2
4	T/CHES 32—2019	《节水型高校评价标准》	3
5	GB/T 29404—2012	《灌溉用水定额编制导则》	1

结果表明，GB/T 29404—2012《灌溉用水定额编制导则》实施效果相对其他4项标准处于领先位置。该标准是国家标准，适用范围广，灌溉用水涉及的人群数量大，节水效果好，带来的经济效益、社会效益以及环境效益得到认可。《节水型社会评价标准（试行）》是以行政文件下发的，带有一定的指令性，实施力度大，实施效果显著。《节水型高校评价标准》是团体标准，面向各大高校，我国高校数量较多，人员相对集中，用水相对较多，国家投入较大，特别是老旧校区加强合同节水，企业给学校进行节水改造，企业能赚到钱，学校用水量可以大大减少，减少了水费支出，发挥出了团体标准的作用，政府和市场双赢，各项效益均体现出来。《建设项目水资源论证导则》随着近几年工程建设的缩减，标准发挥的作用也在逐渐减弱。GB/T 28284—2012《节水型社会评价指标体系和评价方法》在实际实施过程中显现出了一些不可操作、不明确之处，影响其效益的发挥。

三、农田灌溉系列标准

粮食安全是国家安全的重要基础，也是国家富强的保障。粮食生产，基础在水，研究表明，在影响粮食产量的诸要素中，水利的贡献率达40%以上。我国是农业大国，农业是用水大户，在我国水资源供需面临十分严峻的形势下，农业节水已成为关乎国家粮食安全、水安全和生态安全的重大战略问题。根据全国节水办有关数据，2018年我国农业用水总量为3693亿m^3，占全国用水总量的61.4%，部分地区更是超过90%。然而，农业灌溉用水效率总体不高，农田灌溉水有效利用系数才0.554，农田有效灌溉面积达10.2亿亩，高效节水灌溉率仅25%左右，远低于国际先进水平，农业节水潜力巨大。近年来，我国通过实施一系列国家级农业节水重大项目，在农业节水理论方面取得了重要进展，前沿与关键技术研发取得一系列突破，研制了一批适合我国国情和水情的现代农业节水技术和产品，形成了不同区域的农业节水综合技术系统和发展模式。加快创新成果转化为技术标准，助推节水灌溉技术与产品的市场化、产业化和国际化，是提升我国相关领域科技成果转化应用水平和国际竞争力的重要途径。

（一）农田灌溉标准发展历程

我国农田灌溉标准的发展与我国农业水利工作的开展紧密相关，大致可以分为以下三个发展阶段。

1.20 世纪 50—80 年代

中华人民共和国成立初期，百业待兴，我国各行各业的生产与建设均照搬苏联模式，农业灌溉工程标准领域也不例外，主要是翻译、参照苏联的标准规范，如《灌溉渠系设计规范》等。此状况一直延续至 20 世纪 80 年代，1984 年原水利电力部委托陕西省水利水电勘测设计院编制发布了我国第一部与农田灌溉排水有关的水电行业技术标准 SDJ 217—1984《灌溉排水渠系设计规范》。《灌溉排水渠系设计规范》是根据原国家计委标准修编有关要求，为满足大型和 10 万亩以上中型灌区的灌溉排水渠系工程新建、改建、扩建设计工作需要而编制的。此后，为满足当时我国大力推广喷灌技术的需要，又编制发布了 GBJ 85—1985《喷灌工程技术规范》。该规范当时主要适用于大面积喷灌，对于小流量的局部灌溉，该标准存在一定的局限性。从灌溉技术层面来说，喷灌、微灌及低压管道输水虽不是节水灌溉的全部内容，却是节水灌溉的重要内容，又因为喷灌、微灌技术在我国应用历史较短，这一时期，人们对其认识还存在不少误区。

2.20 世纪 90 年代

20 世纪 90 年代，为应对水资源紧缺形势，基于生产实践的需要和对节水灌溉形势的正确分析，1995 年水利部编制发布了 SL 103—1995《微灌工程技术规范》。1998 年 4 月，SL 207—1998《节水灌溉技术规范》正式批准发布。SL 207—1998 从工程规划、灌溉水源、灌溉用水量、灌溉水的利用系数、工程预措施的技术要求、效益、节水灌溉面积等方面进行了规定，它既反映了中国现阶段水平，又借鉴国外先进技术，既坚持高起点、高要求，又注重实用性与可操作性；既重视水利建设规范的共性，又突出节水灌溉的特点，充分吸收了我国节水灌溉发展中的先进技术和成功经验。

为了避免低质农村水利工程的修建，在水利部领导下，经过不断试验、实践，在总结经验的基础上，结合 GBJ 85—1985《喷灌工程技术规范》、SL 103—1995《微灌工程技术规范》实施状况，加入成熟的科研成果，编制完成了 GB 50288—1999《灌溉与排水工程设计规范》。该规范内容全面覆盖了灌溉与排水工程设计除结构计算以外的各方面，既有将灌溉排水系统作为一个整体的总体设计，也有灌溉工程枢纽和单项灌排建筑物设计；既包括了水源工程、输配水渠道、排水和畦灌、沟灌等常规设计内容，也包含了渠道防渗、管道输水和喷灌、微灌节水等新技术；既对灌区环境保护设计提出了要求，也对逐步实现灌区现代化管理所必须设置的附属工程设施做出了规定。

因各地差异较大，结合当地特点，在甘肃等地方标准的基础上，总结推广了一些简单易行的微灌方法，如“坐水种”、雨水集蓄滴灌和渗灌等灌水方式，还制定了一些标准如 SL 267—2001《雨水集蓄利用工程技术规范》等。农田灌溉必须走节水灌溉的模式。经过调查、试验和研究，2006 年水利部颁布了 GB/T 50363—2006《节水灌溉工程技术规范》，为节水灌溉工程提供了技术支撑。

为了统一规范市场，相继编制并发布了一批灌溉产品标准。如 SL/T 97—1994《喷灌用塑料管件基本参数及技术条件》、SL/T 68—1994《微灌用筛网过滤器》等标准，通过产品生产许可，来进一步保证灌溉设备的材质，进一步保证工程质量。在众多的灌溉方式中，低压管道输水灌溉具有典型的特点。它具有成本低、节水明显、管理方便等特点，是世界上应用较为普遍和有效的节水灌溉技术之一，已成为许多发达国家进行灌区技术改造的一个方向性技术措施。在农田低压管道输水技术迅速发展的形势下，为统一和规范工程的技术要求，水利部于1995年发布了SL/T 153—1995《低压管道输水灌溉工程技术规范（井灌区部分）》，该规范在管道输水技术的推广应用中起到了积极的作用。

3. 进入21世纪至今

由于管道质量是影响工程可靠性的一个重要因素，而对管道质量的检验缺乏相应标准规定。另外，考虑到近几年来低压管道输水技术已从井灌区向扬水灌区和丘陵自流灌区发展，工程系统面积加大，规范的技术内容也应作一些相应的补充和改变，因此，以《低压管道输水灌溉工程技术规范（井灌区部分）》为基础，将适应范围从原来规定的井灌区扩大到泵站扬水灌区和丘陵山区自流灌区，并将在编的《农田低压输水管道质量检验评定规范》内容充实进去，编制发布GB/T 20203—2006《农田低压管道输水灌溉工程技术规范》，充分利用了我国“七五”“八五”期间一批低压管道输水方面的先进科研成果，和“九五”“十五”期间不同类型的试验示范区一大批有价值的观测试验资料。详细规定了农田低压管道输水灌溉工程的规划、设计、管材与设备的选择和安装、工程施工、运行及维护具体要求。

在总结“九五”“十五”全国开展建设300个节水增产重点县和50个节水示范项目的经验的同时，广泛征求全国有关设计、科研、生产厂家、管理部门及专家和技术人员的意见，对GBJ 85—1985《喷灌工程技术规范》和SL 103—1995《微灌工程技术规范》进行了修编。在GBJ 85—1985中增加了设计施工单位的资质要求，对术语和技术参数进行了补充，对灌溉设计保障率、设计日灌水时间进行完善，增加试验、安装内容。GB/T 50085—2007《喷灌工程技术规范》替代GBJ 85—1985，GB/T 50485—2009《微灌工程技术规范》替代SL 103—1995，更科学、适用，更具有现实意义。

2016年中央1号文件提出要大力开展区域规模化高效节水灌溉行动，水利部、农业部等五部委联合发布《“十三五”新增1亿亩高效节水灌溉面积实施方案》，明确“十三五”期间全国新增高效节水灌溉面积1亿亩。到2020年，全国高效节水灌溉面积达到3.6亿亩左右，占灌溉面积的比例提高到32%以上，农田灌溉水有效利用系数达到0.55以上。根据方案，在新增的1亿亩节水灌溉面积中，管道输水灌溉面积4015万亩，喷灌面积2074万亩，微灌面积3911万亩。2019年7月30日，一带一路“灌溉排水发展与科技创新论坛”在北京举办，在论坛上公布了2018年我国灌溉相关情况。数据显示，中国灌溉面积居世界第一，达到了11.1亿亩；其中耕地灌溉面积10.2亿亩，占全国耕地总面积的50.3%。《管道输水灌溉工程技术规范》《喷灌工程技术规范》和《微灌工程技术规范》更具广阔利用空间。

节水灌溉可节水80%以上，因此，国家十分重视高效节水灌溉，中国灌溉面积增加了3亿多亩，并出台了一系列政策，夯实了粮食生产的水利根基，保障了粮食安全。在各项政策的引导下，水利部相继推出GB/T 50363—2006《节水灌溉工程技术规范》（替代SL 207—98）、GB/T 50769—2012《节水灌溉工程验收规范》、GB/T 29404—2012《灌溉用水定额编制导则》、GB/T 18870—2011《节水型产品技术条件与管理通则》、GB/T 21031—2007《节水灌溉设备现场验收规程》、GB/T 30949—2014《节水灌溉后评价规范》、SL 571—2013《节水灌溉设备水利基本参数测试方法》、SL 476—2010《节水产品认证规范》、SL 556—2011《节水灌溉工程规划设计通用图形符号标准》等标准，为农业节水提供了有力技术支撑。

（二）农田灌溉标准发布情况

截至2018年，我国节水灌溉面积达36134.72千hm^2[1]。随着节水灌溉技术的发展，农田节水灌溉标准不断产生。截至目前，水利行业编制发布了以节水灌溉为主要目标的技术标准52项，其专业分布见图3-1，主要包括GB/T 50363—2018《节水灌溉工程技术标准》、GB/T 50769—2012《节水灌溉工程验收规范》、GB/T 50485—2009《微灌工程技术规范》、GB/T 50085—2007《喷灌工程技术规范》等水利国家标准20项，SL/T 246—2019《灌溉与排水工程技术管理规程》、SL 13—2015《灌溉试验规范》、SL 334—2016《牧区草地灌溉与排水技术规范》等水利行业标准32项。这些标准为我国农业灌区的新建、改建、扩建提供了重要依据。

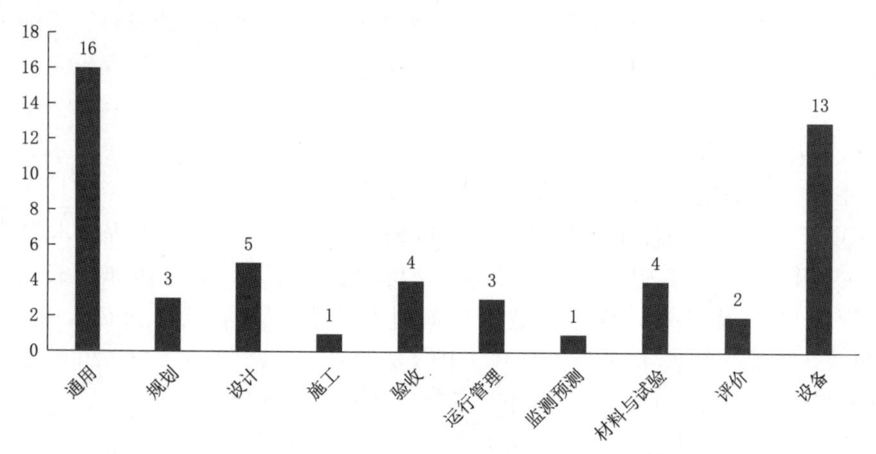

图3-1 农田灌溉标准专业分布情况

（三）标准实施情况

1. 用途及用户

农田灌溉标准主要应用于灌区改造、节水灌溉、农田排水等工程技术方面，如GB/T 50363—2018《节水灌溉工程技术标准》是节水灌溉领域综合性纲领性标准，规定了节水灌溉的术语、灌溉水源开发利用原则、各类灌区及各种节水灌溉型式下的灌溉水利用系数、各种节水灌溉型式的灌溉技术要求，除水利外，园林绿化、畜牧饲料种植等方面的灌溉工程建设也采用该标准。

农田灌溉标准的使用用户见图3-2。从图3-2可以看出，农田水利灌溉排水标准的使用用户较为广泛，其中设计单位、大专院校、科研院所、工程管理部门等占用户总数的58%。

2. 应用情况

农田灌溉标准使用频繁度和顾客满意度较高，其如图3-3和图3-4所示。

---

[1] 资料来源：《2019中国水利统计年鉴》。

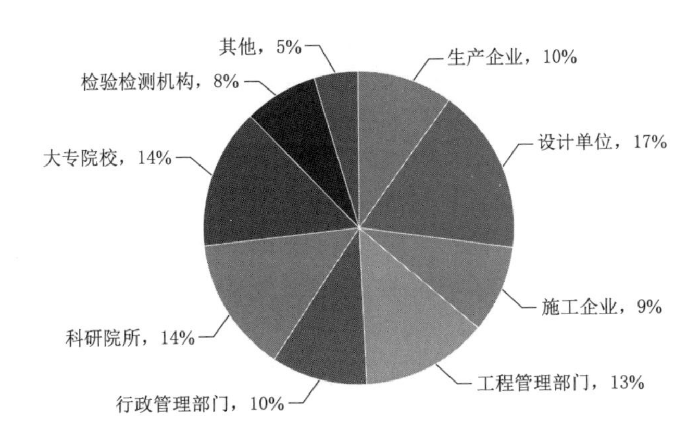

图 3-2　农田灌溉标准用户分布

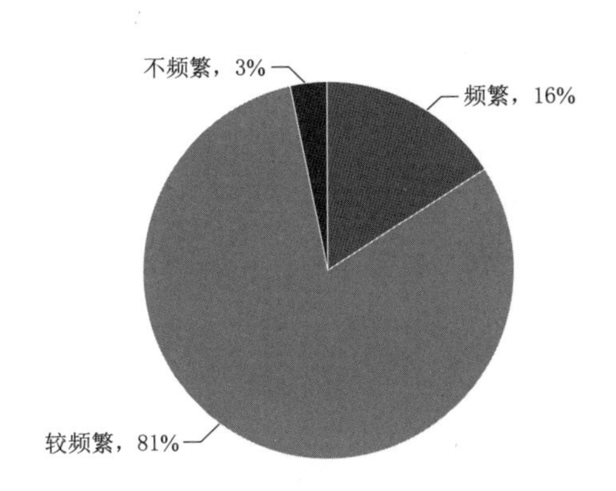

图 3-3　农田灌溉标准使用频繁度

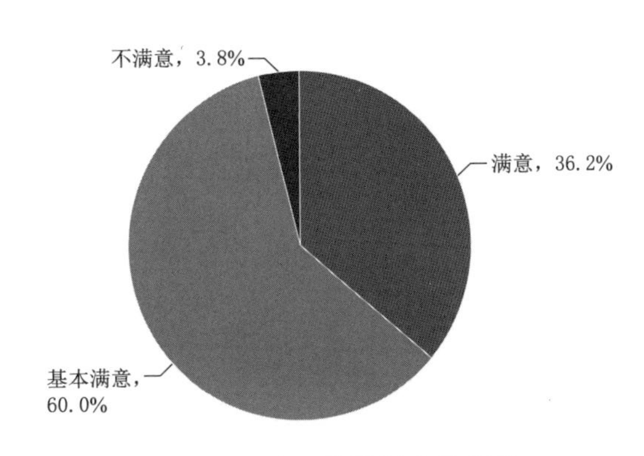

图 3-4　农田灌溉标准满意度

3. 评估结论和建议

2019 年 9 月水利部国科司对 52 项农田灌溉标准实施效果进行评估，其中 35 项效果好，占 67.3%；6 项较好，占 11.5%；10 项一般，占 19.2%；1 项较差，占 1.9%，见图 3-5。

鉴于标准内容、使用情况、满意度以及专家评估结果，建议 20 项标准继续有效，占 38.5%；19 项标准需要修订，占 36.5%；5 项标准并入其他标准，占 9.6%；7 项标准直接废止，占 13.5%；1 项标准转为团体标准，占 1.9%，见图 3-6。

4. 存在的不足及建议

对使用频繁度低、使用效果较差、顾客不满意的标准进行分析，主要是很多技术参数和要求已经不能满足现在工程需要，如 SL/T 67.1—94《微灌灌水器——滴头》、SL/T 67.2—94《微灌灌水器——微灌管、微灌带》、SL/T 67.3—94《微灌灌水器——微喷头》，建议予以直接废止。

（四）农田灌溉标准作用及效益

高效节水灌溉节水增产效应明显，各地节水灌溉项目增产效益显著。农田灌溉标准在农田灌溉建设和管理中发挥了重要作用，同时也产生了大量经济效益、社会效益和环境效益。

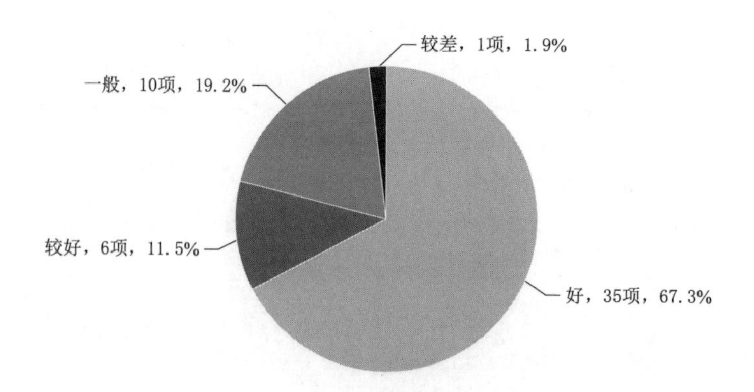

图 3-5　农田灌溉标准实施效果分布图

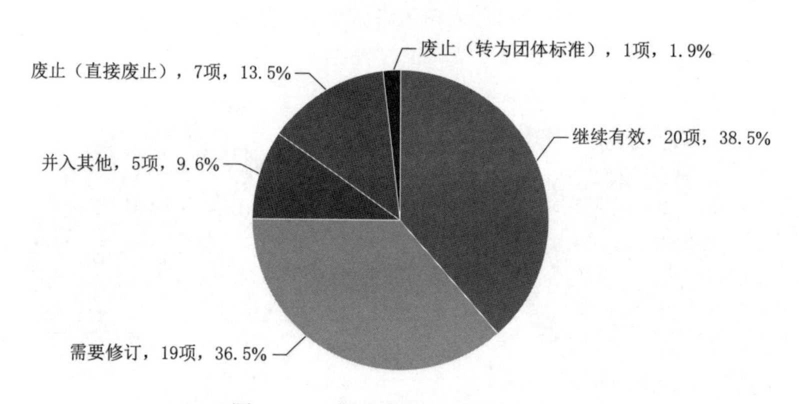

图 3-6　农田灌溉标准评估结论

1. 经济效益

(1) 节水、节能，提高农作物产量，提高经济效益。试验表明，有灌溉设施的农田单位面积粮食产量比靠天然降水的农田高近2倍。农田灌溉不仅显著改善了农业生产条件，提高农业抗旱抗灾能力，实现农业灌溉的高效用水，而且促进和推动了农业产业结构和种植结构的优化调整，为效益农业和现代农业的发展提供了强有力的水利支撑和保障，为农民脱贫致富和农业增产增收创造条件。

例1：重庆市云阳县双江镇节水灌溉示范项目示范园区试验结果。采用节水灌溉渠道及管网工程等节水灌溉措施，扩大灌溉面积，发展高效农业，以高、新、特、优农产品为主。有效灌溉面积从550亩发展到650亩，农业产值由1500元/亩，增至10000元/亩。农民纯收入由当时的1490元增到3000元。❶

例2：山前平原节水高效示范区。主要依据《节水灌溉工程技术规范》建立示范区，推广节水技术和节水灌溉管理制度，实现节水高效目的达到综合节水30%以上，在增产10%～15%的同时，使产品质量大幅度提高。棉花膜上灌节水30%左右，增产20%，棉花质量大幅度提高，市场价格提高10%；蔬菜膜下灌溉技术节水40%，增产20%～

❶　资料来源：水利标准化专项《重庆市云阳县双江镇节水灌溉示范项目示范园区项目》报告。

30%，市场价格提高20%，秸秆覆盖小麦玉米节水10%～15%，增产10%；经济作物的管喷技术，节水30%，增产20%。地下低压管道输水，管系水利用系数达95%以上❶。

例3：在内蒙古科尔沁左翼中旗，过去大水漫灌，每亩地浇一次要100m³水，现在是膜下滴灌，能省一半水，还不只是节水，现在一打开水泵，水肥一起精准浇到庄稼根部，不仅浇地效率高了，产量也上去了，一亩玉米能增产300多斤。村民吃到了膜下滴灌的甜头：现在用膜下滴灌水肥一体化方式浇地，水和肥直接浇到作物的根部，产量高了不说，还省时省工省肥。浇一次水，每亩地可以节约10元电费、20元人工费、50元化肥费。

（2）省地，省时，省工，降低运行成本。由于农业产业结构的优化，优势产业和特色农产品增力得到了加强。这对于地少人多的地区，不仅大大提高了土地利用率，而且节约的土地对城市化具有明显的社会和经济效益。同时按标准要求，定期对农田灌溉设施进行维护、保养，及时发现险情及隐情，对病险灌溉工程适时改造，不仅能提高工程效益的发挥，还能大大延长工程的使用寿命。按标准科学地计算、合理安排工位、工时，可以降低运行成本40%左右。滴灌施肥是一种精确施肥法，只施在根部，显著提高肥料利用率，与常规施肥相比，可节省肥料用量30%～50%，大量节省施肥劳力，比传统施肥方法节省90%以上。施肥速度快，千亩面积的施肥可以在1天内完成；由于水肥的协调作用，可以显著减少水的用量。加上设施灌溉本身的节水效果，节水达50%以上。

例1：通辽市科尔沁区钱家店镇潜埋滴灌施水肥一体化。以前大水漫贯的情况下漏水漏肥，水资源利用率不到30%，现在达到了70%以上。浅埋滴灌技术是将管带在播种的同时埋入地下，在灌溉方式上把传统水漫灌的浇地方式变成了浇苗，实现了节水、省工、省时、省力。2017年，项家村开始试点浅埋滴灌，采用水肥一体化技术，有效增加地力，提高了粮食产量。2018年项家村完成了4000多亩浅埋滴灌改造任务，收到了特别好的效果。水肥一体化的使用不仅提高水资源利用率，还能提高化肥的利用率，成功解决了部分农田无法灌溉和大水漫灌带来水资源浪费的问题，村民们再也不用"靠天吃饭"了。专家对项家村高效节水项目区每亩产量进行测量，测得玉米潮粮亩产达到2560斤。原来大水漫灌式浇地，浇5亩地需要壮劳动力花费7～8h才能浇完，现在1名妇女就能完成。剩余的时间还能打点零工增加收入。过去大水漫灌浇一亩地需要90min，电费需要20多元，采用浅埋滴灌技术以后，浇一亩地只需要20多分钟，花6～7元就完成，还能节省大约60%的水。平均一亩地玉米增产300～500斤。科左中旗借助滴灌设施，测土配方、水肥一体化等技术也顺势推开，每亩可减化肥25%、农药40%、地膜3.5kg，而且原先男劳力才能干的活，现在妇女就做了。

例2：扬州市水利局主要在小型提水灌区、大中型灌区续建配套节水改造项目、水利部节水灌溉技术示范项目中使用管道输水灌溉规范，每亩每年节省灌溉工程维护养护用工1.5个。

例3：陕西省宝鸡峡灌区节水改造后，年减少工程维护费132.5万元，旱灾损失值下降了56.9%，险工险段工程事故损失下降率为59.7%。

---

❶ 资料来源：水利标准化专项《山前平原节水高效示范区项目》报告。

例 4：无锡市现代都市农业示范区，按标准推广管道输水灌溉面积 18.5 万亩，节约工程投资 15%，节省灌溉用水 30%，节约耕地 3%～4%，每亩每年节省灌溉工程维修养护用工 1.5 个，增产 10%以上，累计增收节支 2000 多元。[1]

2. 社会效益

(1) 培养了大批农业技术骨干。按标准普及、实施及推广节水灌溉，培养了大批农业技术骨干，自觉、熟练地应用标准中的关键技术，在工程建设当中有效地实施标准，有力地指导农田水利灌溉工程建设，提高农田灌溉管理水平。同时依据标准对工程进行实时科学管理，建立示范区，推广节水技术和节水灌溉管理制度，加强宣传培训，以用水户参与灌溉管理为主要内容的灌区管理体制改革，扩大推广辐射范围，促进和推动了农业产业结构和种植结构的优化调整，为经济转型和农民脱贫致富创造条件。

(2) 指导灌区改造。20 世纪 50—60 年代建了一批农田水利设施，当时我国农田灌溉工程建设没有标准，无章可循，设计主要参考国外一些标准，施工主要靠农民投劳，就地取材，在设计、施工都无标准的情况下，又无专业队伍加以实施，使工程能力远远达不到预期的效果。如《喷灌工程技术规范》对设计施工单位的资质提出了要求，对灌溉设计保障率、设计日灌水时间进行了规定，从设计、施工到运行管理，全程进行控制，有力地指导农田水利灌溉工程建设，保障了工程质量。

3. 环境效益

(1) 改善水环境。对井灌区，由于减少灌溉用水量，地下水超采漏斗区得到回升，维持当地地下水的采补平衡，减少了面源污染，渠道防渗还可以降低地下水位，防止土壤盐碱化及沼泽化，改善了水环境。如滴灌施肥有利于防止肥料淋溶至地下水而污染水体。

(2) 改善生态环境。农业高效用水不仅可以提高水的利用率，还能减少地下水的开采，减少灌溉回归水的排放，增加生态环境用水，从而遏制生态环境的恶化。

例 1：内蒙古通辽市年均农业用水 21 亿 m^3，占用水总量 85%。通过改变大水漫灌方式，不断探索、优化灌溉方式，由“膜下滴灌”升级成无须覆膜、只铺软管的“浅埋滴灌”，亩均用水可省一半，亩产还增产 300 斤，高效节水，亩均节水 $100m^3$，2018 年就农业节水 4.3 亿 m^3，大大减轻地下水超采，节水种树、治沙使通辽市森林覆盖率和草原植被盖度分别由 40 年前的几个百分点提高到现在的 23.3%和近 60%。科尔沁沙地在全国四大沙地中率先实现治理速度大于沙化速度的良性逆转，流动沙丘占比已从 30%下降到不足 1%。

例 2：甘肃省白银市通过大中型灌区改造，在腾格里沙漠南缘的戈壁荒漠上形成了 $4000km^2$ 的绿洲，有效地阻止了沙漠的南移。

例 3：兴电灌区灌溉渠配套通水后，灌区安置贫困生态移民 7.04 万人，使周围山区 56 万亩耕地实现了退耕还林，生态环境得到了恢复。

[典型标准案例 1]：《节水灌溉工程技术标准》

1. 标准基本信息

(1) 编制目的和背景。中国是一个水资源相对短缺的国家。为保证经济社会可持续发

[1] 资料来源：水利标准化专项《无锡市现代都市农业示范区项目》报告。

展，必须树立节水意识，建立节水型社会。灌溉是用水大户，是节水的重点。工程是基础，管理是关键，鉴于不少地方还不同程度地存在重建轻管现象，工程运行管理薄弱，必须强调节水灌溉工程应配备一定的管理设施和建立健全完善的管理组织和规章制度。

基于生产实践的需要和对节水灌溉形式的正确分析，1990 年水利部布置了节水灌溉标准的研究任务，旨在探索和积累经验。1994 年又组织了全国 27 个省、自治区、直辖市水利厅局就节水灌溉标准问题开展共同研究、讨论，形成规范雏形，1996 年底完成规范编写提纲。1997 年初正式下达标准编制任务。为了使节水灌溉工程建设有一个合理、可行、统一的衡量尺度，促使节水灌溉事业的健康发展，节水灌溉工程必须注重效益、保证质量、加强管理，做到因地制宜、经济合理、技术先进、运行可靠。水利部 1998 年发布了 SL 207—98《节水灌溉技术规范》。在该标准实施 4 年后，取得了良好的效果，有力地指导了水利节水工程建设和运行管理。

为指导全国节水灌溉事业的健康发展，统一节水灌溉的技术要求，提高工程建设质量和管理水平，使新建、扩建或改建的节水灌溉工程的规划、设计、施工、验收、管理和评价等有章可循，水利部向原建设部提出编制《节水灌溉工程技术规范》建议，将行标上升为国标。2003 年建设部（建标〔2003〕102 号）下达《关于印发〈二〇〇二～二〇〇三年度工程建设国家标准制定修订计划〉的通知》，由水利部主管、水利部农村水利司组织制定。

（2）历次版本信息：

1）SL 207—98《节水灌溉技术规范》：该标准主要内容包括总则、工程规划、灌溉水源、灌溉用水量、灌溉水的利用系数、工程与措施的技术要求、效益、节水灌溉面积等。

2）GB/T 50363—2006《节水灌溉工程技术规范》（替代 SL 207—98）：该标准为行标升国标，其内容包括总则、术语、工程规划、灌溉水源、灌溉制度和灌溉用水量、灌溉水的利用系数、工程及措施、效益、灌溉管理、节水灌溉面积等内容。适用于新建、扩建或改建的农、林、牧业、城市绿地生态环境等节水灌溉工程的规划、设计、施工、验收、管理和评价。提出节水灌溉工程建设必须做到因地制宜、保证质量、加强管理、注重效益，工程措施、农艺措施和生物管理措施相结合，有利于实现水资源优化配置、高效利用，有利于保护生态环境。承担节水灌溉工程设计施工的单位必须持有相应的设计施工资质证书，节水灌溉工程应选用经过法定检测机构检测合格的材料及设备，明晰产权并建立健全管理组织和规章制度等。

3）GB/T 50363—2018《节水灌溉工程技术规范》（替代 GB/T 50363—2006）：该标准适用于新建、扩建或改建的农、林、牧业等节水灌溉工程的规划、设计、施工、验收、管理和评价。内容与 GB/T 50363—2006 相比，增加了灌溉制度和灌溉管理等内容，按有关标准局部调整了原工程与措施的技术要求，同时将原规范附录的名词解释进行局部修改，改列为正文第 3 章术语。

2. 标准编制及创新

最新版规范总结了水利行标和 2006 版国家标准实施的成功经验，重点开展了防渗率与水的利用系数的关系、旱作物和水稻的田间工程与田间水利用系数的关系、井渠结合灌区水的重复利用率与灌溉水的利用系数的关系、主要作物水分生产率节水灌溉管理和农业园田化及农业现代化建设与节水灌满的关系等项专题研究，并广泛征求了各级水利部门及有关专家的意见，修订原规范而成。

3. 标准实施情况

该标准发布当年（1998年），我国节水灌溉面积15235.33千hm^2，发展到2018年年底，我国节水灌溉面积达36134.72千hm^2，节水灌溉面积翻了一倍有余。该标准成为农水部门指导农村节水工作、组织实施节水灌溉的重要支撑，成为节水灌溉领域最主要的标准，应用广泛，用户涵盖生产企业、设计单位、施工企业、工程管理部门、行政管理部门、科研院所、大专院校、检验检测机构、个人用户等。工程规模达到数千万亩，经济和社会效益显著，起到引领节水灌溉发展、指导节水灌溉工程建设、推动节水灌溉技术进步的重大作用，对促进我国节水灌溉发展具有重要意义。

标准符合使用者需求，实施效果非常好，应用较为频繁，标准实施效果及认可度较好，各项效益均较大，正效益显著。如在《西北农林科技大学节水示范园区》《全国高效节水示范县建设》《灵宝市2015年小型农田水利建设》中指导节水工程设计，同时在《石家庄市节水压采项目》《望都县节水压采项目》指导压采区节水技术应用。该标准对确保节水灌溉工程建设的质量、充分发挥工程效益起到了很好的支撑作用，对大中型灌区续建配套和节水改造工程、旱涝保收高标准农田等工程的建设具有重要的指导作用，产生良好效益：

（1）经济效益：小麦节水50m^3/亩，增产70kg/亩；玉米节水40m^3/亩，增产80kg/亩；棉花节水30m^3/亩，增产30kg/亩；蔬菜节水60m^3/亩，增产200kg；辣椒节水40m^3/亩，增产20kg/亩。

（2）社会效益：大大提高农民对节水灌溉知识的认识和掌握，其节水意识明显提高。

（3）生态环境效益：指导农民科学、合理地使用农药，保护土壤，大大降低农药对作物及土壤的损坏和损害。

例1：水利部委托保定市望都灌溉试验站开展山前平原高效节水示范工作。承办单位建立了三个示范点，历经3年，对GB/T 50363标准进行试点示范。举办了六期技术培训班，对县、乡（镇）、村三级技术人员进行了培训，培训农户615人次。通过示范，示范点第三年的示范面积达750亩，示范农户305户；300亩秸秆覆盖小麦单产445kg/亩；300亩秸秆覆盖玉米单产548kg/亩；300亩膜上灌棉花单产140kg/亩；60亩辣椒单产150kg/亩；90亩蔬菜单产2400kg/亩。

依据该标准建立示范区，推广节水技术和节水灌溉管理制度，实现节水高效目的达到综合节水30%以上，在增产10%～15%的同时，使产品质量大幅度提高。棉花膜上灌节水30%左右，增产20%，棉花质量大幅度提高，市场价格提高10%；蔬菜膜下灌溉技术节水40%，增产20%～30%，市场价格提高20%；秸秆覆盖小麦玉米节水10%～15%，增产10%；经济作物的管喷技术，节水30%，增产20%；地下低压管道输水，管系水利用系数达95%以上。

例2：在内蒙古科尔沁左翼中旗，农民刘国民感受到节水灌溉的好处。“过去大水漫灌，每亩地浇一次要100m^3水，现在是膜下滴灌，能省一半水。”让刘国民称奇的还不只是节水，他说，现在一打开水泵，水肥一起精准浇到庄稼根部，不仅浇地效率高了，产量也上去了，一亩玉米能增产300多斤。村民吃到了膜下滴灌的甜头："现在用膜下滴灌水肥一体化方式浇地，水和肥直接浇到作物的根部，产量高了不说，还省时省工省肥。浇一次水，每亩地可以节约10元电费、20元人工费、50元化肥费。"

4. 实施效果评估结论

2019年9月对该标准实施效果进行评估，结果为"好"，对有效支撑水利中心工作，在提高水利工程、产品或服务质量，促进水利行业科技进步与科技成果推广应用，保障人民群众健康和生命财产安全，提高经济效益、社会效益和环境效益等方面效果好，建议"继续有效"。

[典型标准案例2]：《管道输水灌溉工程技术规范》

1. 标准基本信息

（1）编制目的。利用管道将灌溉水输送到农田，通过地面灌水方法进行灌溉的输水灌水系统，简称管灌。其优点就是节水，管灌可以减少渗漏和蒸发损失，提高水有效利用率。各地井灌区管灌实践表明，一般可比土渠输水节约水量30%左右；省时省力，与土渠相比，管灌流速大、输水快、节约灌水时间、节约劳动力；减少土渠占地，以管代渠，在井灌区一般可减少占地2%左右；节能，管灌通过节水、提高水有效利用率，一般可节省能耗20%～25%；增产增收，管灌缩短轮灌周期，作物灌水及时，可起到增产增收效果；采用管灌输水还便于管理、机耕。到2003年底我国利用低压管道输水灌溉的工程面积达448万hm^2。管道输水技术的推广应用是农田灌溉现代化的重要标志之一，是农田灌溉输水方式的重大进步。

为更好规范管道输水灌溉工程建设和管理，2002年水利部向国标委提出编制管道输水工程技术规范，2003年国标委正式立项。

（2）标准发布版次：

1）GB/T 20203—2006《农田低压管道输水灌溉工程技术规范》：该标准规定了农田低压管道输水灌溉工程的规划、设计、管材与设备的选择、安装工程、施工、验收、运行及维护等的技术要求，界定了农田低压管道输水灌溉工程使用的术语，适用于井灌区以及泵站扬水灌区和丘陵山区自流灌区中每个系统控制面积不大于80hm^2的农田低压管道输水灌溉工程的建设与管理，系统控制面积大于80hm^2的工程可参照执行。

2）GB/T 20203—2017《管道输水灌溉工程技术规范》（替代GB/T 20203—2006）：该标准规定了管道输水灌溉工程的规划、设计、管材与连接件、附属设备与附属建筑物、工程施工与设备安装、水泵选型与动力机配套、工程质量检验与评定、工程验收、运行维护及管理、效益分析及经济评价等的技术要求。适用于管道输水灌溉工程的建设与管理。

2. 标准编制及创新

GB/T 20203—2006是将在编的国家标准《农田低压输水管道质量检验评定规范》与经过扩充修改后的水利行业标准《低压管道输水灌溉工程技术规范》（井灌区部分）合二为一而制定。主编单位在编制过程中，充分利用了我国"七五""八五"期间一批低压管道输水方面的科研成果，和"九五""十五"期间不同类型的试验示范区一大批有价值的观测试验资料，参照微灌要求，考虑到国内设备状况，首次提出同一轮灌组中各给水栓的出流量差别控制在25%，并提出不同管材的经济流速，在计算地埋薄膜塑料管水头损失时，磨阻系数扩大 1.05 倍。总结我国低压管道输水灌溉工程多年运行经验，参考、借鉴了美国 ASAE 标准 S376.1《地下热塑性塑料灌溉管道的设计安装和性能》中提出的技术参数和性能指标，广泛征求和采纳了规划、设计、施工、生产、使用和管理部门意见，在 SL/T 153—1995《低压管道输水灌溉工程技术规范（井灌区部分）》的基础上，将使用范围扩大到扬水灌区和丘陵自流灌区，并需补充管道质量检验评定等内容，与现有国家标准、行业标准相协调。技术先进、实用性强，经专家审查，编制质量达到国际水平。GB/T 20203—2006 的发布实施，使相关工程技术节水、节地、省工，在全国范围内受到各级政府和农民的欢迎，工程规模也越来越大，收到良好效益。该标准获得中国水利水电科学研究院 2006 年度重大科技创新优秀奖、2008 年“中国标准创新贡献奖”三等奖。

随着科技的发展，管道输水灌溉技术出现了新管材、新设备、新工艺等一系列研究成果，在井灌区以外灌区的推广应用也取得了一定经验。GB/T 20203—2006 不论在适应范围、技术条件、规划设计、管理等方面已无法适应多方面的实际需求，主要表现在以下方面：

（1）原有规范的编制主要采用“七五”期间的科研成果和管理经验，因受当时经济条件的限制，建设标准偏低，一般经过 10 年的运行，工程即基本报废，既浪费了投资，又影响了群众的积极性。

（2）原规范适用于井灌区以及扬水与自流灌区中，每个系统控制面积不大于 80hm^2 的农田低压管道输水灌溉工程的规划、设计、施工安装、质量控制、验收与维护。但目前实际情况是低压管道输水灌溉系统控制面积达到几万亩的工程已很多。

（3）规模较大的管道输水灌溉系统，一般采用柔性管，其结构设计不同于刚性管，需要考虑管土共同作用的结果。

（4）我国目前现行低压管道输水灌溉工程技术规范针对给水装置仅规定：①给水栓（或出水口）应结构合理、坚固耐用、密封性好、操作方便且水流阻力小，有足够的过流能力；②给水栓（或出水口）应有密封水压值和局部水头损失资料，但没有统一的技术标准，因此，在应用中存在很多问题。

因此，2012 年为适应新的形势及发展需求，更好地贯彻落实中央 1 号文件精神，为农村水利灌溉基础设施建设提供科学的技术支撑，亟须在总结现有研究成果的基础上，充分反映和吸收相关技术的发展与成功经验，对原有规范进行全面修订，并更名为《管道输水灌溉工程技术规范》。GB/T 20203—2017 重新定义了管道输水灌溉术语，界定管道与出口压力；应用范围由井灌区以及泵站扬水灌区和丘陵山区自流灌区扩大到所有类型灌区；系统控制面积由不大于 $80\ \text{hm}^2$ 扩大到不受限制；增加了管道结构计算、管道水压试验、工程运行维护内容、工程质量评定、施工内容等。更加科学、实用、高效，满足“把低压管道输水灌溉作为我国灌区改造、节水灌溉工程建设的重要技术措施”的时代要求。

3. 标准实施情况

据一些国家灌区资料分析，渠系输水损失占总引水量的 30%～40%，有的甚至达 60%，管道输水不仅消除蒸发和渗漏的损失，灌溉水利用系数可提高 90%以上。与不衬砌的渠道系统相比，可节约灌溉用水 30%以上，节水效果非常可观。

该标准实施后得到广泛应用，我国低压管道节水灌溉面积由标准发布当年（2006 年）的 5263.75 千 hm^2 发展到 2018 年底 10565.77 千 hm^2。灌区续建配套与节水改造、农业开发、节水型社会建设，普遍以该标准为依据，进行低压管道输水灌溉技术工程的规划、设计和施工。

（1）经济效益。根据用户反映，使用该标准，工程规划、设计更加科学经济，施工、管理更加规范严谨，工程投资、运行费用大大降低，节水增产效果更加明显。同时标准的实施有力地改善了田间作物的灌水条件，做到了适时适量控制灌溉。据测算，依据 GB/T 20203，低压管道输水灌溉工程亩年增产效益 30 元/亩左右，每亩年节水 20～30m^3，节地 1%，省工 20%，增产 5%以上。如山东省面积为 7.13hm^2 的低压管道输水灌溉工程年增效益 3210 万元，年节水 1070 万 m^3。各地使用该标准对灌区改造带来的效益情况见表 3-1。

表 3-1　依据规范对灌区改造带来的效益

2006—2007 年	改造面积/万亩	年增效益/万元	年节水/万 m^3	节地/亩	省工/万个	节省投资/%	增产/%
北京市水利水电技术中心	10.13	304	300	1000	20	5～10	8.0
福建水利建设中心	8.00	900	1600	440	8	7～8	22.9
山东省水利厅	106.95	3210	1070	16043	107	5～6	5.0
沈阳市水利技术推广中心	5.00	180	300	700	0.1	6～8	7.5
扬州市水利局	3.26	230	147	652	4.89	10～15	10.0
扬州市农业资源开发局	2.48	265	112	496	4.96	10～15	10.0

（2）社会效益。管道输水工程得到了社会和广大农民的认可，截至 2017 年管道输水已占灌溉工程的 69%。这些工程的建设和改造均依据该标准开展的。其主要社会效益体现在：一是增产节水，缓解水资源缺乏；二是提高灌溉保证率、灌溉水的利用率和水分生产率，不仅提高了农作物的产量和品质，而且促进了高产、优质、高效的农业发展；三是对井灌区由于减少灌溉用水量，地下水超采漏斗区得以回升，维持当地地下水的采补平衡；四是通过标准宣贯，培养一批技术骨干，提高农民节水意识、文化素质以及操作水平，规范、高效地应用标准，提高标准实施效率。

（3）环境效益：减少面源污染，改善了水环境。

4. 实施效果评估结论

2019 年 9 月对该标准实施效果进行评估，结果为实施效果“好”，有效支撑了水利中心工作，在提高水利工程、产品或服务质量，促进水利行业科技进步与科技成果推广应用，保障人民群众健康和生命财产安全，提高经济效益、社会效益和环境效益等方面效果好，建议“继续有效”。

四、堤防工程系列标准

中国河流湖泊众多，是世界上河流最多的国家之一。中国有许多源远流长的大江大河。其中流域面积超过 1000km^2 的河流就有 1500 多条，同时也是洪涝灾害频繁发生的国家。20世纪50年代初期，堤防低矮残缺，隐患众多。60年代堤防建设没有标准可循，防洪建设以关好大门、加高培厚堤防为主，主要对洪水中暴露出来的问题实施整险加固，消除隐患，填塘固基，护岸保堤，植树防浪。70年代堤防按照“三度一填”的标准实施，继续进行整险加固。同时国家也加大了对重点防洪工程建设力度。80—90年代，继续按照标准加高加固堤防，提高抗洪能力，同时对重点堤段、重点河道上报国家基本建设项目按设计标准进行建设。1996年以前，我国堤防工程的规划设计在理论和实践方面虽有所提高，但从总体上看还停留在半理论半经验的阶段。1998年长江流域、松花江和嫩江流域相继发生了特大洪水，在抗御洪水的过程中，各地堤防暴露出了诸多不足，堤身矮小、填土质量欠佳、地基地质条件不明等。1998年大水后，党中央、国务院及时作出了灾后重建、整治江湖、兴修水利的重大决策，大幅度增加了对江河堤防和分蓄洪区建设的投资力度。堤防建设严格按照标准进行，特别是通过优化堤防工程设计方案，增加混凝土路面工程里程，完善公里碑、百米桩、拦车卡、险工险段牌、地名牌、防汛哨屋等管理设施。截至2018年底，堤防长度达311932km，其中，累计达标堤防达217607km，使堤防各项管理设施基本齐全，堤形规范，保护着4140.9万hm^2和62837万人口。

防洪抗旱标准系列中，主要从确保防洪工程建设质量安全出发制定了技术标准，而对于非工程措施方面如灾前防御物质准备、洪水风险评价、灾后损失评估等领域技术标准十分缺乏。另外，当前与抗旱有关的标准数目偏少，绝大多数地区没有制定具有法律和行政效力的抗旱预案，抗旱工作仍处于应急被动状态，而且旱灾影响评价及风险分析刚刚起步，旱灾评价大多局限于农业受旱的评价，很难定量说清楚旱情对工业、城市和生态造成多大影响。因此，主要选取堤防工程相关的技术标准来评价其对国民经济和社会发展的影响。

（一）堤防工程标准及与之相关标准发展历程和现状

1. 1949年前

1949年前，我国江河堤防工程仅4万km，大中型水库23座，防洪能力非常薄弱。中华人民共和国成立后，党和政府动员亿万群众，投入大量人力物力、财力，修建水库、整修加固堤防、疏浚整治河道、开辟蓄滞洪区。

2. 1949—1978年时期

1949—1978年期间，我国大坝安全管理意识和理念尚未形成，以粗犷管理和事故管理为特点。小型水库是水利短板，更容易出问题，也是第一风险。我国小型水库93850座，占95.3%，大多建于50—70年代，凡是能修建水库和进行农田水利基本建设的地方都像一个大工地。每年到了冬闲时节，就会有县、乡组织的民工队伍按照上级的安排统一进行大规模水利建设。当时工程机械极其缺乏，全靠人力、畜力。在工地上红旗招展、热火朝天，大家喊着口号、唱着歌曲，奋勇争先，人挑肩扛、前推后拉、不分白天和黑夜，在较短的时间内就建设起了一系列的大、中型水利工程，为中华人民共和国刚成立之后的那些年的社会稳定、经济发展、人民幸福提供了坚实的基础。

1959年我国翻译了《水工建筑物混凝土和钢筋混凝土结构设计规范》，各地水库大坝设计标准低，“三无”“三边”工程居多。主要由当地农民投工投劳修建。乡镇管理条件差，管理水平低，先天不足，工程质量缺陷突出，溃坝事故大量发生。事故之后水电部总结经验，结合科研成果，编制发布了一批水利工程建设相关标准。如SDJ 20—78《水工钢筋混凝土结构设计规范》、SDJ 10—78《水工建筑物抗震设计规范》、SDJ 12—78《水利水电工程等级划分及设计标准》、SDJ 18—78《水利水电工程施工地质规程》、SDJ 82—79《水利水电工程混凝土防渗墙施工技术规范》等。

3. 20 世纪 80 年代开始加大了依法治水步伐

20 世纪 80 年代开始，先后颁布实施了一系列法律法规，并根据社会经济发展出现的新形势不断进行了修订。如 1988 年 1 月 21 日全国人民代表大会通过《中华人民共和国水法》，2016 年 7 月 2 日完成第三次修订；1988 年 6 月 10 日国务院第 3 号令发布《中华人民共和国河道管理条例》（2017 年 10 月 7 日完成第二次修订）、1991 年 7 月 2 日国务院第 86 号令发布了《中华人民共和国防汛条例》（2005 年 7 月 15 日完成修订）；1997 年 11 月 1 日全国人民代表大会通过《中华人民共和国防洪法》（2007 年、2016 年先后两次完成修订）。相继实施了 SD 105—82《水工混凝土试验规程》、SDJ 207—82《水工混凝土施工规范》、SDJ 213—83《碾压式土石坝施工技术规范》、SDJ 214—83《水利水电工程水文计算规范》、SD 120—84《浆砌石坝施工技术规定（试行）》、SDJ 210—83《水工建筑物水泥灌浆施工技术规范》、SDJ 212—83《水工建筑物地下开挖工程施工规范》、SDJ 218—84《碾压式土石坝设计规范》、SDJ 217—87《水利水电枢纽工程等级划分及设计标准》、SD 266—88《土坝坝体灌浆技术规范》、SDJ 341—89《溢洪道设计规范》、SDJ 336—89《混凝土坝安全监测技术规范》等。

4. 20 世纪 90 年代初逐步从行政管理过渡到制度标准管理

20 世纪 90 年代初，特别是 1991 年《水库大坝安全管理条例》的颁布，逐步从行政管理过渡到制度标准管理。1996 年以前绝大部分堤防工程未经正规地质勘察，仅在工程遇险或存在隐患必须进行加固处理时，才进行少量地质勘察工作。不论新建或已建堤防工程的勘察，长期以来没有统一的规程规范作为依据，勘察内容、深度、成果提供、任意性较大，特别是对勘察工作的成果质量更缺乏统一的检查标准。1997 年发布实施的 SL/T 188—96《堤防工程地质勘察规程》为规范堤防工程地质勘察起到了积极的作用。

早在 90 年代初，水利部进行了广泛而深入细致的调查研究，认真总结了中华人民共和国成立以来，特别是近几年的碾压式突堤、吹填及放淤筑堤、砌石（墙）堤、混凝土墙（堤）等施工技术的经验；检索、翻译了部分国外堤防工程施工资料，并对一些堤防施工中的问题，进行了专题研究。1998 年颁布了 SL 260—1998《堤防工程施工规范》，该标准规范了施工程序、施工技术，确保施工质量，为我国堤防工程建设做出了应有贡献，并得到了广大技术人员的肯定与认可。

1998 年大水后，水利治水思路发生了深刻变化，全国各地开始对堤防进行加固，全面细致的工程地质勘察也随之展开，在堤防的工程实践中，各单位也发现了原标准中的一些不足之处，因此对其进行了修订，使之更适合堤防工程地质勘察实际。在 SL/T 188—96 规程的修订过程中，增加了大、中型涵闸和堤岸工程地质勘察的有关内容，增加了防渗、堤岸和大、中型涵闸施工地质的有关内容；将“不良土堤基勘察”改为“特殊土勘察”，并增加了黄土、分散性土、冻土、红黏土等内容；删除不良土堤基处理原则的条文，增加特殊土工程地质评价的条文、增加了堤身勘察、删除原规程中的附录；增加堤防工程钻探封孔技术要求、土的抗剪强度试验方法、土的液化判别、特殊土性质分类与评价标准、堤基地质结构分类、堤基和堤岸工程地质评价原则、土的渗透变形判别、土的分类等8个附录。

我国现有堤防中有的是国家级重点管理堤段，有的是省级重点管理堤段，众多的则是由当地管理的堤段，工程管理设计无规范可循，为了加强堤防管理，保证工程安全和正常运行，并充分发挥工程经济效益，水利部及时颁布了 SL 171—1996《堤防工程管理设计规范》。通过优化堤防工程设计方案，增加混凝土路面工程里程，完善公里碑、百米桩、拦车卡、险工险段碑、地名牌、防汛哨屋等管理设施，使堤防各项管理设施基本齐全，堤形规范，为提升堤防管理水平打下坚实基础。

5. 20 世纪 90 年代末工程建设重点转向了工程安全

90 年代末水利工程建设重点转向了工程安全，竣工验收是确保工程质量和安全的关键环节，是对工程建设管理、投资及效益的全面总结。做好堤防工程施工质量评定与验收，可以使工程顺利地由建设阶段转入运行管理阶段，确保工程效益的充分发挥。如果堤防不进行全面的竣工验收，工程是否已经按照设计全部建完，能否按设计要求发挥功能，能否在遇到大洪水时正常运用和科学调度，都将产生疑问，我国堤防建设的家底就不清楚，而且在建工程自身还有安全度汛的问题。同其他行业相比，水利堤防工程一直没有自己单独的验收规程，这就造成了堤防工程验收工作没有统一模式。有的地区套用其他部委的标准和验收规程，有的地区干脆没有科学的验收方式。这对于关系到民生大计的堤防工程有很大的危害性。1998 年长江、嫩江、松花江流域发生特大洪水后，为适应大量新建、扩建和加固堤防工程建设急需，水利部建设与管理司组织有关专家编制了 SL 239—1999《堤防工程施工质量评定与验收规程》（试行）。该规程明确了堤防工程项目划分原则，制定了单元工程质量评定标准，规定了施工质量评定的组织程序和对工程质量验收提出了明确要求。我国现有堤防工程主要技术标准见表 4－1。

表 4－1　　我国现有堤防工程主要技术标准

序号	名　称	编　号
1	防洪标准	GB 50201—2014
2	水利水电工程等级划分及洪水标准	SL 252—2017
3	堤防工程地质勘察规程	SL 188—2005 替代 SL/T 188—96
4	堤防工程设计规范	GB 50286—2013 替代 GB 50286—98 （SL51—93 上升国标）
5	海堤工程设计规范	GB/T 51015—2014 替代 SL 435—2008
6	堤防工程管理设计规范	SL 171—1996
7	堤防工程施工规范	SL 260—2014 替代 SL 260—1998
8	堤防工程施工质量评定与验收规程（试行）	SL 239—1999
9	堤防隐患探测规程	SL 436—2008
10	堤防工程养护修理规程	SL 595—2013
11	水利水电工程单元工程施工质量验收 评定标准——堤防工程	SL 634—2012 替代 SL 239—1999
12	堤防工程安全评价导则	SL/Z 679—2015

堤防工程设计、计算、试验等系列标准，如 GB 50201—2014《防洪标准》（替代 GB 50201—94）、SL 44—2006《水利水电工程设计洪水计算规范》（替代 SL 44—93）、SL/T 164—2019《溃坝洪水模拟技术规程》（替代 SL 164—2010）等。

随着社会经济的发展，新建、加固、扩建及改建堤防工程建设任务日益繁重，而堤防工程设计几十年来无标准可循，与大量的堤防建设需要极不适应。由于缺乏反映堤防自身特点和要求的标准，堤防工程设计难以做到技术先进、经济合理、安全适用等要求。行业标准 SL 51—1993《堤防工程技术规范》只对我国大量普遍采用的江河、湖堤中的土堤作出规定，内容较简，技术规范图表及计算公式很少，使用时受到一定的限制。GB 50286—1998《堤防工程设计规范》的发布实施，适应了全国堤防工程大规模建设的需要，填补了堤防工程设计技术标准的空白，该标准为强制性国家标准，是堤防工程建设的重要技术保障。

GB 50286—1998 主要应用于江河堤防设计。而海堤的功能和作用与江河堤防存在明显差别，其设计理念和设计思路与江河堤防明显不同，水利部组织编制了 SL 435—2008《海堤工程设计规范》、(后升为国家标准，标准编号为 GB/T 51015—2014)，使海堤工程有效地防御风暴潮（洪）水和波浪等危害。

6. 21 世纪理念和发展发生转变

防洪抗旱标准系列中，主要从确保防洪工程建设质量与安全出发制定了技术标准，而对于非工程措施方面如灾前防御物质准备、洪水风险评价、灾后损失评估等领域技术标准十分缺乏。有关抗旱的标准数目极少，绝大多数地区没有制定具有法律和行政效力的抗旱预案，抗旱工作仍处于应急被动状态，而且旱灾影响评价及风险分析才刚刚起步，旱灾评价大多局限于农作物受旱的评价，很难定量说清楚旱情对工业、城市和生态造成多大影响。因此，主要选取堤防工程相关的技术标准来评价其对国民经济和社会发展的影响。

随着堤防工程的不断完善，防灾减灾救灾的理念不断转化，防洪减灾非工程措施建设得到不断强化。2000 年 5 月 27 日国务院发布《蓄滞洪区运用补偿暂行办法》，以法规的形式为蓄滞洪区运用后区内居民因蓄滞洪遭受损失的补偿提供保障。在总结防洪经验的基础上，水利部编制发布了 SL 488—2010《蓄滞洪区运用预案编制导则》、GB 50773—2012《蓄滞洪区设计规范》，有力地指导蓄滞洪区建设。SL 263—2000《中国蓄滞洪区名称代码》推动了蓄滞洪区信息化建设。截至目前，在长江、黄河、淮河、海河等主要江河开辟了近百处国家级蓄滞洪区，总面积达 34261km^2，总蓄洪容积 1075 亿 m^3。同时加大了防汛抢险物资储备，SL 297—2004《防汛储备物资验收标准》、SL 298—2004《防汛物资储备定额编制规程》为防灾减灾保障能力的提升提供了技术保障。

2003 年水利部提出由控制洪水向洪水管理转变的治水思路。从注重灾后救助向灾前预防转变，从减轻灾害损失向减轻灾害风险转变。洪水风险图是直观反映某一区域洪水风险或洪水风险管理信息的地图。2005 年颁布了《洪水风险图编制导则》（试行），经过试点，在制作的组织、方法和技术等方面进行了多层次全方位的探索，2010 年正式以标准 SL 483—2010《洪水风险图编制导则》发布。通过总结洪水风险图编制实际工作经验和存在的技术问题，对 SL 483—2010 进行及时修订，进一步完善洪水分析、洪水影响分析和损失评估、洪水风险信息及其表现方式等方面的技术内容，同时按照国家和行业政策、法规和规划要求，增补洪水风险区划、避洪转移分析和相应图件绘制要求等技术规定。2017年2月再次修订发布SL 483—2017。

2007年8月30日全国人民代表大会通过《中华人民共和国突发事件应对法》，同年11月1日开始实施，并据此编制了《国家防汛抗旱应急预案》。随着法律的不断出台、完善，标准也随之不断推出和完善，从技术层面辅佐法律实施的具体操作。发布了SL 459—2009《城市供水应急预案编制导则》、SL 488—2010《蓄滞洪区运用预案编制导则》、SL 590—2013《抗旱预案编制导则》、SL 611—2012《防台风应急预案编制导则》、SL 754—2017《城市防洪应急预案编制导则》、SL 596—2012《洪水调度方案编制导则》等。

国家防汛抗旱总指挥部在1999年下发执行了《水旱灾害统计报表制度》（国汛〔1999〕7号），并分别在2004年、2009年和2010年进行修订完善，2010年国家防汛抗旱总指挥部办公室下发《抗旱统计制度（试行）》。为统一统计口径，确保统计数据科学、准确，水利部及时发布了SL 424—2008《旱情等级标准》、SL 546—2013《旱情信息分类》、SL 663—2014《干旱灾害等级》、SL 590—2013《土壤墒情评价指标》、GB/T 32135—2015《区域旱情等级》、SL 364—2006《土壤墒情监测规范》、SL 750—2017《水旱灾害遥感监测评估技术规范》等标准。

2013年10月水利部印发了《关于加强洪水影响评价管理工作的通知》（水汛〔2013〕404号），SL 520—2014《洪水影响评价报告编制导则》应运而生，进一步规范和加强了洪水影响评价工作的实施。

20世纪90年代，全国每年因山洪灾害死亡1900～3700人，占洪涝灾害死亡人数的62%～69%（资料来源：中国防汛抗旱2019.10）。2002年水利部会同国土资源部、中国气象局、原住建部、原环保总局组织编制了《全国山洪灾害防治规划》，2006年国务院批复了该规划。为了确保规划的顺利实施，水利部实时编制发布了SL 666—2014《山洪灾害防御预案编制导则》、SL 762—2018《山洪灾害预警设备技术条件》、SL 767—2018《山洪灾害调查与评价技术规范》、SL/T 778—2019《山洪沟防洪治理工程技术规范》等山洪灾害系列标准，支撑着相关建设项目的顺利开展。

截至目前，“灾害防御”领域标准共43项，占水利技术标准的4.6%。

（二）堤防工程及其标准的作用

1. 堤防工程的作用

堤防工程对于受洪水威胁的地区来说，犹如一道生命防线。就防洪建设而言，早在20世纪50年代，我国就提出“蓄泄兼筹，以泄为主”的防洪方针，通过水库调节、河道整治、堤防建设、分洪拦蓄等措施提高综合防洪能力。堤防是整个防洪工程体系的基础，是防洪的重要屏障，在我国防洪工作中具有极其重要的地位。这是任何时候其他措施都无法替代的。

截至2017年底，我国堤防总长30.6万km，其中达标的堤防21万km，占比68.7%。随着现代化建设的推进，城市多功能高品位的建设目标和可持续发展的总体要求，以及国际大都市的建设方向，都对防汛部门提出了新的更高的要求，即堤防建设要同时具有防洪效益、环境效益、景观效益、经济效益等多种功能，过去那种单一的防洪保安功能的堤防工程正逐步向美化城市河岸建设的转变，充分发挥堤防工程的多功能性。堤防建设要同时兼顾工程质量和环境创新，走可持续发展之路。

2. 堤防工程标准的作用

堤坝工程技术标准是针对各类堤坝工程规划、设计、施工、质量控制及管理而制定的一系列的标准，堤防工程技术标准在堤防工程的标准化建设中日益受到关注，是堤防建设和管理的基本依据。在防御洪涝灾害方面，如《防洪标准》《堤防隐患探测规程》等相关标准，对抵御洪涝灾害、维护人民生命财产的防洪安全起到了重要的技术支撑；在抗旱减灾方面，《旱情等级标准》《城市供水应急预案编制导则》《抗旱预案编制导则》《城市防洪应急预案编制导则》《水库大坝安全管理应急预案编制导则》等，为规范指导旱情评估、加强抗旱等发挥了重要作用；在防御台风、山洪灾害方面，《海堤工程设计规范》《山洪灾害防御预案编制导则》《防台风应急预案编制导则》等技术标准，为切实做好台风、山洪的防、避、救工作发挥了重要作用；在抗震救灾方面，《堰塞湖风险等级划分标准》和《堰塞湖应急处置技术导则》等一批重要标准，在青海玉树地震和甘肃舟曲泥石流的防御中得到了较好的应用。

（1）标准数量与年均溃坝数量对比。水库大坝发挥着防洪功能，通过有无标准，执行不执行标准，体现出标准的作用和产生的效益。水利部管理的水库大坝 9.5 万座，占全国水库大坝的 97%。在我国水库中，建于 20 世纪 80 年代以前的，占总数的 79.5%。其中 60 年代以前占 46.1%，70 年代占 33.4%，2010 年以来共建 1700 座，占 1.7%。据统计，1954—2018 年全国共溃坝 3541 座，年均近 55 座。水库大坝事故比例与标准数量见表 4-2。从图 4-1 可以看出，随着标准的不断增多和完善，水库大坝溃坝比例明显下降。

表 4-2　　水库大坝事故比例与标准数量

年　份	全国大坝溃坝数量/座	年均溃坝数量/座	年溃坝率/万分比	水利工程建设标准数量/个
1954—1982	3115	107	12.3	15
1983—1999	332	19.5	2.3 接近美国	130
2000—2018	84	5	0.44 接近日本	630

注　水利工程建设标准数量为时段末年体系表现行有效标准数量。

（2）不执行标准带来的后果。如 2018 年 7 月 19 日内蒙古巴彦淖尔增隆昌水库副坝Ⅱ发生决口事故、主坝左坝肩发生渗漏塌陷。主要原因：一是设计工作存在缺陷。先施工后出图且有明显漏项，部分项目设计深度不够，坝体填筑未按规范要求明确填筑料渗透系数及级配等主要质量控制指标。主、副坝上下游护坡及排水棱体设计未按反滤要求明确碎石及粗砂垫层的级配要求，也未明确干砌块石粒及砌筑的技术要求。设计管理不严格，水库出险加固过程中，部分工程未按设计要求实施，左坝肩帷幕灌浆未按设计要求完成，左坝肩下游护坡坡比不满足设计要求，副坝Ⅱ未按设计要求清基，擅自取消副坝Ⅱ上游侧干砌护坡等。二是施工质量不满足设计要求。擅自进行副坝Ⅱ坝内混凝土涵管施工。批复的初设无坝内混凝土涵管建设内容，在设计单位未出具技施设计图，施工技术要求不明确情况下，施工单位完成坝内混凝土涵管施工。降低坝体填筑质量标准未履行相关手续，副坝Ⅱ基础未按设计要求开挖清基，主坝左坝肩帷幕灌浆未按设计要求完成，左坝肩山体内有 10m 以上的帷幕灌浆未实施。主坝左坝肩处下游坡比不满足设计要求，部分坝体建筑物未按设计要求实施。三是监理控制不严格，随意确认更改坝体填筑碾压指标等。四是水库运行管理不到位，未按标准要求开展安全鉴定、配备大坝安全监测设施，违规同意危害大坝安全的施工行为等。事故分析以及相关结论均依据相关标准得出。据初步统计，灾害共造成直接经济损失 5.36 亿元，其中农业损失 4.4 亿元，基础设施损失 8484.06 万元，家庭财产损失 893.21 万元。

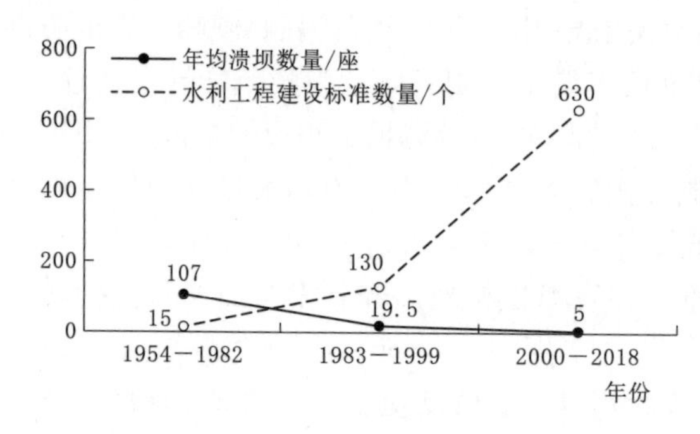

图 4-1　年均溃坝数量与标准数量对比

(3) 直接作用。

1) 保障工程质量。GB 50286—1998《堤防工程设计规范》颁布实施前，堤防建设主要依据 SL 51—1993《堤防工程技术规范》进行建设，SL 51—1993 的内容较简，只对我国大量普遍采用的江河、湖堤中的土堤作出规定，使用受到一定的限制，非土堤的建设无法参照。

2) 保障工程的建设和运行管理。《堤防工程施工规范》在规范施工程序、施工技术，确保施工质量等方面起到了较好的作用，为我国堤防工程建设做出了应有贡献。《堤防工程地质勘察规程》对一些重要的防渗工程、护岸工程和大中型涵闸的施工地质勘察能够控制投资，保证工期质量。《堤防工程施工质量评定与验收规程》(试行) 的颁布，使堤防工程从施工、监理到竣工整个过程有法可依，按照科学的模式进行管理，对于提高全行业工程整体质量和从业人员素质的提高有深远的意义。

3) 节约原材料，降低工程成本。如 2003 年 6 月下旬至 7 月 20 日，长江沙市至九江段超设防水位最高达 2m 以上，时间长达 22d，长江堤防超设防水位 1479km，其中超警戒水位 586km，与以往同一水位比，长度大大缩短。长江堤防加固后，试行新的防洪标准，节省防洪劳力 32.6 万人次，节省防汛支出 652 万元。

4) 保证安全运行。水利工程安全运行、管理标准近 30 项，对工程的运行管理给出了严格的规定，确保工程安全运行。用具体案例说明执行标准对工程安全运行带来的影响。

a. 未执行标准案例：1997 年 7 月，由于当时正值钱塘江上游洪水下泄，下游钱塘江杭州湾天文大潮顶托，造成水位超过围堤的设计洪水位，同时由于围堤堤身单薄，常年运行，管理不当，局部地段产生管涌，造成围堤内企业与农户被淹，损失 500 余万元；2010 年 7 月 27 日吉林大河水库溃坝，产生的原因就是人员疏于管理，未按调度规程在遇到险情时及时开闸泄洪，造成闸门门顶溢流无法开启，未采取有效的应急措施，造成水库溃坝；2013 年新疆联丰水库、黑龙江星火水库、山西曲亭水库，均为晴天溃坝，管理人员均未发现溃坝征兆。

b. 执行标准案例：2002 年 8 月，长江突发秋汛，监利站、莲花塘站出现有历史记录以来的第三高水位，螺山站出现第四高水位，然而在大水压境的情况下，全省长江干堤没有发生一处重大险情。尤其值得一提的是，两次抗大洪期间，沿江地区呈现出一派安宁祥和的景象。

(4) 间接作用。

1）起到防洪的作用。①无标准：1999 年以前的堤防建设，并无统一的技术标准和要求，施工以人力为主，用行政管理的方式组织建设，因而大多数堤防标准低，质量差，每到汛期险象环生，严重威胁人民生命财产安全。②有标准：1999 年后修建的堤防，依照堤防建设系列标准进行勘测、设计、施工、管理和质量控制，总体而言堤防的质量得到充分的保障。

2）减少洪涝损失。1998 年洪水中，长江中下游堤防工程发挥了重要作用，获得了巨大经济效益。通过对长江中下游堤防防洪效果的分析，并依据 SL 206—1998《已成防洪工程经济效益分析计算及评价规范》和有关实际资料对主要堤防的防洪经济效益进行计算，结果表明，中华人民共和国成立以来逐年培修的堤防工程在 1998 年洪水中的防洪效益价值量达 4067 亿元。

3）增加供水发电。以临淮岗工程为例，淮南煤矿潘谢矿区位于茨淮新河以南地区，规划 8 对矿井，设计年生产能力 2860 万 t，有固定资产 336 亿元。淮河洪水向淮北分洪，将淹没矿区，造成巨大的损失。煤矿受淹一次损失达 84.33 亿元，煤矿停产一天损失达到 700 万元。在为煤矿、电厂提供防洪安全保障的同时，保护区内规划有平圩电厂等两座坑口电厂，规划总装机为 8×60 万 kW，现已投产 2×60 万 kW。若两电厂受淹一次，固定资产损失将为 50.40 亿元，停产一天造成损失 0.40 亿元。

4）保障供水安全，实现节水减排。在长江堤防建设中，依据地方标准对 400 多座穿堤建筑物进行了除险加固、更新改造，有些涵闸由单一排水功能变成了排灌双向功能，不仅可以屏障洪水，还可以安全引水灌溉。2022 年，为了抗御大范围的高温干旱，水利、抗旱部门开启 20 多座沿江涵闸，引江水补充湖泊蓄水和灌溉农田，其中，在设防水位以上引江水达 2.1 亿 m^3，减少提排成本 500 多万元。

5）美化环境。堤容堤貌改观，通过实施硬化、绿化、美化、亮化工程，长江干堤一改过去矮小单薄的旧貌，变成了“一堤一路、两岸护岸”的水土长城，武汉龙王庙、荆江大堤、黄石城区堤防等许多昔日的险工险点，变成了现在的亮点景点。武汉龙王庙通过“扩展门口，改善河势，除险加固，综合治理”，不仅成为伏波安澜的防洪屏障，而且成为人们休闲观光的旅游景点。

6）支撑持续发展。大规模的堤防建设，有效带动了国民经济相关产业的发展，提供了众多的劳动就业渠道。1998 年、1999 年水利大投入的拉动力，在湖北省 GDP 增长中所占份额分别为 0.6 和 1 个百分点，新增 30 万～50 万个就业机会。洪湖市通过堤防建设征地、取土，新增精养鱼池 3 万亩。各地还抓住大规模堤防建设的机遇，适时植树种草，4 年间植树 2400 万株，种草 5 万多亩，不仅为长江干堤披上了绿装，改善了生态环境，而且带动了相关种养业的发展。

（三）标准化效益

1. 经济效益

（1）直接经济效益。

1）临淮岗工程是淮河防洪体系中的战略性骨干工程，其主要任务是防御大洪水，配合淮河干流河道和行蓄洪区的整治，使保护区的防洪标准由约 50 年一遇提高到 100 年一遇。工程建成后，遇淮河发生 100 年一遇洪水时，避免向淮北分洪，可减少淹没面积为

1290km²，一次性防洪减灾效益为305.98亿元，对完善淮河流域防洪体系，保障区域经济、社会的稳定和发展具有重要作用。临淮岗工程为淮北地区和蚌埠、淮南两座沿淮城市提供防洪安全保障，多年平均防洪减灾效益2.8亿元，工程具有巨大的经济效益和社会效益。

2）淮河防洪体系主干工程产生的效益：一次性防洪减灾效益为305.98亿元。有效保护铁路、公路等重要交通干线的安全。就临淮岗工程可减少铁路固定资产损失3.68亿元，每天减少铁路停运损失0.57亿元。为淮河中下游广大地区的国家集体财产、工农业生产和人民生活提供安全保障。避免淮河洪水向淮北分洪一次，每亩即可减免直接损失6000元。

由于监督、管理不到位，堤防工程仍存在不尽如人意之处。调查表明，1999年以前修建的堤防达标率约为46%，1999年以后修建的堤防达标率约为60%，这不仅影响了标准效益的产出，更影响了工程效益的发挥。

（2）间接经济效益。依据防洪标准，临淮岗工程在发生比1954年更大的洪水时，启用临淮岗洪水控制工程，可以滞洪削峰。按照1998年价格水平估算，临淮岗洪水控制工程运行期内年平均防洪效益2.31亿元，遇100年一遇洪水，防洪保护区的防洪效益为235亿元。

2. 社会效益

（1）直接社会效益。有效保护铁路、公路等重要交通干线的安全。临淮岗工程防洪保护区有京沪铁路（蚌埠—宿县）90km、合阜铁路（淮南—阜阳）108km，规划年运输能力分别为10000万t/a和5000万t/a，规划中的京沪高速铁路暂不考虑。临淮岗工程避免淮河洪水向淮北分洪一次，即可减少铁路固定资产损失3.68亿元，每天减少铁路停运损失0.57亿元。合（肥）徐（州）高速公路蚌埠—宿州段在涡东保护区内，全长90kg，受淹一次固定资产损失3.24亿元，停产损失为0.40亿元/d。

（2）间接社会效益。为淮河中下游广大地区的国家集体财产、工农业生产和人民生活提供安全保障。淮河中下游广大地区临淮岗工程防洪保护区涉及安徽省阜阳、淮南和蚌埠3市，颍上、凤台、怀远、五河等6个县，1000多万亩耕地，600多万人口，是我国重要的商品粮产区。1997年统计，区内有国家、集体和群众财产1000多亿元，工农业总产值547亿元，淮河洪水向该区分洪，将给区内的工农业生产和人民生命财产带来难以估量的损失。临淮岗工程避免淮河洪水向淮北分洪一次，每亩即可减免直接损失6000元。

3. 环境效益

（1）直接环境效益。广州市流溪河堤防工程在建设高标准堤防的基础上，全面规划、统筹安排、综合整治两岸水环境和生态环境，结合沿岸城镇的地方特色，把流溪河建成抗洪灾能力强、水陆交通便利，以及历史古迹、城市景观、花园小区、田园风光于一体的独具岭南水乡特色的著名旅游观光带，实现“水清、岸绿、景美、游畅”的目标。

（2）间接环境效益。以往传统的堤防建设，以满足人们防洪和水资源利用等多种需求为目的，而忽视了河流生态系统本身的需求，导致河流生态系统的功能退化，给人们的长远利益带来损害。复合式堤防断面越来越得到广泛应用，即在常年水位以下用现代材料砌筑直立式河堤，以节约用地并保证堤防强度，而在常年水位之上则保留斜坡式土堤并进行绿化，保持河堤及城市的生态性。此外，积极绿化河堤及其保护区，努力改善城市河道的水质也是促进城市河道生态发展的有效途径。

（四）实施效果评估

评估防汛抗旱标准 26 项，评估结论为“实施效果好”的共 24 项，占 92.31%，如 GB 50201—2014《防洪标准》、SL 723—2016《治涝标准》；“实施效果较好”的共 2 项，占 7.69%，如 SL 602—2013《防洪风险评价导则》。

26 项标准中，6 项标准继续有效，占 23.08%；15 项标准需要修订，占 57.69%；3 项标准需并入其他标准，占 11.54%；2 项标准为非水利部职能、待协商，占 7.69%。

[典型标准案例 1]：《防洪标准》

1. 标准基本信息

（1）编制目的。洪水泛滥是一种危害很大的自然灾害，防御洪水，减免洪灾损失，是国家的一项重要任务。中华人民共和国成立以来，为了满足大规模防洪建设的需要，我国有关部门对所管理的防护对象的防洪标准，先后作了一些规定。由于制订的时期不同，对防洪安全与经济的关系等的处理有差异，类似的防护对象，其防洪标准不够协调。

为了防御洪水，保护人民生命财产，适应国民经济各部门、各地区的要求和防洪建设的需要，按照国家计委“计综字〔1986〕2630 号文”以及“计标函字〔1987〕3 号文”的要求，由原水利电力部指定所属的水利水电规划设计院（现更名为水利水电规划设计总院）会同十个有关单位共同制订《防洪标准》。

编制工作于 1987 年底正式开始。编制过程中，编制组进行了广泛的调查研究，认真总结我国防洪工程建设的实践经验，考虑到我国当时的社会经济条件，该标准编制按照具有一定的防洪安全度，承担一定的风险，经济上基本合理、技术上切实可行的原则，在各部门现行规定的基础上，并尽可能与之相协调。广泛征求了全国有关单位的意见，同时参考了国内 400 多份有关标准和国外 20 多个主要国家 200 多份有关标准，以及翻译了 30 多万字的文献资料。调研了铁道、交通、航空、能源等单位和部门。由于防洪效益很难准确定量，社会、环境效益更不易量化，致使防洪标准很难通过计算，以量化指标界定。在总结国内、外经验的基础上，该标准采用对防护对象，先按部门进行分类，再根据各类防护对象在政治上、经济上的重要性，受灾后社会、环境的影响程度等，进行分等分级，分别拟订其相应防洪标准的方法进行编制。

（2）历次版本情况。

1）GB 50201—94《防洪标准》。建设部以“建标〔1994〕369 号文”批准，会同国家技术监督局联合发布了国家标准 GB 50201—94《防洪标准》，1995 年 1 月 1 日起施行。该标准为强制性国家标准。

我国大部分地区都可能发生暴雨洪水，洪水流量大，造成的灾害最严重。我国的西部、北部以及中、南部的高山地区，融雪和雨雪混合洪水也会造成一定的灾害。该标准主要针对防御这三类洪水。同时，我国海岸线很长，沿海地区除受江河洪水的威胁外，由于风暴潮引的灾害也很大。为适应防潮建设的需要，本标准一并做了规定，为简明起见，将防洪、防潮统称为防洪。山崩、滑坡、冰凌以及泥石流等，也可引发洪水，造成灾害，有时危害很大。

当时对于这类洪水的研究较少，制订防御标准的条件还不成熟，故该标准未做具体规定。

随着社会经济的发展，国家财力的增强，防洪安全要求的提高，GB 50201—94 已不能满足实际需要。2007 年原建设部启动了该标准的修订计划。

2）GB 50201—2014《防洪标准》（替代 GB 50201—94）。在修订 GB 50201—94 过程中，总结了实施以来的经验，借鉴了其他一些国家的防洪标准，吸纳了国内部分行业相关标准，同时考虑了流域防洪规划和区域防洪规划成果，结合我国经济社会发展状况，取消了“木材水运工程”的内容，增加了“术语”“基本规定”“防洪保护区”和“环境保护设施”4 章，并在相应章节中增加“核电厂”“拦河水闸工程”等内容。将第 5.0.4、6.1.2、6.2.2、6.3.5、6.5.4、7.2.4、11.3.1、11.3.3、11.8.3 条定为强制性条文。GB 50201—2014 适用于防洪保护区、工矿企业、交通运输设施、电力设施、环境保护设施、通信设施、文物古迹和旅游设施、水利水电工程等防护保护对象，防御暴雨洪水、融雪洪水、雨雪混合洪水和海岸、河岸地区防御潮水的规划、设计、施工和运行管理工作，更加适应国民经济各部门、各地区的防洪需要和防洪建设的需要。

2. 标准实施情况

（1）使用对象分布及应用。该标准从 1994 年发布至今，经过 1 次修订，服务各行各业已 26 年，仍在继续发挥着功效。据 2019 年 8 月和 2020 年 6 月调查问卷显示，该标准使用最多的单位是设计部门，占使用者的 28.6%，其次为科研院所，占 17.1%，如图 4-2 所示；防汛抗旱专业和水文专业应用该标准较多，各占 19.5%，如图 4-3 所示；用于规划设计占 50%，如图 4-4 所示。

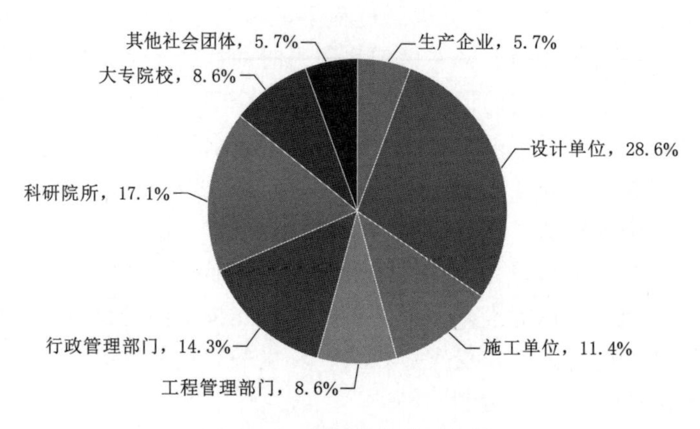

图 4-2　使用单位分布情况

调查过程中，未收到不满足需求的反馈，66.7%的人表示满足需求，33.3%的人表示基本满足需求。80%的人认为该标准具有引领、指导作用，对水利工作具有较强的支撑保障作用。调查过程中，所有人对该标准的认可度在 80 分以上。设计部门使用该标准频繁度达 90%以上。查看 2020 年 5 月 28 日—6 月 22 日“水利水电技术标准服务系统”发现，不到 1 个月的时间，《防洪标准》被访问次数达 1672 次，居首位。下载次数 612 次，使用量非常之频繁。

该标准用于规划、设计编制的较多，如北京、上海、天津等城市总体规划，《新疆下坂地水利枢纽工程水库大坝安全管理应急预案》《抚河流域综合规划》《伊洛河流域综合规划》中依据该标准确定各个保护对象的防洪标准。《丹江鄂豫河段防洪治理近期工程（湖北段）初步设计报告》中依据该标准确定各段堤防保护范围的防洪标准，从而确定堤防级别。

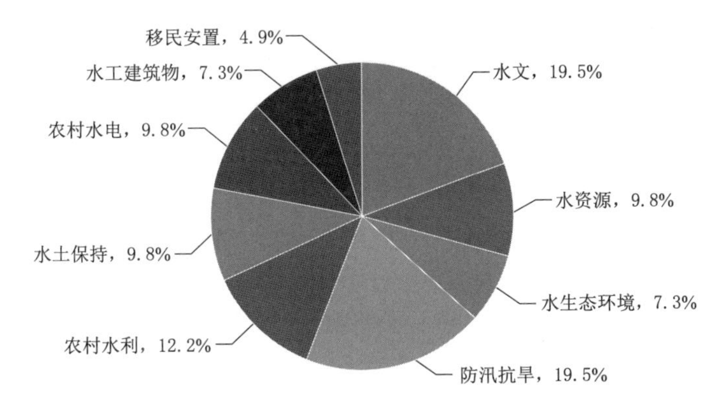

图 4-3　各专业使用情况

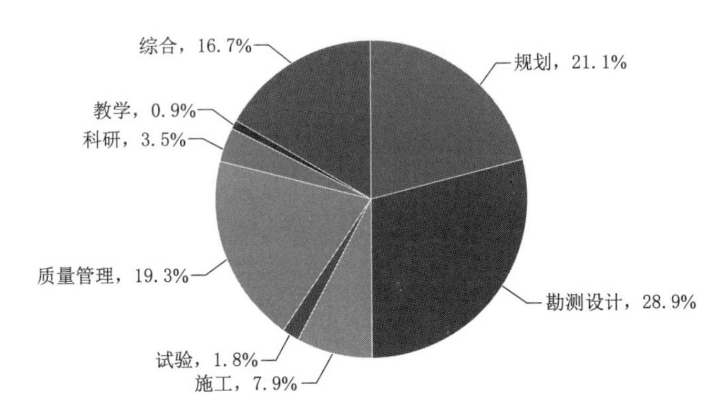

图 4-4　用途分布情况

（2）相关标准情况。GB 50201—2014《防洪标准》引用了 2 项标准，即 GB 50288《灌溉与排水工程设计规范》和 GB 50863《尾矿设施设计规范》，但从条文说明中可以看出，其内容与 35 项其他行业标准内容相关，见表 4-3。有 43 项涉及 7 个水利专业的水利标准引用了该标准，见表 4-4，其中引用 GB 50201—94（已被 2014 版替代）的水利标准就有 9 项（表 4-4 中灰色部分）。

表 4-3　　与 GB 50201—2014 相关的主要标准统计

序　　号	标　准　名　称	标　准　编　号
1	铁路线路设计规范	GB 50090—2006
2	内河通航标准	GB 50139—2004
3	堤防工程设计规范	GB 50286
4	泵站设计规范	GB/T 50265

续表

序　号	标 准 名 称	标 准 编 号
5	风景名胜区规划规范	GB 50298—1999
6	油气输送管道穿越工程设计规范	GB 50423—2007
7	油气输送管道跨越工程设计规范	GB 50459—2009
8	水利水电工程等级划分及洪水标准	SL 252—2000
9	水闸设计规范	SL 265—2001
10	水土保持治沟骨干工程技术规范	SL 289—2003
11	调水工程设计导则	SL 430—2008
12	海堤工程设计规范	SL 435
13	火力发电厂设计技术规程	DL 5000—2000
14	火力发电厂灰渣筑坝设计规范	DL/T 5045—2006
15	变电所总布置设计技术规程	DL/T 5056—2007
16	水电枢纽工程等级划分及设计安全标准	DL 5180—2003
17	220kV～500kV 变电所设计技术规程	DL/T 5218—2005
18	水电枢纽工程等级划分及设计安全标准	DL 5180—2003
19	火力发电厂水工设计规范	DL/T 5339—2006
20	尾矿库安全技术规程	AQ 2006—2005
21	生活垃圾卫生填埋技术规范	CJJ 17—2004
22	风景名胜区分类标准	CJJ/T 121—2008
23	危险废物集中焚烧处理工程建设技术规范	HJ/T 176—2005
24	医疗废物化学消毒集中处理工程技术规范（试行）	HJ/T 228—2005
25	医疗废物微波消毒集中处理工程技术规范（试行）	HJ/T 229—2005
26	公路路线设计规范	JTG D20—2006
27	公路路基设计规范	JTG D30—2004
28	公路桥涵设计通用规范	JTG D60—2004
29	公路隧道设计规范	JTG D70—2004
30	河港工程总体设计规范	JTJ 212—2006
31	渠化工程枢纽总体设计规范	JTS 182—1—2009
32	1000kV 交流架空输电线路设计暂行技术规定	Q/GDW 178—2008
33	110kV～750kV 架空输电线路设计技术规定	Q/GDW 179—2008
34	电信专用房屋设计规范	YD/T 5003—2005
35	民用机场工程项目建设标准	建标 105—2008
36	铁路路基设计规范	TB 10001—2005

表 4-4　　　　引用 GB 50201 的标准统计表

序号	专业门类	标准名称	标准编号	引用标准编号
1	A 水文	城市水文监测与分析评价技术导则	SL/Z 572—2014	GB 50201—1994
2	B 水资源	江河流域规划编制规范	SL 201—2015	GB 50201
3	B 水资源	城市水系规划导则	SL 431—2008	GB 50201
4	B 水资源	城市供水水源规划导则	SL 627—2014	GB 50201
5	B 水资源	水利水电建设项目水资源论证导则	SL 525—2011	GB 50201—1994
6	B 水资源	水工程建设规划同意书论证报告编制导则（试行）	SL/Z 719—2015	GB 50201
7	C 防汛抗旱	防汛物资储备定额编制规程	SL 298—2004	GB 50201—1994
8	C 防汛抗旱	堰塞湖风险等级划分标准	SL 450—2009	GB 50201
9	C 防汛抗旱	防洪规划编制规程	SL 669—2014	GB 50201
10	C 防汛抗旱	中国蓄滞洪区名称代码	SL 263—2000	GB 50201—1994
11	C 防汛抗旱	洪水影响评价报告编制导则	SL 520—2014	GB 50201
12	C 防汛抗旱	山洪沟防洪治理工程技术规范	SL/T 778—2019	GB 50201
13	C 防汛抗旱	蓄滞洪区设计规范	GB 50773—2012	GB 50201
14	D 农村水利	农田水利规划导则	SL 462—2012	GB 50201—1994
15	D 农村水利	灌区改造技术规范	GB 50599—2010	GB 50201
16	D 农村水利	农田排水工程技术规范	SL 4—2013	GB 50201
17	D 农村水利	灌溉与排水工程设计标准	GB 50288—2018	GB 50201
18	F 农村水电	小型水电站水文计算规范	SL 77—2013	GB 50201
19	F 农村水电	小型水力发电站设计规范	GB 50071—2014	GB 50201
20	G 水工建筑物	水利工程水利计算规范	SL 104—2015	GB 50201
21	G 水工建筑物	中国水库名称代码	SL 259—2000	GB 50201—1994
22	G 水工建筑物	中国水闸名称代码	SL 262—2000	GB 50201—1994
23	G 水工建筑物	水利水电工程劳动安全与工业卫生设计规范	GB 50706—2011	GB 50201
24	G 水工建筑物	堤防工程安全评价导则	SL/Z 679—2015	GB 50201
25	G 水工建筑物	水闸安全评价导则	SL 214—2015	GB 50201
26	G 水工建筑物	水库大坝安全评价导则	SL 258—2017	GB 50201
27	G 水工建筑物	橡胶坝工程技术规范	GB/T 50979—2014	GB 50201
28	G 水工建筑物	调水工程设计导则	SL 430—2008	GB 50201
29	G 水工建筑物	混凝土重力坝设计规范	SL 319—2018	GB 50201
30	G 水工建筑物	混凝土拱坝设计规范	SL 282—2018	GB 50201
31	G 水工建筑物	混凝土面板堆石坝设计规范	SL 228—2013	GB 50201

续表

序号	专业门类	标 准 名 称	标准编号	引用标准编号
32	G 水工建筑物	堤防工程设计规范	GB 50286—2013	GB 50201
33	G 水工建筑物	海堤工程设计规范	GB/T 51015—2014	GB 50201
34	G 水工建筑物	水工挡土墙设计规范	SL 379—2007	GB 50201—1994
35	G 水工建筑物	水工隧洞设计规范	SL 279—2016	GB 50201
36	G 水工建筑物	混凝土面板堆石坝施工规范	SL 49—2015	GB 50201
37	G 水工建筑物	滩涂治理工程技术规范	SL 389—2008	GB 50201
38	G 水工建筑物	水库降等与报废标准	SL 605—2013	GB 50201
39	G 水工建筑物	水工隧洞安全监测技术规范	SL 764—2018	GB 50201
40	D 农村水利	村镇供水工程设计规范	SL 687—2014	GB 50201
41	G 水工建筑物	水利水电工程管理技术术语	SL 570—2013	GB 50201
42	J 其他	水利信息公用数据元	SL 475—2010	GB 50201
43	H 机电与金属结构	水利水电工程金属结构报废标准	SL 226—1998	GB 50201—1994

注 灰色的为引用了废止标准。

(3) 标准作用。该标准的颁布为《中华人民共和国防洪法》的颁布和修订提供了有力的技术支撑。

(4) 实施效果评估情况。2019 年 8 月，对该标准的实施效果进行调查，调查问卷的评价结论均为“实施效果非常好”。从标准使用情况（包括被引用）来看，该标准应用较为频繁、广泛。

2020 年 6 月对该标准进行调查评价，共收到 49 份问答卷，调查内容及评估结果见表 4 - 5。

3. 标准效益情况

在调查问卷中设计了三种效益，即经济效益、社会效益和环境效益，通过调查显示，该标准三种效益占比如图 4 - 5 所示，该标准属于公益性标准，以社会效益和环境效益为主。

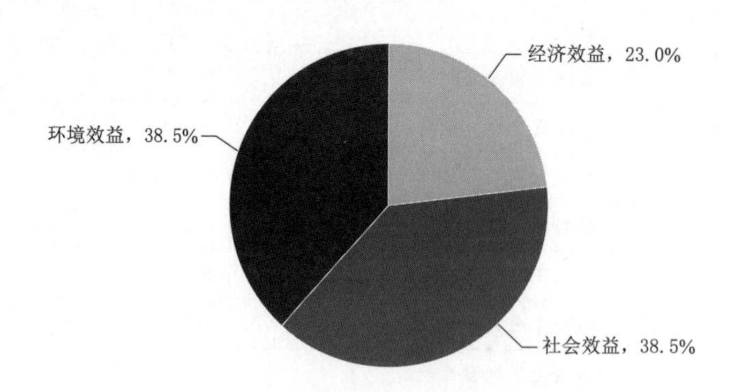

图 4 - 5　《防洪标准》三种效益占比情况

表 4-5 《防洪标准》及实施情况调查结果统计

一级指标	二级指标	三级指标	评估结果	票数	结论占比/%
1 标准自身水平	1.1 适用性	1.1.1 技术指标能否满足标准制定时的目的	好	44	89.8
			较好	5	10.2
			一般		
			较差		
		1.1.2 技术指标能否满足现有水平的要求	好	41	83.7
			较好	8	16.3
			一般		
			较差		
	1.2 先进性	1.2.1 与国际标准、国外行业水平相比	好	26	53.1
			较好	21	42.9
			一般	1	2.0
			较差		
	1.3 协调性	1.3.1 与法律法规协调一致性	好	39	79.6
			较好	9	18.4
			一般	1	2.0
			较差		
		1.3.2 与国内其他标准的协调一致性	好	33	67.3
			较好	14	28.6
			一般	1	2.0
			较差		
	1.4 可操作性	1.4.1 要求符合实际	好	34	69.4
			较好	14	28.6
			一般		
			较差		
2 标准实施情况	2.1 推广情况	2.1.1 标准传播	好	35	71.4
			较好	10	20.4
			一般	2	4.1
			较差	1	2.0
		2.1.2 标准衍生材料传播	好	21	42.9
			较好	22	44.9
			一般	4	8.2
			较差	1	2.0

续表

一级指标	二级指标	三 级 指 标	评估结果	票数	结论占比/%
2 标准实施情况	2.2 实施应用	2.2.1 被采用情	好	42	85.7
			较好	7	14.3
			一般		
			较差		
		2.2.2 工程应用状况（工程建设、运行维护、工程管理	好	42	85.7
			较好	6	12.2
			一般		
			较差		
	2.3 被引用情况	2.3.1 被法律法规、行政文件、标准等引用	好	40	81.6
			较好	7	14.3
			一般	1	2.0
			较差		
3 标准实施效益	3.1 经济效益	3.1.1 降低成本	好	27	55.1
			较好	20	40.8
			一般	1	4.1
			较差		
		3.1.2 缩短工期	好	28	57.1
			较好	19	38.8
			一般	1	4.1
			较差		
		3.1.3 工程节约	好	30	61.2
			较好	17	34.7
			一般	1	2.0
			较差		
		3.1.4 提质增效	好	27	55.1
			较好	21	42.9
			一般	1	2.0
			较差		
	3.2 社会效益	3.2.1 公共健康和安全	好	39	79.6
			较好	10	20.4
			一般		
			较差		

续表

一级指标	二级指标	三 级 指 标	评估结果	票数	结论占比/%
3 标准实施效益	3.2 社会效益	3.2.2 行业发展和科技进步	好	28	57.1
			较好	20	40.8
			一般	1	2.0
			较差		
		3.2.3 公共服务能力	好	36	73.5
			较好	13	26.5
			一般		
			较差		
	3.3 生态效益	3.3.1 资源节约	好	34	69.4
			较好	15	30.6
			一般		
			较差		
		3.3.2 资源利用/节能减排	好	32	65.3
			较好	16	32.7
			一般		
			较差		
		3.3.3 改善生态环境	好	34	69.4
			较好	13	26.5
			一般	1	2.0
			较差		

该标准的社会效益主要体现在“保障人民群众健康和生命财产安全”，其次是提升公共服务能力，推动行业发展。指导防洪抗旱，保障工程建设质量和人民财产安全，适应国民经济各部门、各地区的防洪需要和防洪建设的需要；减少灾害对环境带来的破坏和不良影响，同时起到节约资源的作用。主要社会效益分布见图 4-6。

该标准的环境效益主要体现在保护环境免受灾害影响，同时起到资源节约的作用。主要环境效益分布见图 4-7。

该标准的经济效益体现在提高水利工程、产品或服务质量中，为工程建设节约投入，降低灾害损失。主要经济效益分布见图 4-8。

利用经济模型测算，该标准评估分值为 9.39（10 分满分），为“优”。

4. 实施效果评估结论

2019 年 9 月，对该标准实施效果进行评估，结果为实施效果“好”，有效支撑了水利中心工作，在提高水利工程、产品或服务质量，促进水利行业科技进步与科技成果推广应用，保障人民群众健康和生命财产安全，提高经济效益、社会效益和环境效益等方面效果好，建议“继续有效”。

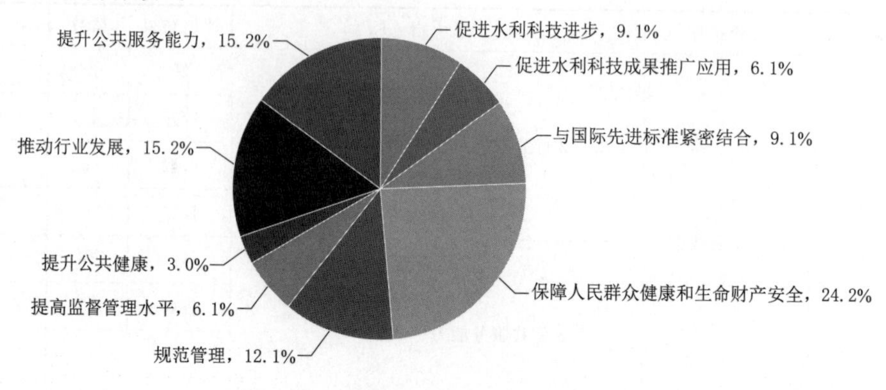

图 4-6　《防洪标准》主要社会效益占比

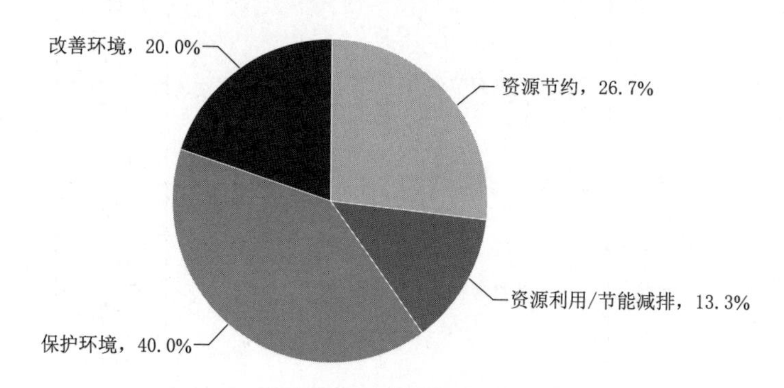

图 4-7　《防洪标准》主要环境效益分布

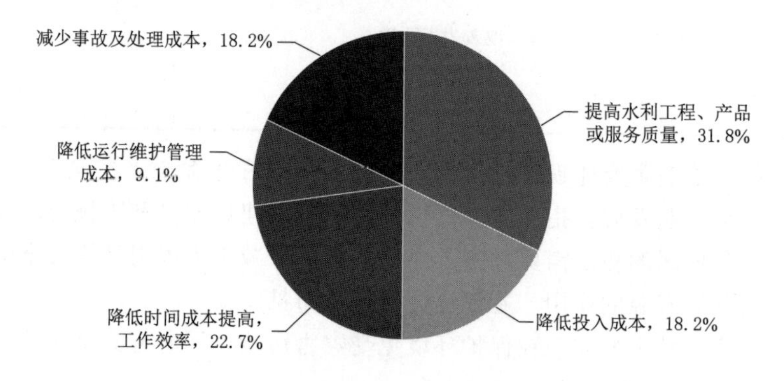

图 4-8　《防洪标准》主要经济效益分布

但在可操作性上有专家认为存在“当量经济规模的计算及一些其他行业的认知与水利不一致”的现象，建议根据国家有关最新行业标准的更新情况，并参考国外不同地区防洪标准执行要求，适时进行部分修订。

[典型标准案例 2]：《水利水电工程等级划分及洪水标准》

1. 标准基本信息

（1）编制目的及背景。中华人民共和国成立初期，水利建设标准基本上沿用的是苏联标准，在此基础上，初步建立了先工程分等后建筑物分级的概念。直至1959年我国制定了《水利水电工程设计基本技术规范》，在该规范中，首次提出了明确的水利水电工程等别划分规定，但各项指标不尽完善，急需编制水利水电工程等级划分及设计标准。

（2）历次版本信息。

1）SDJ 12—78《水利水电枢纽工程等级划分及设计标准（试行）》。1964年我国制定了《水利水电工程等级划分及设计标准》（草案），在该标准中，将水库库容、防洪御潮、灌溉排水、装机容量等指标列为分等指标，并提出了相应的设计标准；1978年原水利电力部对1964年制定的标准进行了修订，颁布了SDJ 12—78《水利水电枢纽工程等级划分及设计标准（山区、丘陵区部分）（试行）》，此次修订，系统地提出了位于山区、丘陵区水利水电枢纽工程的等级划分及洪水标准确定的依据；1987年原能源部与水利部联合颁布了SDJ 217—87《水利水电枢纽工程等级划分及设计标准（平原、滨海部分）（试行）》，主要为平原、滨海地区的防洪、挡潮、排涝、灌溉、供水和发电等工程的设计提供依据。至此，我国水利水电行业最重要的标准体系已经形成。

2）SL 252—2000《水利水电工程等级划分及洪水标准》（替代SDJ 12—78和SDJ 217—87）。2000年水利部组织长江水利委员会长江勘测规划设计研究院对SDJ 12—78和SDJ 217—87进行了合并修订，并在原基础上进行了必要的补充和修改，正式定名为SL 252—2000《水利水电工程等级划分及洪水标准》。SL 252—2000颁布后，我国水利水电建设处于高速发展的时期，出现了一批特高坝。标准规定"规模巨大、涉及面广、地位特别重要的水利水电工程，其等别、建筑物的级别、洪水标准和安全超高等必要时可专门论证，经主管部门批准确定"，为特高坝工程提高设计等级留出了余地，在当时是可行的。但是在大规模的水库群已经形成并出现多座特高坝之后，特高坝的安全就变成一个流域性的系统工程问题，而不是单个梯级的安全问题了。何况已建和在建的特高坝，虽然都做过专门研究，但都是研究的筑坝技术问题，而没有"专门"研究流域性安全问题。在标准修订前，主编单位开展了《关于特高坝的工程等级问题和水库群条件下的工程防洪标准研究》专题研究。

3）SL 252—2017《水利水电工程等级划分及洪水标准》（替代SL 252—2000）。2012年水利部启动修订计划，以适应新时期水利事业发展为目标，以合理提高工程安全水平为重点，以与水利标准体系相协调为基础，以水利科学技术创新成果为支撑。修订完善了水利水电工程等级划分及洪水标准体系，对于水利水电工程，确定了主要是采用先对工程划分等别，再对建筑物划分级别，最后对建筑物按级别制定洪水标准的总体结构；其次研究和制定了合理的划分方法及标准，包括工程分类方法、分等指标、建筑物分级标准以及洪水标准等；最后根据水利水电行业的发展水平，适时地补充了特高坝及梯级水库等相关标准的规定，2017年1月9日SL 252—2017《水利水电工程等级划分及洪水标准》正式发布，2017年4月9日实施。

2. 标准实施情况

该标准是水利水电行业以及堤防工程建设的重要标准。水利水电工程等别的划分以及洪水标准的确定，既关系到工程自身的安全，又关系到其下游（或保护区）人民生命财产、工矿企业和设施的安全，还对工程效益的正常发挥、工程造价和建设速度有着直接影响。工程等别的划分以及洪水标准的确定既是设计中应遵循的自然规律和经济规律，又是体现国家经济政策和技术政策的一个重要环节。

根据该标准可以确定防洪、治涝、灌溉、供水与发电等各类水利水电工程的工程等别，各类建筑级别、洪水标准，已应用于全国防洪、治涝、灌溉、供水与发电等各类水利水电工程设计、施工和应用管理。一些已建水利水电工程的修复、加固、改建，也参照了该标准。从 1964 年的草案试行到 1978 年的部标，再升至 2000 年的行标，行标经过了 1 次修订实施至今，已服务行业 56 年，先后被 54 项标准引用。查看 2020 年 5 月 28 日—6 月 22 日“水利水电技术标准服务系统”发现，不到 1 个月的时间，该标准被访问次数 760 次，下载次数 246 次，使用量排在第 6 位。2019 年水利部组织开展标准实施效果评估，该标准的实施效果从调查问卷结果来看，总体实施效果评价“非常好”10 份，占 21.3%，“好”34 份，占 72.3%，评价“较好”3 份，占 6.4%；建议“继续有效”36 份，占 76.6%，需要修订 10 份，占 21.3%。该标准在支撑水利中心工作、提高水利工程、产品或服务质量、促进水利行业科技进步、保障人民群众健康和生命财产安全等方面发挥了重要作用，在标准化领域中，起到了引领性、支撑性作用。

3. 实施效果评估结论

2019 年 9 月对该标准实施效果进行评估，结果为实施效果“好”，对有效支撑水利中心工作，在提高水利工程、产品或服务质量，促进水利行业科技进步与科技成果推广应用，保障人民群众健康和生命财产安全，提高经济效益、社会效益和环境效益等方面效果好，建议“继续有效”。

[典型标准案例 3]：《堤防工程设计规范》

1. 标准基本信息

（1）编制目的及背景。防洪工程包括修建堤防和整治河道、开辟蓄滞洪区等，其中堤防是主要的防洪工程措施。在我国经济发达的平原、滨海地区，几乎全部依靠堤防工程来防御洪水，因此堤防工程的新建、扩建和加固任务都很大。

以往堤防工程的设计与施工，主要参照碾压式土石坝规范执行。堤防工程与水库大坝有相同的方面，但又有它自身的特点，如堤防工程战线长，工程量大，而堤坝相对要低得多。堤防挡水受高水位荷载的时间不长，但又必须按设计洪水的标准修建。此外，全国范围内的堤防工程在地域、地形、地质等方面差别又很大，因此规范要有其通用性及覆盖面广的特点。

随着我国国民经济的发展，要求利用堤防工程保护的范围越来越大，而且随着防护对象重要性的提高，加固、扩建及改建老堤的任务也日益繁重，而我国在堤防工程的设计、施工和工程验收方面还没有统一的技术标准，堤防工程设计几十年来无标准可循，与大量的堤防建设需要极不适应。由于缺乏反映堤防自身特点和要求的标准，堤防工程设计难以做到技术先进、经济合理、安全适用等要求。为了适应和满足全国堤防工程大规模建设的需要，考虑了全国地域差异，各种复杂因素的影响，江河、湖、海等不同类型堤防，新建、加固和改建等不同情况，使堤防工程有效地防御洪（潮）水危害，迫切需要制订《堤防工程设计规范》。

根据国家计委 1992 年《一九九二年工程建设标准制修订计划》（计综合〔92〕490

号）安排，由水利部负责编制《堤防工程设计规范》。

（2）历次版本信息。

1）SL 51—1993《堤防工程技术规范》。该规范包括总则、设计、施工（含工程验收）三大部分，共有17章51节。主要内容：堤防工程的防洪标准（堤防工程的级别划分、防洪标准、安全加高及安全系数），堤线及堤型（堤线、堤距、堤型），堤基处理设计（一般规定、软弱地基处理、透水地基处理、多层地基处理），堤身结构设计（一般规定、堤顶、堤坡、防渗体），堤岸防护设计（一般规定、坡式护岸、坝式护岸、墙式护岸、其他防护型式），堤防稳定计算（渗流及渗流稳定计算、抗滑稳定计算、沉降计算），堤与各类建筑物的交叉、连接设计（一般规定，堤与穿堤、堤与跨堤建筑物的交叉、连接），堤防工程的加固与扩建设计加固、堤防的管理设施设计，施工准备，堤基处理，筑堤材料，堤身填筑，防护工程及管理设施的施工，堤防工程加固与扩建的施工，堤防施工的质量控制及工程验收等。各主要章、节的技术指标和技术要求都较为具体，可操作性较强。

2）GB 50286—1998《堤防工程设计规范》（替代SL 51—1993）。水利部在编制过程中，总结大量科研成果和工程实践经验，兼顾了设计中的统一性和灵活性，并考虑到安全和经济的关系，在规范中还编制了6个附录，为设计中涉及的计算提供计算内容及适用公式，并将常遇的适用公式在附录中作出详细叙述，辅以必要图表，更好地为各行各业服务。

该规范为强制性国家标准，其主要内容：总则，堤防工程的级别及设计标准，基本资料，堤线布置及堤型选择，堤基处理，堤身设计，堤岸防护，堤防稳定计算，堤防与各类建筑物、构筑物的交叉、连接，堤防工程的加固、改建与扩建，防护工程管理设计，以及基堤处理、设计潮位、波浪、堤岸防护、渗流、抗滑稳定的计算等。适用于新建、加固、扩建、改建堤防工程的设计。

3）GB 50286—2013《堤防工程设计规范》（替代GB 50286—1998）。随着新技术新工艺等的不断涌现，水利部在总结GB 50286—1998实践经验和科研成果的基础上，补充了安全监测设计、堤基垂直防渗和排水减压沟、防洪墙底部渗流计算、抗倾稳定计算以及工程管理和运行管理等内容，更好地满足堤防工程建设的需要。

2. 实施情况

该标准从1993年的行标升至1998年的国标，经过1次国标修订，服务各行各业已27年，仍在继续发挥着功效。适应了堤防工程建设发展的迫切需要，将有效地提高堤防工程设计与施工水平，使堤防建设达到“经济合理、技术先进、确保质量、运行安全”的目标，使防护区人民得以安居乐业，促进国民经济稳定发展。防洪项目的效益在于减免因洪水灾害所造成的国民经济损失及带来的一切不利影响。据统计资料分析，全国防洪工程从1949—1987年共计减免的国民经济损失约值3200亿元，若堤防工程按减免损失值的1/3计，也在1000亿元以上，这是一项非常可观的数字。查看2020年5月28日—6月22日“水利水电技术标准服务系统”发现，不到1个月的时间，该标准被访问次数313次，下载次数373次，使用非常频繁。有充足的科学依据说明，有无标准和规范的贯彻实施，对促进堤防工程建设，保障防洪安全，进而减少国民经济损失将起到不可估量的作用。标准实施近20余年，持久发挥的作用及产生的效益是无法估量的。

如：拉萨河城区中段防洪工程治理的是流经拉萨市区的河段，原堤主要建于1964年，设计标准很低。近百年来，拉萨河堤防4次决堤，拉萨市4次被洪水淹没，每次决堤都给拉萨市人民带来巨大的损失。1994年以后，拉萨市政府和市水电局开始对右堤进行维修整治，但都属抢险应急性质，告急一段、抢修一段，段段不连续。堤防的体形未考虑河道的河势，施工时没有按堤防规范进行碾压，去年修今年垮的现象时有发生。每年汛期，拉萨河的防洪安全都是拉萨市政府的头等大事。

从2002年开始，拉萨河防洪工程开工建设，开工前图片见图4-9。工程根据拉萨河的特点进行了河堤的体形设计，确定了河道整治的治导线。工程从设计到验收严格执行标准取得了显著的效果。从2002年6月开始逐年投入使用，到2007年每年都要经历2000m^3/s以上洪水的考验，工程安然无恙。拉萨河防洪工程建成之后，将拉萨河堤防的防洪标准从不足20年一遇提高到100年一遇，基本上解决了拉萨市区的防洪安全问题。拉萨市左堤的修建，对于保证拉萨市火车站及柳吾新区的建设，起到了举足轻重的作用。迎流顶冲段堤防没有变形，主流靠岸段岸边流速明显降低，左岸部分河段的侧蚀得到了控制，工程取得了成功。现在，拉萨河城区中段防洪工程已成为西藏自治区的样板工程，见图4-10。

(a) 拉萨河防洪堤垮坝段，本照片摄于2002年4月12日

(b) 混凝土堤基础底被水淘空失稳，本照片摄于2002年4月26日

(c) 拉萨河水流与防洪堤的角度为60°左右，本照片摄于2002年3月20日

(d) 垮坝段的堤身没有经过碾压，本照片摄于2002年4月2日

图4-9 拉萨河无标准施工

图4-10 拉萨河按标准设计、施工

3.实施效果评估结论

2019年9月对该标准实施效果进行评估，结果为实施效果“好”，有效支撑了水利中心工作，在提高水利工程、产品或服务质量，促进水利行业科技进步与科技成果推广应用，保障人民群众健康和生命财产安全，提高经济效益、社会效益和环境效益等方面效果好，建议“继续有效”。

五、水土保持系列标准

我国是世界上水土流失最严重的国家之一，每年流失的土壤总量达50亿t，人均耕地占有量只有1.43亩，不到世界人均水平的40%；人均水资源占有量只有2200m^3，仅为世界人均水平的32%，接近国际公认的警戒线。严重的水土流失导致耕地减少，植被破坏，水源涵养能力减弱，土层变薄，肥力下降，在贫困山区和半干旱区，人增地减，长期以来群众为了生计，滥垦乱伐、广种薄收，形成了“愈穷愈垦，愈垦愈穷”的恶性循环，群众贫困程度加深。而伴随着水土流失的发生，大量泥沙淤积在水库、河道、湖泊和灌渠内，防洪形势严峻。水土流失是造成水土资源破坏、生态环境恶化、自然灾害加剧和人口贫困的最主要的原因之一，并对粮食安全、饮水安全、防洪安全、生态安全以及人居环境安全等五大安全造成严重威胁。

（一）水土保持标准发展历程和现状

1.70年代以来

我国台湾省早在20世纪70年代就编制了一套《水土保持手册》，作为水土保持规划、设计的技术依据，并开始制定水土保持技术规范，作为指导性规范。

1982年6月30日国务院发布施行《水土保持工作条例》有利地支撑了水土保持工作。我国水土保持技术标准建设始于1984年，大多数为部颁行业规范。为进一步规范水土保持技术，加强科研管理，提高水土保持科研成果水平，促进水土保持科研事业健康发展，水利电力部先后颁布了 SD 175—1986《水土保持治沟骨干工程暂行技术规范》、SD 238—1987《水土保持技术规范》和 SD 239—1987《水土保持试验规范》。

2. 90 年代以来

联合国可持续发展委员会于 1995 年提出了 142 个可持续发展指标，主要是环境和社会经济方面的内容，同时，也涵盖了水土保持的部分内容，如土地资源的规划与管理、抗荒漠化与干旱等。进入 20 世纪 90 年代以来，我国经济社会迅速发展，人口、资源、环境的矛盾日趋尖锐，由水土流失引发的一系列生态问题、社会问题日益突出。1991 年 6 月 29 日国家又颁布了《水土保持法》，将水土保持工作由法规上升至法律的高度。为了避免新开发建设项目带来新的水土流失，水利部、国家计委、国家环保局联合发布《开发建设项目水土保持方案管理办法》（水保〔1994〕513 号），水利部 1995 年 5 月 30 日发布了《开发建设项目水土保持方案编报审批管理规定》第 5 号令。进一步规定“凡从事有可能造成水土流失的开发建设单位和个人，必须在项目可行性研究阶段编报水土保持方案，并根据批准的水土保持方案进行前期勘测设计工作”。

依法行政不仅要以法律为依据，同时还需要有与法律相配套、相适应的技术标准规范各行各业的行为，以达到依法防治水土流失、管理水土资源的目的。我国从 1996 年开始编报水土保持方案，大中型开发建设项目水土保持方案的报批率有了很大提高。由水利部审批的方案，从当年的 3 宗，增加到 2006 年的 445 宗，极大地推动了开发建设项目的水土保持工作，预防了因开发建设引起的严重水土流失；全社会每年投入水土保持的经费，也从过去的数亿元增加到现在的数百亿元，水土保持已成为全社会共同关心的事业。

根据科学技术的发展和实际的需求，水利部组织人力物力，对 SD 238—1987《水土保持技术规范》进行了适时修订，1995 年颁布了 GB/T 15772—1995《水土保持综合治理规划通则》、GB/T 15773—1995《水土保持综合治理 验收规范》、GB/T 15774—1995《水土保持综合治理 效益计算方法》，1996 年颁布了 6 项 GB/T 16453.1～6—1996《水土保持综合治理 技术规范》。全面替代了 SD 238—1987《水土保持技术规范》。同年还颁布了 SL 190—1996《土壤侵蚀分类分级标准》。其中 GB/T 15773—1995 在项目竣工验收时，要进行总体评价。

3. 21 世纪以来

为进一步明确、统一评价准则，水利部及时地编制了 SL 336—2006《水土保持工程质量评定标准》、SL 387—2007《开发建设项目水土保持设施验收技术规程》，对验收技术作了明确规定。

为了确保《水土保持法》和相关规定的有效实施，水利部对法律条款以及部门规章进行了进一步梳理，其对应标准需求关系见表 5-1。

同时，市场对水土保持技术标准的需求越来越大。我国现有水土保持从业人员达 10 万多人，除中央所属机构以外，全国现有省、地、县三级水土保持行政管理机构 2160 个，从业人员 97660 人。其中行政管理机构的从业人员 14900 人；监督执法从业人员 67590 人；技术推广与服务机构的从业人员 10390 人；科研机构的从业人员 2400 人；监测机构的从业人员 2380 人。此外，还有国家重点工程，涉及 26 个省、150 个市、700 多个县级行政单位；

水土保持方案编制单位还涉及铁路、公路、煤炭等行业，共1790个，持证上岗人员达10000余人[1]。

表5-1　水土保持技术标准需求分析表

法律/法规/规章	条目	主要内容	水土保持技术标准需求
水土保持法	第二条	本法所称的水土保持，是指……	水土保持基本术语
	第四条	国家对水土保持实行预防为主，全面规划……	水土保持预防监督技术导则、水土保持综合治理
	第十四条	……种树种草，恢复植被……	水土保持生态修复技术规程、水土保持生态修复验收标准
	第十八条	……必须修建护坡或其他土地整治措施……	水土保持造林种草整地技术标准
	第十九条	……必须有水行政主管部门同意的水土保持方案……	开发建设项目水土保持方案技术规程、水土保持工程初步设计规程
	第二十四条	……采取整治排水系统、修建梯田、蓄水保土耕作等水土保持措施	梯田规划设计标准
	第二十八条	对水土保持设施、……应当加强管理和保护	水土保持工程技术管理规程
	第二十九条	国务院水行政主管部门建立水土保持监测网络，对全国水土流失动态进行监测预报，并予以公告	水土保持监测技术规程、水土保持监测技术指标体系、水土保持信息管理技术规范、水土保持监测设施通用技术条件、水土保持监测术语和符号规定、开发建设项目监测技术规程、水土保持监测公告编制导则
《开发建设项目水土保持设施验收管理办法》（水利部令2002年第16号）	第十一条	……承担技术评估的机构，应当组织水土保持、水工、植物、财务经济等方面的专家，依据批准的水土保持方案、批复文件和水土保持验收规程规范对水土保持设施进行评估，并提交评估报告	开发建设项目水土保持验收规程、水土保持工程质量评定标准

为了满足基本建设程序的要求，在没有国家标准和行业规范的情况下，各地和有关流域机构的水土保持规划、项目建议、可行性研究和初步设计的内容繁简不一，深度有深有浅，有的根本达不到工作要求的深度，各种前期工作文本中的图例图式都不尽相同，给项目的审查和后续工作带来很多困难，SL 73.6—2001《水利水电工程制图标准　水土保持图》解决了此类问题。2006年又适时地颁布了GB/T 20465—2006《水土保持术语》、SL 312—2005《水土保持工程运行技术管理规程》、SL 341—2006《水土保持信息管理技术规范》、SL 342—2006《水土保持监测设施通用技术条件》等基础、管理和设备标准。对水土保持规划、项目建议书、可行性研究报告和初步设计的编制做了规定，大大提高了工作效率。

发挥大自然的力量，依靠生态自我修复能力，加快水土流失防治步伐的新思路。组织

[1] 资料来源：水利部水土保持监测中心提供。

制定了 SL 283—2003《沙棘种子》、SL 284—2003《沙棘苗木》、SL 287—2003《黄土高原适生灌木种植技术规程》、SL 350—2006《沙棘生态建设工程技术规程》，在项目执行过程中认真贯彻落实，以提高水土流失治理效果，形成高标准的沙棘林，生产出更多更好的沙棘产品，壮大沙棘产业，发挥最大的经济效益，带动相关产业的发展，解决劳动就业问题。

《水土保持法》2009 年修正、2010 年修订后，2014 版《水利技术标准体系表》中水土保持标准已达到 53 项，其中已颁 35 项。如 SL 335—2014《水土保持规划编制规范》、GB/T 22490—2008《生产建设项目水土保持设施验收技术规程》、GB/T 15773—2008《水土保持综合治理验收规范》、GB/T 15774—2008《水土保持综合治理 效益计算方法》、SL 312—2005《水土保持工程运行技术管理规程》、SL 336—2006《水土保持工程质量评定规程》等。随后 SL 717—2015《水土流失重点防治区划分导则》、SL 718—2015《水土流失危险程度分级标准》也相继发布。

（二）水土保持技术标准发布情况

截至 2019 年 9 月，水利行业编制发布了以水土保持为主要目标的技术标准 52 项，占水利行业现行有效标准的 6.1%。包括 GB/T 20465—2006《水土保持术语》、GB 51018—2014《水土保持工程设计规范》、GB 50433—2018《生产建设项目水土保持技术标准》、GB 50434—2018《生产建设项目水土流失防治标准》、GB/T 22490—2008《生产建设项目水土保持设施验收技术规程》、GB/T 15773—2008《水土保持综合治理 验收规范》等 16 项国家标准；SL 773—2018《生产建设项目土壤流失量测算导则》、SL 592—2012《水土保持遥感监测技术规范》、SL 718—2015《水土流失危险程度分级标准》、SL 419—2007《水土保持试验规程》、SL 336—2006《水土保持工程质量评定规程》、SL 534—2013《生态清洁小流域建设技术导则》等 37 项行业标准。这些标准为我国水土保持的开发利用提供了重要依据。现行有效水土保持标准功能分布如图 5-1 所示。

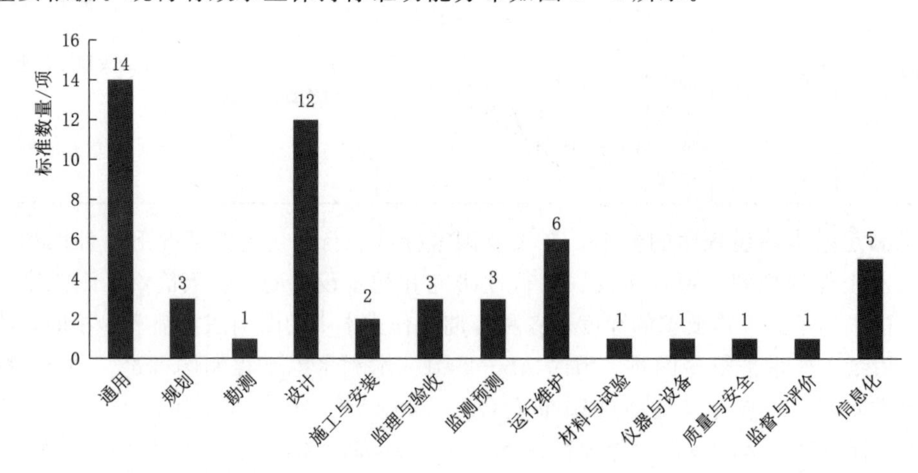

图 5-1 现行有效水土保持标准功能分布图

（三）标准应用和实施情况

1. 用途及用户

水土保持专业门类标准主要用于规范水土保持监测、水土流失治理、水土保持植物措施、水土保持区划、水土流失、重点防治区划分等方面，主要包括通用、勘测、设计、质量评定、监理、验收、监测预报类标准。通用类标准主要用于生态清洁小流域建设、水土流失监测小区建设以及各类地区水土流失综合治理方面，如 SL 534—2013《生态清洁小流域建设技术导则》被应用于北京市门头沟湫河沟小流域治理工程、东北黑土区水土流失综合防治工程、南方红壤侵蚀区生态清洁小流域评价等。

水土保持专业门类标准的用户主要集中在设计单位、科研院所、行政管理部门、工程管理部门、大专院校等，占用户总数的68%，见图5-2。

水土保持标准的作用体现在水生态保护方面，积极利用标准化手段，规范生态保护要求和方法，编制发布了综合技术、规划、评价导则、设计等方面标准，在水生态保护中发挥了积极的引导和建设作用。如 GB 50434—2018《生产建设项目水土流失防治标准》适用于公路、铁路、机场、港口码头、水工程、电力工程、通信工程、矿产和石油天然气开采及冶炼、城镇建设、地质勘探、考古、滩涂开发、生态移民、荒地开发、林木采伐等一切可能引起水土流失的生产建设项目的水土流失防治。该标准为建设单位、设计单位、监测单位、监督执法单位的工作提供了各自需要遵循的依据和目标，使水土保持法在项目执行过程中得到了充分体现。

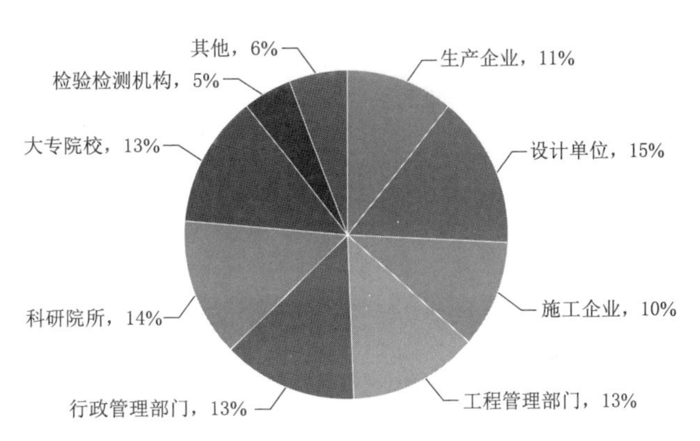

图5-2　水土保持专业标准用户分布

2. 应用情况

水土保持标准使用频繁度和满意度如图5-3、图5-4所示。

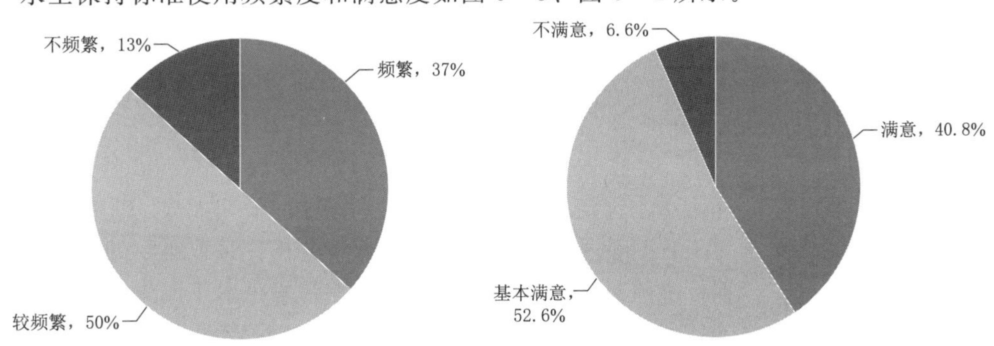

图5-3　水土保持标准使用频繁度

图5-4　水土保持标准使用满意度

3. 评估结果和建议

52项水土保持标准，经评估，其中13项效果好，占25%；30项较好，占58%；9项一般，占17%，见图5-5。

鉴于标准内容、使用情况、满意度以及专家评估结果，建议4项标准继续有效，占7.7%；23项标准需要修订，占44.2%；16项标准并入其他标准，占30.8%；6项标准直接废止，占11.5%；1项标准转为规范性文件，占1.9%；2项标准转为团体标准，占3.8%，见图5-6。

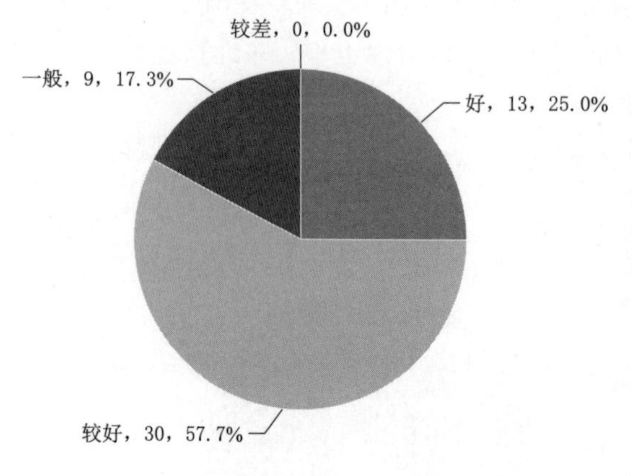

图5-5　水土保持标准评估结果

4. 存在的不足及建议

标准犹如一把双刃剑，它不只产生正效益，有时也会带来负效益，这些产生负面效益的标准，如SL 452—2009《水土保持监测点代码》，由于标准规定对临时设置的监测点不予编码，导致标准编制后各省新建的监测站点无法获取相应编码，因此各省在监测站点管理上使用两套编码，一套为标准中的编码，另一套为带省级简称的编码，且使用时以第二套为主，造成标准无法发挥应有作用，建议废止。

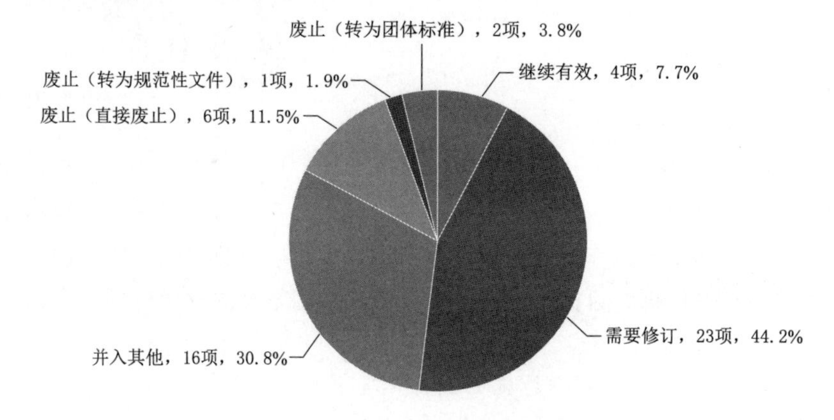

图5-6　水土保持标准评估建议

（四）水上保持标准作用分析

1. 直接作用

（1）保证工程质量，预防了水土流失。水土流失技术标准的作用效果，表现在水土流失预防方面，按标准要求对工程建设项目进行水土保持方案分析，采取必要的措施，可以防止建设区水土流失。依据标准进行区域产业布局，避免在易发生水土流失区进行影响生态建设，也可起到水土流失的预防作用。如GB 50434—2018《生产建设项目水土流失防治标准》适用于公路、铁路、机场、港口码头、水工程、电力工程、通信工程、矿产和石油天然气开采及冶炼、城镇建设、地质勘探、考古、滩涂开发、生态移民、荒地开发、林木采伐等一切可能引起水土流失的生产建设项目的水土流失防治。该标准为建设单位、设计单位、监测单位、监督执法单位的工作提供了各自需要遵循的依据和目标，使水土保持法在项目执行过程中得到了充分体现。SL 277—2002《水土保持监测技术规程》是对不同的地理地貌类型中不同施工方式所造成的水土流失进行实时动态监测分析，了解水土流失的特点，包括其成因、侵蚀形式、侵蚀强度及其危害，及时了解项目区水土流失现状，掌握工程水土流失分布、强度及其影响范围和程度，监督水土保持措施的效果，为水土流失防治提供科学依据，保障工程施工安全，从而保证工程的质量。

（2）保证治理效果。依据标准，合理采用天然恢复及工程修复措施，降低水土流失区土壤侵蚀模数，恢复天然植被。如《黄土高原适生灌木栽培技术规程》指导黄土高原灌木栽培，有效减少了入黄泥沙，大大减少暴雨期雨滴的溅蚀和径流对土壤表面的面蚀以及沟蚀，有效地治理水土流失，减少或减轻局部自然灾害，有效地改善了生态环境。

2. 间接作用

（1）防洪。通过小流域种植沙棘林，沙棘系列标准为沙棘林的种植提供了技术依据。高标准的沙棘林是小流域水土保持治理的典型，沙棘防沙固土减少了山洪暴发，减轻了汛期时的威胁。

（2）保护水源与生态环境保护。建设项目进行水土保持论证，从源头上保护了水资源。水土保持标准对沙棘、牧草、灌木栽培等栽培起到了指导作用，对在建工程实施水土监控，防止了工程造成的水土流失。

（3）加速试验成果迅速推广。通过标准示范园区建设，将成熟的技术、试验成果迅速推广，调整产业结构，带动产业发展，加速我国的水土保持的防治、修复和治理工作。

（五）水土保持标准产生的效益

1. 直接效益

全国农业标准化示范区建设项目：水利部沙棘开发管理中心自 1998 年实施“晋陕蒙砒砂岩区沙棘生态工程”以来，已累计完成投资 1010 万元，种植沙棘 20.2 万亩，并按照“国家＋企业＋农户”的模式健全了项目运行机制。对促进水土流失治理，增加群众收入发挥了很大作用，为大面积发展沙棘，加快沙棘产业化进程奠定了基础。水土保持系列标准为进一步提高项目执行的数量和质量提供有力的技术支持。为沙棘技术的推广奠定了基础。

（1）经济效益。以山西省偏关县刘家窑小流域沙棘标准化示范区项目的示范效果及效应为例。种植沙棘 3～4 年沙棘林开始结果，25 天的采摘期，通过 3 年的实施，到效益正常发挥年，每亩沙棘产果约 100kg，每公斤按 0.5 元计算，4000 亩则可得效益 20 万元。每亩产叶约 30kg，每公斤按 0.4 元计算，4000 亩则可得效益 4.8 万元。仅此两项共计效益 24.8 万元，350 口人人均增加收入 708.6 元，户均每年增加 2254.5 元，极大地调动了农民种植沙棘的积极性，有力地推动了水土保持建设，大大增加了农民收入。劳动就业状况得到明显好转。如图 5-7 所示，农民正在采集沙棘果。

（2）社会效益。索家沟小流域沙棘林果叶的产出可以带动一批相关加工业、运输业，以及商业的综合发展，减轻剩余劳动力的就业问题，同时，高标准的沙棘林是小流域治理的典型，减少了项目区山洪暴发，减轻了对 209 国道汛期时的威胁。

（3）环境效益。裸露砒砂岩在水土保持方面被称为地球癌症，其经过每年的冻融风化后，每年雨季向黄河输送大量的泥沙，对黄河造成极大的危害。在此地域种植其他植物都无法生存，裸露砒砂岩种植沙棘后，沙棘生长良好，可拦截大量的泥沙，并能防止沟坡泥土下滑。起到了良好的水土保持作用。

另外，沙棘封沟有效地治理了水土流失，小支毛沟种植沙棘 3～4 年后，沟道可郁闭。由过去的干沟道，变成了湿沟，遇到了雨季可清水出沟，有效地治理水土流失。经过 3 年的治理，项目区沟坡基本达到郁闭，大大减少暴雨期雨滴的溅蚀和径流对土壤表面的面蚀以及沟蚀，项目区水土流失量初步测算可减少60%，减少了入黄泥沙，而且使原有土壤逐渐腐质化，沙棘根部固氮菌增加了土壤肥力。另外，项目区的建设形成了小气候，减少或减轻局部自然灾害，有效地改善了生态环境。水土流失治理前后景象见图5-8。

图5-7 农民采集沙棘果

图5-8 水土流失治理前后景象

2. 间接效益

以“水土保持标准化示范区”为例，标准化示范区主要依据水土保持相关标准开展工作，产生了良好的效益。

(1) 经济效益。如给牧场带来的经济效益。以示范区毛乌素、科尔沁、浑善达克和呼伦贝尔4大沙地与农牧交错带荒漠草原区的鄂托克前旗、科右中旗、白旗、鄂温克旗、达茂旗5个县级行政区为例，每个示范区的节水灌溉人工饲草料基地建设面积为5000亩，示范牧户100个。对50万亩天然草场实现休牧或禁牧，人工饲草料基地产量达到800kg/亩（干草），提高牧民收入20%以上。目前示范推广规模达到5.40万亩，亩产优质牧草705～945kg，青贮玉米亩产3850～5000kg，增产30%以上，水分生产率大于3kg/m^3，节水20%以上。天然草场植被盖度增加15%。示范区五年增产饲草料2604万kg，经济效益886万元，示范推广效果显著。

（2）社会效益。高标准的沙棘林形成高标准的经济效益，使附近村民直接看到水土保持生态工作获得的良好经济效益，改变了过去农业产业结构以种植业为主的局面，为群众自发种植沙棘治穷致富，发展和壮大沙棘产业，促进水土保持再上一个新台阶起到了积极的推动作用。沙棘的有关建设标准，随着我国对外开展的沙棘援助项目，也逐步走出了国门，为水利技术标准国际化奠定了基础。

（3）环境效益。修复了生态环境。如“草原水土保持生态修复综合技术标准化示范区”，该示范区位于内蒙古自治区呼和浩特市西北约85km，属内蒙古达茂旗希拉穆仁镇。总面积2000亩，其中包括高标准节水灌溉饲草料地100亩；草场综合改良（免耕补播、松土切根等）技术示范面积400亩；围栏封育修复面积1500亩。通过该标准化示范区的建设，示范区内草群种类组成发生明显变化，生物多样性改善，优良牧草种类增加，适口性差、有毒有害植物减少。草场植被覆盖度达到80%，灌溉饲草料基地产量达1000kg/亩，灌溉人工改良草地产量达250 kg/亩，天然草地产量提高30%以上，水土流失和草场沙化、退化基本得到控制，土壤侵蚀模数下降到1200t/（km^2·a）以下，并结合畜牧业生产结构的调整，改变生产方式，遏制草原草地的进一步沙退化，使天然草地得以休养生息，实现生态系统正向演替。

（六）对国民经济的综合影响

水土保持技术标准产生的效应主要表现在经济效益、生态效益以及社会效益。“十三五”期间，依据水土保持标准全国共审批145494个方案，其中国家大型开发建设项目316个（水利部审批），涉及防治面积5.6万多km^2（“十五”期间，依据水土保持标准全国共审批20多万个方案，其中国家大型开发建设项目890多个，涉及防治面积7万多km^2）。这些项目涉及水利水电、石油、天然气管道等各个方面。仅2018年重庆市水土流失面积为25800.73km^2，和1999年的52039.53km^{2}相比减少50.42%。通过水土流失治理，重庆市区域蓄水保土能力不断提高，减沙拦沙效果日趋明显，生态环境持续改善。其中，三峡库区水土流失面积为16147.09km^2，比1999年的30608.30km^{2}减少了47.25%。

通过总体评价分析，水土保持技术标准系列产生的效应概括为：

（1）减少水土流失示范区水土流失量，水土流失和草场沙化、退化基本得到控制，土壤侵蚀模数下降1个等级。

（2）草地示范区天然草场植被盖度增加15%，青储玉米亩产增产30%以上，节水20%以上。

（3）草地示范区提高牧民收入20%以上。

[典型标准案例 1]：《开发建设项目水土保持技术规范》

1. 标准基本信息

（1）标准编制背景。为了更好落实《水土保持法》《水土保持法实施条例》以及国家计委、水利部、国家环保局发布的《开发建设项目水土保持方案管理办法》、水利部《开发建设项目水土保持方案编报审批管理规定》（1995 年 5 月 30 日水利部令第 5 号发布）等法律法规，凡从事有可能造成水土流失的开发建设单位和个人，必须在项目可行性研究阶段编报水土保持方案，并根据批准的水土保持方案进行前期勘测设计工作。水土保持方案必须先经水行政主管部门审查批准，项目单位或个人在领取国务院水行政主管部门统一印制的《水土保持方案合格证》后，方能办理其他批准手续。为了加强水土保持方案编制、申报、审批的管理，从技术层面规定开发建设项目水土保持方案编制内容以及深度要求，水利部率先提出编制行业标准。为预防和治理生产建设活动导致的水土流失，保护和合理利用水土资源，改善生态环境，保障经济社会可持续发展提供依据。

（2）历次版本信息。

1）SL 204—98《开发建设项目水土保持方案技术规范》。该标准规定了水土保持方案分阶段的要求，开发建设项目水土流失防治任务即责任范围、水土保持方案应达到的目标要求；对水土保持方案编制主要有水土保持方案各设计阶段要求、方案报告书的编制及基本情况调查、水土流失预测、防治方案的制定、投资概况（估）和效益分析等，以及拦渣、护坡、土地整治、防洪、防风固沙、泥石流防治、绿化等水土流失防治工程的技术措施要求。适用于矿业开采、工矿企业建设、交通运输、水工程建设、电力建设、荒地开垦、林木采伐及城镇建设等一切可能引起水土流失的开发建设项目水土保持方案的编制。

因 SL 204—98 没有考虑水利以外行业的特点，有的条款不适宜引用；同时，规范中对水土流失预测、主体工程中具有水土保持功能工程的分析与评价等，没有明确的定量或严格的概念，使得在实际工作中难以操作，并有一定的随意性。随即水利部及时修订 SL 204—98，补充完善其相关内容，扩大其适用范围，并申请国标编制。

2）GB 50433—2008《开发建设项目水土保持技术规范》（替代 SL 204—98）。该规范是根据建设部《关于印发〈二〇〇二～二〇〇三年度工程建设国家标准制订修订计划〉的通知》（建标〔2003〕102 号）的要求，在广泛深入的调查研究，认真总结了 SL 204—98 实施 9 年来的实践经验，吸收了相关行业设计规范的最新结果，认真研究分析了水土保持工作的现状和发展趋势，并在广泛征求意见的基础上，通过反复讨论修改和完善，最后召开相关行业参加的全国性会议，邀请有关专家审查定稿。该规范主要内容包括总则、术语、基本规定、各设计阶段的任务、水土保持方案、水土保持初步设计专章、拦渣工程、斜坡防护工程、土地整治工程、防洪排导工程、降水蓄渗工程、临时防护工程、植被建设工程、防风固沙工程等，并列出了 19 条强制性条文。适用于建设或生产过程中可能引起水土流失的开发建设项目的水土流失防治。

3）GB 50433—2018《生产建设项目水土保持技术标准》（替代 GB 50433—2008）。该标准共 5 章和 5 个附录，主要内容包括总则、术语、基本规定、水土保持方案、水土保持措施设计要求等。与 GB 50433—2008 相比，主要修订内容是：明确了生产建设项目水土保持技术工作内容和遵循的技术要求，完善了对主体工程的约束性规定和不同水土流失类型区的特殊规定；细化了水土保持评价、水土保持措施布设内容和要求；完善了水土保持措施设计要求；完善了各设计阶段的任务，将“预可行性研究报告（项目建议书）水土保持章节内容”“水土保持方案编制规定”和“水土保持初步设计专篇（章）内容及章节编排”的要求列入附录。本标准适用于建设或生产过程中可能引起水土流失的生产建设项目的水土流失防治。

2. 标准实施情况

该标准从1998年发布至今，从行业标准到国家标准，再经过1次修订，服务各行各业已22年，仍在继续发挥着功效。

（1）应用于行政审批。《水土保持法》第十九条：“在山区、丘陵区、风沙区修建铁路、公路、水工程，开办矿山企业、电力企业和其他大中型工业企业，在建设项目环境报告书中，必须有水行政主管部门同意的水土保持方案。”水土保持法律赋予水行政主管部门在依法管理水土资源中的“三权”，即水土保持方案审批权、监督权、收费权。我国从1996年开始编报水土保持方案，由水利部审批方案。该标准作为行政审批的技术依据，实时颁布，加大了水行政主管部门对开发建设项目水土资源的监管力度。截至2019年，全国共有水土保持监测星级单位965家，其中5星级13家，4星级50家，3星级84家，2星级196家，1星级622家，涉及水利水电、公路、铁路、电力（火电）、煤炭、有色、石油、地矿、地质、岩土、林业、环保、城建、国土、园林、农垦、核工业、海洋等20多个行业。

（2）标准使用人群。根据水利部办公厅《水土保持从业人员培训纲要（2004—2008）》（办水保〔2004〕110号），2004年全国共有水土保持从业人员达10万多人。以此推算，890家星级单位水土保持方案编制从业人员不少于10000人❶。另据中国水土保持学会统计，每年培训水土保持方案编制和水土保持监测从业人员约3000人，目前水土保持方案编制、监测及监理从业人员约50000人。根据《生产建设项目水土保持监测单位水平评价管理办法》，星级单位对水土保持专业技术人员的基础条件要求是不少于10人，因此水土保持监测机构从业人员应该远超2004年的数据。

（3）应用情况。该标准不仅为《水土保持法》提供了有力支撑，同时也服务于各行各业，以及行政文件的技术支撑。“十三五”期间，依据水土保持标准全国共审批145494个方案，其中国家大型开发建设项目316个（水利部审批），涉及防治面积5.6万多km^2。其中国家重点工程全年共批复新增项目71个，涉及30个省（自治区、直辖市）、142个地级市、463个县级行政单位。2017年11个省市审批和治理水土保持面积情况统计如表5-2。

表5-2　　2017年11个省份项目审批和治理水土保持面积统计

序　　号	省　　份	审批项目数量/万个	治理水土流失面积/km^2
1	上海市	0.01	—
2	江苏省	0.21	0.27

❶ 资料来源：水利部水土保持监测中心提供。

续表

序号	省份	审批项目数量/万个	治理水土流失面积/km²
3	浙江省	2.06	0.27
4	安徽省	0.29	0.32
5	江西省	0.79	0.96
6	湖北省	0.87	0.61
7	湖南省	1.29	0.61
8	重庆市	0.56	0.51
9	四川省	1.94	1.26
10	贵州省	0.93	1.02
11	云南省	1.58	1.39
合计		10.52	7.22

2018年流域各级水行政主管部门贯彻落实水利改革发展总基调，强化人为水土流失监管，依据标准和相关规定共审批生产建设项目水土保持方案1.83万个，涉及水土流失防治责任范围3119km²；对2.72万个生产建设项目开展了水土保持监督检查，征收水土保持补偿费21.22亿元，查处水土流失违法案件1524起。4294个生产建设项目开展了水土保持设施自主验收。四川雅砻江锦屏一级水电站、桐子林水电站2个工程被水利部命名为生产建设项目国家水土保持生态文明工程。据长江水利委员会近日发布的《长江流域水土保持公告（2018年）》显示，与第一次全国水利普查（2013年公布）相比，长江流域水土流失面积减少了3.79万km²，减幅近10%。2019年全国共出具不予行政许可决定291项，其中水利部2项，地方289项。

案例一：不予以通过技术审查的方案

a）2018年12月28日签发的“关于唐山LNG外输管线项目（宝永段）水土保持方案报告书不予通过技术评审的报告”（植物方案〔2018〕11号），报告书中未提出提高防治标准、优化施工工艺、减少地表扰动、植被损坏范围等有效控制可能造成的水土流失的相关要求，不符合《水土保持法》第二十四条规定；报告书选取了建设类项目二级以下水土流失防治目标，不符合GB 50434—2008《开发建设项目水土流失防治标准》第5.0.2条、第5.0.3条、第5.0.4条的有关规定；报告书中确定的管线工作面宽度为25～50m，缺乏技术计算依据，未进行合理的水土保持分析评价，不符合GB 50433—2008《开发建设项目水土保持技术规范》第3.1.1条有关控制和减少对原地貌扰动等水土保持规定；水土保持措施体系不完整：报告书中缺少伴行道路、进站道路和其他临时占地等相关内容及水土保持措施设计，水土保持措施体系不完整。对主体工程布设的措施分析评价不到位，部分防治分区水土保持措施（拦挡、排水、沉沙等）布设不完善、不合理等。

b）2016年8月15日水利部水土保持监测中心签发的“关于不予通过国家高速公路网G85渝昆高速昭通至会泽段改扩建工程水土保持方案变更报告书技术评审的报告”（水保监方案〔2016〕59号）。经评议，该水土保持方案变更报告书不满足水土保持有关技术规范要求，建议不通过技术评审。一是弃渣场选址不符合有关规定，实际发生的3、4、

7、8、9、10、11、13、16、17、20、21、22号弃渣（土）场等涉及较大河（沟）道，无河道管理机关的批准意见，不满足GB 50433—2008《开发建设项目水土保持技术规范》第3.2.3条中弃渣场选址“涉及河道的，应符合治导规划及防洪行洪的规定，不得在河道、湖泊管理范围内设置弃土（石、渣）场”和“不宜布设在流量较大的沟道，否则应进行防洪论证”的规定；二是变更报告书中的渣场资料不翔实。变更报告书中，弃渣（土）场上游汇水面积资料与实际情况存在一定出入，弃渣（土）场位置的图纸资料无法全面反映上下游制约性因素的实际情况，无法判断是否对下游公共设施、工业企业、居民点等的安全构成威胁和影响，不满足GB 50433—2008《开发建设项目水土保持技术规范》第3.2.3条中弃渣场选址“不得影响周边公共设施、工业企业、居民点等的安全”“禁止在对重要基础设施、人民群众生命财产安全及行洪安全有重大影响的区域布设弃土（石、料）场”的规定；三是弃渣场位置变更理由不明确，原设计26处弃渣（土）场，有24处位置发生了变化，取消1处，变更报告书中未说明变更理由，现场查看发现，实际弃渣大部分为沿公路两侧就近堆弃等。

c）2016年11月10日水利部水土保持监测中心签发的《关于不予批准新建商丘至合肥至杭州铁路水土保持方案（弃渣场补充）报告书的通知》（水保监方案〔2016〕70号）经审查核实，该项目有31处弃渣场存在未批先弃的情况，违反了《水土保持法》及《水利部生产建设项目水土保持方案变更管理规定（试行）》的相关规定，建议不予批准该报告书。

案例二：核减投资——安徽某高速公路改扩建工程[1]

依据GB 50433—2008《开发建设项目水土保持技术规范》组织编制了水土保持方案（方案一，单侧加宽21m，局部两侧加宽方案；方案二，单侧加宽17.5m；方案三，两侧各加宽8.75m）。主体设计单位推荐了方案一。

技术评审中，根据水土保持分析评价要求和水土保持法“预防为主、保护优先”的工作方针，评审意见中明确“建议建设单位优先选择工程占地、土石方量及投资均较小的方案，减少工程占地和土石方量”，并要求建设单位组织主体设计单位对工程方案进行了进一步比选论证，最终推荐了工程占地、土石方量及工程投资均为最少的单侧加宽17.5m的方案二。由此工程新增永久占地由原方案的181.7hm^2减少至164.79hm^2，减少9.3%；路基土石方由原方案的549.37万m^3减少至466.02万m^3，减少15.2%，同时借方量由309.87万m^3减少至262.86万m^3，减少15.17%，取土场占地由52.16hm^2减少至46.53hm^2，减少8.68%；工程总投资由原方案的35.48亿元减少至33.68亿元，减少投资1.8亿元。

案例三：节约外购土石方成本——某钢铁精品基地项目

由于项目采取单一的平坡式竖向布置，导致外借土石方量巨大，不利于水土保持，且项目区位于山东省水土保持重点治理区。评审提出“进一步优化厂区竖向布置及工程设计，减少土石方填筑量”的建议。根据评审意见，主体设计单位对场平标高进行了优化，由平坡式布置调整为局部台阶式布置，外购土石方量由1720万m^3减少至965万m^3，比

---

[1] 资料来源：水利部水土保持监测中心提供。

原方案减少44%，这样不仅能减少外购土石方对生态环境的影响，也可以大大节约外购土石方的成本。

案例四：减少临时占地面积——甘肃戈壁某高速公路工程

结合项目及项目区的特点和减少扰动的水土保持总体要求，评审会议提出了“适当降低路基高度，以减少土石方量和地表扰动面积”的建议。经主体设计单位优化，公路主线路基高度由原来的平均3m降低为2.3m，主线路基填方总量由原来的2118.4万m^3降低为1553.37万m^3，比原方案减少26.67%，借方量由2104.95万m^3，减少为1540.24万m^3，减少26.83%，临时占地面积由682.04hm^2减少为553.65hm^2，减少18.82%。

案例五：节约弃渣场征地、运输及防治的费用——黑龙江某煤化工项目

可研编制单位在《可研报告》第八版的设计中，结合周边地形和当地市政府意见，选择一处弃土场，场地面积1600hm^2，弃土高度在1～3m之间，弃土平均运距为8.8km。水土保持方案编制单位向建设单位提出了厂区竖向布置方案存在的问题及优化建议：①土石方挖填数量大，施工期产生大量水土流失；②弃土量大，弃土场占地面积太大，占用耕地，且项目地处东北黑土区，不符合水土流失要求，提出调整厂区竖向布置的要求。经各方讨论协商，业主协调，最终达成一致意见，由可研编制单位和铁路专用线设计单位调整设计标高，并要求厂区和铁路专用线的设计标高、土石方量应通盘考虑，原则上不设弃土场和取土场。在最终修改后的《可研报告》（第九版）中，厂区占地面积仍为297.66hm^2，厂区竖向布置设置了16个台阶，调整后厂区土石方挖方量调整为1737万m^3，填方量为1714万m^3，产生弃方23万m^3，铁路专用线路基设计标高为140m（比原设计提高2m），厂区弃方用于铁路专用线路基填方。因此，项目总体达到了土石方挖填平衡，节约了弃渣扰动面积1600hm^2，同时节省了弃渣场征地费用，弃渣运输及防治的费用，不仅保护了生态，而且节约了建设资金。

3. 实施效果评估结论

2019年9月，对该标准实施效果进行评估，结果为实施效果“较好”，基本满足有效支撑水利中心工作，在提高水利工程、产品或服务质量，促进水利行业科技进步与科技成果推广应用，保障人民群众健康和生命财产安全，提高经济效益、社会效益和环境效益等方面效果较好，评估等级为“较好”。但该标准在技术内容方面还存在一些不足，如3.2.1中第4条第一款，8m宜采用桥梁，可操作性较差；3.2.1中第4条第四款，提高林草覆盖率，但是本标准的3.1.3第4条明确按照GB 50434—2018执行，在GB 50434中并没有明确提出，存在交叉，容易产生误区或遗漏；第3.2.5条，太笼统，实际操作中没有准确性的依据；第4.2.3的规定，工程地质资料的收集可操作性差并且与本标准的适用工程深度不符；第4.2.4条中第2款，仍然使用2010标准，但目前的标准为2017标准；第5章“水土保持措施设计”标题太细但实质内容又较为笼统，建议采用GB 51018—2014《水土保持设计规范》相应的条款，不足的部分进行补充。建议评估结论为“需要修订”。

[典型标准案例2]：SL 350—2006《沙棘生态建设工程技术规程》

1. 标准基本信息

该标准是为了贯彻《中华人民共和国水土保持法》《中华人民共和国防沙治沙法》及

其他相关的法律法规，适应我国生态建设的需要，依据沙棘的生态属性，规范沙棘生态建设工程技术管理充分发挥其生态、经济和社会效益而制定。主要包括沙棘资源普查、项目设计、采种育苗、造林技术、经营管理、监测评价以及竣工验收等内容，适用于我国东北、华北、西北和西南地区的沙棘生态建设。

2. 实施情况

该标准实施10余年，在生态建设中发挥较大作用，在经济效益、社会效益、生态环境效益均得以体现。

以陕西省府谷县窟野河小流域治理为例，该地区生态条件恶劣，多年来为改善生态环境，各部门尝试了各种树种和不同的治理模式，但效果不明显。经过晋陕蒙础砂岩沙棘生态工程和国标委沙棘示范区的建设，在SL 350—2006《沙棘生态建设工程技术规程》等标准的指导下，为解决当地水土流失找到了一条效果明显、投资相对较少的治理途径。通过召开农民培训大会，使当地农民掌握沙棘生态工程建设技术，并录制了沙棘采果、采叶专题片，在电视新闻中播放，各级领导也转变了对沙棘的看法，地方财政拿出资金支持沙棘生态建设并建设了沙棘原料粗加工厂，为进一步发展沙棘产业打下了良好的基础。

（1）经济效益：府谷县窟野河小流域通过实施沙棘生态建设工程项目，林草覆盖率明显提高，水土流失明显减少，通过标准化的种植、标准化的采摘，盛果期每亩的沙棘果产量最高能到100kg，每公斤0.5元，种植面积6000亩，示范户数200户，按100kg/亩沙棘果采摘，则6000亩共可采到60万kg，每公斤按0.5元计算，可得效益30万元，沙棘叶按30kg/亩计算，6000亩共可采叶18万kg，每公斤按0.4元计算得效益7.2万元，仅此两项共计效益37.2万元，户均增加1860元。

（2）社会效益：促进了农民增收和农村经济发展，通过宣贯培训和试点示范，农民掌握了沙棘种植技术，同时也解决了农民就业问题，改善了产业结构，稳定了农村劳动力队伍。

（3）生态环境效益：增加了林草植被，建设秀美山川。3年种植沙棘后，府谷县窟野河小流域沙棘标准化示范区的林草覆盖率明显增加，昔日的荒坡、荒沟披上了绿装。土壤含水量也明显增多，有效地改善了小流域的生态环境，促进了项目区人与自然的和谐。

3. 实施效果评估结论

2019年9月，对该标准实施效果进行评估，结果为实施效果“较好”，基本满足有效支撑水利中心工作，在提高水利工程、产品或服务质量，促进水利行业科技进步与科技成果推广应用，保障人民群众健康和生命财产安全，提高经济效益、社会效益和环境效益等方面效果较好，评估等级为“较好”。但该标准在技术内容方面还存在一些不足，如跟《沙棘种子》《沙棘苗木》《沙棘果叶采摘技术规范》等相关规程规范有部分重复。土地改良、利用方向、技术内容等较落后于现今沙棘资源建设利用的现状要求。建议评估结论为“需要修订”，完善内容，并将SL 283《沙棘种子》、SL 284《沙棘苗木》等相关标准合并到该标准中。

[典型标准案例3]：SL 334—2016《牧区草地灌溉与排水技术规范》

1. 标准基本信息

为统一牧区草地灌溉与排水规划方法和工程技术要求，提高工程建设质量和管理水平，充分发挥工程效益，恢复和改善草原生态环境，适应牧区水利建设与经济社会资源环境协调发展的需要制定该标准。

该标准是将SL 334—2005《牧区草地灌溉与排水技术规范》、SL 343—2006《风力提水工程技术规程》、SL 540—2011《光伏提水工程技术规范》、SL 519—2013《牧区草地灌溉工程项目初步设计编制规程》、SL 674—2013《太阳能节水灌溉无线智能控制系统技术规范》进行合并而成。主要内容包括：牧区草地灌溉排水工程规划、设计方法与技术参数的规定；牧区草地灌溉排水工程施工方法、验收要求、工程运行管理和用水管理要求的规定；牧区草地灌溉排水工程效益分析与评价方法的规定等内容。主要适用于牧区草地灌溉与排水区域性规划的编制工程设计施工验收与运行管理以及盐碱化草地防治。

2. 实施情况

该标准主要用于农村水利、牧区供水工程的规划、勘察、设计、验收、运行维护以及仪器检定/校验/校准试验。标准基本满足使用者需求，应用较频繁，内容部分引领、指导作用和支撑作用很大，标准实施效果及认可度为“好”，各项效益较为显著。具体体现如下：

内蒙古牧区抗旱节水灌溉建设项目规划（2018～2020年）中，牧区抗旱节水灌溉工程规划涉及的水资源分析与评价、总体布局等内容的编写以本规范为依据进行。按照本规范要求编制的规划实施后，可增加内蒙古牧区干旱年份人工饲草产量，增强牧区旱情监测预警评估能力，完善牧区抗旱管理服务体系，最大可能减轻旱灾损失，减少因旱减产（饲草）、因旱减畜、因旱减收现象发生，亩均减灾150元。项目可促进草原生态环境改善、对加快建设我国北方重要生态安全屏障提供支撑。

2019年2月，由中国水利水电出版社出版的《牧区水利工程学》国家普通高等教育“十三五”规划教材，该书的编制参考了SL 334—2016《牧区草地灌溉与排水技术规范》中的主要规定，该规范对本教材的编写起到了支撑作用。

拉萨市尼木县雪拉灌区工程初步设计，该工程设计灌溉面积10687.6亩，其中林草地1330.7亩，设计灌溉流量为0.84m^3/s，该部分内容就是按照该标准的要求，确定了饲草灌溉制度，核定了饲草地的需水量，进行了水资源供需平衡分析。本工程实施后，粮草产量显著增加。而且农、牧、副的比重也大大增加，有助于改善农村二元经济结构，促进农业种植结构改善。

3. 实施效果评估结论

2019年9月，对该标准实施效果进行评估，结果为实施效果“较好”，基本满足有效支撑水利中心工作，在提高水利工程、产品或服务质量，促进水利行业科技进步与科技成果推广应用，保障人民群众健康和生命财产安全，提高经济效益、社会效益和环境效益等方面效果较好，评估等级为“较好”。建议评估结论为“继续有效”。

六、水利工程建设用主要几类材料标准

水利工程建设离不开混凝土、沥青、粉煤灰、土工合成材料、砂石料等。这些材料的质量、应用范围以及使用方法直接关乎工程建设质量及寿命。为确保工程安全以及生命财产安全，水利工程建设所用材料有着严格的规定，并以标准的形式固化下来，指导工程建

设实践。

材料的选择和应用直接影响到建设成本，在确保建设安全、环保的前提下，追求资源的节约和经济利益最大化是标准制定的目标。在水利标准制定过程中，不仅将成熟的工程实践经验以及科研成果及时地融到标准中，而且通过应用、创新、修订、再应用，取得良好的经济、社会和生态环境效益。

（一）不同行业标准指标的选取

标准指标的选择不同，意义不同。我国水坝工程过去一直采用混凝土标号，现在有的继续采用混凝土标号，有的已改用强度等级，颇为混乱。由于混凝土标号和混凝土强度等级在设计龄期、强度保证率等方面都存在着很大的差别，而水利行业根据水坝工程的特点，坝工混凝土仍采用混凝土标号，见表 6－1。

（二）标准指标的确定

（1）由混凝土标号 R 改为混凝土强度等级 C，并不是简单的名称的改变，而意味着设计龄期由 90d 或 180d 改为 28d，强度保证率由 80%改为 95%。

（2）水坝施工期较长，采用 28d 设计龄期不符合实际。

（3）长期积累的工程经验是水坝设计安全系数取值的基础，混凝土坝过去一直采用混凝土标号 R，设计龄期为 90d，保证率为 80%；改用强度等级 C 后，DL 5108《混凝土重力坝设计规范》由 C_{28} 换算成 R_{90} 和 R_{180}，再据以决定强度标准值，但影响 R/C 比值的因素很多，包括水泥品种、掺合料、外加剂、施工水平等，R/C 比值变化范围很大，规范中采用的单一换算值显然难以反映复杂多变的实际情况，换算误差很大；为安全计，混凝土重力坝设计规范取下包值，实际工程中 R 可能超标 15%～45%，不仅浪费资金，还增加了温度控制的难度。

表 6－1　　不同行业标准指标的选取

<table>
<tr><th>序号</th><th>标准名称</th><th>标准编号</th><th>混凝土指标选取</th><th>标准编号</th><th>混凝土指标选取</th></tr>
<tr><td>1</td><td>混凝土结构设计规范</td><td>GB 50010—2002</td><td rowspan="3">强度等级 C</td><td>GB 50010—2010</td><td rowspan="5">强度等级 C</td></tr>
<tr><td>2</td><td>水工混凝土结构设计规范</td><td>DL/T 5057—1996</td><td>DL/T 5057—2009</td></tr>
<tr><td>3</td><td>水工混凝土施工规范</td><td>DL/T 5144—2001</td><td>DL/T 5144—2015</td></tr>
<tr><td>4</td><td>混凝土拱坝设计规范</td><td>SL 282—2003</td><td rowspan="2">标号 R</td><td>SL 282—2018</td></tr>
<tr><td>5</td><td>混凝土重力坝设计规范</td><td>DL 5108—1999</td><td>NB/T 35026—2014</td></tr>
</table>

（4）工程竣工验收是以设计龄期混凝土试件资料为依据的，改用强度等级 C 后，工程设计中实际上利用了后期强度，但竣工验收时只有 28d 龄期的试验资料，难以保证在各种复杂情况下后期混凝土的合格率。

（5）工业与民用建筑工程采用混凝土强度等级 C 是合理的，水坝工程采用混凝土强度等级 C 是不合理的，应该继续采用混凝土标号 R。

（三）指标之间的关系及影响

混凝土标号 R 与混凝土强度等级 C 的关系、采用混凝土强度等级 C 后对设计龄期、安全系数、工程施工质量验收的影响，以及混凝土坝采用强度等级 C 带来经济上的浪费和技术上的不合理。

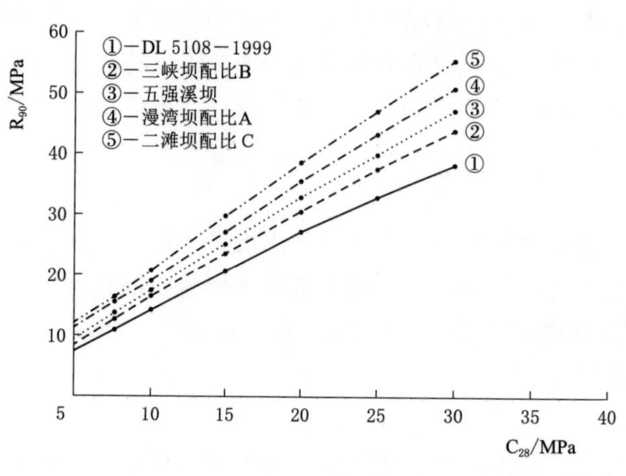

图 6-1　常态混凝土强度等级 C_{28} 与混凝土标号 R_{90}

混凝土坝施工周期较长，设计龄期采用 28d 是不合理的，电力行业 DL 5108—1999《混凝土重力坝设计规范》虽然设计龄期采用 28d，但安全系数仍然采用 90d（常态混凝土）和 180d（碾压混凝土），先由 C_{28} 换算成 R_{90} 和 R_{180}，再由 R_{90} 和 R_{180} 决定设计强度标准值，问题是比值 R_{90}/C_{28} 和 R_{180}/C_{28} 受到多种因素的影响，变化范围很大，表 6-2 和图 6-1 中列出了 R_{90}/C_{28} 比值的变化，从图 6-1 可看出，DL 5108—1999《混凝土重力坝设计规范》采用了 R_{90}/C_{28} 的下包值，实际工程中 R_{90}/C_{28} 远远超过了混凝土重力坝设计规范 DL 5108—1999 建议值。

实际工程所达到的混凝土标号比文献推荐值分别高 16%、23%、33.6%、45.2%。实际的混凝土标号超出这么多，不但增加水泥用量造成严重的浪费，而且增加了温度控制的难度，见表 6-3。

表 6-2　　坝工常态混凝土强度等级 C 与对应的混凝土标号 R

项目		b (r)	不同 C 对应的 R						
			5	7.5	10	15	20	25	30
DL 5108—1999《混凝土重力坝设计规范》		—	—	11.3	14.6	21.2	27.5	33.0	38.6
普通硅酸盐水泥		1.20	8.34	12.1	15.6	22.3	28.9	35.2	41.3
矿渣水泥		1.40	9.73	14.1	18.2	26.0	33.7	41.1	48.1
火山灰水泥		1.30	9.04	13.1	16.9	24.2	31.3	38.1	44.7
三峡	配比 (A) R_{90}15	1.41	9.80	14.2	18.3	26.2	34.0	41.4	48.5
	配比 (B) R_{90}20	1.30	9.04	13.1	16.9	24.2	31.3	38.1	44.7
五强溪	R_{90}15	1.39	9.66	14.0	18.0	25.6	33.5	40.7	47.7
漫湾	配比 (A) R_{90}15	1.50	10.4	15.1	19.5	27.9	36.2	44.0	51.6
	配比 (B) R_{90}20	1.46	10.1	14.6	18.9	27.1	35.1	42.7	50.1
二滩	配比 (A) R_{90}35	1.38	9.59	13.9	18.0	25.7	33.4	40.6	47.6
	配比 (B) R_{90}30	1.35	9.38	13.6	17.5	25.1	32.5	39.6	46.4
	配比 (C) R_{90}25	1.63	11.3	16.4	21.2	30.3	39.3	47.8	56.1

表 6-3　　实际工程达到的 R_{90} 与 DL 5108 建议的 R_{90}（对应于 C_{10}）

指标	DL 5108—1999《混凝土重力坝设计规范》建议值	三峡配比 B	五强溪	漫湾配比 A	二滩配比 C
R_{90}/MPa	14.6	16.9	18.0	19.5	21.2
增幅/%	0	15.8	23.3	33.6	45.2

（四）标准指标的选择关乎国民经济

对混凝土强度等级C/混凝土标号R的选取带来的经济效益进行对比，不难发现标准指标的选择关乎国民经济。采用中国水科院“三峡工程二阶段混凝土配合比试验报告”中的试验数据进行计算。以三峡工程大坝内部四级配常态混凝土为例，设计强度$R_{90}150$，采用葛洲坝525号中热水泥。

若采用混凝土标号$R_{90}150$计算，保证率为80%，概率度系数为0.842，标准差取4.0MPa，则配制强度为18.4MPa。

若采用混凝土强度等级C_{15}计算，保证率为95%，概率度系数为1.645，标准差取4.0MPa，则配制强度为21.6MPa。

根据混凝土配合比优化试验结果，按推荐粉煤灰掺量为40%时，满足设计要求的混凝土配合比见表6-4。

表6-4　　混凝土配合比优化试验效益对比

混凝土种类	设计要求	配制强度/MPa	试验强度/MPa		$\frac{W}{C+F}$	W/(kg/m³)	C+F kg/m³	C/(kg/m³)	F/(kg/m³)	C+F单价/(元/m³)	差价/(元/m³)
			28d	90d							
大坝内部	C_{15}	21.6	22.5	37.1	0.45	141.0	313.3	188.0	125.3	151.5	40.3
	$R_{90}150$	18.4	14.9	22.8	0.60	138.0	230.0	138.0	92.0	111.2	

注　中热水泥单价是葛洲坝水泥厂、湖南特种水泥厂和华新水泥厂公路运输平均价为准，粉煤灰是以招投标时平圩、南京、铬璜和神头四个电厂报价的平均值。

三峡大坝内部用混凝土约1000万m³，按差价40.3元/m³计算，使用水泥标号比使用强度等级可节约资金约4亿元，经济价值非常可观。

[典型标准案例1]:《粉煤灰混凝土应用技术规范》

1. 粉煤灰发展概况

粉煤灰俗称飞灰，是火力发电厂的废弃物，即煤粉在1500～1700℃下燃烧后，由烟道气带出并经除尘器收集的粉尘。据统计，每燃烧1t煤就能产生250～300kg粉煤灰和20～30kg炉渣。

我国是世界上少数几个以煤为主要能源的国家之一，煤在能源构成中约占78%，全国燃煤消耗量每年达12.8亿t，粉煤灰是我国当前排量较大的工业废渣之一。2017年全国粉煤灰产生量5.15万t，随着电力工业的发展，燃煤电厂的粉煤灰排放量逐年增加。

对粉煤灰的处理，目前我国以灰场储灰为主要堆存手段。据统计，每万吨灰渣需堆场4～5亩，至1998年底我国粉煤灰渣的堆存量已高达12.5亿t，需堆场50万～62.5万亩。以灰场储灰每吨灰渣需综合处理费20元～40元，则每年的综合处理费就需30亿～60亿元。应该指出，我国除电站锅炉外还有工业锅炉及采暖锅炉近50万台，120万t/h，每年耗煤量和排放灰渣量与电站相当。如果再考虑钢渣、铸造渣和其他工业排渣，我国每年的固体排放物数量十分惊人，对生态环境的污染非常严重，占用的土地可达百万亩。

粉煤灰一般是露天堆放，不仅堆放占压大量土地，而且粉煤灰的二次扬尘对生态环境造成了严重的危害。大量的粉煤灰不加处理，刮风天就会产生扬尘，污染大气；下雨天渗水污染地下水。若排入水系会造成河流淤塞，而其中的有毒化学物质还会对人体和生物造成危害。因此，粉煤灰的处理和利用问题引起人们广泛的注意。

2. 国内外发展状况

早在1914年美国ANON等就开始了对粉煤灰特性的研究，1933年，人们将粉煤灰用于混凝土中，以后逐渐扩大到各个利用领域。长期以来国家一直非常重视粉煤灰综合利用工作，在五十年代初期冶金行业在基本建设中就在水泥砂浆和混凝中应用了粉煤灰，仅宝钢工程建设中应用粉煤灰混凝土约10万m^3，使用粉煤灰达12000余t。

20世纪60年代以来，先后利用粉煤灰作混凝土（200号以下的现浇混凝土）的掺合料，解决了高标号水泥配制低标号混凝土的技术问题，每立方米混凝土可节约水泥10～30kg，未出现过任何质量事故，取得了较好的技术效果，解决了冶金系统及社会上粉煤灰污染这一公害。在建筑工程中作混凝土、砂浆的掺和料，在建筑工业中用来生产砖，在道路工程中作路面基层材料等，尤其在水电建设大坝工程中使用最多。60年代开始粉煤灰利用重点转向墙体材料，研制生产粉煤灰密实砌块、墙板、粉煤灰烧结陶粒和粉煤灰黏土烧结砖等。

70年代，国家为建材工业利用粉煤灰投资不少，而利用问题没有解决好；到80年代，国家把资源综合利用作为经济建设的一项重大经济技术政策，使粉煤灰综合利用得到了蓬勃的发展。“八五”期间，粉煤灰综合利用的渠道主要集中在建筑工程、道路工程及农业用灰等方面，统计分析见表6-5。

目前美国、欧盟等国家粉煤灰的利用率达到了70%～80%。我国虽每年利用量在不断增加，但总利用率还不足每年排放量的50%，粉煤灰的总体利用率仅为40%左右，远远落后于欧美发达国家。

表6-5　“八五”期间粉煤灰利用情况统计

途径	用灰总量/万t	所占比例/%
建材用灰	4982	32.2
筑路用灰	3960	25.7
回填用灰	3206	20.8
建工用灰	1481	9.6
农业用灰	843	5.5

粉煤灰的综合利用不仅要以标准体系作为技术基础，还需要国家在经济政策方面给予扶持和引导。20世纪80年代以来，国家就开始制定和颁发了一系列推进粉煤灰综合利用的政策法规。对已成熟的技术如粉煤灰黏土烧结砖等进行推广，对粉煤灰特殊回填技术和高强混凝土技术进行完善，将大掺量粉煤灰制品研发作为新的重点课题。

3. 标准的产生

粉煤灰弃之为害，而利用有益。在学习国外粉煤灰利用技术及总结国内多年来的研究和应用的实践经验的基础上，再深入进行粉煤灰混凝土应用技术的研究工作，对粉煤灰资源的开发产生了积极的影响。目前粉煤灰在混凝土中的应用是我国综合利用粉煤灰的一条主要途径，采用优质粉煤灰和高效减水剂复合技术生产高标号混凝土的现代混凝土新技术正在全国迅速发展。

尽管如此，粉煤灰在实际应用中只是凭借实际经验，无标准可依。需要尽快完善相关技术标准、法规。中国水科院凭借几十年在水利建设中大量成功应用粉煤灰的工程实例和应用经验，通过科学试验证明，在混凝土中应用粉煤灰掺合料，不仅可以节约大量的水泥和细骨料，减少用水量，而且还改善了混凝土拌和物的和易性，减少泌水，增强混凝土的可泵性，减少了混凝土的徐变，减少水化热、热能膨胀性，降低混凝土内部温度，提高混凝土的抗渗和耐热能力，增加混凝土的修饰性。优质粉煤灰特别适用于配制泵送混凝土、大体积混凝土、抗渗结构混凝土、抗硫酸盐混凝土和抗软水侵蚀混凝土及地下、水下工程混凝土、压浆混凝土和碾压混凝土。可以直接应用在工业、农业和民用建筑工程中，有效地减缓或抑制粉煤灰对环境的污染，产生明显的经济效益和社会效益。

借助科学实验和大量工程实践，利用粉煤灰具有和易性好、可泵性强、抗冲击能力提高、抗冻性增强等优点，成功地将科研成果转化为 GBJ 146—1990《粉煤灰混凝土应用技术规范》。该规范内容全面、系统，从粉煤灰的分级、配合比设计、粉煤灰替代水泥的最大限量，到粉煤灰混凝土的工程应用，及粉煤灰混凝土的施工、检验等。可操作性强，对工程实践起到非常好的指导作用。该规范 1993 年获水利部应用二等奖。

4. 历次版本信息

（1）GBJ 146—1990《粉煤灰混凝土应用技术规范》。该标准主要内容包括粉煤灰的分级、配合比设计、粉煤灰替代水泥的最大限量，到粉煤灰混凝土的工程应用，及粉煤灰混凝土的施工、检验等，适用于配制泵送混凝土、大体积混凝土、抗渗结构混凝土、抗硫酸盐混凝土和抗软水侵蚀混凝土及地下、水下工程混凝土、压浆混凝土和碾压混凝土，在除水利工程以外的其他工程建设中也得到广泛使用，可以直接在工业、农业和民用建筑工程中，有效地减缓或抑制了粉煤灰对环境的污染，产生明显的经济效益和社会效益。

随着混凝土科学技术的发展和对粉煤灰认识的提高，以及工程建设对能源和环保的日趋重视，优质粉煤灰的产量大幅提高，使用范围也越来越广。2011 年国家发展和改革委员会下发《关于加强高铝粉煤灰资源开发利用的指导意见》，对高铝粉煤灰资源的有序开发利用工作进行鼓励和引导。2013 年，国家发展和改革委员会等 10 个部门联合发布了新修订的《粉煤灰综合利用管理办法》，进一步提出了粉煤灰利用的综合管理要求和鼓励扶持的重点，对大掺量粉煤灰新型墙体材料等技术进行支持，鼓励利用粉煤灰作为混凝土掺合料。2013 年，国务院印发了《循环经济发展战略及近期行动计划》，引导人们将粉煤灰建材产品推广并应用于市政建设、筑路等工程中，并从高铝粉煤灰中提取氧化铝，支持粉煤灰应用于造纸、橡胶生产中，进一步拓展了粉煤灰的利用途径。

GBJ 146—90 已不能满足工程建设的实际需要，甚至制约了粉煤灰在混凝土中的应用。另外国内有些相关标准已进行了修订，如 GB/T 17671—1999《水泥胶砂强度检验方法（ISO 法）》和 GB 1596—91《用于水泥和混凝土中的粉煤灰》等，修订 GBJ 146—90，一是做好与国内外同类标准的发展相协调，二是与其他国标的衔接。水利部及时组织修订 GBJ 146—1990。

（2）GB/T 50146—2014《粉煤灰混凝土应用技术规范》。内容更加完善，增加了C类粉煤灰及相应的技术要求、粉煤灰的放射性、安定性和碱含量的技术要求；取消了取代水泥率及超量取代系数的规定；将Ⅱ级粉煤灰细度指标由原来的45μm方孔筛筛余不大于20%改为不大于25%；对粉煤灰最大掺量进行了修订。在按照水泥种类和混凝土种类规定粉煤灰最大掺量的基础上，增加了水胶比限制条件。

5. 标准作用

随着《粉煤灰混凝土应用技术规范》的不断完善，对粉煤灰技术应用的认可，为粉煤灰打开了广泛应用局面，该标准从1990年发布至今，经过1次修订，服务各行各业已30年，仍在继续发挥着功效。在标准的指导下，粉煤灰在各行各业应用越来越广泛。利用粉煤灰制备活性炭、粉煤灰超细粉研磨、生产水泥、生产建材、提取氧化铝、制造瓷砖以及在农业的应用等，截至2017年，粉煤灰综合利用率已达76.7%，比2015年提高1.8个百分点。粉煤灰变废为宝，已成为循环经济中可循环利用的重要资源，《粉煤灰混凝土应用技术规范》为循环经济可持续发展提供了坚实的技术支撑。

（1）直接作用：

1）降低原材料成本：节省大量水泥和细骨料。

2）节水：减少用水量。

3）减少施工成本：改善混凝土和易性，缩短工期，减少摩擦，实现长距离、高空混凝土运输。

4）提高工程质量：提高混凝土性能、降低水化热、降低混凝土内部温度、减少热能膨胀性、减少泌水。

（2）间接作用：

1）废渣利用，保护环境。

2）减少废渣堆放，保护耕地。

3）减少水泥生产量，减少排放，节省能源。

为促进循环经济发展，加快建设资源节约型、环境友好型社会发挥了重要的作用。

6. 标准实施

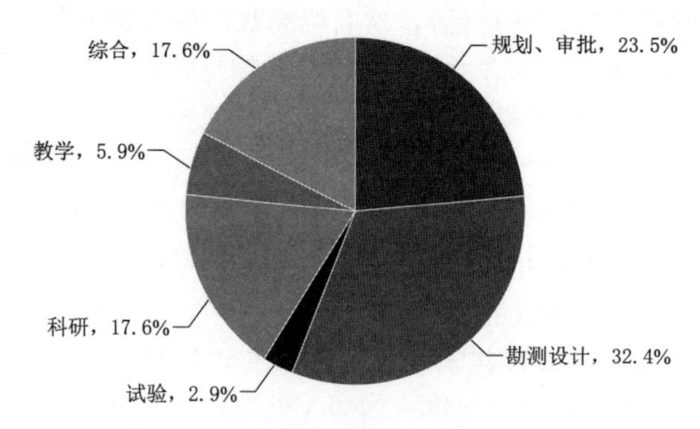

图6-2 《粉煤灰混凝土应用技术规范》应用专业统计图

通过微信群对《粉煤灰混凝土应用技术规范》进行调查，收到的答卷31份，科研院所参与评价居多，占38.7%，其次是行政管理部门和设计单位，各占25.8%和22.6%。参与评估的人员工作年限在5年以上的占87.1%，其中在10～15年的占38.7%，其次是20年以上的占29.0%，5～10年的占19.4%；标准的主要应用专业见图6-2。

细化评估内容，从统计学角度出发，将评估结果分为“好、较好、一般、较差”，问卷结果见表6-6。

表 6-6　　《粉煤灰混凝土应用技术规范》及实施情况调查结果统计

一级指标	二级指标	三级指标	评估结果	票数	结论占比/%
1 标准自身水平	1.1 适用性	1.1.1 技术指标能否满足标准制定时的目的	好	28	90.3
			较好	3	9.7
			一般		
			较差		
		1.1.2 技术指标能否满足现有水平的要求	好	18	58.1
			较好	13	41.9
			一般		
			较差		
	1.2 先进性	1.2.1 与国际标准、国外行业水平相比	好	14	45.2
			较好	17	54.8
			一般		
			较差		
	1.3 协调性	1.3.1 与法律法规协调一致性	好	26	83.9
			较好	4	12.9
			一般	1	3.2
			较差		
		1.3.2 与国内其他标准的协调一致性	好	22	71.0
			较好	9	29.0
			一般		
			较差		
	1.4 可操作性	1.4.1 要求符合实际	好	21	67.7
			较好	10	32.3
			一般		
			较差		
2 标准实施情况	2.1 推广情况	2.1.1 标准传播	好	17	54.8
			较好	14	45.2
			一般		
			较差		
		2.1.2 标准衍生材料传播	好	13	41.9
			较好	18	58.1
			一般		
			较差		

续表

一级指标	二级指标	三级指标	评估结果	票数	结论占比/%
2 标准实施情况	2.2 实施应用	2.2.1 被采用情	好	12	38.7
			较好	19	61.3
			一般		
			较差		
		2.2.2 工程应用状况（工程建设、运行维护、工程管理）	好	24	77.4
			较好	7	22.6
			一般		
			较差		
	2.3 被引用情况	2.3.1 被法律法规、行政文件、标准等引用	好	15	48.4
			较好	16	51.6
			一般		
			较差		
3 标准实施效益	3.1 经济效益	3.1.1 降低成本	好	27	87.1
			较好	4	12.9
			一般		
			较差		
		3.1.2 缩短工期	好	27	87.1
			较好	4	12.9
			一般		
			较差		
		3.1.3 工程节约	好	28	90.3
			较好	2	6.5
			一般	1	3.2
			较差		
		3.1.4 提质增效	好	27	87.1
			较好	4	12.9
			一般		
			较差		
	3.2 社会效益	3.2.1 公共健康和安全	好	25	80.6
			较好	6	19.4
			一般		
			较差		

续表

一级指标	二级指标	三　级　指　标	评估结果	票数	结论占比/%
3 标准实施效益	3.2 社会效益	3.2.2 行业发展和科技进步	好	26	83.9
			较好	5	16.1
			一般		
			较差		
		3.2.3 公共服务能力	好	21	67.7
			较好	10	32.3
			一般		
			较差		
	3.3 生态效益	3.3.1 资源节约	好	25	80.6
			较好	6	19.4
			一般		
			较差		
		3.3.2 资源利用/节能减排	好	29	93.5
			较好	2	6.5
			一般		
			较差		
		3.3.3 改善生态环境	好	27	87.1
			较好	4	12.9
			一般		
			较差		

7. 产生的效益

（1）经济效益。粉煤灰常被用于建材原料和土壤改良等，为了提高粉煤灰综合利用附加值，以粉煤灰作为原料开发新型材料受到越来越多的关注，不仅综合利用量和利用率在逐年增长（见图 6－3），并逐步形成产业链（见图 6－4）。

该规范的应用，使得在坝工混凝土中应用粉煤灰，成为坝工技术的主要进展之一。在混凝土中掺杂粉煤灰除了能节约水泥，改善混凝土的性能外，还可以变废为宝，减少占用耕地，避免和减轻对环境的污染，无论是经济效益还是社会效益都十分显著。经济效益的计算是通过优化混凝土经济效果分析得来的，从中可以看得出粉煤灰起到的作用和效果。以三个标号大坝混凝土为例，中热水泥单价是以葛洲坝水泥厂、湖南特种水泥厂和华新水泥厂公路运输平均价位为准，低热水泥也是上述三厂报价的平均值，粉煤灰是以招投标时平圩、南京、珞璜和神头四个电厂报价的平均值，Ⅱ级灰价是以招标时另四个电厂报价的平均值。

设计与优化混凝土胶材经济核算具体数字见表 6－7。

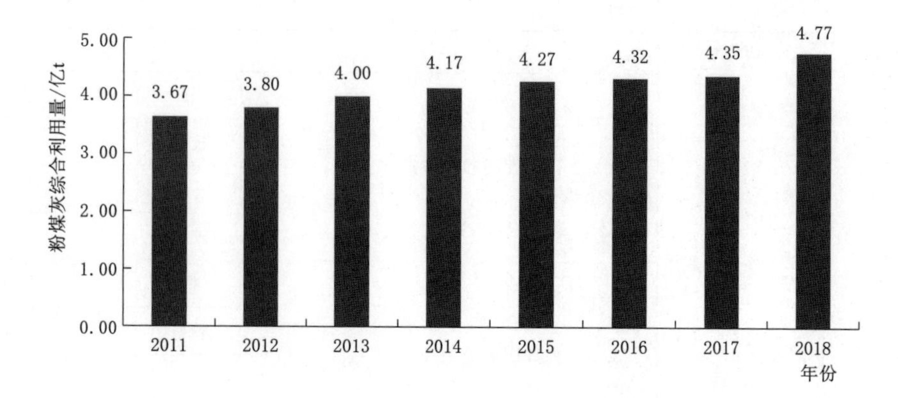

(a) 2011—2018 年我国粉煤灰综合利用量

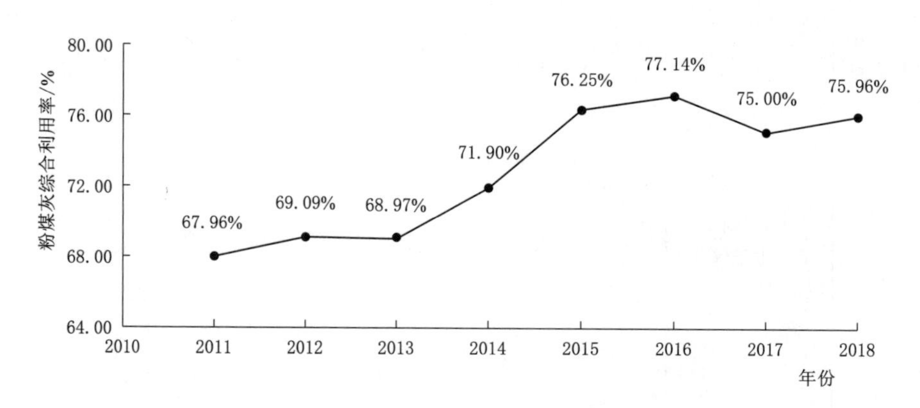

(b) 2011—2018 年我国粉煤灰综合利用量

图 6-3　2011—2018 年我国粉煤灰利用量和综合利用率

表 6-7　　设计与优化混凝土胶材经济核算

混凝土种类	设计与优化	水泥品种	$\frac{W}{C+F}$	W /(kg/m³)	C+F /(kg/m³)	C /(kg/m³)	F /(kg/m³)	C+F 单价 /(元/m³)	外加剂单价 /(元/m³)	总单价 /(元/m³)	优化与设计差价 /(元/m³)
大坝内部	设计	低热	0.60	115	192	154	38	94.5	1.32	95.82	13.22
		中热	0.60	115	192	125	67	93.2	1.32	94.52	
	优化	中热	0.50	79	158	87	71	74.7	7.9	82.60	11.92
基础	设计	中热	0.60	115	192	154	38	100.9	1.32	102.22	9.72
	优化	中热	0.50	83	166	116	50	84.2	8.3	92.5	
水变区	设计	中热	0.50	113	226	226	0	130.4	1.56	131.96	30.36
	优化	中热	0.45	82	182.2	127.5	54.7	92.5	9.1	101.60	

注　F—粉煤灰；C—水泥；W—混凝土。

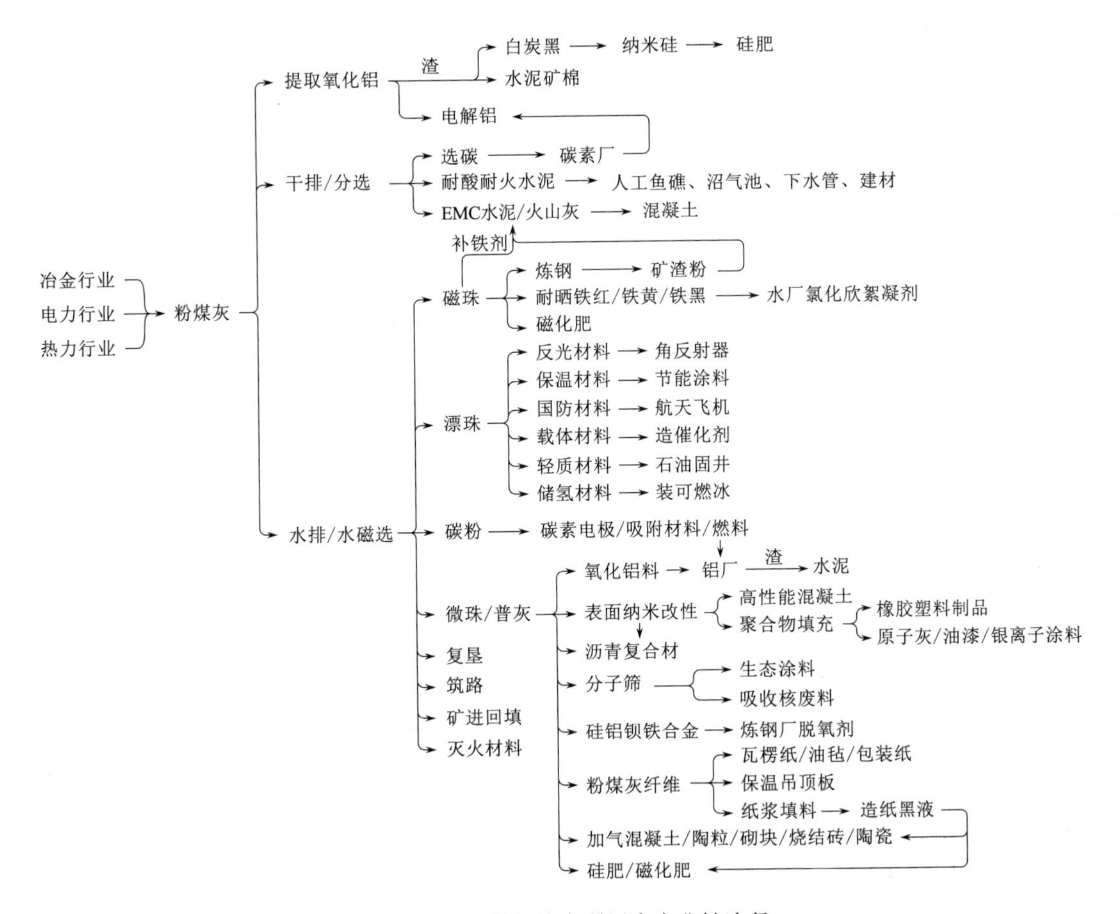

图 6－4　粉煤灰综合利用全产业链途径

从表 6－7 中可以看出，设计与优化混凝土差价最低的是基础混凝土为 9.72 元/m^3，占总单价的 13.98%；最高的是水位变化区混凝土为 30.36 元/m^3，占总单价的 23.17%。综合大坝内部及水变区，粉煤灰使用可减少总单价平均约 18.58%。如果按基础与内部混凝土平均差价计，1000 万 m^3 混凝土即可节约 1 亿元以上。可见三峡工程混凝土通过优化可节约经费约 2 亿元以上。

若每利用 1 万 t 粉煤灰，可为火力发电厂节约征地 200m^2，减少灰场投资运行费 2 万～8 万元，节约运灰费 2 万～5 万元。三峡工程共用粉煤灰大约 170 万 t，可节约征地 34000m^2，减少灰场投资运行费及节约运灰费 700 万～2000 万元，就粉煤灰一项产生的经济效益相当可观。

(2) 社会效益。该标准在引导产业发展方面发挥了重要作用。据统计，1990 年粉煤灰排放量为 6700 万 t，利用量为 1900 万 t，利用率为 28.3%。GBJ 146—1990《粉煤灰混凝土应用技术规范》发布后，人们依据标准大胆使用了粉煤灰，粉煤灰的利用率呈现逐年上升趋势。1995 年排放量为 9936 万 t，利用量为 4145 万 t，利用率已达 42%。2000 年排放量为 1.2 亿 t，利用量为 7000 万 t，利用率为 58%。至 2005 年就煤炭、电力行业利用粉煤灰 2.1 亿 t 左右，利用率为 65%，与“九五”末相比增加 7 个百分点。创造了较好的综合效益，参见图 6－5，仅发电行业标准发布前与发布后粉煤灰利用的对比，明显看出，1995 年标准发布以后，粉煤灰利用量增长快于标准发布前。

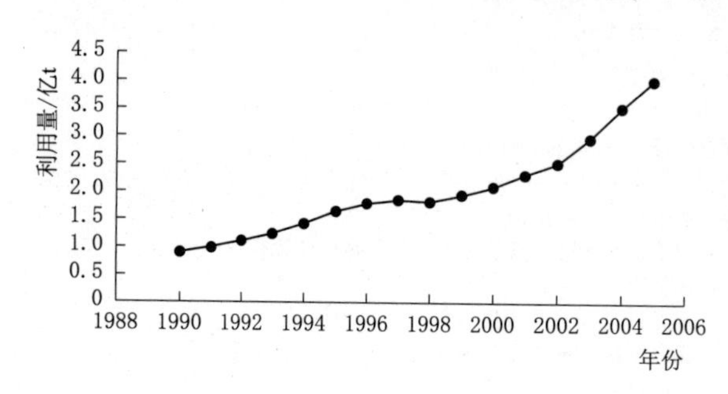

图 6－5 电力行业粉煤灰利用量

（3）环境效益。从环境保护角度来看，粉煤灰也是国家重点关注的对象。“九五”以来，在国家政策引导和扶持下，人们依据标准，在各项领域广泛使用粉煤灰，取得了良好的经济和社会效益，对缓解资源约束和环境压力，促进经济社会可持续发展发挥了重要作用。《指导意见》提出了到 2010 年：工业固体废物综合利用率达到 60%，其中粉煤灰综合利用率达到 75%。主要再生资源回收利用量提高到 65%。粉煤灰综合利用率若能提高 1 个百分点，可以减少粉煤灰排放近 200 万 t，并将使环境质量得到极大改善。

据统计，目前上海每年粉煤灰产生量 500 余万 t，宝钢年产生量在 30 万～40 万 t。粉煤灰废弃物曾因钙化性能过强、活性成分高等，难以综合利用，结果粉煤灰堆积如山、灰满为患，严重污染环境。经过二十多年来一直努力致力于多渠道开拓粉煤灰利用途径，到现在已实现当年排放当年利用。仅应用于宝钢二期、三期工程及上海南浦大桥、杨浦大桥、地铁一号线、污水合流工程等一系列市政重点工程的粉煤灰，数量就达数百万吨。不仅为企业创造了良好的经济效益，也为国家节约了大量水泥和建设资金，而且大大减少了因粉煤灰堆放而造成的环境污染。2007 年 8 月 2 日据中国钢铁新闻网报道：宝钢粉煤灰综合利用率连续十年达 100%。其中，利用粉煤灰开发出的海工混凝土掺和料、长江隧桥专用掺和料等新产品还填补了国内空白。

河北省在邢台至临清高速公路一期工程建设中大胆使用粉煤灰、沙土填路筑基，取得了良好效果，工程质量得到了河北省公路监理部门的高度评价。该工程自 2003 年 7 月动工后一年间，利用粉煤灰 20 万 m^3，减少取土占用耕地 200 余亩，一期工程完工后利用粉煤灰 100 万 m^3，减少占用耕地 1500 余亩。湖北省襄荆高速公路第一期工程综合利用粉煤灰量达 30 万 m^3，仅在荆门北一段 10 公里标段上，利用粉煤灰量就达 15 万 m^3，节约建设资金 30 万元。石家庄至安阳、上海至宁波等高速公路都采用了大量的粉煤灰，取得了良好效果。

8. 对国民经济的综合影响

《粉煤灰混凝土应用技术规范》发布前后，粉煤灰利用率为从 1990 年的 28.3%增长到 2018 年的 75.96%。其中标准的贡献率大约为 50%；利用粉煤灰每吨混凝土可减少总单价约 18.58%。每利用 1 万吨粉煤灰，可为火力发电厂节约征地 $200m^2$，减少灰场投资运行费 2 万～8 万元，节约运灰费 2 万～5 万元。引导产业向资源综合利用方向发展，粉煤灰综合利用率若能提高 1 个百分点，可以减少近 200 万 t 粉煤灰的排放，并将使环境质量得到极大改善。

9. 实施效果评估结论

2019 年 9 月对该标准实施效果进行评估，结果为实施效果“好”，对有效支撑水利中心工作，提高水利工程、产品或服务质量，促进水利行业科技进步与科技成果推广应用，保障人民群众健康和生命财产安全，提高经济效益、社会效益和环境效益等方面效果好，建议“继续有效”。

[典型标准案例2]：《土工合成材料应用技术规范》

1. 土工合成材料发展概况

土工合成材料最早可以追溯到20世纪30年代，主要在美国用于渠道防渗。土工合成材料作为一种专门材料始于1950年，先在美国，后推广到欧洲、日本等，主要用于中小型护岸和防护工程。50年代末60年代初荷兰的三角洲工程是正规的、大规模的使用土工合成材料的典型工程范例，引起国际的广泛重视，土工合成材料被认为是一种新型的土木工程材料，成为岩土工程的一个里程碑。国际土工合成材料学术会议促进了土工合成材料向世界各地的大力推广和向各个工程领域迅速渗透。据不完全统计全世界每年应用土工合成材料的工程至少在1万个以上，所用的土工合成材料超过10亿m^2。

土工合成材料是一种新型的岩土工程材料。我国应用土工合成材料最早在20世纪60年代从水利工程开始。至今应用最多的也是水利工程领域。60年代主要用于渠道防渗，后来逐渐推广到水库、水闸防渗以及堤防、反滤、防汛抢险等领域。如60年代初期河南人民胜利渠、山西人民引渭渠，北京东北旺灌区和山西几处灌区采利用了聚氯乙烯和聚氯乙烯薄膜作渠道防渗材料，效果良好，后推广到水库、水闸和蓄水池等工程。1965年恒仁水电站为防止混凝土支墩坝的裂缝漏水，用沥青聚氯乙烯热压膜锚固并粘贴于上游坝面，取得良好效果，成为我国利用土工合成材料处理混凝土坝裂缝的首例。我国土工织物应用较晚，1976年江苏省长江嘶马护岸工程是应用编织布的首例。

70年代后期和80年代初，土工合成材料的土工织物、土工膜等在我国已开始应用和研究，土工膜用于防渗工程屡见不鲜。如1983年北京市用编织布和塑料薄膜相结合的复合土工膜解决了十几处已建的中小型水利工程的渗漏问题。铁路上也成功地应用氯丁橡胶作为基面的封闭层。从80年代开始，土工膜开始应用于中小型土石坝工程的除险加固，80年代末90年代初，一些新建的中小型土石坝工程开始使用土工膜防渗。21世纪以来，已有10余项工程采用复合土工膜防渗，最高的新建坝高56m，险坝加固的高85m，运行情况都很满意。作为一种新型的土工材料得到我国工程界的认同，开始广泛应用。

2. 标准产生背景

“98大水”中，土工合成材料在防汛抢险中发挥了重要作用，充分显示出快捷、简单、有效的优势，引起国家的高度重视和社会的广泛关注。党中央、国务院指示精神、国家经贸委的指导下，为使水利水电工程采用土工合成材料的先进技术，并安全可靠、经济合理、保证质量，水利部在总结抢险经验，开展了各种试验，结合科研成果的基础上，启动快速响应机制，加紧编制标准。

3. 标准历次版本信息

（1）SL/T 225—98《水利工程土工合成材料应用技术规范》。对水利工程设计和施工中的滤层、排水、防渗、防护以及土体加筋等进行了规范。适用于水利水电工程的滤层、排水、防渗、防护以及土体加筋等分部工程，以设计为主，兼述施工。做到技术先进、经济合理、安全适用，有力地推动了土工合成材料在水利工程建设中的应用，确保工程质量。

（2）GB 50290—98《土工合成材料应用技术规范》。除水利行业外，铁路、公路、建筑等行业的土建工程中需要解决的问题无非都涉及岩土体的稳定、变形、防排水及处理与加固等方面，而土工合成材料种类繁多，功能多样，能基本上弥补岩土体性能在诸多方面的不足。水利部应原住建部《关于印发一九九八年工程建设国家标准制订修订计划第二批的通知》（建标〔1998〕244号）的安排和要求，会同有关部门在水利行标基础上，补充了土工合成材料在铁路、公路、水运、建筑等相关行业的要求，完成强制性国家标准 GB 50290—98《土工合成材料应用技术规范》，可满足各行业工程的所需而得到广泛应用。

（3）GB/T 50290—2014《土工合成材料应用技术规范》。1998年我国发生特大洪水后，陆续编制和发布了国家和各行业的土工合成材料的设计和施工标准，执行历时已超过15年，完成了众多的工程项目，包括国家的许多重大工程。多年来从实践中积累了丰富的经验，加之国内外无论在新材料、新技术或新理论等方面皆有较大创新和发展。根据水电规划设计总院《关于开展〈水土保持工程调查勘查规程〉等32项标准编制工作的通知》（水总科〔2009〕1028号）及住房和城乡建设部《关于印发〈2010年工程建设标准规范制订、修订计划〉的通知》（建标〔2010〕43号）的要求，2010年主编单位开始对 GB 50290—98 和 SL/T 225—98 进行合并修订。GB/T 50290—2014 内容的主要变化如下：

1）强制性国家标准变为推荐性国家标准。

2）增加了土工合成材料应用领域的内容；土石坝坝体排水、道路排水、地下埋管降水等内容；补充完善了反滤准则和设计方法；土工合成材料膨润土防渗垫防渗内容，完善与增加了土工膜防渗设计与施工内容；土工系统用于防护内容；加筋土结构设计、软基筑堤加筋设计与施工、软基加筋桩网结构设计与施工等内容；增设施工检测一章。

3）补充了术语的解释及英文翻译；补充了新型材料，完善了土工合成材料分类体系。

4）修改了材料强度折减系数，增加了材料渗透性指标折减系数。

改版标准吸纳了美国材料与试验协会（ASTM）标准及国际土工合成材料学会（IGS）（2009年9月颁布了第5版的《土工合成材料的功能、术语、数学和示图符号的推荐性说明》）等的有关资料与文献，以及国际上如美国、加拿大和其他不少国家通用的规定，如蠕变折减系数 RF_{CR}、施工损伤折减系数 RF_{ID}、PET 加筋材料的老化折减系数 RF_{D}。在设计要求部分，吸取了我国1998年特大洪水时治理管涌险情时的教训。设计方法来源于美国联邦公路管理局（FHWA）2000年发布的 Mechanically Stabilized Earth Walls And Reinforced Soil Slopes Design And Construction Guidelines（加筋土坡设计与施工导则）。加筋土设计使用年限和软基上加筋桩网结构的设计方法取材于英国标准 BS8006（1995）：Code of Practice for strengthened/reinforced soils and other fills，section 8。其中的“桩柱选择”推荐参考美国 FHWA 发表的 Publication NO. FHWA NHI－04－001（2005）给出的桩的承载力建议，该标准实现了与先进标准的有机接轨。

4. 标准应用

标准发布后，各方开展了土工合成材料的推广应用。1999年4月水利部在全国范围内选定了50项水利土工合成材料示范工程，探索和积累土工合成材料在水利工程中的成功应用经验。结合国标的发布，1999年7月国家经贸委、原建设部从水利土工合成材料示范工程中，选择了湖北王甫洲水利枢纽围堤防渗等4项工程，确定为全国土工合成材料应用示范工程，将土工合成材料的推广应用上升到一个新水平，为水利工程建设带来显著的经济效益、社会效益和环境效益。

5. 产生的效益

（1）经济效益：

1）节约投资，无纺土工织物反滤层比砂砾料反滤层节约投资50%左右。

2）降低了运输成本和施工难度，节省劳动力，提高工效，缩短工期。

以北京永定河堤防治理工程为例，该工程按照SL/T 225—98《水利工程土工合成材料应用技术规范》要求，采用了混凝土联锁板加土工织物反滤的护岸形式，截至1999年底，完成护岸17km，使用反滤土工织物86.48万m^2，比起砂石料做反滤层，采用传统砂砾料反滤层按25～30cm厚计算，每平方米造价22.5元左右。采用土工织物反滤层每平方米造价11元左右，节约投资50%以上。

以第二松花江谢屯护岸工程为例，实际砌护面积为13000m^2，无纺土工织物按12.91元/m^2计算，投资16.78万元，如果采用碎石垫层，按20cm厚计算，碎石工程量为2600m^3，单价按140.88元计算，投资为36.63万元。仅砌坡就节省资金19.85万元。无纺土工织物施工工艺简单，设备少，按人均铺设20m^2计算，铺碎石垫层20m^2，需要人工3.5个，这样每平方米节省工时1.125个，整个护砌面节省工时1625（1300×0.125）个工日，大大减少人力资源投入，提高施工效率。

（2）社会效益。采用土工合成材料代替传统堤防护砌形式，主要产生以下社会效益：

1）提高工程质量，保证工程安全度汛。以鸭绿江文安滩围堤护坡工程为例，98大水之后，按SL/T 225—98《水利工程土工合成材料应用技术规范》规定的土工织物施工要点及工艺要求，严格控制施工质量，使工程优良品率达到92%，1999年汛前完工，经过入汛后4次较高水位运行和潮位变化，坡面没有发生沉陷、坍塌，安全度汛，抢险效果非常显著。

2）减少市政运输、维护压力，减少料场占地。以北京永定河堤防治理工程为例，若将已完成护砌量86.48万m^2，全部采用砂石料做反滤层，其运输量达23.85万m^3，总重量达35.8万t。而采用土工合成材料按400g/m^2计算总重量仅382t，前者是后者的963倍。节约了运输台班、节省能源、减少路面磨损维修，大大减少料场占地、材料耗损和管理。社会效益十分可观。

3）推动新材料、新技术的运用，带动产业转型升级。随着土工合成材料生产水平不断提高，产品的规格和种类不断增多，产品总体朝着系列型、复合型、综合型的方向发展。土工织物、土工膜等传统土工合成材料产品系列更加完善，土工复合材料和土工特种材料也有了长足的进步，一系列新型材料如软式排水管、排水土工网、土工网垫、聚苯乙烯（EPS）材料和土工合成材料膨润土防渗垫（GCL）等的应用日趋广泛。另一方面，随着土工合成材料的工程应用的不断扩展与深化，其涉及的领域愈来愈宽广。近期河道治理、深水航道、上海洋山港巨型码头、上海青草沙水库等工程的建设促进了土工袋、土工包、土工管袋、土工箱笼等土工（包裹）系统的发展，使土工合成材料在传统的过滤、排水、隔离、加筋、防护和防渗6种功能的基础上，增加了其另外一个重要用途，即包裹功能。环境保护要求的日趋严格，现代垃圾掩埋场和工业废弃物贮放场的大量建设，促进了防渗土工合成材料如复合土工膜和新型土工合成材料膨润土防渗垫的应用和推广。

(3) 产生的环境效益。土工合成材料代替砂砾石，不仅降低对砂石料的开采和使用，保护资源的合理利用，同时减少砂石料的堆放，减轻风沙天气带给环境的污染。

6. 实施效果评估结论

2019 年 9 月对该标准实施效果进行评估，结果为实施效果“好”，对有效支撑水利中心工作，提高水利工程、产品或服务质量，促进水利行业科技进步与科技成果推广应用，保障人民群众健康和生命财产安全，提高经济效益、社会效益和环境效益等方面效果好，建议“继续有效”。

[典型标准案例 3]：SL 678—2014《胶结颗粒料筑坝技术导则》

1. 胶结颗粒料筑坝技术发展概况

胶凝材料胶结颗粒料是指不同粒径组成、具有一定级配的集料，包括天然砂砾料、开挖砂石料、块石等。使用该材料筑成的坝称为胶结颗粒料坝，胶结颗粒料坝属于从散粒材料坝到混凝土坝（碾压混凝土坝）之间的过渡坝型，是传统土石坝、砌石坝、混凝土坝等筑坝技术构成的筑坝技术体系的有益补充，是基于国内外实践提出的一种新的筑坝方式，即通过合理的结构设计和便捷的施工工法，将不受传统级配限制的砂砾石、块石、堆石等颗粒料用较少的水泥、砂浆、自密实混凝土等胶接起来进行筑坝的方式，并充分体现筑坝强调的“宜材适构”的理念，结合当地材料情况，确定合适坝工结构。注重就地取材、减少弃料、快速施工、易于维护、节能环保和经济，胶结颗粒料坝具有经济、快速、安全、环保等优点。与土石坝相比，施工工艺和质量相对容易达到，具有一定的抗冲刷和洪水漫顶能力，可提高坝体抵御洪水风险的能力，同时胶凝砂砾石坝水泥用量少，胶凝砂砾石的胶凝材料用量比碾压混凝土少 30%～50%，并可利用低等级的粉煤灰、矿粉、石粉，成本相对低，坝体温度低，相对不易产生裂缝，一般无较高的温控要求，推广应用前景广泛。

胶凝砂砾石坝是胶结颗粒料坝的一种，该筑坝技术是国际上近年发展起来的新型筑坝技术，充分利用了施工过程中产生的弃料，对筑坝材料、施工工艺以及坝基要求降低，采用胶凝材料和砂砾石材料（包括砂、石、砾石等）拌合筑坝，大坝施工基本实现零弃料，使用高效率的土石方运输机械和压实机械施工，减小了对周围环境的影响，施工快速、节省投资、安全和环境友好，凸显了在适应环境、减轻环境破坏方面所具有的优势，已开始得到国际坝工界的重视。

近年来，日本建设了多座胶凝砂砾石坝，将胶凝材料和水添加到河床砂砾石和开挖废弃料等在坝址附近容易获得的岩石基材中，用简易的设备进行拌合，采用堆石坝施工技术进行碾压施工。多米尼加共和国的 Moncion Contraembalse 坝的中间溢流坝部分也采用了这种坝工技术。菲律宾在 2004 年初修建 40m 高的 Can－Asujan 胶凝砂砾石坝。法国的圣马丁德隆莱斯坝（St Martin de Londress）也采用了胶凝砂砾石坝新坝型。目前世界上已建最高的胶凝砂砾石坝是土耳其的 Cindere 坝，筑坝的目的主要是用来灌溉和发电。此外，胶凝砂砾石还应用于大坝修复工程中。如 1975—1982 年，在巴基斯坦的塔伯拉泄洪洞修复工程中曾大量使用这种材料，显示出该种材料在抢险修复工程中快速施工的巨大潜力。

我国的胶凝砂砾石筑坝技术研究始于20世纪90年代，中国水利水电科学研究院、武汉大学、华北水利水电大学等单位相继开展了相关的研究，对胶凝砂砾石坝的筑坝材料特性、大坝稳定和应力分析、防渗体系、施工工艺等问题进行了广泛的探讨。2004年建成了我国第一座胶凝砂砾石坝围堰——福建尤溪街面水电站下游围堰。经过多年的研发与实践，我国已经取得了实质性的筑坝经验。目前，我国已建成若干座胶凝砂砾石坝围堰，包括福建街面和洪口、云南功果桥、贵州沙沱、四川飞仙关等围堰工程，此外有一批胶凝砂砾石坝永久工程也正在规划和设计中。

2. 标准产生背景

胶结颗粒料坝在我国水利水电工程得到初步应用，取得了一些实质性的工程进展，但由于缺乏该筑坝新技术的技术标准，应用及推广受到限制。为规范新技术的应用，避免新技术应用不当为工程留下安全隐患，水利部提出编制该标准。

在标准编制前，主编单位对国内外已建、在建胶凝砂砾石坝工程的受力特性、设计参数和控制指标等进行调研和资料分析，广泛收集国内外有关胶凝砂砾石坝的研究和设计等工程技术资料，开展胶凝砂砾石坝断面设计的原则、优化设计方法和坝体防渗结构等关键技术研究，基于已建工程的胶凝砂砾石材料特性，研究胶凝砂砾石的配合比设计方法和控制指标，并对胶凝砂砾石筑坝材料的强度、变形特性、抗渗性、耐久性等性能进行试验，提出材料的物理力学性能指标。研究不同荷载工况下，胶凝砂砾石坝的应力、变形特点，分析其对地基条件的要求，研究提出胶凝砂砾石坝抗滑稳定、变形、应力计算方法及其控制标准。对胶凝砂砾石坝的施工流程、施工工艺、控制指标、施工效率及性价比等进行研究，提出完整的施工方法体系和质量保障体系。基于专题研究、试验验证、工程实践等成果，为胶凝砂砾石筑坝技术标准编制奠定基础。

3. 标准内容和技术创新

该标准主要包括原材料，坝体材料性能，大坝的设计、施工以及质量控制与检查等内容，适用于中小型水利水电工程、强度不低于C_{1804}的胶结颗粒料坝。围堰等临时工程可参照执行。

该标准总结了我国第一座胶凝砂砾石坝工程—福建街面水电站下游围堰（H=16.3m）、福建洪口水电站上游围堰（H=35.5m）、云南功果桥水电站上游过水围堰（H=56m）、贵州沙沱水电站二期下游围堰（H=14m）、四川飞仙关水电站一期纵向围堰（H=12m）、山西守口堡水库大坝（胶凝砂砾石坝方案）（H=60.6m）等工程实践经验，开展胶凝砂砾石材料的配合比与强度特性分析和胶凝砂砾石材料渗透溶蚀试验，对胶凝砂砾石坝坝体稳定、变形和应力特性及其控制指标进行了系统的研究，吸纳了水利部公益项目“胶凝砂砾石与堆石混凝土筑坝关键技术研究”成果，为标准的适用性、先进性、可操作性奠定了坚实基础，有力指导工程实践和胶结颗粒料筑坝建设。

4. 标准应用及效益

该标准广泛用于面广量大的中小型水库大坝工程以及大量的围堰工程、堤防工程、众多的病险水库除险加固工程等。产生了良好的经济效益、社会效益和环境效益。

（1）采用胶结颗粒料筑坝新技术，减低成本约25%。采用胶结砂砾石方案，与常规混凝土、碾压混凝土等方案相比，缩短工期40%～50%；单方胶结砂砾石材料价格在90～120元，常规C20碾压混凝土价格在200～250元，使用胶结砂砾石可以节约至少50%；综合造价降低约25%。

(2) 就地取材，降低了运输成本和施工难度，节省劳动力，提高工效，缩短工期50%左右。

以福建尤溪街面为例，采用胶结砂砾石方案，与原常态混凝土围堰方案相比，加快了施工进度，工期缩短了17天（原设计工期为30天），缩短工期55%。由于胶凝材料用量少，水化温升低，取消了施工横缝，加上简化了砂石料筛分及拌和系统，减少砂石料弃料处理工作量，工程造价与原方案相比，直接节约投资28.5万元（25%）。

以福建宁德洪口工程为例，该工程采用土石围堰方案度汛风险较大，采用碾压混凝土围堰方案施工条件差，为了确保围堰施工进度，安全度汛，加之坝址区周围砂砾石料源丰富，上游围堰采用胶凝砂砾石新型筑坝技术修建。与原碾压混凝土围堰方案相比，加快了施工进度，抢回了1年的施工工期，缩短工期51%，综合节约成本25%以上，提前六个月发电效益3810万元。

(3) 宜材适构，直接利用坝址河床开挖出来的砂卵石及枢纽建筑物开挖丢弃的砂砾石、石渣等，使用胶凝砂砾石筑坝，减轻了水利枢纽工程的施工对周围环境（尤其是植被）的破坏程度。

(4) 胶结颗粒料筑坝新技术的推广，是对传统土石坝、砌石坝、混凝土坝等筑坝技术构成的筑坝技术体系的有益补充，带来了良好的社会效益。同时，施工速度快、与环境友好，且工程造价低，将成为未来坝工技术的发展趋势。

5. 实施效果评估结论

2019年9月，对该标准实施效果进行评估，结果为实施效果“较好”。尽管该标准在实施工作做发挥了较大作用，在提高水利工程、产品或服务质量，促进水利行业科技进步与科技成果推广应用，保障人民群众健康和生命财产安全，提高经济效益、社会效益和环境效益等方面有一定的效果，但随着科技发展和新技术新材料的出现，在实施过程中还存在不能完全满足有效支撑水利中心工作，建议补充抛石型堆石混凝土设计及施工、堆石混凝土和坝体内孔洞、廊道周边常态混凝土同步浇筑及竖向层面处理的内容；完善堆石混凝土重力坝上游防渗层及廊道周边高自密实混凝土与坝体内部堆石混凝土一体化浇筑方面的内容，包括温控及施工工艺；当边坝块采用堆石混凝土坝而需要进行岸坡接触灌浆时，坝体混凝土需进行通水冷却，补充堆石混凝土埋设冷却水管方面的内容；根据相关单位的工程实践经验，在进行高自密实混凝土配合比试验时，细骨料的细度模数对高自密实混凝土水泥含量影响较大，建议在配合比设计条款中增加该方面的内容。评估结论为“需要修订”。

[典型标准案例4]：《水工混凝土试验规程》《水工沥青混凝土施工规范》

1. 水工沥青混凝土发展概况

沥青混凝土因其具有较好的防渗性、抗冲击能力和适应变形能力，作为道面和防渗体，应用于大坝面板、大坝心墙、蓄水库防渗护面、渠道衬砌、河海堤岸护坡、垃圾填埋场防渗、旧坝（或渠、库）防渗面翻修等，在水利、公路、机场、堤坝和渠道等工程建设中应用较为普遍。沥青混凝土混合料及制品种类繁多，应用最广泛的是碾压式沥青混凝土。碾压式防渗沥青混凝土是水工结构中最常用的沥青混合物。

早在20世纪30年代，沥青混凝土面板坝在国外已开始兴建，至今全世界已建成的沥青混凝土面板坝有200多座，心墙坝70多座，用沥青混凝土防渗的蓄水库数量超过60座，技术比较成熟。沥青混凝土心墙坝起步稍晚，40年代开始发展，但发展速度很快，已建成的土坝也在100座以上。在我国渠道上用沥青材料堵漏的应用比较早，70年代兴建了一些沥青混凝土心墙坝和面板坝，例如1971年开始用渣油沥青混凝土在黑龙江和吉林等省的河道和水库上建造护坡，1973年黑龙江白河、1975年甘肃党河修建了浇筑式和碾压式的渣油沥青混凝土水利工程。20世纪70年代，沥青混凝土用于水工防渗已发展成一项成熟技术，在中国获得越来越广泛的应用，如利用沥青混凝土防渗技术建成了陕西正岔、北京半城子水库等沥青混凝土护面工程和甘肃党河水库沥青混凝土心墙砂砾石坝、吉林白河沥青混凝土心墙坝等，此后又建成了辽宁碧流河水库和湖北车坝水库等沥青混凝土防渗工程。

此外还有众多的用不同沥青混合物防渗的其他水工结构物，如渠道、河道、堤岸等。沥青混凝土防渗技术的理论研究和施工实践的进步，推动了此项技术的进一步发展，其特征是防渗形式多样化，设计结构简单化，施工高度机械化。实践证明，用沥青或沥青混凝土代替其他防渗材料可以节约水利工程投资，简化施工、缩短工期，具有很高的经济效益。

2. 标准产生、应用及更新

（1）《水工混凝土试验规程》：

1）SD 105—82《水工混凝土试验规程》。我国有关水工沥青混凝土应用的相关标准可追溯到原水电部颁布的1962年版《水工混凝土试验方法》（试行），主要参照苏联水工混凝土试验规程编制。1977年，原水电部组织水利水电科学研究院、长江水利水电科学研究院、南京水利科学研究所等9个单位对1962年版《水工混凝土试验规程》进行修订。主要参照美国ASTM混凝土试验方法和美国USBR混凝土试验方法，至历时5年，经专题试验论证，1982年以SD 105—82《水工混凝土试验规程》部标正式发布。

2）SL 352—2006《水工混凝土试验规程》。2004年再次修订，新增的内容主要参照了美国和欧盟的混凝土试验方法标准，并将SL 48—94《水工碾压混凝土试验规程》一并纳入修订，颁布SL 352—2006《水工混凝土试验规程》。

3）SL/T 352—2020《水工混凝土试验规程》（替代SL 352—2006）。与SL 352—2006相比，增加术语一章；删除骨料碱活性检验（化学法）、骨料碱活性检验（砂浆棒长度法）、抑制骨料碱活性效能试验、射钉法检测混凝土强度4项试验方法；增加人工细骨料亚甲蓝值试验、细骨料氯离子含量试验、粗骨料氯离子含量试验、骨料碱活性抑制措施有效性试验（砂浆棒快速法）、骨料碱活性抑制措施有效性试验（混凝土棱柱体法）、混凝土抗硫酸盐侵蚀快速试验、混凝土表观密度和吸水率试验、混凝土早期开裂试验（平板法）、混凝土泊松比试验、全级配混凝土压缩徐变试验、加浆振捣碾压混凝土室内拌和成型方法、砂浆凝结时间试验、砂浆吸水率试验、水质不溶物含量试验14项试验方法；对25项试验方法做了修改。

（2）《水工沥青混凝土施工规范》：

1）SD 220—87《土石坝碾压式沥青混凝土防渗墙施工规范（试行）》。1980 年水利部基本建设局根据第二次全国水工沥青技术讨论会的建议，确定编制《碾压式沥青混凝土防渗墙暂行施工技术规程》。在编制过程中，根据征求意见稿的反馈意见，确定将编制范围扩大到心墙。借鉴了美国、日本、西德、西班牙等国先进技术和经验，总结我国水利工程建设实践，经过反复试验，完成标准的编制任务。1987 年电力部联合发布的 SD 220—87《土石坝碾压式沥青混凝土防渗墙施工规范（试行）》。相继 1988 年水利部和电力部联合发布的 SLJ 01—88《土石坝沥青混凝土面板和心墙设计准则》，这些标准成为我国第一批水工沥青混凝土技术规范系列。

SD 220—87 该规范以中型工程为主要对象，兼顾大型工程需要，小型工程可参考使用。在我国水利水电工程建设中实施 20 多年，沥青混凝土防渗墙的应用有了很大发展，原规范在这些工程建设中发挥了很大作用，同时也逐渐显露出一些历史的局限性，原规范主要是根据我国 20 世纪七八十年代一些中小型工程中的人工施工或半机械化施工经验编制的，缺乏大型现代机械化施工的经验，难以满足目前我国实际建设的需要；同时原规范编制时，国内缺乏高品质沥青，一些技术要求较低，与国外有差距。这种情况也不符合当前国内沥青产品市场的实际情况；限于当时的条件，只编制了碾压式沥青混凝土施工部分的内容，没有包括浇筑式沥青混凝土施工部分的内容，不能反映我国北方地区浇筑式沥青混凝土工程建设的情况。

20 多年来，我国已建成了像三峡茅坪防护坝这样的百米高沥青混凝土心墙坝和黑龙江尼尔基水库主坝长 1600 余米的沥青混凝土心墙坝、天荒坪抽水蓄能电站上库 28 万 m^2 的沥青混凝土防渗面板、新疆恰甫其海快速修建 50m 高的浇筑式沥青混凝土心墙围堰，还有如新疆的坎儿其水库、甘肃的牙塘水库和峡口水库等中小型沥青混凝土心墙和面板工程多项。已经完工的还有四川冶勒水电站 125.5m 高的沥青混凝土心墙坝、河北张河湾、山西西龙池、河南宝泉抽水蓄能电站的沥青混凝土防渗面板等大型工程和新疆照壁山等中小型沥青混凝土心墙工程多项。在这些工程建设中，发展并积累了丰富的现代化沥青混凝土防渗墙施工经验。

为了适应我国水工沥青混凝土工程建设的需要，与国内相关标准相协调，同时借鉴国外技术标准，促进国内施工技术进步，2004 年水利部启动修订 SD 220－87 工作，

2）SL 514—2013《水工沥青混凝土施工规范》。本次修订参考了交通部的 JTJ 032－94《公路沥青路面施工技术规范》、DL/T 5362—2006《水工沥青混凝土试验规程》和 GB/T 4091—2001《常规控制图》，借鉴了德国土与基础建筑工程协会的《水工沥青导则》（EAAW 2007）和《水利工程沥青混凝土作业设计准则》（EAAW 83/96）等，扩大了规范的适用范围到大、中、小型水利水电工程的土石坝、砌石坝、混凝土坝和水库库盆的沥青混凝土防渗墙施工，包括碾压式、浇筑式的沥青混凝土心墙、面板、病险水库的防渗补强修复。修订了沥青原材料技术标准以及沥青混凝土施工设备的技术要求，增加了改性沥青技术标准和浇筑式沥青混凝土施工内容；增加了沥青混凝土配合比和现场铺筑试验、DL/T 5362《水工沥青混凝土试验规程》以外的重要施工检测试验方法以及沥青混合料配合比的总量偏差检验。鉴于本规范新增了浇筑式沥青混凝土施工的内容，适用范围

也纳入了相关的混凝土坝的内容，故将标准名称改为 SL 514—2013《水工沥青混凝土施工规范》。

3. 标准发挥的作用

该标准有力地指导水利工程建设，促进了沥青混凝土心墙技术的应用和推广，通过将新技术转化为标准，标准实施、提升、再修订，带动了科技的创新，产生良好的效益。

(1) 保证工程质量、加快施工速度、降低工程造价。沥青混凝土心墙技术同刚性混凝土心墙比较，具有较大的柔性，适应变形能力强，不易产生裂缝，即使因施工原因产生了裂缝，在一定的范围内，受压应力作用及自身蠕变性能的影响，经过一段时间后，裂缝会逐渐自愈；墙体位于坝体中间，运行环境条件稳定，受外部荷载等因素影响较小，墙体耐久性好；墙体变形均匀，特别是当基础全强风化透水带深厚时，采用心墙，易于同周边基础防渗体连接，适应坝体与基础不均匀沉陷。故采用沥青混凝土防渗结构，不仅防渗可靠，而且工程量少、施工速度快、适应变形能力大、抗震性能好。心墙水平分层铺筑碾压施工，沥青混凝土易于压实，受气候条件的影响较小，施工期坝体蓄水不必担心孔隙永压力问题。心墙可与坝体同时上升，可不必等防渗体及坝体施工完毕后再蓄水，工艺简单，心墙体积小，工程造价低。

(2) 该规范应用对于黏土缺乏地区更具有优越性，可取代防渗土料，少占用耕地，而且保护农田和植被、保护环境。

4. 实施效果评估结论

2019 年 9 月对 SL 514—2013《水工沥青混凝土施工规范》实施效果进行评估，结果为实施效果“较好”，基本满足有效支撑水利中心工作，在提高水利工程、产品或服务质量，促进水利行业科技进步与科技成果推广应用，保障人民群众健康和生命财产安全，提高经济效益、社会效益和环境效益等方面效果较好，由于在水工沥青混凝土的设计及施工规范中，不同行业标准之间，及水利行业标准之间还存在部分不协调的地方，且随着技术的进步，宜统筹考虑进行相应的修订。建议“修订”。

参 考 文 献

[1] 于欣丽．标准化与经济增长：理论、实证与案例［M］．北京：中国标准出版社，2008.

[2] 胡孟．水利标准化理论与实践［M］．北京：中国水利水电出版社，2015.

[3] 胡孟，江丰，余和俊，等．水利发展标准化若干思考［J］．中国水利，2014（21）：62－64.

[4] GB/T 3533.1—2017 标准化效益评价　第 1 部分：经济效益评价通则［S］．北京：中国标准出版社，2017.

[5] GB/T 3533.2—2017 标准化效益评价　第 2 部分：社会效益评价通则［S］．北京：中国标准出版社，2017.

[6] GB 3533.3—1984 评价和计算标准化经济效果　数据资料的收集和处理方法［S］．北京：中国标准出版社，1984.

[7] GB 3533.4—1984 确定标准的制定和贯彻费用的方法［S］．北京：中国标准出版社，1984.

[8] GB 3533.1—2009 标准化效益评价　第 1 部分：经济效益评价通则［S］．北京：中国标准出版社，2009.

[9] GB/T 3533.2—2017 标准化效益评价　第 2 部分：社会效益评价通则［S］．北京：中国标准出版社，2017.

[10] 能源部和水利部．水利水电勘测设计技术标准体系．1988.

[11] 水利部技术监督委员会办公室．水利水电技术标准体系表．1994.

[12] 中华人民共和国水利部．水利技术标准体系表．2001.

[13] 中华人民共和国水利部．水利信息标准化指南（一）．2003.

[14] 中华人民共和国水利部．水利技术标准体系表．2008.

[15] 中华人民共和国水利部．水利技术标准体系表．2014.

[16] 中华人民共和国水利部．水利技术标准体系表．2021.

[17] 第三机械工业部技术司．标准化工作［M］．北京：国防工业出版社，1963.

[18] 第四机械工业部标准化研究所．标准化教材（修订稿）［M］．北京：国防工业出版社，1965.

[19] 湖南省标准计量局．标准化讲义［M］．［出版地不详］：［出版者不详］，1974.

[20] 吴传中．标准化讲义［M］．贵州省标准化计量管理局．［出版地不详］：［出版者不详］，1980.

[21] 天津市标准化学会．标准化理论与实践［M］．［出版地不详］：［出版者不详］，1980.

[22] 李春田．标准化概论［M］．北京：中国人民大学出版社，1982.

[23] 徐倩．绩效评价［M］．北京：中国标准出版社，2008.

[24] 叶柏林．标准化经济效果基础［M］．北京：中国标准出版社，1984.

[25] 何振华，等．现代标准化［M］．［出版地不详］：［出版者不详］，1985.

[26] 张锡纯．标准化系统工程［M］．北京：北京航空航天大学出版社，1992.

[27] 三泰标准化技术开发中心．标准化效益研究与评价［M］．［出版地不详］：［出版者不详］，1995.

[28] 陈志田．卓越绩效实例评说［M］．北京：中国计量出版社，2007.

[29] 王兰荣．标准化经济效果的分析与计算［J］．标准化通讯，1980（4）.

[30] 盛崇德．标准化经济效果的探讨［J］．标准化通讯，1980.

[31] 盛崇德．系列设计经济效果的分析与计算［J］．标准化通讯，1981（5）.

[32] 孙春雷，戚永连．标准化效果评价方法探讨［J］．世界标准化与质量管理，1998（12）.

[33] 吴海英．标准化的经济效益评价［J］．统计与决策，2005（13）.

［34］ 冯燕. 企业标准化的实施及经济效益的分析与探讨［C］//纪念“世界标准日”标准化学术论坛.
［35］ 阮金元，王喜年，阮军. 标准化经济效益分析研究［J］. 标准化报道，2001（4）.
［36］ 李春田. 现代标准护发方法：综合标准化［M］. 北京：中国质检出版社，中国标准出版社，2013.
［37］ 周建军，王韬. 一个中国经济的CGE模型［J］. 管理工程学报，2006（1）：72-78.
［38］ 吕振东，郭菊娥，席酉民. 中国能源CES生产函数的计量估算及选择［J］. 中国人口资源与环境，2009（4）：156-160.
［39］ 鄂竟平. 2020年全国水利工作会议上的讲话.
［40］ 李洪心. 可计算的一般均衡模型：建模与仿真［M］. 北京：机械工业出版社，2008.
［41］ 李雪松. 一个中国经济多部门动态的CGE模型［J］. 数量经济技术经济研究，2000（12）：49-53.
［42］ BEUTH出版社. 德国标准化机构DIN的《调查结果综述》.
［43］ 窦以松. 浅谈工程建设标准化［J］. 北京水利电力经济管理学院学报，1985.
［44］ 李伯兴，周建龙. 会计学基础［M］. 北京：中国财政经济出版社，2010.
［45］ 杜子芳. 多元统计分析［M］. 北京：清华大学出版社，2016.
［46］ Dresden，Karlsruhe. Economic Benefits of Standardization［R］. Berlin：Beuth Verlag，2000.
［47］ Paul Temple，Robert Witt，Chris Spencer，Knut Blind，Andre Jungmittag，G. M. Peter Swann. The Empirical Economics of Standards［R］. UK：DTI，2005.
［48］ 边红彪，钟湘志. 国际标准化活动的经济效果——日本的做法和经验［J］. 中国标准化，2007（1）：75-77.
［49］ 张利飞，曾德明，张运生. 技术标准化的经济效益评价［J］. 统计与决策，2007（22）：149-151.
［50］ 于爱华，齐莹. 水利技术标准效益评估之我见［J］. 水利技术监督，2013（2）：9-13.
［51］ 中国水利经济研究会，水利部规划计划司. 水利建设项目社会评价指南［M］. 北京：中国水利水电出版社，1999.
［52］ 王亚华. 国情讲坛第42讲“治水70年——理解中国之治的制度密码”.
［53］ 中国科学技术·水利卷. 中国古代水利法规初探.
［54］ 程满金，郭富强，等. 内蒙古农牧业高效节水灌溉技术研究与应用［M］. 中国水利水电出版社. 2017.9.
［55］ 水利部水利水电规划设计总院，中水淮河规划设计研究有限公司，黑龙江水利水电勘测设计研究院. 治涝标准关键技术研究［M］. 北京：中国水利水电出版社. 2019.3.
［56］ 水利部建设与管理司. 水利工程土工合成材料技术和应用［M］. 北京：科学普及出版社. 2000.9
［57］ 中华人民共和国水利部. 中国水利统计年鉴2019［M］. 北京：中国水利水电出版社，2019.
［58］ 水利部沙棘开发管理中心. 山西省偏关县刘家窑小流域沙棘标准化示范区种植自查报告［R］. 2005.
［59］ 重庆市水利局. 重庆市水土保持公报（2018）. 2019.
［60］ 中国混凝土与水泥制品网. 亿吨粉煤灰为何没搭上高速公路快车（上）. 2005.
［61］ 朱伯芳. 论坝工混凝土标号与强度等级［J］. 水利水电技术，2004，35（8）：32-36.
［62］ 王鹏飞. 粉煤灰综合利用研究进展［J］. 电力环境保护，2006（2）：42-44.
［63］ 《中国电力年鉴》编辑委员会. 中国电力年鉴1999［M］. 北京：中国电力出版社，1999.
［64］ 中国资源综合利用协会. 中国大宗工业固体废物综合利用产业发展报告2018—2019年度［M］. 北京：中国轻工业出版社，2022.
［65］ 中国水利水电科学研究院. 三峡工程二阶段混凝土配合比试验项目试验报告［R］. 1998.
［66］ 中国电力企业联合会. 改革开放三十年的中国电力［M］. 北京：中国电力出版社，2008.

[67] 人民日报. 科尔沁变了模样. 2019-07-20.
[68] 浙江省水利厅网站. 浙江湖州："合同节水"抒写节水新篇，2019-10-21.
[69] 赵永平. 突破粮食丰收的"水瓶颈". 人民网—人民日报，2014-11-30.
[70] 汪波，吴勇. 通辽，走出缺水之苦. 人民网—人民日报，2013-12-02.
[71] 李文明. 通辽：从大水漫灌到精准滴灌的转变. 内蒙古日报，2018-11-06.
[72] 阮利民. 把握新形势 践行总基调 扎实推进水利工程运行管理工作. 中国水利杂志，2021-01-21.
[73] 陈生水. 新形势下我国水库大坝安全管理问题与对策 [J]. 中国水利，2020 (22).
[74] 沈华中. 长江堤防防洪效果与效益 [J]. 人民长江，1999 (2).
[75] 汪安南. 临淮岗工程意义何在. 新华网，2003-11-24.
[76] 肖昌虎，黄建，周琴. 对《水利水电工程等级划分及洪水标准》修订的认识 [J]. 人民长江，2018，49 (10).
[77] 水利部沙棘开发管理中心. 全国农业标准化示范区建设项目：山西省偏关县刘家窑小流域沙棘标准化示范区种植自查报告 [R]. 2005.
[78] 水利部牧区水利科学研究所，水利标准化专项研究："水利化生态牧场标准化示范区"工作 [R]. 2005.
[79] 水利部牧区水利科学研究所，水利标准化专项研究："草原水土保持生态修复综合技术标准化示范区项目"工作总结 [R]. 2005.